建设行业专业技术管理人员继续教育教材

王开岭　卢玫珺　许　东　主编

黄河水利出版社
·郑州·

图书在版编目(CIP)数据

建设行业专业技术管理人员继续教育教材/王开岭，卢玫珺，许东主编.—郑州：黄河水利出版社，2009.4（2012.4 重印）

ISBN 978-7-80734-597-8

Ⅰ.建… Ⅱ.①王…②卢…③许… Ⅲ.建筑工程-监督管理-工程技术人员-终生教育-教材 Ⅳ.TU712

中国版本图书馆 CIP 数据核字(2009)第 055787 号

出 版 社：黄河水利出版社

地址：河南省郑州市顺河路黄委会综合楼 14 楼　邮政编码：450003

发行单位：黄河水利出版社

发行部电话：0371-66026940、66020550、66028024、66022620(传真)

E-mail：hhslcbs@126.com

承印单位：河南承创印务有限公司

开本：787 mm×1 092 mm　1/16

印张：23.25

字数：537 千字　　印数：5 101—7 100

版次：2009 年 4 月第 1 版　　印次：2012 年 4 月第 2 次印刷

定价：65.00 元

建设行业专业技术管理人员继续教育教材

编委会

主　　编　王开岭　卢玫珺　许　东

主　　审　崔恩杰

副 主 编　李　林　王红平　雷振亚

　　　　　刘炜嶓　黄伟东

参编人员　陈晓燕　吉三玲　胡　勇

　　　　　刘延荟　张　斌　何玉红

前　言

党的十七大明确提出要优先发展教育、建设人力资源强国，这是党中央在新的历史时期、新的历史阶段，为进一步实施科教兴国战略和人才强国战略提出的新的重大战略目标。面对党的十七大对教育提出的新要求、新任务，加强学习，创建学习型组织，打造和谐团队，全面提高职工素质，树立终身学习理念，是今后的一项长期的任务。

按照河南省建设厅人教处的要求，自2002年在建设行业专业技术管理人员中大规模开展继续教育工作以来，截止到2008年年末，全省共有20余万人接受了以建筑新技术、建筑新规范、建筑新材料、建筑节能为主要内容的继续教育，并由河南省建设教育协会相继编印出版了相应的继续教育系列教材，为提高全省建设行业从业人员素质、确保工程质量和安全生产做出了贡献。但是，随着知识更新速度的加快，知识的半衰期日益缩短，职工继续教育教材也要不断推陈出新，适应建设行业职工培训的需要。同时按照继续教育工作科学化、制度化、经常化的要求，河南省建设教育协会制定了继续教育教材编写规划，针对国家和河南省建设行业颁布的新技术、新规范、新材料和法律、法规，及时搜集整理，组织建设行业专家编写了行业急需的继续教育教材。

本书共分三篇，第一篇为相关法律和法规、第二篇为规范及标准、第三篇为建筑工程新技术，以全面、简练、准确和技术先进为原则，通俗实用，针对性强，既可作为建设行业专业技术管理人员继续教育教材，也可作为建设类高、中职院校“双证”培训教材使用，还可供房地产、市政等有关单位应用与参考。

本书在编写过程中得到了许多专家和相关单位的关心及大力支持，同时也参考了国内外已公开发表的资料性文献，在此表示衷心感谢。

随着科技的进步，建筑技术也在不断地发展和进步，由于编写时间仓促，内容涉及范围较广，难免存在不妥和疏漏之处，恳请广大读者批评指正。

编　者
2009 年 3 月

目　录

第三篇 建筑工程新技术

第一篇　相关法律和法规

第一章　相关法律

一、《中华人民共和国劳动合同法》

（2008 年 1 月 1 日起实施）

第一章　总　则

第一条　为了完善劳动合同制度，明确劳动合同双方当事人的权利和义务，保护劳动者的合法权益，构建和发展和谐稳定的劳动关系，制定本法。

第二条　中华人民共和国境内的企业、个体经济组织、民办非企业单位等组织（以下称用人单位）与劳动者建立劳动关系，订立、履行、变更、解除或者终止劳动合同，适用本法。

国家机关、事业单位、社会团体和与其建立劳动关系的劳动者，订立、履行、变更、解除或者终止劳动合同，依照本法执行。

第三条　订立劳动合同，应当遵循合法、公平、平等自愿、协商一致、诚实信用的原则。

依法订立的劳动合同具有约束力，用人单位与劳动者应当履行劳动合同约定的义务。

第四条　用人单位应当依法建立和完善劳动规章制度，保障劳动者享有劳动权利、履行劳动义务。

用人单位在制定、修改或者决定有关劳动报酬、工作时间、休息休假、劳动安全卫生、保险福利、职工培训、劳动纪律以及劳动定额管理等直接涉及劳动者切身利益的规章制度或者重大事项时，应当经职工代表大会或者全体职工讨论，提出方案和意见，与工会或者职工代表平等协商确定。

在规章制度和重大事项决定实施过程中，工会或者职工认为不适当的，有权向用人单位提出，通过协商予以修改完善。

用人单位应当将直接涉及劳动者切身利益的规章制度和重大事项决定公示，或者告知劳动者。

第五条　县级以上人民政府劳动行政部门会同工会和企业方面代表，建立健全协调劳动关系三方机制，共同研究解决有关劳动关系的重大问题。

第六条 工会应当帮助、指导劳动者与用人单位依法订立和履行劳动合同,并与用人单位建立集体协商机制,维护劳动者的合法权益。

第二章 劳动合同的订立

第七条 用人单位自用工之日起即与劳动者建立劳动关系。用人单位应当建立职工名册备查。

第八条 用人单位招用劳动者时,应当如实告知劳动者工作内容、工作条件、工作地点、职业危害、安全生产状况、劳动报酬,以及劳动者要求了解的其他情况;用人单位有权了解劳动者与劳动合同直接相关的基本情况,劳动者应当如实说明。

第九条 用人单位招用劳动者,不得扣押劳动者的居民身份证和其他证件,不得要求劳动者提供担保或者以其他名义向劳动者收取财物。

第十条 建立劳动关系,应当订立书面劳动合同。

已建立劳动关系,未同时订立书面劳动合同的,应当自用工之日起一个月内订立书面劳动合同。

用人单位与劳动者在用工前订立劳动合同的,劳动关系自用工之日起建立。

第十一条 用人单位未在用工的同时订立书面劳动合同,与劳动者约定的劳动报酬不明确的,新招用的劳动者的劳动报酬按照集体合同规定的标准执行;没有集体合同或者集体合同未规定的,实行同工同酬。

第十二条 劳动合同分为固定期限劳动合同、无固定期限劳动合同和以完成一定工作任务为期限的劳动合同。

第十三条 固定期限劳动合同,是指用人单位与劳动者约定合同终止时间的劳动合同。

用人单位与劳动者协商一致,可以订立固定期限劳动合同。

第十四条 无固定期限劳动合同,是指用人单位与劳动者约定无确定终止时间的劳动合同。

用人单位与劳动者协商一致,可以订立无固定期限劳动合同。有下列情形之一,劳动者提出或者同意续订、订立劳动合同的,除劳动者提出订立固定期限劳动合同外,应当订立无固定期限劳动合同:

(一)劳动者在该用人单位连续工作满十年的;

(二)用人单位初次实行劳动合同制度或者国有企业改制重新订立劳动合同时,劳动者在该用人单位连续工作满十年且距法定退休年龄不足十年的;

(三)连续订立二次固定期限劳动合同,且劳动者没有本法第三十九条和第四十条第一项、第二项规定的情形,续订劳动合同的。

用人单位自用工之日起满一年不与劳动者订立书面劳动合同的,视为用人单位与劳动者已订立无固定期限劳动合同。

第十五条 以完成一定工作任务为期限的劳动合同,是指用人单位与劳动者约定以某项工作的完成为合同期限的劳动合同。

用人单位与劳动者协商一致,可以订立以完成一定工作任务为期限的劳动合同。

第十六条 劳动合同由用人单位与劳动者协商一致,并经用人单位与劳动者在劳动合同文本上签字或者盖章生效。

劳动合同文本由用人单位和劳动者各执一份。

第十七条 劳动合同应当具备以下条款：

（一）用人单位的名称、住所和法定代表人或者主要负责人；

（二）劳动者的姓名、住址和居民身份证或者其他有效身份证件号码；

（三）劳动合同期限；

（四）工作内容和工作地点；

（五）工作时间和休息休假；

（六）劳动报酬；

（七）社会保险；

（八）劳动保护、劳动条件和职业危害防护；

（九）法律、法规规定应当纳入劳动合同的其他事项。

劳动合同除前款规定的必备条款外，用人单位与劳动者可以约定试用期、培训、保守秘密、补充保险和福利待遇等其他事项。

第十八条 劳动合同对劳动报酬和劳动条件等标准约定不明确，引发争议的，用人单位与劳动者可以重新协商；协商不成的，适用集体合同规定；没有集体合同或者集体合同未规定劳动报酬的，实行同工同酬；没有集体合同或者集体合同未规定劳动条件等标准的，适用国家有关规定。

第十九条 劳动合同期限三个月以上不满一年的，试用期不得超过一个月；劳动合同期限一年以上不满三年的，试用期不得超过二个月；三年以上固定期限和无固定期限的劳动合同，试用期不得超过六个月。

同一用人单位与同一劳动者只能约定一次试用期。

以完成一定工作任务为期限的劳动合同或者劳动合同期限不满三个月的，不得约定试用期。

试用期包含在劳动合同期限内。劳动合同仅约定试用期的，试用期不成立，该期限为劳动合同期限。

第二十条 劳动者在试用期的工资不得低于本单位相同岗位最低档工资或者劳动合同约定工资的百分之八十，并不得低于用人单位所在地的最低工资标准。

第二十一条 在试用期中，除劳动者有本法第三十九条和第四十条第一项、第二项规定的情形外，用人单位不得解除劳动合同。用人单位在试用期解除劳动合同的，应当向劳动者说明理由。

第二十二条 用人单位为劳动者提供专项培训费用，对其进行专业技术培训的，可以与该劳动者订立协议，约定服务期。

劳动者违反服务期约定的，应当按照约定向用人单位支付违约金。违约金的数额不得超过用人单位提供的培训费用。用人单位要求劳动者支付的违约金不得超过服务期尚未履行部分所应分摊的培训费用。

用人单位与劳动者约定服务期的，不影响按照正常的工资调整机制提高劳动者在服务期期间的劳动报酬。

第二十三条 用人单位与劳动者可以在劳动合同中约定保守用人单位的商业秘密和与知识产权相关的保密事项。

对负有保密义务的劳动者,用人单位可以在劳动合同或者保密协议中与劳动者约定竞业限制条款,并约定在解除或者终止劳动合同后,在竞业限制期限内按月给予劳动者经济补偿。劳动者违反竞业限制约定的,应当按照约定向用人单位支付违约金。

第二十四条 竞业限制的人员限于用人单位的高级管理人员、高级技术人员和其他负有保密义务的人员。竞业限制的范围、地域、期限由用人单位与劳动者约定,竞业限制的约定不得违反法律、法规的规定。

在解除或者终止劳动合同后,前款规定的人员到与本单位生产或者经营同类产品、从事同类业务的有竞争关系的其他用人单位,或者自己开业生产或者经营同类产品、从事同类业务的竞业限制期限,不得超过二年。

第二十五条 除本法第二十二条和第二十三条规定的情形外,用人单位不得与劳动者约定由劳动者承担违约金。

第二十六条 下列劳动合同无效或者部分无效:

(一)以欺诈、胁迫的手段或者乘人之危,使对方在违背真实意思的情况下订立或者变更劳动合同的;

(二)用人单位免除自己的法定责任、排除劳动者权利的;

(三)违反法律、行政法规强制性规定的。

对劳动合同的无效或者部分无效有争议的,由劳动争议仲裁机构或者人民法院确认。

第二十七条 劳动合同部分无效,不影响其他部分效力的,其他部分仍然有效。

第二十八条 劳动合同被确认无效,劳动者已付出劳动的,用人单位应当向劳动者支付劳动报酬。劳动报酬的数额,参照本单位相同或者相近岗位劳动者的劳动报酬确定。

第三章 劳动合同的履行和变更

第二十九条 用人单位与劳动者应当按照劳动合同的约定,全面履行各自的义务。

第三十条 用人单位应当按照劳动合同约定和国家规定,向劳动者及时足额支付劳动报酬。

用人单位拖欠或者未足额支付劳动报酬的,劳动者可以依法向当地人民法院申请支付令,人民法院应当依法发出支付令。

第三十一条 用人单位应当严格执行劳动定额标准,不得强迫或者变相强迫劳动者加班。用人单位安排加班的,应当按照国家有关规定向劳动者支付加班费。

第三十二条 劳动者拒绝用人单位管理人员违章指挥、强令冒险作业的,不视为违反劳动合同。

劳动者对危害生命安全和身体健康的劳动条件,有权对用人单位提出批评、检举和控告。

第三十三条 用人单位变更名称、法定代表人、主要负责人或者投资人等事项,不影响劳动合同的履行。

第三十四条 用人单位发生合并或者分立等情况,原劳动合同继续有效,劳动合同由承继其权利和义务的用人单位继续履行。

第三十五条 用人单位与劳动者协商一致，可以变更劳动合同约定的内容。变更劳动合同，应当采用书面形式。

变更后的劳动合同文本由用人单位和劳动者各执一份。

第四章 劳动合同的解除和终止

第三十六条 用人单位与劳动者协商一致，可以解除劳动合同。

第三十七条 劳动者提前三十日以书面形式通知用人单位，可以解除劳动合同。劳动者在试用期内提前三日通知用人单位，可以解除劳动合同。

第三十八条 用人单位有下列情形之一的，劳动者可以解除劳动合同：

（一）未按照劳动合同约定提供劳动保护或者劳动条件的；

（二）未及时足额支付劳动报酬的；

（三）未依法为劳动者缴纳社会保险费的；

（四）用人单位的规章制度违反法律、法规的规定，损害劳动者权益的；

（五）因本法第二十六条第一款规定的情形致使劳动合同无效的；

（六）法律、行政法规规定劳动者可以解除劳动合同的其他情形。

用人单位以暴力、威胁或者非法限制人身自由的手段强迫劳动者劳动的，或者用人单位违章指挥、强令冒险作业危及劳动者人身安全的，劳动者可以立即解除劳动合同，不需事先告知用人单位。

第三十九条 劳动者有下列情形之一的，用人单位可以解除劳动合同：

（一）在试用期间被证明不符合录用条件的；

（二）严重违反用人单位的规章制度的；

（三）严重失职，营私舞弊，给用人单位造成重大损害的；

（四）劳动者同时与其他用人单位建立劳动关系，对完成本单位的工作任务造成严重影响，或者经用人单位提出，拒不改正的；

（五）因本法第二十六条第一款第一项规定的情形致使劳动合同无效的；

（六）被依法追究刑事责任的。

第四十条 有下列情形之一的，用人单位提前三十日以书面形式通知劳动者本人或者额外支付劳动者一个月工资后，可以解除劳动合同：

（一）劳动者患病或者非因工负伤，在规定的医疗期满后不能从事原工作，也不能从事由用人单位另行安排的工作的；

（二）劳动者不能胜任工作，经过培训或者调整工作岗位，仍不能胜任工作的；

（三）劳动合同订立时所依据的客观情况发生重大变化，致使劳动合同无法履行，经用人单位与劳动者协商，未能就变更劳动合同内容达成协议的。

第四十一条 有下列情形之一，需要裁减人员二十人以上或者裁减不足二十人但占企业职工总数百分之十以上的，用人单位提前三十日向工会或者全体职工说明情况，听取工会或者职工的意见后，裁减人员方案经向劳动行政部门报告，可以裁减人员：

（一）依照企业破产法规定进行重整的；

（二）生产经营发生严重困难的；

（三）企业转产、重大技术革新或者经营方式调整，经变更劳动合同后，仍需裁减人员的；

（四）其他因劳动合同订立时所依据的客观经济情况发生重大变化，致使劳动合同无法履行的。

裁减人员时，应当优先留用下列人员：

（一）与本单位订立较长期限的固定期限劳动合同的；

（二）与本单位订立无固定期限劳动合同的；

（三）家庭无其他就业人员，有需要扶养的老人或者未成年人的。

用人单位依照本条第一款规定裁减人员，在六个月内重新招用人员的，应当通知被裁减的人员，并在同等条件下优先招用被裁减的人员。

第四十二条 劳动者有下列情形之一的，用人单位不得依照本法第四十条、第四十一条的规定解除劳动合同：

（一）从事接触职业病危害作业的劳动者未进行离岗前职业健康检查，或者疑似职业病病人在诊断或者医学观察期间的；

（二）在本单位患职业病或者因工负伤并被确认丧失或者部分丧失劳动能力的；

（三）患病或者非因工负伤，在规定的医疗期内的；

（四）女职工在孕期、产期、哺乳期的；

（五）在本单位连续工作满十五年，且距法定退休年龄不足五年的；

（六）法律、行政法规规定的其他情形。

第四十三条 用人单位单方解除劳动合同，应当事先将理由通知工会。用人单位违反法律、行政法规规定或者劳动合同约定的，工会有权要求用人单位纠正。用人单位应当研究工会的意见，并将处理结果书面通知工会。

第四十四条 有下列情形之一的，劳动合同终止：

（一）劳动合同期满的；

（二）劳动者开始依法享受基本养老保险待遇的；

（三）劳动者死亡，或者被人民法院宣告死亡或者宣告失踪的；

（四）用人单位被依法宣告破产的；

（五）用人单位被吊销营业执照、责令关闭、撤销或者用人单位决定提前解散的；

（六）法律、行政法规规定的其他情形。

第四十五条 劳动合同期满，有本法第四十二条规定情形之一的，劳动合同应当续延至相应的情形消失时终止。但是，本法第四十二条第二项规定丧失或者部分丧失劳动能力劳动者的劳动合同的终止，按照国家有关工伤保险的规定执行。

第四十六条 有下列情形之一的，用人单位应当向劳动者支付经济补偿：

（一）劳动者依照本法第三十八条规定解除劳动合同的；

（二）用人单位依照本法第三十六条规定向劳动者提出解除劳动合同并与劳动者协商一致解除劳动合同的；

（三）用人单位依照本法第四十条规定解除劳动合同的；

（四）用人单位依照本法第四十一条第一款规定解除劳动合同的；

（五）除用人单位维持或者提高劳动合同约定条件续订劳动合同，劳动者不同意续订的情形外，依照本法第四十四条第一项规定终止固定期限劳动合同的；

（六）依照本法第四十四条第四项、第五项规定终止劳动合同的；

（七）法律、行政法规规定的其他情形。

第四十七条 经济补偿按劳动者在本单位工作的年限，每满一年支付一个月工资的标准向劳动者支付。六个月以上不满一年的，按一年计算；不满六个月的，向劳动者支付半个月工资的经济补偿。

劳动者月工资高于用人单位所在直辖市、设区的市级人民政府公布的本地区上年度职工月平均工资三倍的，向其支付经济补偿的标准按职工月平均工资三倍的数额支付，向其支付经济补偿的年限最高不超过十二年。

本条所称月工资是指劳动者在劳动合同解除或者终止前十二个月的平均工资。

第四十八条 用人单位违反本法规定解除或者终止劳动合同，劳动者要求继续履行劳动合同的，用人单位应当继续履行；劳动者不要求继续履行劳动合同或者劳动合同已经不能继续履行的，用人单位应当依照本法第八十七条规定支付赔偿金。

第四十九条 国家采取措施，建立健全劳动者社会保险关系跨地区转移接续制度。

第五十条 用人单位应当在解除或者终止劳动合同时出具解除或者终止劳动合同的证明，并在十五日内为劳动者办理档案和社会保险关系转移手续。

劳动者应当按照双方约定，办理工作交接。用人单位依照本法有关规定应当向劳动者支付经济补偿的，在办理工作交接时支付。

用人单位对已经解除或者终止的劳动合同的文本，至少保存二年备查。

第五章 特别规定

第一节 集体合同

第五十一条 企业职工一方与用人单位通过平等协商，可以就劳动报酬、工作时间、休息休假、劳动安全卫生、保险福利等事项订立集体合同。集体合同草案应当提交职工代表大会或者全体职工讨论通过。

集体合同由工会代表企业职工一方与用人单位订立；尚未建立工会的用人单位，由上级工会指导劳动者推举的代表与用人单位订立。

第五十二条 企业职工一方与用人单位可以订立劳动安全卫生、女职工权益保护、工资调整机制等专项集体合同。

第五十三条 在县级以下区域内，建筑业、采矿业、餐饮服务业等行业可以由工会与企业方面代表订立行业性集体合同，或者订立区域性集体合同。

第五十四条 集体合同订立后，应当报送劳动行政部门；劳动行政部门自收到集体合同文本之日起十五日内未提出异议的，集体合同即行生效。

依法订立的集体合同对用人单位和劳动者具有约束力。行业性、区域性集体合同对当地本行业、本区域的用人单位和劳动者具有约束力。

第五十五条 集体合同中劳动报酬和劳动条件等标准不得低于当地人民政府规定的最低标准；用人单位与劳动者订立的劳动合同中劳动报酬和劳动条件等标准不得低于集体合同规定的标准。

第五十六条 用人单位违反集体合同，侵犯职工劳动权益的，工会可以依法要求用人单位承担责任；因履行集体合同发生争议，经协商解决不成的，工会可以依法申请仲裁、提起诉讼。

第二节 劳务派遣

第五十七条 劳务派遣单位应当依照公司法的有关规定设立，注册资本不得少于五十万元。

第五十八条 劳务派遣单位是本法所称用人单位，应当履行用人单位对劳动者的义务。劳务派遣单位与被派遣劳动者订立的劳动合同，除应当载明本法第十七条规定的事项外，还应当载明被派遣劳动者的用工单位以及派遣期限、工作岗位等情况。

劳务派遣单位应当与被派遣劳动者订立二年以上的固定期限劳动合同，按月支付劳动报酬；被派遣劳动者在无工作期间，劳务派遣单位应当按照所在地人民政府规定的最低工资标准，向其按月支付报酬。

第五十九条 劳务派遣单位派遣劳动者应当与接受以劳务派遣形式用工的单位（以下称用工单位）订立劳务派遣协议。劳务派遣协议应当约定派遣岗位和人员数量、派遣期限、劳动报酬和社会保险费的数额与支付方式以及违反协议的责任。

用工单位应当根据工作岗位的实际需要与劳务派遣单位确定派遣期限，不得将连续用工期限分割订立数个短期劳务派遣协议。

第六十条 劳务派遣单位应当将劳务派遣协议的内容告知被派遣劳动者。

劳务派遣单位不得克扣用工单位按照劳务派遣协议支付给被派遣劳动者的劳动报酬。

劳务派遣单位和用工单位不得向被派遣劳动者收取费用。

第六十一条 劳务派遣单位跨地区派遣劳动者的，被派遣劳动者享有的劳动报酬和劳动条件，按照用工单位所在地的标准执行。

第六十二条 用工单位应当履行下列义务：

（一）执行国家劳动标准，提供相应的劳动条件和劳动保护；

（二）告知被派遣劳动者的工作要求和劳动报酬；

（三）支付加班费、绩效奖金，提供与工作岗位相关的福利待遇；

（四）对在岗被派遣劳动者进行工作岗位所必需的培训；

（五）连续用工的，实行正常的工资调整机制。

用工单位不得将被派遣劳动者再派遣到其他用人单位。

第六十三条 被派遣劳动者享有与用工单位的劳动者同工同酬的权利。用工单位无同类岗位劳动者的，参照用工单位所在地相同或者相近岗位劳动者的劳动报酬确定。

第六十四条 被派遣劳动者有权在劳务派遣单位或者用工单位依法参加或者组织工会，维护自身的合法权益。

第六十五条 被派遣劳动者可以依照本法第三十六条、第三十八条的规定与劳务派遣单位解除劳动合同。

被派遣劳动者有本法第三十九条和第四十条第一项、第二项规定情形的，用工单位可以将劳动者退回劳务派遣单位，劳务派遣单位依照本法有关规定，可以与劳动者解除劳动合同。

第六十六条 劳务派遣一般在临时性、辅助性或者替代性的工作岗位上实施。

第六十七条 用人单位不得设立劳务派遣单位向本单位或者所属单位派遣劳动者。

第三节 非全日制用工

第六十八条 非全日制用工,是指以小时计酬为主,劳动者在同一用人单位一般平均每日工作时间不超过四小时,每周工作时间累计不超过二十四小时的用工形式。

第六十九条 非全日制用工双方当事人可以订立口头协议。

从事非全日制用工的劳动者可以与一个或者一个以上用人单位订立劳动合同;但是,后订立的劳动合同不得影响先订立的劳动合同的履行。

第七十条 非全日制用工双方当事人不得约定试用期。

第七十一条 非全日制用工双方当事人任何一方都可以随时通知对方终止用工。终止用工,用人单位不向劳动者支付经济补偿。

第七十二条 非全日制用工小时计酬标准不得低于用人单位所在地人民政府规定的最低小时工资标准。

非全日制用工劳动报酬结算支付周期最长不得超过十五日。

第六章 监督检查

第七十三条 国务院劳动行政部门负责全国劳动合同制度实施的监督管理。

县级以上地方人民政府劳动行政部门负责本行政区域内劳动合同制度实施的监督管理。

县级以上各级人民政府劳动行政部门在劳动合同制度实施的监督管理工作中,应当听取工会、企业方面代表以及有关行业主管部门的意见。

第七十四条 县级以上地方人民政府劳动行政部门依法对下列实施劳动合同制度的情况进行监督检查:

(一)用人单位制定直接涉及劳动者切身利益的规章制度及其执行的情况;

(二)用人单位与劳动者订立和解除劳动合同的情况;

(三)劳务派遣单位和用工单位遵守劳务派遣有关规定的情况;

(四)用人单位遵守国家关于劳动者工作时间和休息休假规定的情况;

(五)用人单位支付劳动合同约定的劳动报酬和执行最低工资标准的情况;

(六)用人单位参加各项社会保险和缴纳社会保险费的情况;

(七)法律、法规规定的其他劳动监察事项。

第七十五条 县级以上地方人民政府劳动行政部门实施监督检查时,有权查阅与劳动合同、集体合同有关的材料,有权对劳动场所进行实地检查,用人单位和劳动者都应当如实提供有关情况和材料。

劳动行政部门的工作人员进行监督检查,应当出示证件,依法行使职权,文明执法。

第七十六条 县级以上人民政府建设、卫生、安全生产监督管理等有关主管部门在各自职责范围内,对用人单位执行劳动合同制度的情况进行监督管理。

第七十七条 劳动者合法权益受到侵害的,有权要求有关部门依法处理,或者依法申请仲裁、提起诉讼。

第七十八条 工会依法维护劳动者的合法权益,对用人单位履行劳动合同、集体合同的情况进行监督。用人单位违反劳动法律、法规和劳动合同、集体合同的，工会有权提出意见或者要求纠正；劳动者申请仲裁、提起诉讼的，工会依法给予支持和帮助。

第七十九条 任何组织或者个人对违反本法的行为都有权举报，县级以上人民政府劳动行政部门应当及时核实、处理，并对举报有功人员给予奖励。

第七章 法律责任

第八十条 用人单位直接涉及劳动者切身利益的规章制度违反法律、法规规定的，由劳动行政部门责令改正，给予警告；给劳动者造成损害的，应当承担赔偿责任。

第八十一条 用人单位提供的劳动合同文本未载明本法规定的劳动合同必备条款或者用人单位未将劳动合同文本交付劳动者的，由劳动行政部门责令改正；给劳动者造成损害的，应当承担赔偿责任。

第八十二条 用人单位自用工之日起超过一个月不满一年未与劳动者订立书面劳动合同的，应当向劳动者每月支付二倍的工资。

用人单位违反本法规定不与劳动者订立无固定期限劳动合同的，自应当订立无固定期限劳动合同之日起向劳动者每月支付二倍的工资。

第八十三条 用人单位违反本法规定与劳动者约定试用期的，由劳动行政部门责令改正；违法约定的试用期已经履行的，由用人单位以劳动者试用期满月工资为标准，按已经履行的超过法定试用期的期间向劳动者支付赔偿金。

第八十四条 用人单位违反本法规定，扣押劳动者居民身份证等证件的，由劳动行政部门责令限期退还劳动者本人，并依照有关法律规定给予处罚。

用人单位违反本法规定，以担保或者其他名义向劳动者收取财物的，由劳动行政部门责令限期退还劳动者本人，并以每人五百元以上二千元以下的标准处以罚款；给劳动者造成损害的，应当承担赔偿责任。

劳动者依法解除或者终止劳动合同，用人单位扣押劳动者档案或者其他物品的，依照前款规定处罚。

第八十五条 用人单位有下列情形之一的，由劳动行政部门责令限期支付劳动报酬、加班费或者经济补偿；劳动报酬低于当地最低工资标准的，应当支付其差额部分；逾期不支付的，责令用人单位按应付金额百分之五十以上百分之一百以下的标准向劳动者加付赔偿金：

（一）未按照劳动合同的约定或者国家规定及时足额支付劳动者劳动报酬的；

（二）低于当地最低工资标准支付劳动者工资的；

（三）安排加班不支付加班费的；

（四）解除或者终止劳动合同，未依照本法规定向劳动者支付经济补偿的。

第八十六条 劳动合同依照本法第二十六条规定被确认无效，给对方造成损害的，有过错的一方应当承担赔偿责任。

第八十七条 用人单位违反本法规定解除或者终止劳动合同的，应当依照本法第四十七条规定的经济补偿标准的二倍向劳动者支付赔偿金。

第八十八条 用人单位有下列情形之一的，依法给予行政处罚；构成犯罪的，依法追

究刑事责任;给劳动者造成损害的,应当承担赔偿责任:

(一)以暴力、威胁或者非法限制人身自由的手段强迫劳动的;

(二)违章指挥或者强令冒险作业危及劳动者人身安全的;

(三)侮辱、体罚、殴打、非法搜查或者拘禁劳动者的;

(四)劳动条件恶劣、环境污染严重,给劳动者身心健康造成严重损害的。

第八十九条 用人单位违反本法规定未向劳动者出具解除或者终止劳动合同的书面证明,由劳动行政部门责令改正;给劳动者造成损害的,应当承担赔偿责任。

第九十条 劳动者违反本法规定解除劳动合同,或者违反劳动合同中约定的保密义务或者竞业限制,给用人单位造成损失的,应当承担赔偿责任。

第九十一条 用人单位招用与其他用人单位尚未解除或者终止劳动合同的劳动者,给其他用人单位造成损失的,应当承担连带赔偿责任。

第九十二条 劳务派遣单位违反本法规定的,由劳动行政部门和其他有关主管部门责令改正;情节严重的,以每人一千元以上五千元以下的标准处以罚款,并由工商行政管理部门吊销营业执照;给被派遣劳动者造成损害的,劳务派遣单位与用工单位承担连带赔偿责任。

第九十三条 对不具备合法经营资格的用人单位的违法犯罪行为,依法追究法律责任;劳动者已经付出劳动的,该单位或者其出资人应当依照本法有关规定向劳动者支付劳动报酬、经济补偿、赔偿金;给劳动者造成损害的,应当承担赔偿责任。

第九十四条 个人承包经营违反本法规定招用劳动者,给劳动者造成损害的,发包的组织与个人承包经营者承担连带赔偿责任。

第九十五条 劳动行政部门和其他有关主管部门及其工作人员玩忽职守、不履行法定职责,或者违法行使职权,给劳动者或者用人单位造成损害的,应当承担赔偿责任;对直接负责的主管人员和其他直接责任人员,依法给予行政处分;构成犯罪的,依法追究刑事责任。

第八章 附 则

第九十六条 事业单位与实行聘用制的工作人员订立、履行、变更、解除或者终止劳动合同,法律、行政法规或者国务院另有规定的,依照其规定;未作规定的,依照本法有关规定执行。

第九十七条 本法施行前已依法订立且在本法施行之日存续的劳动合同,继续履行;本法第十四条第二款第三项规定连续订立固定期限劳动合同的次数,自本法施行后续订固定期限劳动合同时开始计算。

本法施行前已建立劳动关系,尚未订立书面劳动合同的,应当自本法施行之日起一个月内订立。

本法施行之日存续的劳动合同在本法施行后解除或者终止,依照本法第四十六条规定应当支付经济补偿的,经济补偿年限自本法施行之日起计算;本法施行前按照当时有关规定,用人单位应当向劳动者支付经济补偿的,按照当时有关规定执行。

第九十八条 本法自2008年1月1日起施行。

二、《中华人民共和国城乡规划法》

（2008 年 1 月 1 日起实施）

第一章　总　则

第一条　为了加强城乡规划管理，协调城乡空间布局，改善人居环境，促进城乡经济社会全面协调可持续发展，制定本法。

第二条　制定和实施城乡规划，在规划区内进行建设活动，必须遵守本法。

本法所称城乡规划，包括城镇体系规划、城市规划、镇规划、乡规划和村庄规划。城市规划、镇规划分为总体规划和详细规划。详细规划分为控制性详细规划和修建性详细规划。

本法所称规划区，是指城市、镇和村庄的建成区以及因城乡建设和发展需要，必须实行规划控制的区域。规划区的具体范围由有关人民政府在组织编制的城市总体规划、镇总体规划、乡规划和村庄规划中，根据城乡经济社会发展水平和统筹城乡发展的需要划定。

第三条　城市和镇应当依照本法制定城市规划和镇规划。城市、镇规划区内的建设活动应当符合规划要求。

县级以上地方人民政府根据本地农村经济社会发展水平，按照因地制宜、切实可行的原则，确定应当制定乡规划、村庄规划的区域。在确定区域内的乡、村庄，应当依照本法制定规划，规划区内的乡、村庄建设应当符合规划要求。

县级以上地方人民政府鼓励、指导前款规定以外的区域的乡、村庄制定和实施乡规划、村庄规划。

第四条　制定和实施城乡规划，应当遵循城乡统筹、合理布局、节约土地、集约发展和先规划后建设的原则，改善生态环境，促进资源、能源节约和综合利用，保护耕地等自然资源和历史文化遗产，保持地方特色、民族特色和传统风貌，防止污染和其他公害，并符合区域人口发展、国防建设、防灾减灾和公共卫生、公共安全的需要。

在规划区内进行建设活动，应当遵守土地管理、自然资源和环境保护等法律、法规的规定。

县级以上地方人民政府应当根据当地经济社会发展的实际，在城市总体规划、镇总体规划中合理确定城市、镇的发展规模、步骤和建设标准。

第五条　城市总体规划、镇总体规划以及乡规划和村庄规划的编制，应当依据国民经济和社会发展规划，并与土地利用总体规划相衔接。

第六条　各级人民政府应当将城乡规划的编制和管理经费纳入本级财政预算。

第七条　经依法批准的城乡规划，是城乡建设和规划管理的依据，未经法定程序不得修改。

第八条　城乡规划组织编制机关应当及时公布经依法批准的城乡规划。但是，法律、行政法规规定不得公开的内容除外。

第九条　任何单位和个人都应当遵守经依法批准并公布的城乡规划，服从规划管理，并有权就涉及其利害关系的建设活动是否符合规划的要求向城乡规划主管部门查询。

任何单位和个人都有权向城乡规划主管部门或者其他有关部门举报或者控告违反城乡规划的行为。城乡规划主管部门或者其他有关部门对举报或者控告,应当及时受理并组织核查、处理。

第十条 国家鼓励采用先进的科学技术,增强城乡规划的科学性,提高城乡规划实施及监督管理的效能。

第十一条 国务院城乡规划主管部门负责全国的城乡规划管理工作。

县级以上地方人民政府城乡规划主管部门负责本行政区域内的城乡规划管理工作。

第二章 城乡规划的制定

第十二条 国务院城乡规划主管部门会同国务院有关部门组织编制全国城镇体系规划,用于指导省域城镇体系规划、城市总体规划的编制。

全国城镇体系规划由国务院城乡规划主管部门报国务院审批。

第十三条 省、自治区人民政府组织编制省域城镇体系规划,报国务院审批。

省域城镇体系规划的内容应当包括:城镇空间布局和规模控制,重大基础设施的布局,为保护生态环境、资源等需要严格控制的区域。

第十四条 城市人民政府组织编制城市总体规划。

直辖市的城市总体规划由直辖市人民政府报国务院审批。省、自治区人民政府所在地的城市以及国务院确定的城市的总体规划,由省、自治区人民政府审查同意后,报国务院审批。其他城市的总体规划,由城市人民政府报省、自治区人民政府审批。

第十五条 县人民政府组织编制县人民政府所在地镇的总体规划,报上一级人民政府审批。其他镇的总体规划由镇人民政府组织编制,报上一级人民政府审批。

第十六条 省、自治区人民政府组织编制的省域城镇体系规划,城市、县人民政府组织编制的总体规划,在报上一级人民政府审批前,应当先经本级人民代表大会常务委员会审议,常务委员会组成人员的审议意见交由本级人民政府研究处理。

镇人民政府组织编制的镇总体规划,在报上一级人民政府审批前,应当先经镇人民代表大会审议,代表的审议意见交由本级人民政府研究处理。

规划的组织编制机关报送审批省域城镇体系规划、城市总体规划或者镇总体规划,应当将本级人民代表大会常务委员会组成人员或者镇人民代表大会代表的审议意见和根据审议意见修改规划的情况一并报送。

第十七条 城市总体规划、镇总体规划的内容应当包括:城市、镇的发展布局,功能分区,用地布局,综合交通体系,禁止、限制和适宜建设的地域范围,各类专项规划等。

规划区范围、规划区内建设用地规模、基础设施和公共服务设施用地、水源地和水系、基本农田和绿化用地、环境保护、自然与历史文化遗产保护以及防灾减灾等内容,应当作为城市总体规划、镇总体规划的强制性内容。

城市总体规划、镇总体规划的规划期限一般为二十年。城市总体规划还应当对城市更长远的发展作出预测性安排。

第十八条 乡规划、村庄规划应当从农村实际出发,尊重村民意愿,体现地方和农村特色。

乡规划、村庄规划的内容应当包括：规划区范围，住宅、道路、供水、排水、供电、垃圾收集、畜禽养殖场所等农村生产、生活服务设施、公益事业等各项建设的用地布局、建设要求，以及对耕地等自然资源和历史文化遗产保护、防灾减灾等的具体安排。乡规划还应当包括本行政区域内的村庄发展布局。

第十九条 城市人民政府城乡规划主管部门根据城市总体规划的要求，组织编制城市的控制性详细规划，经本级人民政府批准后，报本级人民代表大会常务委员会和上一级人民政府备案。

第二十条 镇人民政府根据镇总体规划的要求，组织编制镇的控制性详细规划，报上一级人民政府审批。县人民政府所在地镇的控制性详细规划，由县人民政府城乡规划主管部门根据镇总体规划的要求组织编制，经县人民政府批准后，报本级人民代表大会常务委员会和上一级人民政府备案。

第二十一条 城市、县人民政府城乡规划主管部门和镇人民政府可以组织编制重要地块的修建性详细规划。修建性详细规划应当符合控制性详细规划。

第二十二条 乡、镇人民政府组织编制乡规划、村庄规划，报上一级人民政府审批。村庄规划在报送审批前，应当经村民会议或者村民代表会议讨论同意。

第二十三条 首都的总体规划、详细规划应当统筹考虑中央国家机关用地布局和空间安排的需要。

第二十四条 城乡规划组织编制机关应当委托具有相应资质等级的单位承担城乡规划的具体编制工作。

从事城乡规划编制工作应当具备下列条件，并经国务院城乡规划主管部门或者省、自治区、直辖市人民政府城乡规划主管部门依法审查合格，取得相应等级的资质证书后，方可在资质等级许可的范围内从事城乡规划编制工作：

（一）有法人资格；

（二）有规定数量的经国务院城乡规划主管部门注册的规划师；

（三）有规定数量的相关专业技术人员；

（四）有相应的技术装备；

（五）有健全的技术、质量、财务管理制度。

规划师执业资格管理办法，由国务院城乡规划主管部门会同国务院人事行政部门制定。

编制城乡规划必须遵守国家有关标准。

第二十五条 编制城乡规划，应当具备国家规定的勘察、测绘、气象、地震、水文、环境等基础资料。

县级以上地方人民政府有关主管部门应当根据编制城乡规划的需要，及时提供有关基础资料。

第二十六条 城乡规划报送审批前，组织编制机关应当依法将城乡规划草案予以公告，并采取论证会、听证会或者其他方式征求专家和公众的意见。公告的时间不得少于三十日。

组织编制机关应当充分考虑专家和公众的意见，并在报送审批的材料中附具意见采纳情况及理由。

第二十七条 省域城镇体系规划、城市总体规划、镇总体规划批准前，审批机关应当组织专家和有关部门进行审查。

第三章 城乡规划的实施

第二十八条 地方各级人民政府应当根据当地经济社会发展水平，量力而行，尊重群众意愿，有计划、分步骤地组织实施城乡规划。

第二十九条 城市的建设和发展，应当优先安排基础设施以及公共服务设施的建设，妥善处理新区开发与旧区改建的关系，统筹兼顾进城务工人员生活和周边农村经济社会发展、村民生产与生活的需要。

镇的建设和发展，应当结合农村经济社会发展和产业结构调整，优先安排供水、排水、供电、供气、道路、通信、广播电视等基础设施和学校、卫生院、文化站、幼儿园、福利院等公共服务设施的建设，为周边农村提供服务。

乡、村庄的建设和发展，应当因地制宜、节约用地，发挥村民自治组织的作用，引导村民合理进行建设，改善农村生产、生活条件。

第三十条 城市新区的开发和建设，应当合理确定建设规模和时序，充分利用现有市政基础设施和公共服务设施，严格保护自然资源和生态环境，体现地方特色。

在城市总体规划、镇总体规划确定的建设用地范围以外，不得设立各类开发区和城市新区。

第三十一条 旧城区的改建，应当保护历史文化遗产和传统风貌，合理确定拆迁和建设规模，有计划地对危房集中、基础设施落后等地段进行改建。

历史文化名城、名镇、名村的保护以及受保护建筑物的维护和使用，应当遵守有关法律、行政法规和国务院的规定。

第三十二条 城乡建设和发展，应当依法保护和合理利用风景名胜资源，统筹安排风景名胜区及周边乡、镇、村庄的建设。

风景名胜区的规划、建设和管理，应当遵守有关法律、行政法规和国务院的规定。

第三十三条 城市地下空间的开发和利用，应当与经济和技术发展水平相适应，遵循统筹安排、综合开发、合理利用的原则，充分考虑防灾减灾、人民防空和通信等需要，并符合城市规划，履行规划审批手续。

第三十四条 城市、县、镇人民政府应当根据城市总体规划、镇总体规划、土地利用总体规划和年度计划以及国民经济和社会发展规划，制定近期建设规划，报总体规划审批机关备案。

近期建设规划应当以重要基础设施、公共服务设施和中低收入居民住房建设以及生态环境保护为重点内容，明确近期建设的时序、发展方向和空间布局。近期建设规划的规划期限为五年。

第三十五条 城乡规划确定的铁路、公路、港口、机场、道路、绿地、输配电设施及输电线路走廊、通信设施、广播电视设施、管道设施、河道、水库、水源地、自然保护区、防汛通道、消防通道、核电站、垃圾填埋场及焚烧厂、污水处理厂和公共服务设施的用地以及其他需要依法保护的用地，禁止擅自改变用途。

第三十六条 按照国家规定需要有关部门批准或者核准的建设项目，以划拨方式提供国有土地使用权的，建设单位在报送有关部门批准或者核准前，应当向城乡规划主管部门申请核发选址意见书。

前款规定以外的建设项目不需要申请选址意见书。

第三十七条 在城市、镇规划区内以划拨方式提供国有土地使用权的建设项目，经有关部门批准、核准、备案后，建设单位应当向城市、县人民政府城乡规划主管部门提出建设用地规划许可申请，由城市、县人民政府城乡规划主管部门依据控制性详细规划核定建设用地的位置、面积、允许建设的范围，核发建设用地规划许可证。

建设单位在取得建设用地规划许可证后，方可向县级以上地方人民政府土地主管部门申请用地，经县级以上人民政府审批后，由土地主管部门划拨土地。

第三十八条 在城市、镇规划区内以出让方式提供国有土地使用权的，在国有土地使用权出让前，城市、县人民政府城乡规划主管部门应当依据控制性详细规划，提出出让地块的位置、使用性质、开发强度等规划条件，作为国有土地使用权出让合同的组成部分。未确定规划条件的地块，不得出让国有土地使用权。

以出让方式取得国有土地使用权的建设项目，在签订国有土地使用权出让合同后，建设单位应当持建设项目的批准、核准、备案文件和国有土地使用权出让合同，向城市、县人民政府城乡规划主管部门领取建设用地规划许可证。

城市、县人民政府城乡规划主管部门不得在建设用地规划许可证中，擅自改变作为国有土地使用权出让合同组成部分的规划条件。

第三十九条 规划条件未纳入国有土地使用权出让合同的，该国有土地使用权出让合同无效；对未取得建设用地规划许可证的建设单位批准用地的，由县级以上人民政府撤销有关批准文件；占用土地的，应当及时退回；给当事人造成损失的，应当依法给予赔偿。

第四十条 在城市、镇规划区内进行建筑物、构筑物、道路、管线和其他工程建设的，建设单位或者个人应当向城市、县人民政府城乡规划主管部门或者省、自治区、直辖市人民政府确定的镇人民政府申请办理建设工程规划许可证。

申请办理建设工程规划许可证，应当提交使用土地的有关证明文件、建设工程设计方案等材料。需要建设单位编制修建性详细规划的建设项目，还应当提交修建性详细规划。对符合控制性详细规划和规划条件的，由城市、县人民政府城乡规划主管部门或者省、自治区、直辖市人民政府确定的镇人民政府核发建设工程规划许可证。

城市、县人民政府城乡规划主管部门或者省、自治区、直辖市人民政府确定的镇人民政府应当依法将经审定的修建性详细规划、建设工程设计方案的总平面图予以公布。

第四十一条 在乡、村庄规划区内进行乡镇企业、乡村公共设施和公益事业建设的，建设单位或者个人应当向乡、镇人民政府提出申请，由乡、镇人民政府报城市、县人民政府城乡规划主管部门核发乡村建设规划许可证。

在乡、村庄规划区内使用原有宅基地进行农村村民住宅建设的规划管理办法，由省、自治区、直辖市制定。

在乡、村庄规划区内进行乡镇企业、乡村公共设施和公益事业建设以及农村村民住宅建设,不得占用农用地;确需占用农用地的,应当依照《中华人民共和国土地管理法》有关规定办理农用地转用审批手续后,由城市、县人民政府城乡规划主管部门核发乡村建设规划许可证。

建设单位或者个人在取得乡村建设规划许可证后,方可办理用地审批手续。

第四十二条 城乡规划主管部门不得在城乡规划确定的建设用地范围以外作出规划许可。

第四十三条 建设单位应当按照规划条件进行建设;确需变更的,必须向城市、县人民政府城乡规划主管部门提出申请。变更内容不符合控制性详细规划的,城乡规划主管部门不得批准。城市、县人民政府城乡规划主管部门应当及时将依法变更后的规划条件通报同级土地主管部门并公示。

建设单位应当及时将依法变更后的规划条件报有关人民政府土地主管部门备案。

第四十四条 在城市、镇规划区内进行临时建设的,应当经城市、县人民政府城乡规划主管部门批准。临时建设影响近期建设规划或者控制性详细规划的实施以及交通、市容、安全等的,不得批准。

临时建设应当在批准的使用期限内自行拆除。

临时建设和临时用地规划管理的具体办法,由省、自治区、直辖市人民政府制定。

第四十五条 县级以上地方人民政府城乡规划主管部门按照国务院规定对建设工程是否符合规划条件予以核实。未经核实或者经核实不符合规划条件的,建设单位不得组织竣工验收。

建设单位应当在竣工验收后六个月内向城乡规划主管部门报送有关竣工验收资料。

第四章　城乡规划的修改

第四十六条 省域城镇体系规划、城市总体规划、镇总体规划的组织编制机关,应当组织有关部门和专家定期对规划实施情况进行评估,并采取论证会、听证会或者其他方式征求公众意见。组织编制机关应当向本级人民代表大会常务委员会、镇人民代表大会和原审批机关提出评估报告并附具征求意见的情况。

第四十七条 有下列情形之一的,组织编制机关方可按照规定的权限和程序修改省域城镇体系规划、城市总体规划、镇总体规划:

(一)上级人民政府制定的城乡规划发生变更,提出修改规划要求的;

(二)行政区划调整确需修改规划的;

(三)因国务院批准重大建设工程确需修改规划的;

(四)经评估确需修改规划的;

(五)城乡规划的审批机关认为应当修改规划的其他情形。

修改省域城镇体系规划、城市总体规划、镇总体规划前,组织编制机关应当对原规划的实施情况进行总结,并向原审批机关报告;修改涉及城市总体规划、镇总体规划强制性内容的,应当先向原审批机关提出专题报告,经同意后,方可编制修改方案。

修改后的省域城镇体系规划、城市总体规划、镇总体规划,应当依照本法第十三条、第十四条、第十五条和第十六条规定的审批程序报批。

第四十八条 修改控制性详细规划的，组织编制机关应当对修改的必要性进行论证，征求规划地段内利害关系人的意见，并向原审批机关提出专题报告，经原审批机关同意后，方可编制修改方案。修改后的控制性详细规划，应当依照本法第十九条、第二十条规定的审批程序报批。控制性详细规划修改涉及城市总体规划、镇总体规划的强制性内容的，应当先修改总体规划。

修改乡规划、村庄规划的，应当依照本法第二十二条规定的审批程序报批。

第四十九条 城市、县、镇人民政府修改近期建设规划的，应当将修改后的近期建设规划报总体规划审批机关备案。

第五十条 在选址意见书、建设用地规划许可证、建设工程规划许可证或者乡村建设规划许可证发放后，因依法修改城乡规划给被许可人合法权益造成损失的，应当依法给予补偿。

经依法审定的修建性详细规划、建设工程设计方案的总平面图不得随意修改；确需修改的，城乡规划主管部门应当采取听证会等形式，听取利害关系人的意见；因修改给利害关系人合法权益造成损失的，应当依法给予补偿。

第五章　监督检查

第五十一条 县级以上人民政府及其城乡规划主管部门应当加强对城乡规划编制、审批、实施、修改的监督检查。

第五十二条 地方各级人民政府应当向本级人民代表大会常务委员会或者乡、镇人民代表大会报告城乡规划的实施情况，并接受监督。

第五十三条 县级以上人民政府城乡规划主管部门对城乡规划的实施情况进行监督检查，有权采取以下措施：

（一）要求有关单位和人员提供与监督事项有关的文件、资料，并进行复制；

（二）要求有关单位和人员就监督事项涉及的问题作出解释和说明，并根据需要进入现场进行勘测；

（三）责令有关单位和人员停止违反有关城乡规划的法律、法规的行为。

城乡规划主管部门的工作人员履行前款规定的监督检查职责，应当出示执法证件。被监督检查的单位和人员应当予以配合，不得妨碍和阻挠依法进行的监督检查活动。

第五十四条 监督检查情况和处理结果应当依法公开，供公众查阅和监督。

第五十五条 城乡规划主管部门在查处违反本法规定的行为时，发现国家机关工作人员依法应当给予行政处分的，应当向其任免机关或者监察机关提出处分建议。

第五十六条 依照本法规定应当给予行政处罚，而有关城乡规划主管部门不给予行政处罚的，上级人民政府城乡规划主管部门有权责令其作出行政处罚决定或者建议有关人民政府责令其给予行政处罚。

第五十七条 城乡规划主管部门违反本法规定作出行政许可的，上级人民政府城乡规划主管部门有权责令其撤销或者直接撤销该行政许可。因撤销行政许可给当事人合法权益造成损失的，应当依法给予赔偿。

第六章　法律责任

第五十八条　对依法应当编制城乡规划而未组织编制，或者未按法定程序编制、审批、修改城乡规划的，由上级人民政府责令改正，通报批评；对有关人民政府负责人和其他直接责任人员依法给予处分。

第五十九条　城乡规划组织编制机关委托不具有相应资质等级的单位编制城乡规划的，由上级人民政府责令改正，通报批评；对有关人民政府负责人和其他直接责任人员依法给予处分。

第六十条　镇人民政府或者县级以上人民政府城乡规划主管部门有下列行为之一的，由本级人民政府、上级人民政府城乡规划主管部门或者监察机关依据职权责令改正，通报批评；对直接负责的主管人员和其他直接责任人员依法给予处分：

（一）未依法组织编制城市的控制性详细规划、县人民政府所在地镇的控制性详细规划的；

（二）超越职权或者对不符合法定条件的申请人核发选址意见书、建设用地规划许可证、建设工程规划许可证、乡村建设规划许可证的；

（三）对符合法定条件的申请人未在法定期限内核发选址意见书、建设用地规划许可证、建设工程规划许可证、乡村建设规划许可证的；

（四）未依法对经审定的修建性详细规划、建设工程设计方案的总平面图予以公布的；

（五）同意修改修建性详细规划、建设工程设计方案的总平面图前未采取听证会等形式听取利害关系人的意见的；

（六）发现未依法取得规划许可或者违反规划许可的规定在规划区内进行建设的行为，而不予查处或者接到举报后不依法处理的。

第六十一条　县级以上人民政府有关部门有下列行为之一的，由本级人民政府或者上级人民政府有关部门责令改正，通报批评；对直接负责的主管人员和其他直接责任人员依法给予处分：

（一）对未依法取得选址意见书的建设项目核发建设项目批准文件的；

（二）未依法在国有土地使用权出让合同中确定规划条件或者改变国有土地使用权出让合同中依法确定的规划条件的；

（三）对未依法取得建设用地规划许可证的建设单位划拨国有土地使用权的。

第六十二条　城乡规划编制单位有下列行为之一的，由所在地城市、县人民政府城乡规划主管部门责令限期改正，处合同约定的规划编制费一倍以上二倍以下的罚款；情节严重的，责令停业整顿，由原发证机关降低资质等级或者吊销资质证书；造成损失的，依法承担赔偿责任：

（一）超越资质等级许可的范围承揽城乡规划编制工作的；

（二）违反国家有关标准编制城乡规划的。

未依法取得资质证书承揽城乡规划编制工作的，由县级以上地方人民政府城乡规划主管部门责令停止违法行为，依照前款规定处以罚款；造成损失的，依法承担赔偿责任。

以欺骗手段取得资质证书承揽城乡规划编制工作的，由原发证机关吊销资质证书，依照本条第一款规定处以罚款；造成损失的，依法承担赔偿责任。

第六十三条 城乡规划编制单位取得资质证书后，不再符合相应的资质条件的，由原发证机关责令限期改正；逾期不改正的，降低资质等级或者吊销资质证书。

第六十四条 未取得建设工程规划许可证或者未按照建设工程规划许可证的规定进行建设的，由县级以上地方人民政府城乡规划主管部门责令停止建设；尚可采取改正措施消除对规划实施的影响的，限期改正，处建设工程造价百分之五以上百分之十以下的罚款；无法采取改正措施消除影响的，限期拆除，不能拆除的，没收实物或者违法收入，可以并处建设工程造价百分之十以下的罚款。

第六十五条 在乡、村庄规划区内未依法取得乡村建设规划许可证或者未按照乡村建设规划许可证的规定进行建设的，由乡、镇人民政府责令停止建设、限期改正；逾期不改正的，可以拆除。

第六十六条 建设单位或者个人有下列行为之一的，由所在地城市、县人民政府城乡规划主管部门责令限期拆除，可以并处临时建设工程造价一倍以下的罚款：

（一）未经批准进行临时建设的；

（二）未按照批准内容进行临时建设的；

（三）临时建筑物、构筑物超过批准期限不拆除的。

第六十七条 建设单位未在建设工程竣工验收后六个月内向城乡规划主管部门报送有关竣工验收资料的，由所在地城市、县人民政府城乡规划主管部门责令限期补报；逾期不补报的，处一万元以上五万元以下的罚款。

第六十八条 城乡规划主管部门作出责令停止建设或者限期拆除的决定后，当事人不停止建设或者逾期不拆除的，建设工程所在地县级以上地方人民政府可以责成有关部门采取查封施工现场、强制拆除等措施。

第六十九条 违反本法规定，构成犯罪的，依法追究刑事责任。

第七章　附　则

第七十条 本法自2008年1月1日起施行。《中华人民共和国城市规划法》同时废止。

三、《中华人民共和国城市房地产管理法》

（2007年8月30日第十届全国人民代表大会常务委员会
第二十九次会议通过）

第一章　总　则

第一条 为了加强对城市房地产的管理，维护房地产市场秩序，保障房地产权利人的合法权益，促进房地产业的健康发展，制定本法。

第二条 在中华人民共和国城市规划区国有土地（以下简称国有土地）范围内取得房地产开发用地的土地使用权，从事房地产开发、房地产交易，实施房地产管理，应当遵守本法。

本法所称房屋,是指土地上的房屋等建筑物及构筑物。

本法所称房地产开发,是指在依据本法取得国有土地使用权的土地上进行基础设施、房屋建设的行为。

本法所称房地产交易,包括房地产转让、房地产抵押和房屋租赁。

第三条 国家依法实行国有土地有偿、有限期使用制度。但是,国家在本法规定的范围内划拨国有土地使用权的除外。

第四条 国家根据社会、经济发展水平,扶持发展居民住宅建设,逐步改善居民的居住条件。

第五条 房地产权利人应当遵守法律和行政法规,依法纳税。房地产权利人的合法权益受法律保护,任何单位和个人不得侵犯。

第六条 为了公共利益的需要,国家可以征收国有土地上单位和个人的房屋,并依法给予拆迁补偿,维护被征收人的合法权益;征收个人住宅的,还应当保障被征收人的居住条件。具体办法由国务院规定。

第七条 国务院建设行政主管部门、土地管理部门依照国务院规定的职权划分,各司其职,密切配合,管理全国房地产工作。

县级以上地方人民政府房产管理、土地管理部门的机构设置及其职权由省、自治区、直辖市人民政府确定。

第二章 房地产开发用地

第一节 土地使用权出让

第八条 土地使用权出让,是指国家将国有土地使用权(以下简称土地使用权)在一定年限内出让给土地使用者,由土地使用者向国家支付土地使用权出让金的行为。

第九条 城市规划区内的集体所有的土地,经依法征用转为国有土地后,该幅国有土地的使用权方可有偿出让。

第十条 土地使用权出让,必须符合土地利用总体规划、城市规划和年度建设用地计划。

第十一条 县级以上地方人民政府出让土地使用权用于房地产开发的,须根据省级以上人民政府下达的控制指标拟订年度出让土地使用权总面积方案,按照国务院规定,报国务院或者省级人民政府批准。

第十二条 土地使用权出让,由市、县人民政府有计划、有步骤地进行。出让的每幅地块、用途、年限和其他条件,由市、县人民政府土地管理部门会同城市规划、建设、房产管理部门共同拟定方案,按照国务院规定,报经有批准权的人民政府批准后,由市、县人民政府土地管理部门实施。

直辖市的县人民政府及其有关部门行使前款规定的权限,由直辖市人民政府规定。

第十三条 土地使用权出让,可以采取拍卖、招标或者双方协议的方式。

商业、旅游、娱乐和豪华住宅用地,有条件的,必须采取拍卖、招标方式;没有条件,不能采取拍卖、招标方式的,可以采取双方协议的方式。

采取双方协议方式出让土地使用权的出让金不得低于按国家规定所确定的最低价。

第十四条 土地使用权出让最高年限由国务院规定。

第十五条 土地使用权出让，应当签订书面出让合同。

土地使用权出让合同由市、县人民政府土地管理部门与土地使用者签订。

第十六条 土地使用者必须按照出让合同约定，支付土地使用权出让金；未按照出让合同约定支付土地使用权出让金的，土地管理部门有权解除合同，并可以请求违约赔偿。

第十七条 土地使用者按照出让合同约定支付土地使用权出让金的，市、县人民政府土地管理部门必须按照出让合同约定，提供出让的土地；未按照出让合同约定提供出让的土地的，土地使用者有权解除合同，由土地管理部门返还土地使用权出让金，土地使用者并可以请求违约赔偿。

第十八条 土地使用者需要改变土地使用权出让合同约定的土地用途的，必须取得出让方和市、县人民政府城市规划行政主管部门的同意，签订土地使用权出让合同变更协议或者重新签订土地使用权出让合同，相应调整土地使用权出让金。

第十九条 土地使用权出让金应当全部上缴财政，列入预算，用于城市基础设施建设和土地开发。土地使用权出让金上缴和使用的具体办法由国务院规定。

第二十条 国家对土地使用者依法取得的土地使用权，在出让合同约定的使用年限届满前不收回；在特殊情况下，根据社会公共利益的需要，可以依照法律程序提前收回，并根据土地使用者使用土地的实际年限和开发土地的实际情况给予相应的补偿。

第二十一条 土地使用权因土地灭失而终止。

第二十二条 土地使用权出让合同约定的使用年限届满，土地使用者需要继续使用土地的，应当至迟于届满前一年申请续期，除根据社会公共利益需要收回该幅土地的，应当予以批准。经批准准予续期的，应当重新签订土地使用权出让合同，依照规定支付土地使用权出让金。

土地使用权出让合同约定的使用年限届满，土地使用者未申请续期或者虽申请续期但依照前款规定未获批准的，土地使用权由国家无偿收回。

第二节　土地使用权划拨

第二十三条 土地使用权划拨，是指县级以上人民政府依法批准，在土地使用者缴纳补偿、安置等费用后将该幅土地交付其使用，或者将土地使用权无偿交付给土地使用者使用的行为。

依照本法规定以划拨方式取得土地使用权的，除法律、行政法规另有规定外，没有使用期限的限制。

第二十四条 下列建设用地的土地使用权，确属必需的，可以由县级以上人民政府依法批准划拨：

（一）国家机关用地和军事用地；

（二）城市基础设施用地和公益事业用地；

（三）国家重点扶持的能源、交通、水利等项目用地；

（四）法律、行政法规规定的其他用地。

第三章　房地产开发

第二十五条　房地产开发必须严格执行城市规划，按照经济效益、社会效益、环境效益相统一的原则，实行全面规划、合理布局、综合开发、配套建设。

第二十六条　以出让方式取得土地使用权进行房地产开发的，必须按照土地使用权出让合同约定的土地用途、动工开发期限开发土地。超过出让合同约定的动工开发日期满一年未动工开发的，可以征收相当于土地使用权出让金百分之二十以下的土地闲置费；满二年未动工开发的，可以无偿收回土地使用权；但是，因不可抗力或者政府、政府有关部门的行为或者动工开发必需的前期工作造成动工开发迟延的除外。

第二十七条　房地产开发项目的设计、施工，必须符合国家的有关标准和规范。

房地产开发项目竣工，经验收合格后，方可交付使用。

第二十八条　依法取得的土地使用权，可以依照本法和有关法律、行政法规的规定，作价入股，合资、合作开发经营房地产。

第二十九条　国家采取税收等方面的优惠措施鼓励和扶持房地产开发企业开发建设居民住宅。

第三十条　房地产开发企业是以营利为目的，从事房地产开发和经营的企业。设立房地产开发企业，应当具备下列条件：

（一）有自己的名称和组织机构；

（二）有固定的经营场所；

（三）有符合国务院规定的注册资本；

（四）有足够的专业技术人员；

（五）法律、行政法规规定的其他条件。

设立房地产开发企业，应当向工商行政管理部门申请设立登记。工商行政管理部门对符合本法规定条件的，应当予以登记，发给营业执照；对不符合本法规定条件的，不予登记。

设立有限责任公司、股份有限公司，从事房地产开发经营的，还应当执行公司法的有关规定。

房地产开发企业在领取营业执照后的一个月内，应当到登记机关所在地的县级以上地方人民政府规定的部门备案。

第三十一条　房地产开发企业的注册资本与投资总额的比例应当符合国家有关规定。

房地产开发企业分期开发房地产的，分期投资额应当与项目规模相适应，并按照土地使用权出让合同的约定，按期投入资金，用于项目建设。

第四章　房地产交易

第一节　一般规定

第三十二条　房地产转让、抵押时，房屋的所有权和该房屋占用范围内的土地使用权同时转让、抵押。

第三十三条　基准地价、标定地价和各类房屋的重置价格应当定期确定并公布。具体办法由国务院规定。

第三十四条 国家实行房地产价格评估制度。

房地产价格评估，应当遵循公正、公平、公开的原则，按照国家规定的技术标准和评估程序，以基准地价、标定地价和各类房屋的重置价格为基础，参照当地的市场价格进行评估。

第三十五条 国家实行房地产成交价格申报制度。

房地产权利人转让房地产，应当向县级以上地方人民政府规定的部门如实申报成交价，不得瞒报或者作不实的申报。

第三十六条 房地产转让、抵押，当事人应当依照本法第五章的规定办理权属登记。

第二节 房地产转让

第三十七条 房地产转让，是指房地产权利人通过买卖、赠与或者其他合法方式将其房地产转移给他人的行为。

第三十八条 下列房地产，不得转让：

（一）以出让方式取得土地使用权的，不符合本法第三十九条规定的条件的；

（二）司法机关和行政机关依法裁定、决定查封或者以其他形式限制房地产权利的；

（三）依法收回土地使用权的；

（四）共有房地产，未经其他共有人书面同意的；

（五）权属有争议的；

（六）未依法登记领取权属证书的；

（七）法律、行政法规规定禁止转让的其他情形。

第三十九条 以出让方式取得土地使用权的，转让房地产时，应当符合下列条件：

（一）按照出让合同约定已经支付全部土地使用权出让金，并取得土地使用权证书；

（二）按照出让合同约定进行投资开发，属于房屋建设工程的，完成开发投资总额的百分之二十五以上，属于成片开发土地的，形成工业用地或者其他建设用地条件。

转让房地产时房屋已经建成的，还应当持有房屋所有权证书。

第四十条 以划拨方式取得土地使用权的，转让房地产时，应当按照国务院规定，报有批准权的人民政府审批。有批准权的人民政府准予转让的，应当由受让方办理土地使用权出让手续，并依照国家有关规定缴纳土地使用权出让金。

以划拨方式取得土地使用权的，转让房地产报批时，有批准权的人民政府按照国务院规定决定可以不办理土地使用权出让手续的，转让方应当按照国务院规定将转让房地产所获收益中的土地收益上缴国家或者作其他处理。

第四十一条 房地产转让，应当签订书面转让合同，合同中应当载明土地使用权取得的方式。

第四十二条 房地产转让时，土地使用权出让合同载明的权利、义务随之转移。

第四十三条 以出让方式取得土地使用权的，转让房地产后，其土地使用权的使用年限为原土地使用权出让合同约定的使用年限减去原土地使用者已经使用年限后的剩余年限。

第四十四条 以出让方式取得土地使用权的，转让房地产后，受让人改变原土地使用权出让合同约定的土地用途的，必须取得原出让方和市、县人民政府城市规划行政主管部门的同意，签订土地使用权出让合同变更协议或者重新签订土地使用权出让合同，相应调整土地使用权出让金。

第四十五条 商品房预售,应当符合下列条件:

(一)已交付全部土地使用权出让金,取得土地使用权证书;

(二)持有建设工程规划许可证;

(三)按提供预售的商品房计算,投入开发建设的资金达到工程建设总投资的百分之二十五以上,并已经确定施工进度和竣工交付日期;

(四)向县级以上人民政府房产管理部门办理预售登记,取得商品房预售许可证明。

商品房预售人应当按照国家有关规定将预售合同报县级以上人民政府房产管理部门和土地管理部门登记备案。

商品房预售所得款项,必须用于有关的工程建设。

第四十六条 商品房预售的,商品房预购人将购买的未竣工的预售商品房再行转让的问题,由国务院规定。

第三节 房地产抵押

第四十七条 房地产抵押,是指抵押人以其合法的房地产以不转移占有的方式向抵押权人提供债务履行担保的行为。债务人不履行债务时,抵押权人有权依法以抵押的房地产拍卖所得的价款优先受偿。

第四十八条 依法取得的房屋所有权连同该房屋占用范围内的土地使用权,可以设定抵押权。

以出让方式取得的土地使用权,可以设定抵押权。

第四十九条 房地产抵押,应当凭土地使用权证书、房屋所有权证书办理。

第五十条 房地产抵押,抵押人和抵押权人应当签订书面抵押合同。

第五十一条 设定房地产抵押权的土地使用权是以划拨方式取得的,依法拍卖该房地产后,应当从拍卖所得的价款中缴纳相当于应缴纳的土地使用权出让金的款额后,抵押权人方可优先受偿。

第五十二条 房地产抵押合同签订后,土地上新增的房屋不属于抵押财产。需要拍卖该抵押的房地产时,可以依法将土地上新增的房屋与抵押财产一同拍卖,但对拍卖新增房屋所得,抵押权人无权优先受偿。

第四节 房屋租赁

第五十三条 房屋租赁,是指房屋所有权人作为出租人将其房屋出租给承租人使用,由承租人向出租人支付租金的行为。

第五十四条 房屋租赁,出租人和承租人应当签订书面租赁合同,约定租赁期限、租赁用途、租赁价格、修缮责任等条款,以及双方的其他权利和义务,并向房产管理部门登记备案。

第五十五条 住宅用房的租赁,应当执行国家和房屋所在城市人民政府规定的租赁政策。租用房屋从事生产、经营活动的,由租赁双方协商议定租金和其他租赁条款。

第五十六条 以营利为目的,房屋所有权人将以划拨方式取得使用权的国有土地上建成的房屋出租的,应当将租金中所含土地收益上缴国家。具体办法由国务院规定。

第五节 中介服务机构

第五十七条 房地产中介服务机构包括房地产咨询机构、房地产价格评估机构、房地产经纪机构等。

第五十八条 房地产中介服务机构应当具备下列条件：

（一）有自己的名称和组织机构；

（二）有固定的服务场所；

（三）有必要的财产和经费；

（四）有足够数量的专业人员；

（五）法律、行政法规规定的其他条件。

设立房地产中介服务机构，应当向工商行政管理部门申请设立登记，领取营业执照后，方可开业。

第五十九条 国家实行房地产价格评估人员资格认证制度。

第五章 房地产权属登记管理

第六十条 国家实行土地使用权和房屋所有权登记发证制度。

第六十一条 以出让或者划拨方式取得土地使用权，应当向县级以上地方人民政府土地管理部门申请登记，经县级以上地方人民政府土地管理部门核实，由同级人民政府颁发土地使用权证书。

在依法取得的房地产开发用地上建成房屋的，应当凭土地使用权证书向县级以上地方人民政府房产管理部门申请登记，由县级以上地方人民政府房产管理部门核实并颁发房屋所有权证书。

房地产转让或者变更时，应当向县级以上地方人民政府房产管理部门申请房产变更登记，并凭变更后的房屋所有权证书向同级人民政府土地管理部门申请土地使用权变更登记，经同级人民政府土地管理部门核实，由同级人民政府更换或者更改土地使用权证书。

法律另有规定的，依照有关法律的规定办理。

第六十二条 房地产抵押时，应当向县级以上地方人民政府规定的部门办理抵押登记。

因处分抵押房地产而取得土地使用权和房屋所有权的，应当依照本章规定办理过户登记。

第六十三条 经省、自治区、直辖市人民政府确定，县级以上地方人民政府由一个部门统一负责房产管理和土地管理工作的，可以制作、颁发统一的房地产权证书，依照本法第六十一条的规定，将房屋的所有权和该房屋占用范围内的土地使用权的确认和变更，分别载入房地产权证书。

第六章 法律责任

第六十四条 违反本法第十一条、第十二条的规定，擅自批准出让或者擅自出让土地使用权用于房地产开发的，由上级机关或者所在单位给予有关责任人员行政处分。

第六十五条 违反本法第三十条的规定，未取得营业执照擅自从事房地产开发业务的，由县级以上人民政府工商行政管理部门责令停止房地产开发业务活动，没收违法所得，可以并处罚款。

第六十六条 违反本法第三十九条第一款的规定转让土地使用权的，由县级以上人民政府土地管理部门没收违法所得,可以并处罚款。

第六十七条 违反本法第四十条第一款的规定转让房地产的,由县级以上人民政府土地管理部门责令缴纳土地使用权出让金,没收违法所得,可以并处罚款。

第六十八条 违反本法第四十五条第一款的规定预售商品房的,由县级以上人民政府房产管理部门责令停止预售活动,没收违法所得,可以并处罚款。

第六十九条 违反本法第五十八条的规定,未取得营业执照擅自从事房地产中介服务业务的,由县级以上人民政府工商行政管理部门责令停止房地产中介服务业务活动,没收违法所得,可以并处罚款。

第七十条 没有法律、法规的依据,向房地产开发企业收费的,上级机关应当责令退回所收取的钱款;情节严重的,由上级机关或者所在单位给予直接责任人员行政处分。

第七十一条 房产管理部门、土地管理部门工作人员玩忽职守、滥用职权,构成犯罪的,依法追究刑事责任;不构成犯罪的,给予行政处分。

房产管理部门、土地管理部门工作人员利用职务上的便利,索取他人财物,或者非法收受他人财物为他人谋取利益,构成犯罪的,依照惩治贪污罪、贿赂罪的补充规定追究刑事责任;不构成犯罪的,给予行政处分。

第七章　附　则

第七十二条 在城市规划区外的国有土地范围内取得房地产开发用地的土地使用权,从事房地产开发、交易活动以及实施房地产管理,参照本法执行。

第七十三条 本法自1995年1月1日起施行。

四、《中华人民共和国节约能源法》

(2008年4月1日起实施)

第一章　总　则

第一条 为了推动全社会节约能源,提高能源利用效率,保护和改善环境,促进经济社会全面协调可持续发展,制定本法。

第二条 本法所称能源,是指煤炭、石油、天然气、生物质能和电力、热力以及其他直接或者通过加工、转换而取得有用能的各种资源。

第三条 本法所称节约能源(以下简称节能),是指加强用能管理,采取技术上可行、经济上合理以及环境和社会可以承受的措施,从能源生产到消费的各个环节,降低消耗、减少损失和污染物排放、制止浪费,有效、合理地利用能源。

第四条 节约资源是我国的基本国策。国家实施节约与开发并举、把节约放在首位的能源发展战略。

第五条 国务院和县级以上地方各级人民政府应当将节能工作纳入国民经济和社会发展规划、年度计划,并组织编制和实施节能中长期专项规划、年度节能计划。

国务院和县级以上地方各级人民政府每年向本级人民代表大会或者其常务委员会报告节能工作。

第六条　国家实行节能目标责任制和节能考核评价制度，将节能目标完成情况作为对地方人民政府及其负责人考核评价的内容。

省、自治区、直辖市人民政府每年向国务院报告节能目标责任的履行情况。

第七条　国家实行有利于节能和环境保护的产业政策，限制发展高耗能、高污染行业，发展节能环保型产业。

国务院和省、自治区、直辖市人民政府应当加强节能工作，合理调整产业结构、企业结构、产品结构和能源消费结构，推动企业降低单位产值能耗和单位产品能耗，淘汰落后的生产能力，改进能源的开发、加工、转换、输送、储存和供应，提高能源利用效率。

国家鼓励、支持开发和利用新能源、可再生能源。

第八条　国家鼓励、支持节能科学技术的研究、开发、示范和推广，促进节能技术创新与进步。

国家开展节能宣传和教育，将节能知识纳入国民教育和培训体系，普及节能科学知识，增强全民的节能意识，提倡节约型的消费方式。

第九条　任何单位和个人都应当依法履行节能义务，有权检举浪费能源的行为。

新闻媒体应当宣传节能法律、法规和政策，发挥舆论监督作用。

第十条　国务院管理节能工作的部门主管全国的节能监督管理工作。国务院有关部门在各自的职责范围内负责节能监督管理工作，并接受国务院管理节能工作的部门的指导。

县级以上地方各级人民政府管理节能工作的部门负责本行政区域内的节能监督管理工作。县级以上地方各级人民政府有关部门在各自的职责范围内负责节能监督管理工作，并接受同级管理节能工作的部门的指导。

第二章　节能管理

第十一条　国务院和县级以上地方各级人民政府应当加强对节能工作的领导，部署、协调、监督、检查、推动节能工作。

第十二条　县级以上人民政府管理节能工作的部门和有关部门应当在各自的职责范围内，加强对节能法律、法规和节能标准执行情况的监督检查，依法查处违法用能行为。

履行节能监督管理职责不得向监督管理对象收取费用。

第十三条　国务院标准化主管部门和国务院有关部门依法组织制定并适时修订有关节能的国家标准、行业标准，建立健全节能标准体系。

国务院标准化主管部门会同国务院管理节能工作的部门和国务院有关部门制定强制性的用能产品、设备能源效率标准和生产过程中耗能高的产品的单位产品能耗限额标准。

国家鼓励企业制定严于国家标准、行业标准的企业节能标准。

省、自治区、直辖市制定严于强制性国家标准、行业标准的地方节能标准，由省、自治区、直辖市人民政府报经国务院批准；本法另有规定的除外。

第十四条　建筑节能的国家标准、行业标准由国务院建设主管部门组织制定，并依照法定程序发布。

省、自治区、直辖市人民政府建设主管部门可以根据本地实际情况，制定严于国家标准或者行业标准的地方建筑节能标准，并报国务院标准化主管部门和国务院建设主管部门备案。

第十五条 国家实行固定资产投资项目节能评估和审查制度。不符合强制性节能标准的项目，依法负责项目审批或者核准的机关不得批准或者核准建设；建设单位不得开工建设；已经建成的，不得投入生产、使用。具体办法由国务院管理节能工作的部门会同国务院有关部门制定。

第十六条 国家对落后的耗能过高的用能产品、设备和生产工艺实行淘汰制度。淘汰的用能产品、设备、生产工艺的目录和实施办法，由国务院管理节能工作的部门会同国务院有关部门制定并公布。

生产过程中耗能高的产品的生产单位，应当执行单位产品能耗限额标准。对超过单位产品能耗限额标准用能的生产单位，由管理节能工作的部门按照国务院规定的权限责令限期治理。

对高耗能的特种设备，按照国务院的规定实行节能审查和监管。

第十七条 禁止生产、进口、销售国家明令淘汰或者不符合强制性能源效率标准的用能产品、设备；禁止使用国家明令淘汰的用能设备、生产工艺。

第十八条 国家对家用电器等使用面广、耗能量大的用能产品，实行能源效率标识管理。实行能源效率标识管理的产品目录和实施办法，由国务院管理节能工作的部门会同国务院产品质量监督部门制定并公布。

第十九条 生产者和进口商应当对列入国家能源效率标识管理产品目录的用能产品标注能源效率标识，在产品包装物上或者说明书中予以说明，并按照规定报国务院产品质量监督部门和国务院管理节能工作的部门共同授权的机构备案。

生产者和进口商应当对其标注的能源效率标识及相关信息的准确性负责。禁止销售应当标注而未标注能源效率标识的产品。

禁止伪造、冒用能源效率标识或者利用能源效率标识进行虚假宣传。

第二十条 用能产品的生产者、销售者，可以根据自愿原则，按照国家有关节能产品认证的规定，向经国务院认证认可监督管理部门认可的从事节能产品认证的机构提出节能产品认证申请；经认证合格后，取得节能产品认证证书，可以在用能产品或者其包装物上使用节能产品认证标志。

禁止使用伪造的节能产品认证标志或者冒用节能产品认证标志。

第二十一条 县级以上各级人民政府统计部门应当会同同级有关部门，建立健全能源统计制度，完善能源统计指标体系，改进和规范能源统计方法，确保能源统计数据真实、完整。

国务院统计部门会同国务院管理节能工作的部门，定期向社会公布各省、自治区、直辖市以及主要耗能行业的能源消费和节能情况等信息。

第二十二条 国家鼓励节能服务机构的发展，支持节能服务机构开展节能咨询、设计、评估、检测、审计、认证等服务。

国家支持节能服务机构开展节能知识宣传和节能技术培训，提供节能信息、节能示范和其他公益性节能服务。

第二十三条 国家鼓励行业协会在行业节能规划、节能标准的制定和实施、节能技术推广、能源消费统计、节能宣传培训和信息咨询等方面发挥作用。

第三章 合理使用与节约能源

第一节 一般规定

第二十四条 用能单位应当按照合理用能的原则,加强节能管理,制定并实施节能计划和节能技术措施,降低能源消耗。

第二十五条 用能单位应当建立节能目标责任制,对节能工作取得成绩的集体、个人给予奖励。

第二十六条 用能单位应当定期开展节能教育和岗位节能培训。

第二十七条 用能单位应当加强能源计量管理,按照规定配备和使用经依法检定合格的能源计量器具。

用能单位应当建立能源消费统计和能源利用状况分析制度,对各类能源的消费实行分类计量和统计,并确保能源消费统计数据真实、完整。

第二十八条 能源生产经营单位不得向本单位职工无偿提供能源。任何单位不得对能源消费实行包费制。

第二节 工业节能

第二十九条 国务院和省、自治区、直辖市人民政府推进能源资源优化开发利用和合理配置,推进有利于节能的行业结构调整,优化用能结构和企业布局。

第三十条 国务院管理节能工作的部门会同国务院有关部门制定电力、钢铁、有色金属、建材、石油加工、化工、煤炭等主要耗能行业的节能技术政策,推动企业节能技术改造。

第三十一条 国家鼓励工业企业采用高效、节能的电动机、锅炉、窑炉、风机、泵类等设备,采用热电联产、余热余压利用、洁净煤以及先进的用能监测和控制等技术。

第三十二条 电网企业应当按照国务院有关部门制定的节能发电调度管理的规定,安排清洁、高效和符合规定的热电联产、利用余热余压发电的机组以及其他符合资源综合利用规定的发电机组与电网并网运行,上网电价执行国家有关规定。

第三十三条 禁止新建不符合国家规定的燃煤发电机组、燃油发电机组和燃煤热电机组。

第三节 建筑节能

第三十四条 国务院建设主管部门负责全国建筑节能的监督管理工作。

县级以上地方各级人民政府建设主管部门负责本行政区域内建筑节能的监督管理工作。

县级以上地方各级人民政府建设主管部门会同同级管理节能工作的部门编制本行政区域内的建筑节能规划。建筑节能规划应当包括既有建筑节能改造计划。

第三十五条 建筑工程的建设、设计、施工和监理单位应当遵守建筑节能标准。

不符合建筑节能标准的建筑工程,建设主管部门不得批准开工建设;已经开工建设的,应当责令停止施工、限期改正;已经建成的,不得销售或者使用。

建设主管部门应当加强对在建建筑工程执行建筑节能标准情况的监督检查。

第三十六条 房地产开发企业在销售房屋时，应当向购买人明示所售房屋的节能措施、保温工程保修期等信息，在房屋买卖合同、质量保证书和使用说明书中载明，并对其真实性、准确性负责。

第三十七条 使用空调采暖、制冷的公共建筑应当实行室内温度控制制度。具体办法由国务院建设主管部门制定。

第三十八条 国家采取措施，对实行集中供热的建筑分步骤实行供热分户计量、按照用热量收费的制度。新建建筑或者对既有建筑进行节能改造，应当按照规定安装用热计量装置、室内温度调控装置和供热系统调控装置。具体办法由国务院建设主管部门会同国务院有关部门制定。

第三十九条 县级以上地方各级人民政府有关部门应当加强城市节约用电管理，严格控制公用设施和大型建筑物装饰性景观照明的能耗。

第四十条 国家鼓励在新建建筑和既有建筑节能改造中使用新型墙体材料等节能建筑材料和节能设备，安装和使用太阳能等可再生能源利用系统。

第四节 交通运输节能

第四十一条 国务院有关交通运输主管部门按照各自的职责负责全国交通运输相关领域的节能监督管理工作。

国务院有关交通运输主管部门会同国务院管理节能工作的部门分别制定相关领域的节能规划。

第四十二条 国务院及其有关部门指导、促进各种交通运输方式协调发展和有效衔接，优化交通运输结构，建设节能型综合交通运输体系。

第四十三条 县级以上地方各级人民政府应当优先发展公共交通，加大对公共交通的投入，完善公共交通服务体系，鼓励利用公共交通工具出行；鼓励使用非机动交通工具出行。

第四十四条 国务院有关交通运输主管部门应当加强交通运输组织管理，引导道路、水路、航空运输企业提高运输组织化程度和集约化水平，提高能源利用效率。

第四十五条 国家鼓励开发、生产、使用节能环保型汽车、摩托车、铁路机车车辆、船舶和其他交通运输工具，实行老旧交通运输工具的报废、更新制度。

国家鼓励开发和推广应用交通运输工具使用的清洁燃料、石油替代燃料。

第四十六条 国务院有关部门制定交通运输营运车船的燃料消耗量限值标准；不符合标准的，不得用于营运。

国务院有关交通运输主管部门应当加强对交通运输营运车船燃料消耗检测的监督管理。

第五节 公共机构节能

第四十七条 公共机构应当厉行节约，杜绝浪费，带头使用节能产品、设备，提高能源利用效率。

本法所称公共机构，是指全部或者部分使用财政性资金的国家机关、事业单位和团体组织。

第四十八条 国务院和县级以上地方各级人民政府管理机关事务工作的机构会同同级有关部门制定和组织实施本级公共机构节能规划。公共机构节能规划应当包括公共机构既有建筑节能改造计划。

第四十九条 公共机构应当制定年度节能目标和实施方案，加强能源消费计量和监测管理，向本级人民政府管理机关事务工作的机构报送上年度的能源消费状况报告。

国务院和县级以上地方各级人民政府管理机关事务工作的机构会同同级有关部门按照管理权限，制定本级公共机构的能源消耗定额，财政部门根据该定额制定能源消耗支出标准。

第五十条 公共机构应当加强本单位用能系统管理，保证用能系统的运行符合国家相关标准。

公共机构应当按照规定进行能源审计，并根据能源审计结果采取提高能源利用效率的措施。

第五十一条 公共机构采购用能产品、设备，应当优先采购列入节能产品、设备政府采购名录中的产品、设备。禁止采购国家明令淘汰的用能产品、设备。

节能产品、设备政府采购名录由省级以上人民政府的政府采购监督管理部门会同同级有关部门制定并公布。

第六节 重点用能单位节能

第五十二条 国家加强对重点用能单位的节能管理。

下列用能单位为重点用能单位：

（一）年综合能源消费总量一万吨标准煤以上的用能单位；

（二）国务院有关部门或者省、自治区、直辖市人民政府管理节能工作的部门指定的年综合能源消费总量五千吨以上不满一万吨标准煤的用能单位。

重点用能单位节能管理办法，由国务院管理节能工作的部门会同国务院有关部门制定。

第五十三条 重点用能单位应当每年向管理节能工作的部门报送上年度的能源利用状况报告。能源利用状况包括能源消费情况、能源利用效率、节能目标完成情况和节能效益分析、节能措施等内容。

第五十四条 管理节能工作的部门应当对重点用能单位报送的能源利用状况报告进行审查。对节能管理制度不健全、节能措施不落实、能源利用效率低的重点用能单位，管理节能工作的部门应当开展现场调查，组织实施用能设备能源效率检测，责令实施能源审计，并提出书面整改要求，限期整改。

第五十五条 重点用能单位应当设立能源管理岗位，在具有节能专业知识、实际经验以及中级以上技术职称的人员中聘任能源管理负责人，并报管理节能工作的部门和有关部门备案。

能源管理负责人负责组织对本单位用能状况进行分析、评价，组织编写本单位能源利用状况报告，提出本单位节能工作的改进措施并组织实施。

能源管理负责人应当接受节能培训。

第四章 节能技术进步

第五十六条 国务院管理节能工作的部门会同国务院科技主管部门发布节能技术政策大纲，指导节能技术研究、开发和推广应用。

第五十七条　县级以上各级人民政府应当把节能技术研究开发作为政府科技投入的重点领域，支持科研单位和企业开展节能技术应用研究，制定节能标准，开发节能共性和关键技术，促进节能技术创新与成果转化。

第五十八条　国务院管理节能工作的部门会同国务院有关部门制定并公布节能技术、节能产品的推广目录，引导用能单位和个人使用先进的节能技术、节能产品。

国务院管理节能工作的部门会同国务院有关部门组织实施重大节能科研项目、节能示范项目、重点节能工程。

第五十九条　县级以上各级人民政府应当按照因地制宜、多能互补、综合利用、讲求效益的原则，加强农业和农村节能工作，增加对农业和农村节能技术、节能产品推广应用的资金投入。

农业、科技等有关主管部门应当支持、推广在农业生产、农产品加工储运等方面应用节能技术和节能产品，鼓励更新和淘汰高耗能的农业机械和渔业船舶。

国家鼓励、支持在农村大力发展沼气，推广生物质能、太阳能和风能等可再生能源利用技术，按照科学规划、有序开发的原则发展小型水力发电，推广节能型的农村住宅和炉灶等，鼓励利用非耕地种植能源植物，大力发展薪炭林等能源林。

第五章　激励措施

第六十条　中央财政和省级地方财政安排节能专项资金，支持节能技术研究开发、节能技术和产品的示范与推广、重点节能工程的实施、节能宣传培训、信息服务和表彰奖励等。

第六十一条　国家对生产、使用列入本法第五十八条规定的推广目录的需要支持的节能技术、节能产品，实行税收优惠等扶持政策。

国家通过财政补贴支持节能照明器具等节能产品的推广和使用。

第六十二条　国家实行有利于节约能源资源的税收政策，健全能源矿产资源有偿使用制度，促进能源资源的节约及其开采利用水平的提高。

第六十三条　国家运用税收等政策，鼓励先进节能技术、设备的进口，控制在生产过程中耗能高、污染重的产品的出口。

第六十四条　政府采购监督管理部门会同有关部门制定节能产品、设备政府采购名录，应当优先列入取得节能产品认证证书的产品、设备。

第六十五条　国家引导金融机构增加对节能项目的信贷支持，为符合条件的节能技术研究开发、节能产品生产以及节能技术改造等项目提供优惠贷款。

国家推动和引导社会有关方面加大对节能的资金投入，加快节能技术改造。

第六十六条　国家实行有利于节能的价格政策，引导用能单位和个人节能。

国家运用财税、价格等政策，支持推广电力需求管理、合同能源管理、节能自愿协议等节能办法。

国家实行峰谷分时电价、季节性电价、可中断负荷电价制度，鼓励电力用户合理调整用电负荷；对钢铁、有色金属、建材、化工和其他主要耗能行业的企业，分淘汰、限制、允许和鼓励类实行差别电价政策。

第六十七条　各级人民政府对在节能管理、节能科学技术研究和推广应用中有显著成绩以及检举严重浪费能源行为的单位和个人，给予表彰和奖励。

第六章　法律责任

第六十八条　负责审批或者核准固定资产投资项目的机关违反本法规定，对不符合强制性节能标准的项目予以批准或者核准建设的，对直接负责的主管人员和其他直接责任人员依法给予处分。

固定资产投资项目建设单位开工建设不符合强制性节能标准的项目或者将该项目投入生产、使用的，由管理节能工作的部门责令停止建设或者停止生产、使用，限期改造；不能改造或者逾期不改造的生产性项目，由管理节能工作的部门报请本级人民政府按照国务院规定的权限责令关闭。

第六十九条　生产、进口、销售国家明令淘汰的用能产品、设备的，使用伪造的节能产品认证标志或者冒用节能产品认证标志的，依照《中华人民共和国产品质量法》的规定处罚。

第七十条　生产、进口、销售不符合强制性能源效率标准的用能产品、设备的，由产品质量监督部门责令停止生产、进口、销售，没收违法生产、进口、销售的用能产品、设备和违法所得，并处违法所得一倍以上五倍以下罚款；情节严重的，由工商行政管理部门吊销营业执照。

第七十一条　使用国家明令淘汰的用能设备或者生产工艺的，由管理节能工作的部门责令停止使用，没收国家明令淘汰的用能设备；情节严重的，可以由管理节能工作的部门提出意见，报请本级人民政府按照国务院规定的权限责令停业整顿或者关闭。

第七十二条　生产单位超过单位产品能耗限额标准用能，情节严重，经限期治理逾期不治理或者没有达到治理要求的，可以由管理节能工作的部门提出意见，报请本级人民政府按照国务院规定的权限责令停业整顿或者关闭。

第七十三条　违反本法规定，应当标注能源效率标识而未标注的，由产品质量监督部门责令改正，处三万元以上五万元以下罚款。

违反本法规定，未办理能源效率标识备案，或者使用的能源效率标识不符合规定的，由产品质量监督部门责令限期改正；逾期不改正的，处一万元以上三万元以下罚款。

伪造、冒用能源效率标识或者利用能源效率标识进行虚假宣传的，由产品质量监督部门责令改正，处五万元以上十万元以下罚款；情节严重的，由工商行政管理部门吊销营业执照。

第七十四条　用能单位未按照规定配备、使用能源计量器具的，由产品质量监督部门责令限期改正；逾期不改正的，处一万元以上五万元以下罚款。

第七十五条　瞒报、伪造、篡改能源统计资料或者编造虚假能源统计数据的，依照《中华人民共和国统计法》的规定处罚。

第七十六条　从事节能咨询、设计、评估、检测、审计、认证等服务的机构提供虚假信息的，由管理节能工作的部门责令改正，没收违法所得，并处五万元以上十万元以下罚款。

第七十七条　违反本法规定，无偿向本单位职工提供能源或者对能源消费实行包费制的，由管理节能工作的部门责令限期改正；逾期不改正的，处五万元以上二十万元以下罚款。

第七十八条 电网企业未按照本法规定安排符合规定的热电联产和利用余热余压发电的机组与电网并网运行，或者未执行国家有关上网电价规定的，由国家电力监管机构责令改正；造成发电企业经济损失的，依法承担赔偿责任。

第七十九条 建设单位违反建筑节能标准的，由建设主管部门责令改正，处二十万元以上五十万元以下罚款。

设计单位、施工单位、监理单位违反建筑节能标准的，由建设主管部门责令改正，处十万元以上五十万元以下罚款；情节严重的，由颁发资质证书的部门降低资质等级或者吊销资质证书；造成损失的，依法承担赔偿责任。

第八十条 房地产开发企业违反本法规定，在销售房屋时未向购买人明示所售房屋的节能措施、保温工程保修期等信息的，由建设主管部门责令限期改正，逾期不改正的，处三万元以上五万元以下罚款；对以上信息作虚假宣传的，由建设主管部门责令改正，处五万元以上二十万元以下罚款。

第八十一条 公共机构采购用能产品、设备，未优先采购列入节能产品、设备政府采购名录中的产品、设备，或者采购国家明令淘汰的用能产品、设备的，由政府采购监督管理部门给予警告，可以并处罚款；对直接负责的主管人员和其他直接责任人员依法给予处分，并予通报。

第八十二条 重点用能单位未按照本法规定报送能源利用状况报告或者报告内容不实的，由管理节能工作的部门责令限期改正；逾期不改正的，处一万元以上五万元以下罚款。

第八十三条 重点用能单位无正当理由拒不落实本法第五十四条规定的整改要求或者整改没有达到要求的，由管理节能工作的部门处十万元以上三十万元以下罚款。

第八十四条 重点用能单位未按照本法规定设立能源管理岗位，聘任能源管理负责人，并报管理节能工作的部门和有关部门备案的，由管理节能工作的部门责令改正；拒不改正的，处一万元以上三万元以下罚款。

第八十五条 违反本法规定，构成犯罪的，依法追究刑事责任。

第八十六条 国家工作人员在节能管理工作中滥用职权、玩忽职守、徇私舞弊，构成犯罪的，依法追究刑事责任；尚不构成犯罪的，依法给予处分。

第七章　附　则

第八十七条 本法自 2008 年 4 月 1 日起施行。

第二章　法规、规章

一、《民用建筑节能条例》

（2008 年 10 月 1 日起实施）

第一章　总　则

第一条　为了加强民用建筑节能管理，降低民用建筑使用过程中的能源消耗，提高能源利用效率，制定本条例。

第二条　本条例所称民用建筑节能，是指在保证民用建筑使用功能和室内热环境质量的前提下，降低其使用过程中能源消耗的活动。本条例所称民用建筑，是指居住建筑、国家机关办公建筑和商业、服务业、教育、卫生等其他公共建筑。

第三条　各级人民政府应当加强对民用建筑节能工作的领导，积极培育民用建筑节能服务市场，健全民用建筑节能服务体系，推动民用建筑节能技术的开发应用，做好民用建筑节能知识的宣传教育工作。

第四条　国家鼓励和扶持在新建建筑和既有建筑节能改造中采用太阳能、地热能等可再生能源。

在具备太阳能利用条件的地区，有关地方人民政府及其部门应当采取有效措施，鼓励和扶持单位、个人安装使用太阳能热水系统、照明系统、供热系统、采暖制冷系统等太阳能利用系统。

第五条　国务院建设主管部门负责全国民用建筑节能的监督管理工作。县级以上地方人民政府建设主管部门负责本行政区域民用建筑节能的监督管理工作。

县级以上人民政府有关部门应当依照本条例的规定以及本级人民政府规定的职责分工，负责民用建筑节能的有关工作。

第六条　国务院建设主管部门应当在国家节能中长期专项规划指导下，编制全国民用建筑节能规划，并与相关规划相衔接。

县级以上地方人民政府建设主管部门应当组织编制本行政区域的民用建筑节能规划，报本级人民政府批准后实施。

第七条　国家建立健全民用建筑节能标准体系。国家民用建筑节能标准由国务院建设主管部门负责组织制定，并依照法定程序发布。

国家鼓励制定、采用优于国家民用建筑节能标准的地方民用建筑节能标准。

第八条　县级以上人民政府应当安排民用建筑节能资金，用于支持民用建筑节能的科学技术研究和标准制定、既有建筑围护结构和供热系统的节能改造、可再生能源的应用，以及民用建筑节能示范工程、节能项目的推广。

政府引导金融机构对既有建筑节能改造、可再生能源的应用，以及民用建筑节能示范工程等项目提供支持。

民用建筑节能项目依法享受税收优惠。

第九条 国家积极推进供热体制改革，完善供热价格形成机制，鼓励发展集中供热，逐步实行按照用热量收费制度。

第十条 对在民用建筑节能工作中做出显著成绩的单位和个人，按照国家有关规定给予表彰和奖励。

第二章 新建建筑节能

第十一条 国家推广使用民用建筑节能的新技术、新工艺、新材料和新设备，限制使用或者禁止使用能源消耗高的技术、工艺、材料和设备。国务院节能工作主管部门、建设主管部门应当制定、公布并及时更新推广使用、限制使用、禁止使用目录。

国家限制进口或者禁止进口能源消耗高的技术、材料和设备。

建设单位、设计单位、施工单位不得在建筑活动中使用列入禁止使用目录的技术、工艺、材料和设备。

第十二条 编制城市详细规划、镇详细规划，应当按照民用建筑节能的要求，确定建筑的布局、形状和朝向。

城乡规划主管部门依法对民用建筑进行规划审查，应当就设计方案是否符合民用建筑节能强制性标准征求同级建设主管部门的意见；建设主管部门应当自收到征求意见材料之日起10日内提出意见。征求意见时间不计算在规划许可的期限内。

对不符合民用建筑节能强制性标准的，不得颁发建设工程规划许可证。

第十三条 施工图设计文件审查机构应当按照民用建筑节能强制性标准对施工图设计文件进行审查；经审查不符合民用建筑节能强制性标准的，县级以上地方人民政府建设主管部门不得颁发施工许可证。

第十四条 建设单位不得明示或者暗示设计单位、施工单位违反民用建筑节能强制性标准进行设计、施工，不得明示或者暗示施工单位使用不符合施工图设计文件要求的墙体材料、保温材料、门窗、采暖制冷系统和照明设备。

按照合同约定由建设单位采购墙体材料、保温材料、门窗、采暖制冷系统和照明设备的，建设单位应当保证其符合施工图设计文件要求。

第十五条 设计单位、施工单位、工程监理单位及其注册执业人员，应当按照民用建筑节能强制性标准进行设计、施工、监理。

第十六条 施工单位应当对进入施工现场的墙体材料、保温材料、门窗、采暖制冷系统和照明设备进行查验；不符合施工图设计文件要求的，不得使用。

工程监理单位发现施工单位不按照民用建筑节能强制性标准施工的，应当要求施工单位改正；施工单位拒不改正的，工程监理单位应当及时报告建设单位，并向有关主管部门报告。

墙体、屋面的保温工程施工时，监理工程师应当按照工程监理规范的要求，采取旁站、巡视和平行检验等形式实施监理。

未经监理工程师签字，墙体材料、保温材料、门窗、采暖制冷系统和照明设备不得在建筑上使用或者安装，施工单位不得进行下一道工序的施工。

第十七条 建设单位组织竣工验收，应当对民用建筑是否符合民用建筑节能强制性标准进行查验；对不符合民用建筑节能强制性标准的，不得出具竣工验收合格报告。

第十八条 实行集中供热的建筑应当安装供热系统调控装置、用热计量装置和室内温度调控装置；公共建筑还应当安装用电分项计量装置。居住建筑安装的用热计量装置应当满足分户计量的要求。

计量装置应当依法检定合格。

第十九条 建筑的公共走廊、楼梯等部位，应当安装、使用节能灯具和电气控制装置。

第二十条 对具备可再生能源利用条件的建筑，建设单位应当选择合适的可再生能源，用于采暖、制冷、照明和热水供应等；设计单位应当按照有关可再生能源利用的标准进行设计。

建设可再生能源利用设施，应当与建筑主体工程同步设计、同步施工、同步验收。

第二十一条 国家机关办公建筑和大型公共建筑的所有权人应当对建筑的能源利用效率进行测评和标识，并按照国家有关规定将测评结果予以公示，接受社会监督。

国家机关办公建筑应当安装、使用节能设备。

本条例所称大型公共建筑，是指单体建筑面积2万平方米以上的公共建筑。

第二十二条 房地产开发企业销售商品房，应当向购买人明示所售商品房的能源消耗指标、节能措施和保护要求、保温工程保修期等信息，并在商品房买卖合同和住宅质量保证书、住宅使用说明书中载明。

第二十三条 在正常使用条件下，保温工程的最低保修期限为5年。保温工程的保修期，自竣工验收合格之日起计算。

保温工程在保修范围和保修期内发生质量问题的，施工单位应当履行保修义务，并对造成的损失依法承担赔偿责任。

第三章 既有建筑节能

第二十四条 既有建筑节能改造应当根据当地经济、社会发展水平和地理气候条件等实际情况，有计划、分步骤地实施分类改造。

本条例所称既有建筑节能改造，是指对不符合民用建筑节能强制性标准的既有建筑的围护结构、供热系统、采暖制冷系统、照明设备和热水供应设施等实施节能改造的活动。

第二十五条 县级以上地方人民政府建设主管部门应当对本行政区域内既有建筑的建设年代、结构形式、用能系统、能源消耗指标、寿命周期等组织调查统计和分析，制定既有建筑节能改造计划，明确节能改造的目标、范围和要求，报本级人民政府批准后组织实施。

中央国家机关既有建筑的节能改造，由有关管理机关事务工作的机构制定节能改造计划，并组织实施。

第二十六条 国家机关办公建筑、政府投资和以政府投资为主的公共建筑的节能改造，应当制定节能改造方案，经充分论证，并按照国家有关规定办理相关审批手续方可进行。

各级人民政府及其有关部门、单位不得违反国家有关规定和标准，以节能改造的名义对前款规定的既有建筑进行扩建、改建。

第二十七条 居住建筑和本条例第二十六条规定以外的其他公共建筑不符合民用建筑节能强制性标准的，在尊重建筑所有权人意愿的基础上，可以结合扩建、改建，逐步实施节能改造。

第二十八条 实施既有建筑节能改造，应当符合民用建筑节能强制性标准，优先采用遮阳、改善通风等低成本改造措施。

既有建筑围护结构的改造和供热系统的改造，应当同步进行。

第二十九条 对实行集中供热的建筑进行节能改造，应当安装供热系统调控装置和用热计量装置；对公共建筑进行节能改造，还应当安装室内温度调控装置和用电分项计量装置。

第三十条 国家机关办公建筑的节能改造费用，由县级以上人民政府纳入本级财政预算。

居住建筑和教育、科学、文化、卫生、体育等公益事业使用的公共建筑节能改造费用，由政府、建筑所有权人共同负担。

国家鼓励社会资金投资既有建筑节能改造。

第四章　建筑用能系统运行节能

第三十一条 建筑所有权人或者使用权人应当保证建筑用能系统的正常运行，不得人为损坏建筑围护结构和用能系统。

国家机关办公建筑和大型公共建筑的所有权人或者使用权人应当建立健全民用建筑节能管理制度和操作规程，对建筑用能系统进行监测、维护，并定期将分项用电量报县级以上地方人民政府建设主管部门。

第三十二条 县级以上地方人民政府节能工作主管部门应当会同同级建设主管部门确定本行政区域内公共建筑重点用电单位及其年度用电限额。

县级以上地方人民政府建设主管部门应当对本行政区域内国家机关办公建筑和公共建筑用电情况进行调查统计和评价分析。国家机关办公建筑和大型公共建筑采暖、制冷、照明的能源消耗情况应当依照法律、行政法规和国家其他有关规定向社会公布。

国家机关办公建筑和公共建筑的所有权人或者使用权人应当对县级以上地方人民政府建设主管部门的调查统计工作予以配合。

第三十三条 供热单位应当建立健全相关制度，加强对专业技术人员的教育和培训。

供热单位应当改进技术装备，实施计量管理，并对供热系统进行监测、维护，提高供热系统的效率，保证供热系统的运行符合民用建筑节能强制性标准。

第三十四条 县级以上地方人民政府建设主管部门应当对本行政区域内供热单位的能源消耗情况进行调查统计和分析，并制定供热单位能源消耗指标；对超过能源消耗指标的，应当要求供热单位制定相应的改进措施，并监督实施。

第五章　法律责任

第三十五条　违反本条例规定，县级以上人民政府有关部门有下列行为之一的，对负有责任的主管人员和其他直接责任人员依法给予处分；构成犯罪的，依法追究刑事责任：

（一）对设计方案不符合民用建筑节能强制性标准的民用建筑项目颁发建设工程规划许可证的；

（二）对不符合民用建筑节能强制性标准的设计方案出具合格意见的；

（三）对施工图设计文件不符合民用建筑节能强制性标准的民用建筑项目颁发施工许可证的；

（四）不依法履行监督管理职责的其他行为。

第三十六条　违反本条例规定，各级人民政府及其有关部门、单位违反国家有关规定和标准，以节能改造的名义对既有建筑进行扩建、改建的，对负有责任的主管人员和其他直接责任人员，依法给予处分。

第三十七条　违反本条例规定，建设单位有下列行为之一的，由县级以上地方人民政府建设主管部门责令改正，处 20 万元以上 50 万元以下的罚款：

（一）明示或者暗示设计单位、施工单位违反民用建筑节能强制性标准进行设计、施工的；

（二）明示或者暗示施工单位使用不符合施工图设计文件要求的墙体材料、保温材料、门窗、采暖制冷系统和照明设备的；

（三）采购不符合施工图设计文件要求的墙体材料、保温材料、门窗、采暖制冷系统和照明设备的；

（四）使用列入禁止使用目录的技术、工艺、材料和设备的。

第三十八条　违反本条例规定，建设单位对不符合民用建筑节能强制性标准的民用建筑项目出具竣工验收合格报告的，由县级以上地方人民政府建设主管部门责令改正，处民用建筑项目合同价款 2% 以上 4% 以下的罚款；造成损失的，依法承担赔偿责任。

第三十九条　违反本条例规定，设计单位未按照民用建筑节能强制性标准进行设计，或者使用列入禁止使用目录的技术、工艺、材料和设备的，由县级以上地方人民政府建设主管部门责令改正，处 10 万元以上 30 万元以下的罚款；情节严重的，由颁发资质证书的部门责令停业整顿，降低资质等级或者吊销资质证书；造成损失的，依法承担赔偿责任。

第四十条　违反本条例规定，施工单位未按照民用建筑节能强制性标准进行施工的，由县级以上地方人民政府建设主管部门责令改正，处民用建筑项目合同价款 2% 以上 4% 以下的罚款；情节严重的，由颁发资质证书的部门责令停业整顿，降低资质等级或者吊销资质证书；造成损失的，依法承担赔偿责任。

第四十一条　违反本条例规定，施工单位有下列行为之一的，由县级以上地方人民政府建设主管部门责令改正，处 10 万元以上 20 万元以下的罚款；情节严重的，由颁发资质证书的部门责令停业整顿，降低资质等级或者吊销资质证书；造成损失的，依法承担赔偿责任：

（一）未对进入施工现场的墙体材料、保温材料、门窗、采暖制冷系统和照明设备进行

查验的;

(二)使用不符合施工图设计文件要求的墙体材料、保温材料、门窗、采暖制冷系统和照明设备的;

(三)使用列入禁止使用目录的技术、工艺、材料和设备的。

第四十二条 违反本条例规定,工程监理单位有下列行为之一的,由县级以上地方人民政府建设主管部门责令限期改正;逾期未改正的,处10万元以上30万元以下的罚款;情节严重的,由颁发资质证书的部门责令停业整顿,降低资质等级或者吊销资质证书;造成损失的,依法承担赔偿责任:

(一)未按照民用建筑节能强制性标准实施监理的;

(二)墙体、屋面的保温工程施工时,未采取旁站、巡视和平行检验等形式实施监理的。

对不符合施工图设计文件要求的墙体材料、保温材料、门窗、采暖制冷系统和照明设备,按照符合施工图设计文件要求签字的,依照《建设工程质量管理条例》第六十七条的规定处罚。

第四十三条 违反本条例规定,房地产开发企业销售商品房,未向购买人明示所售商品房的能源消耗指标、节能措施和保护要求、保温工程保修期等信息,或者向购买人明示的所售商品房能源消耗指标与实际能源消耗不符的,依法承担民事责任;由县级以上地方人民政府建设主管部门责令限期改正;逾期未改正的,处交付使用的房屋销售总额2%以下的罚款;情节严重的,由颁发资质证书的部门降低资质等级或者吊销资质证书。

第四十四条 违反本条例规定,注册执业人员未执行民用建筑节能强制性标准的,由县级以上人民政府建设主管部门责令停止执业3个月以上1年以下;情节严重的,由颁发资格证书的部门吊销执业资格证书,5年内不予注册。

第六章 附 则

第四十五条 本条例自2008年10月1日起施行。

二、《公共机构节能条例》

(2008年10月1日起实施)

第一章 总 则

第一条 为了推动公共机构节能,提高公共机构能源利用效率,发挥公共机构在全社会节能中的表率作用,根据《中华人民共和国节约能源法》,制定本条例。

第二条 本条例所称公共机构,是指全部或者部分使用财政性资金的国家机关、事业单位和团体组织。

第三条 公共机构应当加强用能管理,采取技术上可行、经济上合理的措施,降低能源消耗,减少、制止能源浪费,有效、合理地利用能源。

第四条 国务院管理节能工作的部门主管全国的公共机构节能监督管理工作。国务院管理机关事务工作的机构在国务院管理节能工作的部门指导下，负责推进、指导、协调、监督全国的公共机构节能工作。

国务院和县级以上地方各级人民政府管理机关事务工作的机构在同级管理节能工作的部门指导下，负责本级公共机构节能监督管理工作。

教育、科技、文化、卫生、体育等系统各级主管部门在同级管理机关事务工作的机构指导下，开展本级系统内公共机构节能工作。

第五条 国务院和县级以上地方各级人民政府管理机关事务工作的机构应当会同同级有关部门开展公共机构节能宣传、教育和培训，普及节能科学知识。

第六条 公共机构负责人对本单位节能工作全面负责。

公共机构的节能工作实行目标责任制和考核评价制度，节能目标完成情况应当作为对公共机构负责人考核评价的内容。

第七条 公共机构应当建立、健全本单位节能管理的规章制度，开展节能宣传教育和岗位培训，增强工作人员的节能意识，培养节能习惯，提高节能管理水平。

第八条 公共机构的节能工作应当接受社会监督。任何单位和个人都有权举报公共机构浪费能源的行为，有关部门对举报应当及时调查处理。

第九条 对在公共机构节能工作中做出显著成绩的单位和个人，按照国家规定予以表彰和奖励。

第二章 节能规划

第十条 国务院和县级以上地方各级人民政府管理机关事务工作的机构应当会同同级有关部门，根据本级人民政府节能中长期专项规划，制定本级公共机构节能规划。

县级公共机构节能规划应当包括所辖乡（镇）公共机构节能的内容。

第十一条 公共机构节能规划应当包括指导思想和原则、用能现状和问题、节能目标和指标、节能重点环节、实施主体、保障措施等方面的内容。

第十二条 国务院和县级以上地方各级人民政府管理机关事务工作的机构应当将公共机构节能规划确定的节能目标和指标，按年度分解落实到本级公共机构。

第十三条 公共机构应当结合本单位用能特点和上一年度用能状况，制定年度节能目标和实施方案，有针对性地采取节能管理或者节能改造措施，保证节能目标的完成。

公共机构应当将年度节能目标和实施方案报本级人民政府管理机关事务工作的机构备案。

第三章 节能管理

第十四条 公共机构应当实行能源消费计量制度，区分用能种类、用能系统实行能源消费分户、分类、分项计量，并对能源消耗状况进行实时监测，及时发现、纠正用能浪费现象。

第十五条 公共机构应当指定专人负责能源消费统计，如实记录能源消费计量原始数据，建立统计台账。

公共机构应当于每年 3 月 31 日前，向本级人民政府管理机关事务工作的机构报送上一年度能源消费状况报告。

第十六条 国务院和县级以上地方各级人民政府管理机关事务工作的机构应当会同同级有关部门按照管理权限，根据不同行业、不同系统公共机构能源消耗综合水平和特点，制定能源消耗定额，财政部门根据能源消耗定额制定能源消耗支出标准。

第十七条 公共机构应当在能源消耗定额范围内使用能源，加强能源消耗支出管理；超过能源消耗定额使用能源的，应当向本级人民政府管理机关事务工作的机构作出说明。

第十八条 公共机构应当按照国家有关强制采购或者优先采购的规定，采购列入节能产品、设备政府采购名录和环境标志产品政府采购名录中的产品、设备，不得采购国家明令淘汰的用能产品、设备。

第十九条 国务院和省级人民政府的政府采购监督管理部门应当会同同级有关部门完善节能产品、设备政府采购名录，优先将取得节能产品认证证书的产品、设备列入政府采购名录。

国务院和省级人民政府应当将节能产品、设备政府采购名录中的产品、设备纳入政府集中采购目录。

第二十条 公共机构新建建筑和既有建筑维修改造应当严格执行国家有关建筑节能设计、施工、调试、竣工验收等方面的规定和标准，国务院和县级以上地方人民政府建设主管部门对执行国家有关规定和标准的情况应当加强监督检查。

国务院和县级以上地方各级人民政府负责审批或者核准固定资产投资项目的部门，应当严格控制公共机构建设项目的建设规模和标准，统筹兼顾节能投资和效益，对建设项目进行节能评估和审查；未通过节能评估和审查的项目，不得批准或者核准建设。

第二十一条 国务院和县级以上地方各级人民政府管理机关事务工作的机构会同有关部门制定本级公共机构既有建筑节能改造计划，并组织实施。

第二十二条 公共机构应当按照规定进行能源审计，对本单位用能系统、设备的运行及使用能源情况进行技术和经济性评价，根据审计结果采取提高能源利用效率的措施。具体办法由国务院管理节能工作的部门会同国务院有关部门制定。

第二十三条 能源审计的内容包括：

（一）查阅建筑物竣工验收资料和用能系统、设备台账资料，检查节能设计标准的执行情况；

（二）核对电、气、煤、油、市政热力等能源消耗计量记录和财务账单，评估分类与分项的总能耗、人均能耗和单位建筑面积能耗；

（三）检查用能系统、设备的运行状况，审查节能管理制度执行情况；

（四）检查前一次能源审计合理使用能源建议的落实情况；

（五）查找存在节能潜力的用能环节或者部位，提出合理使用能源的建议；

（六）审查年度节能计划、能源消耗定额执行情况，核实公共机构超过能源消耗定额使用能源的说明；

（七）审查能源计量器具的运行情况，检查能耗统计数据的真实性、准确性。

第四章 节能措施

第二十四条 公共机构应当建立、健全本单位节能运行管理制度和用能系统操作规程，加强用能系统和设备运行调节、维护保养、巡视检查，推行低成本、无成本节能措施。

第二十五条 公共机构应当设置能源管理岗位，实行能源管理岗位责任制。重点用能系统、设备的操作岗位应当配备专业技术人员。

第二十六条 公共机构可以采用合同能源管理方式，委托节能服务机构进行节能诊断、设计、融资、改造和运行管理。

第二十七条 公共机构选择物业服务企业，应当考虑其节能管理能力。公共机构与物业服务企业订立物业服务合同，应当载明节能管理的目标和要求。

第二十八条 公共机构实施节能改造，应当进行能源审计和投资收益分析，明确节能指标，并在节能改造后采用计量方式对节能指标进行考核和综合评价。

第二十九条 公共机构应当减少空调、计算机、复印机等用电设备的待机能耗，及时关闭用电设备。

第三十条 公共机构应当严格执行国家有关空调室内温度控制的规定，充分利用自然通风，改进空调运行管理。

第三十一条 公共机构电梯系统应当实行智能化控制，合理设置电梯开启数量和时间，加强运行调节和维护保养。

第三十二条 公共机构办公建筑应当充分利用自然采光，使用高效节能照明灯具，优化照明系统设计，改进电路控制方式，推广应用智能调控装置，严格控制建筑物外部泛光照明以及外部装饰用照明。

第三十三条 公共机构应当对网络机房、食堂、开水间、锅炉房等部位的用能情况实行重点监测，采取有效措施降低能耗。

第三十四条 公共机构的公务用车应当按照标准配备，优先选用低能耗、低污染、使用清洁能源的车辆，并严格执行车辆报废制度。

公共机构应当按照规定用途使用公务用车，制定节能驾驶规范，推行单车能耗核算制度。

公共机构应当积极推进公务用车服务社会化，鼓励工作人员利用公共交通工具、非机动交通工具出行。

第五章　监督和保障

第三十五条 国务院和县级以上地方各级人民政府管理机关事务工作的机构应当会同有关部门加强对本级公共机构节能的监督检查。监督检查的内容包括：

（一）年度节能目标和实施方案的制定、落实情况；

（二）能源消费计量、监测和统计情况；

（三）能源消耗定额执行情况；

（四）节能管理规章制度建立情况；

（五）能源管理岗位设置以及能源管理岗位责任制落实情况；

（六）用能系统、设备节能运行情况；

（七）开展能源审计情况；

（八）公务用车配备、使用情况。

对于节能规章制度不健全、超过能源消耗定额使用能源情况严重的公共机构，应当进行重点监督检查。

第三十六条 公共机构应当配合节能监督检查，如实说明有关情况，提供相关资料和数据，不得拒绝、阻碍。

第三十七条 公共机构有下列行为之一的，由本级人民政府管理机关事务工作的机构会同有关部门责令限期改正；逾期不改正的，予以通报，并由有关机关对公共机构负责人依法给予处分：

（一）未制定年度节能目标和实施方案，或者未按照规定将年度节能目标和实施方案备案的；

（二）未实行能源消费计量制度，或者未区分用能种类、用能系统实行能源消费分户、分类、分项计量，并对能源消耗状况进行实时监测的；

（三）未指定专人负责能源消费统计，或者未如实记录能源消费计量原始数据，建立统计台账的；

（四）未按照要求报送上一年度能源消费状况报告的；

（五）超过能源消耗定额使用能源，未向本级人民政府管理机关事务工作的机构作出说明的；

（六）未设立能源管理岗位，或者未在重点用能系统、设备操作岗位配备专业技术人员的；

（七）未按照规定进行能源审计，或者未根据审计结果采取提高能源利用效率的措施的；

（八）拒绝、阻碍节能监督检查的。

第三十八条 公共机构不执行节能产品、设备政府采购名录，未按照国家有关强制采购或者优先采购的规定采购列入节能产品、设备政府采购名录中的产品、设备，或者采购国家明令淘汰的用能产品、设备的，由政府采购监督管理部门给予警告，可以并处罚款；对直接负责的主管人员和其他直接责任人员依法给予处分，并予通报。

第三十九条 负责审批或者核准固定资产投资项目的部门对未通过节能评估和审查的公共机构建设项目予以批准或者核准的，对直接负责的主管人员和其他直接责任人员依法给予处分。

公共机构开工建设未通过节能评估和审查的建设项目的，由有关机关依法责令限期整改；对直接负责的主管人员和其他直接责任人员依法给予处分。

第四十条 公共机构违反规定超标准、超编制购置公务用车或者拒不报废高耗能、高污染车辆的，对直接负责的主管人员和其他直接责任人员依法给予处分，并由本级人民政府管理机关事务工作的机构依照有关规定，对车辆采取收回、拍卖、责令退还等方式处理。

第四十一条 公共机构违反规定用能造成能源浪费的，由本级人民政府管理机关事务工作的机构会同有关部门下达节能整改意见书，公共机构应当及时予以落实。

第四十二条 管理机关事务工作的机构的工作人员在公共机构节能监督管理中滥用职权、玩忽职守、徇私舞弊，构成犯罪的，依法追究刑事责任；尚不构成犯罪的，依法给予处分。

第六章　附　则

第四十三条　本条例自2008年10月1日起施行。

三、《生产安全事故报告和调查处理条例》

（2007年6月1日起实施）

第一章　总　则

第一条　为了规范生产安全事故的报告和调查处理，落实生产安全事故责任追究制度，防止和减少生产安全事故，根据《中华人民共和国安全生产法》和有关法律，制定本条例。

第二条　生产经营活动中发生的造成人身伤亡或者直接经济损失的生产安全事故的报告和调查处理，适用本条例；环境污染事故、核设施事故、国防科研生产事故的报告和调查处理不适用本条例。

第三条　根据生产安全事故（以下简称事故）造成的人员伤亡或者直接经济损失，事故一般分为以下等级：

（一）特别重大事故，是指造成30人以上死亡，或者100人以上重伤（包括急性工业中毒，下同），或者1亿元以上直接经济损失的事故；

（二）重大事故，是指造成10人以上30人以下死亡，或者50人以上100人以下重伤，或者5000万元以上1亿元以下直接经济损失的事故；

（三）较大事故，是指造成3人以上10人以下死亡，或者10人以上50人以下重伤，或者1000万元以上5000万元以下直接经济损失的事故；

（四）一般事故，是指造成3人以下死亡，或者10人以下重伤，或者1000万元以下直接经济损失的事故。

国务院安全生产监督管理部门可以会同国务院有关部门，制定事故等级划分的补充性规定。

本条第一款所称的“以上”包括本数，所称的“以下”不包括本数。

第四条　事故报告应当及时、准确、完整，任何单位和个人对事故不得迟报、漏报、谎报或者瞒报。

事故调查处理应当坚持实事求是、尊重科学的原则，及时、准确地查清事故经过、事故原因和事故损失，查明事故性质，认定事故责任，总结事故教训，提出整改措施，并对事故责任者依法追究责任。

第五条　县级以上人民政府应当依照本条例的规定，严格履行职责，及时、准确地完成事故调查处理工作。

事故发生地有关地方人民政府应当支持、配合上级人民政府或者有关部门的事故调查处理工作，并提供必要的便利条件。

参加事故调查处理的部门和单位应当互相配合，提高事故调查处理工作的效率。

第六条 工会依法参加事故调查处理，有权向有关部门提出处理意见。

第七条 任何单位和个人不得阻挠和干涉对事故的报告和依法调查处理。

第八条 对事故报告和调查处理中的违法行为，任何单位和个人有权向安全生产监督管理部门、监察机关或者其他有关部门举报，接到举报的部门应当依法及时处理。

第二章 事故报告

第九条 事故发生后，事故现场有关人员应当立即向本单位负责人报告；单位负责人接到报告后，应当于1小时内向事故发生地县级以上人民政府安全生产监督管理部门和负有安全生产监督管理职责的有关部门报告。

情况紧急时，事故现场有关人员可以直接向事故发生地县级以上人民政府安全生产监督管理部门和负有安全生产监督管理职责的有关部门报告。

第十条 安全生产监督管理部门和负有安全生产监督管理职责的有关部门接到事故报告后，应当依照下列规定上报事故情况，并通知公安机关、劳动保障行政部门、工会和人民检察院：

（一）特别重大事故、重大事故逐级上报至国务院安全生产监督管理部门和负有安全生产监督管理职责的有关部门；

（二）较大事故逐级上报至省、自治区、直辖市人民政府安全生产监督管理部门和负有安全生产监督管理职责的有关部门；

（三）一般事故上报至设区的市级人民政府安全生产监督管理部门和负有安全生产监督管理职责的有关部门。

安全生产监督管理部门和负有安全生产监督管理职责的有关部门依照前款规定上报事故情况，应当同时报告本级人民政府。国务院安全生产监督管理部门和负有安全生产监督管理职责的有关部门以及省级人民政府接到发生特别重大事故、重大事故的报告后，应当立即报告国务院。

必要时，安全生产监督管理部门和负有安全生产监督管理职责的有关部门可以越级上报事故情况。

第十一条 安全生产监督管理部门和负有安全生产监督管理职责的有关部门逐级上报事故情况，每级上报的时间不得超过2小时。

第十二条 报告事故应当包括下列内容：

（一）事故发生单位概况；

（二）事故发生的时间、地点以及事故现场情况；

（三）事故的简要经过；

（四）事故已经造成或者可能造成的伤亡人数（包括下落不明的人数）和初步估计的直接经济损失；

（五）已经采取的措施；

（六）其他应当报告的情况。

第十三条 事故报告后出现新情况的，应当及时补报。

自事故发生之日起30日内，事故造成的伤亡人数发生变化的，应当及时补报。道路交通事故、火灾事故自发生之日起 7 日内，事故造成的伤亡人数发生变化的，应当及时补报。

第十四条 事故发生单位负责人接到事故报告后，应当立即启动事故相应应急预案，或者采取有效措施，组织抢救，防止事故扩大，减少人员伤亡和财产损失。

第十五条 事故发生地有关地方人民政府、安全生产监督管理部门和负有安全生产监督管理职责的有关部门接到事故报告后，其负责人应当立即赶赴事故现场，组织事故救援。

第十六条 事故发生后，有关单位和人员应当妥善保护事故现场以及相关证据，任何单位和个人不得破坏事故现场、毁灭相关证据。

因抢救人员、防止事故扩大以及疏通交通等原因，需要移动事故现场物件的，应当做出标志，绘制现场简图并做出书面记录，妥善保存现场重要痕迹、物证。

第十七条 事故发生地公安机关根据事故的情况，对涉嫌犯罪的，应当依法立案侦查，采取强制措施和侦查措施。犯罪嫌疑人逃匿的，公安机关应当迅速追捕归案。

第十八条 安全生产监督管理部门和负有安全生产监督管理职责的有关部门应当建立值班制度，并向社会公布值班电话，受理事故报告和举报。

第三章　事故调查

第十九条 特别重大事故由国务院或者国务院授权有关部门组织事故调查组进行调查。

重大事故、较大事故、一般事故分别由事故发生地省级人民政府、设区的市级人民政府、县级人民政府负责调查。省级人民政府、设区的市级人民政府、县级人民政府可以直接组织事故调查组进行调查，也可以授权或者委托有关部门组织事故调查组进行调查。

未造成人员伤亡的一般事故，县级人民政府也可以委托事故发生单位组织事故调查组进行调查。

第二十条 上级人民政府认为必要时，可以调查由下级人民政府负责调查的事故。

自事故发生之日起 30 日内（道路交通事故、火灾事故自发生之日起 7 日内），因事故伤亡人数变化导致事故等级发生变化，依照本条例规定应当由上级人民政府负责调查的，上级人民政府可以另行组织事故调查组进行调查。

第二十一条 特别重大事故以下等级事故，事故发生地与事故发生单位不在同一个县级以上行政区域的，由事故发生地人民政府负责调查，事故发生单位所在地人民政府应当派人参加。

第二十二条 事故调查组的组成应当遵循精简、效能的原则。

根据事故的具体情况，事故调查组由有关人民政府、安全生产监督管理部门、负有安全生产监督管理职责的有关部门、监察机关、公安机关以及工会派人组成，并应当邀请人民检察院派人参加。

事故调查组可以聘请有关专家参与调查。

第二十三条 事故调查组成员应当具有事故调查所需要的知识和专长，并与所调查的事故没有直接利害关系。

第二十四条 事故调查组组长由负责事故调查的人民政府指定。事故调查组组长主持事故调查组的工作。

第二十五条 事故调查组履行下列职责:

(一)查明事故发生的经过、原因、人员伤亡情况及直接经济损失;

(二)认定事故的性质和事故责任;

(三)提出对事故责任者的处理建议;

(四)总结事故教训,提出防范和整改措施;

(五)提交事故调查报告。

第二十六条 事故调查组有权向有关单位和个人了解与事故有关的情况,并要求其提供相关文件、资料,有关单位和个人不得拒绝。

事故发生单位的负责人和有关人员在事故调查期间不得擅离职守,并应当随时接受事故调查组的询问,如实提供有关情况。

事故调查中发现涉嫌犯罪的,事故调查组应当及时将有关材料或者其复印件移交司法机关处理。

第二十七条 事故调查中需要进行技术鉴定的,事故调查组应当委托具有国家规定资质的单位进行技术鉴定。必要时,事故调查组可以直接组织专家进行技术鉴定。技术鉴定所需时间不计入事故调查期限。

第二十八条 事故调查组成员在事故调查工作中应当诚信公正、恪尽职守,遵守事故调查组的纪律,保守事故调查的秘密。

未经事故调查组组长允许,事故调查组成员不得擅自发布有关事故的信息。

第二十九条 事故调查组应当自事故发生之日起 60 日内提交事故调查报告;特殊情况下,经负责事故调查的人民政府批准,提交事故调查报告的期限可以适当延长,但延长的期限最长不超过 60 日。

第三十条 事故调查报告应当包括下列内容:

(一)事故发生单位概况;

(二)事故发生经过和事故救援情况;

(三)事故造成的人员伤亡和直接经济损失;

(四)事故发生的原因和事故性质;

(五)事故责任的认定以及对事故责任者的处理建议;

(六)事故防范和整改措施。

事故调查报告应当附具有关证据材料。事故调查组成员应当在事故调查报告上签名。

第三十一条 事故调查报告报送负责事故调查的人民政府后,事故调查工作即告结束。事故调查的有关资料应当归档保存。

第四章 事故处理

第三十二条 重大事故、较大事故、一般事故,负责事故调查的人民政府应当自收到事故调查报告之日起 15 日内做出批复;特别重大事故,30 日内做出批复,特殊情况下,批复时间可以适当延长，但延长的时间最长不超过30日。

有关机关应当按照人民政府的批复，依照法律、行政法规规定的权限和程序，对事故发生单位和有关人员进行行政处罚，对负有事故责任的国家工作人员进行处分。

事故发生单位应当按照负责事故调查的人民政府的批复，对本单位负有事故责任的人员进行处理。

负有事故责任的人员涉嫌犯罪的，依法追究刑事责任。

第三十三条 事故发生单位应当认真吸取事故教训，落实防范和整改措施，防止事故再次发生。防范和整改措施的落实情况应当接受工会和职工的监督。

安全生产监督管理部门和负有安全生产监督管理职责的有关部门应当对事故发生单位落实防范和整改措施的情况进行监督检查。

第三十四条 事故处理的情况由负责事故调查的人民政府或者其授权的有关部门、机构向社会公布，依法应当保密的除外。

第五章 法律责任

第三十五条 事故发生单位主要负责人有下列行为之一的，处上一年年收入40%至80%的罚款；属于国家工作人员的，并依法给予处分；构成犯罪的，依法追究刑事责任：

（一）不立即组织事故抢救的；

（二）迟报或者漏报事故的；

（三）在事故调查处理期间擅离职守的。

第三十六条 事故发生单位及其有关人员有下列行为之一的，对事故发生单位处100万元以上500万元以下的罚款；对主要负责人、直接负责的主管人员和其他直接责任人员处上一年年收入60%至100%的罚款；属于国家工作人员的，并依法给予处分；构成违反治安管理行为的，由公安机关依法给予治安管理处罚；构成犯罪的，依法追究刑事责任：

（一）谎报或者瞒报事故的；

（二）伪造或者故意破坏事故现场的；

（三）转移、隐匿资金、财产，或者销毁有关证据、资料的；

（四）拒绝接受调查或者拒绝提供有关情况和资料的；

（五）在事故调查中作伪证或者指使他人作伪证的；

（六）事故发生后逃匿的。

第三十七条 事故发生单位对事故发生负有责任的，依照下列规定处以罚款：

（一）发生一般事故的，处10万元以上20万元以下的罚款；

（二）发生较大事故的，处20万元以上50万元以下的罚款；

（三）发生重大事故的，处50万元以上200万元以下的罚款；

（四）发生特别重大事故的，处200万元以上500万元以下的罚款。

第三十八条 事故发生单位主要负责人未依法履行安全生产管理职责，导致事故发生的，依照下列规定处以罚款；属于国家工作人员的，并依法给予处分；构成犯罪的，依法追究刑事责任：

（一）发生一般事故的，处上一年年收入 30% 的罚款；
（二）发生较大事故的，处上一年年收入 40% 的罚款；
（三）发生重大事故的，处上一年年收入 60% 的罚款；
（四）发生特别重大事故的，处上一年年收入 80% 的罚款。

第三十九条 有关地方人民政府、安全生产监督管理部门和负有安全生产监督管理职责的有关部门有下列行为之一的，对直接负责的主管人员和其他直接责任人员依法给予处分；构成犯罪的，依法追究刑事责任：

（一）不立即组织事故抢救的；
（二）迟报、漏报、谎报或者瞒报事故的；
（三）阻碍、干涉事故调查工作的；
（四）在事故调查中作伪证或者指使他人作伪证的。

第四十条 事故发生单位对事故发生负有责任的，由有关部门依法暂扣或者吊销其有关证照；对事故发生单位负有事故责任的有关人员，依法暂停或者撤销其与安全生产有关的执业资格、岗位证书；事故发生单位主要负责人受到刑事处罚或者撤职处分的，自刑罚执行完毕或者受处分之日起，5 年内不得担任任何生产经营单位的主要负责人。

为发生事故的单位提供虚假证明的中介机构，由有关部门依法暂扣或者吊销其有关证照及其相关人员的执业资格；构成犯罪的，依法追究刑事责任。

第四十一条 参与事故调查的人员在事故调查中有下列行为之一的，依法给予处分；构成犯罪的，依法追究刑事责任：

（一）对事故调查工作不负责任，致使事故调查工作有重大疏漏的；
（二）包庇、袒护负有事故责任的人员或者借机打击报复的。

第四十二条 违反本条例规定，有关地方人民政府或者有关部门故意拖延或者拒绝落实经批复的对事故责任人的处理意见的，由监察机关对有关责任人员依法给予处分。

第四十三条 本条例规定的罚款的行政处罚，由安全生产监督管理部门决定。

法律、行政法规对行政处罚的种类、幅度和决定机关另有规定的，依照其规定。

第六章　附　则

第四十四条 没有造成人员伤亡，但是社会影响恶劣的事故，国务院或者有关地方人民政府认为需要调查处理的，依照本条例的有关规定执行。

国家机关、事业单位、人民团体发生的事故的报告和调查处理，参照本条例的规定执行。

第四十五条 特别重大事故以下等级事故的报告和调查处理，有关法律、行政法规或者国务院另有规定的，依照其规定。

第四十六条 本条例自 2007 年 6 月 1 日起施行。国务院 1989 年 3 月 29 日公布的《特别重大事故调查程序暂行规定》和 1991 年 2 月 22 日公布的《企业职工伤亡事故报告和处理规定》同时废止。

四、《生产安全事故报告和调查处理条例》罚款处罚暂行规定

（2007 年 7 月 12 日起实施）

第一条 为防止和减少生产安全事故，严格追究生产安全事故发生单位及其有关责任人员的法律责任，正确适用事故罚款的行政处罚，依照《生产安全事故报告和调查处理条例》（以下简称《条例》）的规定，制定本规定。

第二条 安全生产监督管理部门和煤矿安全监察机构对生产安全事故发生单位（以下简称事故发生单位）及其主要负责人、直接负责的主管人员和其他责任人员等有关责任人员实施罚款的行政处罚，适用本规定。

法律、行政法规对行政处罚的种类、幅度和决定机关另有规定的，依照其规定。

第三条 本规定所称事故发生单位是指对事故发生负有责任的生产经营单位。

本规定所称主要负责人是指有限责任公司、股份有限公司的董事长或者总经理或者个人经营的投资人，其他生产经营单位的厂长、经理、局长、矿长（含实际控制人、投资人）等人员。

第四条 本规定所称事故发生单位主要负责人、直接负责的主管人员和其他直接责任人员的上一年年收入，属于国有生产经营单位的，是指该单位上级主管部门所确定的上一年年收入总额；属于非国有生产经营单位的，是指经财务、税务部门核定的上一年年收入总额。

第五条 《条例》所称的迟报、漏报、谎报和瞒报，依照下列情形认定：

（一）报告事故的时间超过规定时限的，属于迟报；

（二）因过失对应当上报的事故或者事故发生的时间、地点、类别、伤亡人数、直接经济损失等内容遗漏未报的，属于漏报；

（三）故意不如实报告事故发生的时间、地点、类别、伤亡人数、直接经济损失等有关内容的，属于谎报；

（四）故意隐瞒已经发生的事故，并经有关部门查证属实的，属于瞒报。

第六条 对事故发生单位及其有关责任人员处以罚款的行政处罚，依照下列规定决定：

（一）对发生特别重大事故的单位及其有关责任人员罚款的行政处罚，由国家安全生产监督管理总局决定；

（二）对发生重大事故的单位及其有关责任人员罚款的行政处罚，由省级人民政府安全生产监督管理部门决定；

（三）对发生较大事故的单位及其有关责任人员罚款的行政处罚，由设区的市级人民政府安全生产监督管理部门决定；

（四）对发生一般事故的单位及其有关责任人员罚款的行政处罚，由县级人民政府安全生产监督管理部门决定。

上级安全生产监督管理部门可以指定下一级安全生产监督管理部门对事故发生单位及其有关责任人员实施行政处罚。

第七条 对煤矿事故发生单位及其有关责任人员处以罚款的行政处罚，依照下列规定执行：

(一)对发生特别重大事故的煤矿及其有关责任人员罚款的行政处罚，由国家煤矿安全监察局决定；

(二)对发生重大事故和较大事故的煤矿及其有关责任人员罚款的行政处罚，由省级煤矿安全监察机构决定；

(三)对发生一般事故的煤矿及其有关责任人员罚款的行政处罚，由省级煤矿安全监察机构所属分局决定。

上级煤矿安全监察机构可以指定下一级煤矿安全监察机构对事故发生单位及其有关责任人员实施行政处罚。

第八条 特别重大事故以下等级事故，事故发生地与事故发生单位所在地不在同一个县级以上行政区域的，由事故发生地的安全生产监督管理部门或者煤矿安全监察机构依照本规定第六条或者第七条规定的权限实施行政处罚。

第九条 安全生产监督管理部门和煤矿安全监察机构对事故发生单位及其有关责任人员实施罚款的行政处罚，依照《安全生产违法行为行政处罚办法》规定的程序执行。

第十条 事故发生单位及其有关责任人员对安全生产监督管理部门和煤矿安全监察机构给予的行政处罚，享有陈述、申辩的权利；对行政处罚不服的，有权依法申请行政复议或者提起行政诉讼。

第十一条 事故发生单位主要负责人有《条例》第三十五条规定的行为之一的，依照下列规定处以罚款：

(一)事故发生单位主要负责人在事故发生后不立即组织事故抢救的，处上一年年收入80%的罚款；

(二)事故发生单位主要负责人迟报或者漏报事故的，处上一年年收入40%至60%的罚款；

(三)事故发生单位主要负责人在事故调查处理期间擅离职守的，处上一年年收入60%至80%的罚款。

第十二条 事故发生单位有《条例》第三十六条规定的行为之一的，依照下列规定处以罚款：

(一)没有贻误事故抢救的，处100万元以上200万元以下的罚款；

(二)贻误事故抢救或者造成事故扩大或者影响事故调查的，处200万元以上300万元以下的罚款；

(三)贻误事故抢救或者造成事故扩大或者影响事故调查，手段恶劣，情节严重的，处300万元以上500万元以下的罚款。

第十三条 事故发生单位的主要负责人、直接负责的主管人员和其他直接责任人员有《条例》第三十六条规定的行为之一的，依照下列规定处以罚款：

(一)谎报、瞒报事故的，处上一年年收入60%至80%的罚款；

（二）伪造、故意破坏事故现场，或者转移、隐匿资金、财产、销毁有关证据、资料，或者拒绝接受调查，或者拒绝提供有关情况和资料，或者在事故调查中作伪证，或者指使他人作伪证的，处上一年年收入80%至90%的罚款；

（三）事故发生后逃匿的，处上一年年收入100%的罚款。

第十四条 事故发生单位对造成3人以下死亡，或者3人以上10人以下重伤（包括急性工业中毒），或者300万元以上1000万元以下直接经济损失的事故负有责任的，处10万元以上20万元以下的罚款。

第十五条 事故发生单位对较大事故发生负有责任的，依照下列规定处以罚款：

（一）造成3人以上6人以下死亡，或者10人以上30人以下重伤（包括急性工业中毒），或者1000万元以上3000万元以下直接经济损失的，处20万元以上30万元以下的罚款；

（二）造成6人以上10人以下死亡，或者30人以上50人以下重伤（包括急性工业中毒），或者3000万元以上5000万元以下直接经济损失的，处30万元以上50万元以下的罚款。

第十六条 事故发生单位对重大事故发生负有责任的，依照下列规定处以罚款：

（一）造成10人以上15人以下死亡，或者50人以上70人以下重伤（包括急性工业中毒），或者5000万元以上7000万元以下直接经济损失的，处50万元以上100万元以下的罚款；

（二）造成15人以上30人以下死亡，或者70人以上100人以下重伤（包括急性工业中毒），或者7000万元以上1亿元以下直接经济损失的，处100万元以上200万元以下的罚款。

第十七条 事故发生单位对特别重大事故发生负有责任的，处200万元以上500万元以下的罚款。

第十八条 事故发生单位主要负责人未依法履行安全生产管理职责，导致事故发生的，依照下列规定处以罚款：

（一）发生一般事故的，处上一年年收入30%的罚款；

（二）发生较大事故的，处上一年年收入40%的罚款；

（三）发生重大事故的，处上一年年收入60%的罚款；

（四）发生特别重大事故的，处上一年年收入80%的罚款。

第十九条 法律、行政法规对发生事故的单位及其有关责任人员规定的罚款幅度与本规定不同的，按照较高的幅度处以罚款，但对同一违法行为不得重复罚款。

第二十条 违反《条例》和本规定，事故发生单位及其有关责任人员有两种以上应当处以罚款的行为的，安全生产监督管理部门或者煤矿安全监察机构应当分别裁量，合并作出处罚决定。

第二十一条 对事故发生负有责任的其他单位及其有关责任人员处以罚款的行政处罚，依照相关法律、法规和规章的规定实施。

第二十二条 本规定所称的"以上"包括本数，所称的"以下"不包括本数。

第二十三条 本规定自公布之日起施行。

五、《建筑起重机械安全监督管理规定》

（2008 年 6 月 1 日起实施）

第一条 为了加强建筑起重机械的安全监督管理，防止和减少生产安全事故，保障人民群众生命和财产安全，依据《建设工程安全生产管理条例》、《特种设备安全监察条例》、《安全生产许可证条例》，制定本规定。

第二条 建筑起重机械的租赁、安装、拆卸、使用及其监督管理，适用本规定。

本规定所称建筑起重机械，是指纳入特种设备目录，在房屋建筑工地和市政工程工地安装、拆卸、使用的起重机械。

第三条 国务院建设主管部门对全国建筑起重机械的租赁、安装、拆卸、使用实施监督管理。

县级以上地方人民政府建设主管部门对本行政区域内的建筑起重机械的租赁、安装、拆卸、使用实施监督管理。

第四条 出租单位出租的建筑起重机械和使用单位购置、租赁、使用的建筑起重机械应当具有特种设备制造许可证、产品合格证、制造监督检验证明。

第五条 出租单位在建筑起重机械首次出租前，自购建筑起重机械的使用单位在建筑起重机械首次安装前，应当持建筑起重机械特种设备制造许可证、产品合格证和制造监督检验证明到本单位工商注册所在地县级以上地方人民政府建设主管部门办理备案。

第六条 出租单位应当在签订的建筑起重机械租赁合同中，明确租赁双方的安全责任，并出具建筑起重机械特种设备制造许可证、产品合格证、制造监督检验证明、备案证明和自检合格证明，提交安装使用说明书。

第七条 有下列情形之一的建筑起重机械，不得出租、使用：

（一）属国家明令淘汰或者禁止使用的；

（二）超过安全技术标准或者制造厂家规定的使用年限的；

（三）经检验达不到安全技术标准规定的；

（四）没有完整安全技术档案的；

（五）没有齐全有效的安全保护装置的。

第八条 建筑起重机械有本规定第七条第（一）、（二）、（三）项情形之一的，出租单位或者自购建筑起重机械的使用单位应当予以报废，并向原备案机关办理注销手续。

第九条 出租单位、自购建筑起重机械的使用单位，应当建立建筑起重机械安全技术档案。

建筑起重机械安全技术档案应当包括以下资料：

（一）购销合同、制造许可证、产品合格证、制造监督检验证明、安装使用说明书、备案证明等原始资料；

（二）定期检验报告、定期自行检查记录、定期维护保养记录、维修和技术改造记录、运行故障和生产安全事故记录、累计运转记录等运行资料；

（三）历次安装验收资料。

第十条 从事建筑起重机械安装、拆卸活动的单位（以下简称安装单位）应当依法取得建设主管部门颁发的相应资质和建筑施工企业安全生产许可证，并在其资质许可范围内承揽建筑起重机械安装、拆卸工程。

第十一条 建筑起重机械使用单位和安装单位应当在签订的建筑起重机械安装、拆卸合同中明确双方的安全生产责任。

实行施工总承包的，施工总承包单位应当与安装单位签订建筑起重机械安装、拆卸工程安全协议书。

第十二条 安装单位应当履行下列安全职责：

（一）按照安全技术标准及建筑起重机械性能要求，编制建筑起重机械安装、拆卸工程专项施工方案，并由本单位技术负责人签字；

（二）按照安全技术标准及安装使用说明书等检查建筑起重机械及现场施工条件；

（三）组织安全施工技术交底并签字确认；

（四）制定建筑起重机械安装、拆卸工程生产安全事故应急救援预案；

（五）将建筑起重机械安装、拆卸工程专项施工方案，安装、拆卸人员名单，安装、拆卸时间等材料报施工总承包单位和监理单位审核后，告知工程所在地县级以上地方人民政府建设主管部门。

第十三条 安装单位应当按照建筑起重机械安装、拆卸工程专项施工方案及安全操作规程组织安装、拆卸作业。

安装单位的专业技术人员、专职安全生产管理人员应当进行现场监督，技术负责人应当定期巡查。

第十四条 建筑起重机械安装完毕后，安装单位应当按照安全技术标准及安装使用说明书的有关要求对建筑起重机械进行自检、调试和试运转。自检合格的，应当出具自检合格证明，并向使用单位进行安全使用说明。

第十五条 安装单位应当建立建筑起重机械安装、拆卸工程档案。

建筑起重机械安装、拆卸工程档案应当包括以下资料：

（一）安装、拆卸合同及安全协议书；

（二）安装、拆卸工程专项施工方案；

（三）安全施工技术交底的有关资料；

（四）安装工程验收资料；

（五）安装、拆卸工程生产安全事故应急救援预案。

第十六条 建筑起重机械安装完毕后，使用单位应当组织出租、安装、监理等有关单位进行验收，或者委托具有相应资质的检验检测机构进行验收。建筑起重机械经验收合格后方可投入使用，未经验收或者验收不合格的不得使用。

实行施工总承包的，由施工总承包单位组织验收。

建筑起重机械在验收前应当经有相应资质的检验检测机构监督检验合格。

检验检测机构和检验检测人员对检验检测结果、鉴定结论依法承担法律责任。

第十七条 使用单位应当自建筑起重机械安装验收合格之日起30日内，将建筑起重机械安装验收资料、建筑起重机械安全管理制度、特种作业人员名单等，向工程所在地县级以上地方人民政府建设主管部门办理建筑起重机械使用登记。登记标志置于或者附着于该设备的显著位置。

第十八条 使用单位应当履行下列安全职责：

（一）根据不同施工阶段、周围环境以及季节、气候的变化，对建筑起重机械采取相应的安全防护措施；

（二）制定建筑起重机械生产安全事故应急救援预案；

（三）在建筑起重机械活动范围内设置明显的安全警示标志，对集中作业区做好安全防护；

（四）设置相应的设备管理机构或者配备专职的设备管理人员；

（五）指定专职设备管理人员、专职安全生产管理人员进行现场监督检查；

（六）建筑起重机械出现故障或者发生异常情况的，立即停止使用，消除故障和事故隐患后，方可重新投入使用。

第十九条 使用单位应当对在用的建筑起重机械及其安全保护装置、吊具、索具等进行经常性和定期的检查、维护和保养，并做好记录。

使用单位在建筑起重机械租期结束后，应当将定期检查、维护和保养记录移交出租单位。

建筑起重机械租赁合同对建筑起重机械的检查、维护、保养另有约定的，从其约定。

第二十条 建筑起重机械在使用过程中需要附着的，使用单位应当委托原安装单位或者具有相应资质的安装单位按照专项施工方案实施，并按照本规定第十六条规定组织验收。验收合格后方可投入使用。

建筑起重机械在使用过程中需要顶升的，使用单位委托原安装单位或者具有相应资质的安装单位按照专项施工方案实施后，即可投入使用。

禁止擅自在建筑起重机械上安装非原制造厂制造的标准节和附着装置。

第二十一条 施工总承包单位应当履行下列安全职责：

（一）向安装单位提供拟安装设备位置的基础施工资料，确保建筑起重机械进场安装、拆卸所需的施工条件；

（二）审核建筑起重机械的特种设备制造许可证、产品合格证、制造监督检验证明、备案证明等文件；

（三）审核安装单位、使用单位的资质证书、安全生产许可证和特种作业人员的特种作业操作资格证书；

（四）审核安装单位制定的建筑起重机械安装、拆卸工程专项施工方案和生产安全事故应急救援预案；

（五）审核使用单位制定的建筑起重机械生产安全事故应急救援预案；

（六）指定专职安全生产管理人员监督检查建筑起重机械安装、拆卸、使用情况；

（七）施工现场有多台塔式起重机作业时，应当组织制定并实施防止塔式起重机相互碰撞的安全措施。

第二十二条 监理单位应当履行下列安全职责：

（一）审核建筑起重机械特种设备制造许可证、产品合格证、制造监督检验证明、备案证明等文件；

（二）审核建筑起重机械安装单位、使用单位的资质证书、安全生产许可证和特种作业人员的特种作业操作资格证书；

（三）审核建筑起重机械安装、拆卸工程专项施工方案；

（四）监督安装单位执行建筑起重机械安装、拆卸工程专项施工方案情况；

（五）监督检查建筑起重机械的使用情况；

（六）发现存在生产安全事故隐患的，应当要求安装单位、使用单位限期整改，对安装单位、使用单位拒不整改的，及时向建设单位报告。

第二十三条 依法发包给两个及两个以上施工单位的工程，不同施工单位在同一施工现场使用多台塔式起重机作业时，建设单位应当协调组织制定防止塔式起重机相互碰撞的安全措施。

安装单位、使用单位拒不整改生产安全事故隐患的，建设单位接到监理单位报告后，应当责令安装单位、使用单位立即停工整改。

第二十四条 建筑起重机械特种作业人员应当遵守建筑起重机械安全操作规程和安全管理制度，在作业中有权拒绝违章指挥和强令冒险作业，有权在发生危及人身安全的紧急情况时立即停止作业或者采取必要的应急措施后撤离危险区域。

第二十五条 建筑起重机械安装拆卸工、起重信号工、起重司机、司索工等特种作业人员应当经建设主管部门考核合格，并取得特种作业操作资格证书后，方可上岗作业。

省、自治区、直辖市人民政府建设主管部门负责组织实施建筑施工企业特种作业人员的考核。

特种作业人员的特种作业操作资格证书由国务院建设主管部门规定统一的样式。

第二十六条 建设主管部门履行安全监督检查职责时，有权采取下列措施：

（一）要求被检查的单位提供有关建筑起重机械的文件和资料；

（二）进入被检查单位和被检查单位的施工现场进行检查；

（三）对检查中发现的建筑起重机械生产安全事故隐患，责令立即排除；重大生产安全事故隐患排除前或者排除过程中无法保证安全的，责令从危险区域撤出作业人员或者暂时停止施工。

第二十七条 负责办理备案或者登记的建设主管部门应当建立本行政区域内的建筑起重机械档案，按照有关规定对建筑起重机械进行统一编号，并定期向社会公布建筑起重机械的安全状况。

第二十八条 违反本规定，出租单位、自购建筑起重机械的使用单位，有下列行为之一的，由县级以上地方人民政府建设主管部门责令限期改正，予以警告，并处以 5000 元以上 1 万元以下罚款：

（一）未按照规定办理备案的；

（二）未按照规定办理注销手续的；

（三）未按照规定建立建筑起重机械安全技术档案的。

第二十九条 违反本规定，安装单位有下列行为之一的，由县级以上地方人民政府建设主管部门责令限期改正，予以警告，并处以5000元以上3万元以下罚款：

（一）未履行第十二条第（二）、（四）、（五）项安全职责的；

（二）未按照规定建立建筑起重机械安装、拆卸工程档案的；

（三）未按照建筑起重机械安装、拆卸工程专项施工方案及安全操作规程组织安装、拆卸作业的。

第三十条 违反本规定，使用单位有下列行为之一的，由县级以上地方人民政府建设主管部门责令限期改正，予以警告，并处以5000元以上3万元以下罚款：

（一）未履行第十八条第（一）、（二）、（四）、（六）项安全职责的；

（二）未指定专职设备管理人员进行现场监督检查的；

（三）擅自在建筑起重机械上安装非原制造厂制造的标准节和附着装置的。

第三十一条 违反本规定，施工总承包单位未履行第二十一条第（一）、（三）、（四）、（五）、（七）项安全职责的，由县级以上地方人民政府建设主管部门责令限期改正，予以警告，并处以5000元以上3万元以下罚款。

第三十二条 违反本规定，监理单位未履行第二十二条第（一）、（二）、（四）、（五）项安全职责的，由县级以上地方人民政府建设主管部门责令限期改正，予以警告，并处以5000元以上3万元以下罚款。

第三十三条 违反本规定，建设单位有下列行为之一的，由县级以上地方人民政府建设主管部门责令限期改正，予以警告，并处以5000元以上3万元以下罚款；逾期未改的，责令停止施工：

（一）未按照规定协调组织制定防止多台塔式起重机相互碰撞的安全措施的；

（二）接到监理单位报告后，未责令安装单位、使用单位立即停工整改的。

第三十四条 违反本规定，建设主管部门的工作人员有下列行为之一的，依法给予处分；构成犯罪的，依法追究刑事责任：

（一）发现违反本规定的违法行为不依法查处的；

（二）发现在用的建筑起重机械存在严重生产安全事故隐患不依法处理的；

（三）不依法履行监督管理职责的其他行为。

第三十五条 本规定自2008年6月1日起施行。

第三章　规范性文件

一、《民用建筑节能工程质量监督工作导则》

1　总　则

1.0.1　为加强建筑节能工程质量监督管理工作，规范质量监督行为，依据《建设工程质量管理条例》、《民用建筑节能管理规定》（建设部令第143号）、《工程质量监督工作导则》和《民用建筑工程节能质量监督管理办法》，制定本工作导则。

1.0.2　本工作导则适用于新建、改建、扩建民用建筑节能工程的质量监督工作。本导则所称民用建筑是指居住建筑和公共建筑。

1.0.3　质量监督机构应采取抽查建筑节能工程的实体质量和相关工程质量控制资料的方法，督促各方责任主体履行质量责任，确保工程质量。

重点是监督检查、抽查建筑节能工程有关措施及落实情况，质量控制资料及相关产品的节能要求指标，加强事前控制，把检查各责任主体的节能工作行为放在首位。

1.0.4　民用建筑节能工程质量监督除应执行本工作导则的规定外，还应符合国家有关法律、法规和工程技术标准等规定。

1.0.5　质量监督机构应根据本地区民用建筑节能工程情况制定监督工作方案。

2　施工前期准备阶段的监督抽查内容

2.0.1　建筑节能工程施工图设计文件审查情况。

2.0.2　建筑节能工程施工图设计文件审查备案情况。

2.0.3　涉及建筑节能效果的设计变更重新报审和建设、监理单位确认情况。

2.0.4　建筑节能工程施工专项方案及建筑节能监理规划和实施细则编制、审批情况。

2.0.5　建筑节能专业施工人员岗前培训及技术交底情况。

2.0.6　建设、设计、施工（含分包）、监理等各方责任主体单位对建筑节能示范样板的确认情况。

3　施工过程的监督抽查内容

3.1　材料、构配件和设备质量

3.1.1　主要材料、构配件和设备的规格、型号、性能与设计文件要求是否相符。

3.1.2　主要材料、构配件和设备的合格证、中文说明书、型式检验报告、定型产品和成套技术应用型式检验报告、进场验收记录、见证取样送检复试报告的核查情况。

3.1.3　监理工程师对材料、构配件和设备的进场验收签认情况。

3.1.4　监督机构对建筑节能材料质量产生质疑时,监督机构应对建筑节能材料按一定比例委托具有相应资质的检测单位进行检测。

3.2　墙体节能工程

3.2.1　基层表面空鼓、开裂、松动、风化及平整度及妨碍黏结的附着物的处理。

3.2.2　保温层施工应结合不同工程做法根据规范规定,由各地制定监督抽查内容,重点对保温、牢固、开裂、渗漏、耐久性、防火等性能进行抽查。

3.2.3　雨水管卡具、女儿墙、分隔缝、变形缝、挑梁、连梁、壁柱、空调板、空调管洞、门窗洞口等易产生热桥部位保温措施。

3.2.4　施工产生的墙体缺陷(如穿墙套管、脚手眼、孔洞等)处理。

3.2.5　不同材料基体交接处、容易碰撞的阳角及门窗洞口转角处等特殊部位的保温层防止开裂和破损的加强措施。

3.2.6　隔汽层构造处理、穿透隔汽层处密封措施、隔汽层冷凝水排水构造处理。

3.3　非采暖公共间节能工程

3.3.1　非采暖公共间(如普通住宅楼梯间、高层住宅疏散楼梯间、电梯前室、公共通道、公共大堂大厅、地下室等)按图施工情况。

3.4　幕墙节能工程

3.4.1　幕墙工程热桥部位的隔断热桥措施。

3.4.2　幕墙与周边墙体间的缝隙处理。

3.4.3　建筑伸缩缝、沉降缝、抗震缝等变形缝的保温密封处理。

3.4.4　遮阳设施的安装。

3.5　门窗节能工程

3.5.1　外门窗框或副框与洞口、外门窗框与副框之间的间隙处理。

3.5.2　金属外门窗隔断热桥措施及金属副框隔断热桥措施。

3.5.3　严寒、寒冷、夏热冬冷地区建筑外窗气密性现场实体检验情况。

3.5.4　严寒、寒冷地区的外门安装及特种门安装的节能措施。

3.5.5　外门窗遮阳设施的安装。

3.5.6　天窗安装位置、坡度、密封节能措施。

3.5.7　门窗扇密封条的安装、镶嵌、接头处理。

3.5.8　门窗镀(贴)膜玻璃的安装方向及中空玻璃均压管密封及中空玻璃露点复检情况。

3.6　屋面节能工程

3.6.1　屋面保温、隔热层铺设质量、厚度控制。

3.6.2　屋面保温、隔热层的平整度、坡向、细部及屋面热桥部位的保温隔热措施。

3.6.3　屋面隔汽层位置、铺设方式及密封措施。

3.7　地面节能工程

3.7.1　基层处理的质量。

3.7.2　地面保温层、隔离层、防潮层、保护层等各层的设置和构造做法以及保温层的厚度。

3.7.3　地面节能工程的保温板与基层之间、各构造层的黏结及缝隙处理。

3.7.4　穿越地面直接接触室外空气的各种金属管道的隔断热桥保温措施。

3.7.5　严寒、寒冷地区的建筑首层直接与土壤接触的地面、采暖地下室与土壤接触的外墙、毗邻不采暖空间的地面及底面直接接触室外空气的地面等隔断热桥保温措施。

3.8　采暖节能工程

3.8.1　采暖系统安装应抽查以下内容：

1. 采暖系统的制式及安装；

2. 散热设备、阀门与过滤器、温度计及仪表安装；

3. 系统各分支管路水力平衡装置安装及调试的情况；

4. 分室（区）热量计量设施安装和调试的情况；

5. 散热器恒温阀的安装。

3.8.2　采暖系统热力入口装置的安装应抽查以下内容：

1. 热力入口装置的选型；

2. 热计量装置的安装和调试的情况；

3. 水力平衡装置的安装及调试的情况；

4. 过滤器、压力表、温度计及各种阀门的安装。

3.8.3　采暖管道的保温层、防水层施工。

3.8.4　采暖系统安装完成后的系统试运转和调试。

3.9　通风与空调节能工程

3.9.1　通风与空调节能工程中的送、排风系统、空调风系统、空调水系统的安装应抽查以下内容：

1. 各系统的制式及其安装；

2. 各种设备、自控阀门与仪表安装；

3. 水系统各分支管路水力平衡装置安装及调试的情况；

4. 空调系统分栋、分户、分室（区）冷、热计量设备安装。

3.9.2　风管的制作与安装应抽查以下内容：

1. 风管严密性及风管系统的严密性检测；

2. 风管与部件、风管与土建风道及风管间的连接；

3. 需要绝热的风管与金属支架的接触处、复合风管及需要绝热的非金属风管的连接和加固等处的冷桥处理。

3.9.3　各种空调机组的安装、与风管连接的情况及现场组装的组合式空调机组各功能段之间连接检测。

3.9.4　风机盘管机组的选型及安装和调试的情况。

3.9.5　空调与通风系统中风机的选型及安装。

3.9.6　带热回收功能的双向换气装置和集中排风系统中的排风热回收装置选型及安装。

3.9.7　空调机组回水管上的电动两通调节阀、风机盘管机组回水管上的电动两通（调节）阀、空调冷热水系统中的水力平衡装置、冷（热）量计量装置等自控阀门与仪表的选型及安装。

3.9.8 风管和空调水系统管道隔热层、防潮层选材。

3.9.9 空调水系统的冷热水管道及配件与支、吊架之间绝热衬垫安装和冷桥隔断的措施。

3.9.10 通风与空调系统安装完毕后的通风机和空调机组等设备的单机试运转和调试及通风空调系统无生产负荷下的联合试运转和调试检测。

3.10 空调与采暖系统冷热源及管网节能工程

3.10.1 空调与采暖系统冷热源设备和辅助设备及其管网系统的安装。

3.10.2 空调冷热源水系统管道及配件绝热层和防潮层的施工情况。

3.10.3 空调与采暖系统冷热源和辅助设备及其管道和管网系统安装完毕后的系统试运转及调试情况。

3.11 配电与照明节能工程

3.11.1 锅炉房动力用电、冷却塔水泵用电和照明用电计量设备安装。

3.11.2 住宅公共部分和公共建筑的照明的高效光源、高效灯具和节能控制装置安装。

3.11.3 水泵、风机等设备的节能装置安装。

3.11.4 低压配电系统及照明系统检测。

3.12 监测与控制节能工程

3.12.1 监测与自动控制系统的安装、调试和联动情况。

3.12.2 监测和自动控制系统与空调、采暖、配电和照明等系统的联动运行、监测情况。

3.13 施工过程中的检测和试验

3.13.1 施工过程中是否按相关规范规定进行了各项测试、试验。

3.13.2 测试、试验的批次、数量是否符合要求。

3.13.3 测试、试验的结果是否满足设计要求。

4 质量问题的处理

4.0.1 监督检查发现违反规范规程的一般问题,应当下达《责令整改通知书》,并督促责任单位落实整改。

4.0.2 监督检查时发现违反规范规程中“强制性条文”的、没有进行施工图设计文件审查的、不按审查合格的设计文件施工的、没有进行建筑节能专项备案的、建筑节能设计变更未进行复审和备案的、没有建筑节能专项施工方案的、没有做建筑节能工程施工示范样板的,应当下达《责令暂停施工通知书》,经整改复查合格后,方可复工。

4.0.3 对在监督检查中发现的严重质量违规行为,监督机构应报告建设行政主管部门,由建设行政主管部门按有关法律、法规进行查处。

5 建筑节能工程竣工分部质量验收的监督

5.0.1 建筑节能工程验收应满足以下条件:

1. 施工单位出具的建筑节能工程分部质量验收报告,建筑围护结构的外墙节能构造实体检验，严寒、寒冷和夏热冬冷地区的外窗气密性现场实体检测，采暖、通风与空调、照明系统检测资料等合格证明文件，以及施工过程中发现的质量问题整改报告等；

2. 检查建筑节能分部工程重点部位隐蔽验收记录和相关图像资料；

3. 检查相关节能分部工程检验批、分项工程、子分部工程验收合格标准及合格依据，以及检验批和分项工程的划分；

4. 设计单位出具的建筑节能工程质量检查报告；

5. 监理单位出具的建筑节能工程质量评估报告。

5.0.2　监督机构应对验收组成员组成及节能验收程序进行监督。

5.0.3　监督机构应对节能工程实体质量进行抽测、对观感质量进行检查。

5.0.4　节能工程竣工验收监督的记录应包括下列内容：

1. 对节能工程建设强制性标准执行情况的评价；

2. 对节能工程观感质量检查验收的评价；

3. 对节能工程验收的组织及程序的评价；

4. 对节能工程验收报告的评价。

6　工程质量监督报告的内容

6.0.1　节能工程概况。

6.0.2　对建筑节能施工过程中责任主体和有关机构质量行为及执行工程建设强制性标准的检查情况，包括图纸是否经过审图机构审查和到节能管理部门备案、节能材料进场是否经过复试、节能工程是否有专项施工方案、是否有施工示范样板、是否有节能专项验收等。

6.0.3　建筑节能工程实体质量监督抽查（包括监督检测）情况，监督机构对涉及建筑节能系统安全、使用功能、关键部位的实体质量或材料进行监督抽测、检测记录。

6.0.4　建筑节能工程质量技术档案和施工管理资料抽查情况。

6.0.5　建筑节能工程质量问题的整改和质量事故处理情况。

6.0.6　建筑节能施工过程中各方质量责任主体及相关有资格人员的不良记录内容。

6.0.7　建筑节能分部工程质量验收监督记录及监督评价和建议。

7　建筑节能工程质量监督档案

7.0.1　建筑节能工程质量监督档案是单位工程质量监督档案的组成部分。

7.0.2　建筑节能工程质量监督档案应包括以下主要内容：

1. 建筑节能工程项目监督工作方案；

2. 建筑节能工程施工过程监督抽查（包括监督检测）记录；

3. 建筑节能工程质量分部验收监督记录；

4. 节能分部施工中发生质量问题的整改和质量事故处理的有关资料；

5. 建筑节能工程监督过程中所形成的照片（含底片）、音像资料。

二、《关于进一步加强住宅装饰装修管理的通知》

（建质[2008]133 号）

各省、自治区建设厅，直辖市建委（房管局）：

近年来，随着我国经济快速发展和人民生活水平的提高，住宅装饰装修市场规模不断扩大，在增加就业、带动经济发展、改善人居条件等方面发挥了重要作用。但是，在住宅装饰装修过程中，一些用户违反国家法律法规，擅自改变房屋使用功能、损坏房屋结构等情况时有发生，给人民生命和财产安全带来很大隐患。为进一步加强住宅装饰装修管理，切实保障住宅质量安全和使用寿命，现将有关事项通知如下：

（一）提高思想认识，加强组织领导

住宅装饰装修与人民群众的生活和安全息息相关，由装饰装修引发的结构安全问题时有发生，特别是在汶川地震遭受破坏的建筑中尤为突出，这直接关系到人民生命财产安全，也关系到社会稳定和社会主义和谐社会的构建。各级建设主管部门要从落实科学发展观的高度，进一步转变思想，提高认识，增强做好装饰装修管理工作的责任感和紧迫感，切实把这项工作摆到重要议事日程上来。要根据本地区实际，以治理野蛮装修、防止破坏房屋结构为重点，不断健全工作机制，创新工作方法，改进工作作风，加强领导，明确责任，狠抓落实，着力把好住宅装饰装修安全关。

（二）严格管理制度，落实相关责任

各级建设主管部门要根据国务院《建设工程质量管理条例》和《住宅室内装饰装修管理办法》（建设部令第 110 号）等有关规定，进一步完善本地区住宅装饰装修管理制度，落实装修人、装修企业和物业服务企业等住宅管理单位的责任。要加快建立装修企业信用管理制度，严格对装修人和装修企业违法违规行为的处罚。要坚持完善装修开工申报制度，装饰装修企业要严格执行《住宅装饰装修工程施工规范》（GB5037—2001），确保装修质量。要采取切实有效措施，充分调动物业服务企业等住宅管理单位、居委会和住宅使用者参与监督的积极性，逐步形成各方力量共同参与、相互配合的联合监督机制。

（三）切实加强监管，确保质量安全

各级建设主管部门要会同有关部门，切实加强住宅装饰装修过程中的监督巡查，发现未经批准擅自开工、不按装修方案施工或破坏房屋结构行为的，责令立即整改。物业服务企业等住宅管理单位应按照装饰装修管理服务协议进行现场检查，进一步强化竣工验收环节的管理，发现影响结构质量安全的问题，应要求装修人和装修企业改正，并报政府主管部门处理。建设主管部门要健全装修投诉举报机制，对住宅装饰装修中出现的影响公众利益的质量事故和质量缺陷，必须依法认真调查，立即责令纠正，严肃处理。

（四）完善扶持政策，推广全装修房

各地要继续贯彻落实《关于推进住宅产业现代化　提高住宅质量若干意见》（国办发1999]72 号）和《商品住宅装修一次到位实施导则》（建住房[2002]190 号），制定出台相关扶持政策，引导和鼓励新建商品住宅一次装修到位或菜单式装修模式。要根据本地实际，科学规划，分步实施，逐步达到取消毛坯房，直接向消费者提供全装修成品房的目标。

（五）强化宣传培训，营造良好环境

各地要充分发挥宣传舆论的导向作用，利用网络、电视、广播、报纸和杂志等宣传手段，采用板报标语、宣传图册等群众喜闻乐见、易于接受的宣传形式，大力宣传装修过程中私拆滥改的危害，普及住宅装饰装修基本知识，增强广大业主维护自身权益的法律意识和质量安全意识，树立文明装修、合理使用的思想。要针对物业服务企业等住宅管理单位和装修企业，有组织地开展相关培训，提高他们的质量意识和技术水平。要在建筑装饰装修行业积极开展创优评先活动，加强行业自律，建设诚信体系，营造人人重视安全、人人保障安全的良好执、守法环境。

中华人民共和国住房和城乡建设部
二〇〇八年七月二十九日

三、《关于建筑施工特种作业人员考核工作的实施意见》

（建办质[2008]41 号）

各省、自治区建设厅，直辖市建委，江苏省、山东省建管局，新疆生产建设兵团建设局：

为规范建筑施工特种作业人员考核管理工作，根据《建筑施工特种作业人员管理规定》（建质[2008]75 号），制定以下实施意见：

（一）考核目的

为提高建筑施工特种作业人员的素质，防止和减少建筑施工生产安全事故，通过安全技术理论知识和安全操作技能考核，确保取得《建筑施工特种作业操作资格证书》人员具备独立从事相应特种作业工作能力。

（二）考核机关

省、自治区、直辖市人民政府建设主管部门或其委托的考核机构负责本行政区域内建筑施工特种作业人员的考核工作。

（三）考核对象

在房屋建筑和市政工程（以下简称“建筑工程”）施工现场从事建筑电工、建筑架子工、建筑起重信号司索工、建筑起重机械司机、建筑起重机械安装拆卸工、高处作业吊篮安装拆卸工以及经省级以上人民政府建设主管部门认定的其他特种作业的人员。

《建筑施工特种作业操作范围》见附件一。

（四）考核条件

参加考核人员应当具备下列条件：

1. 年满 18 周岁且符合相应特种作业规定的年龄要求；

2. 近三个月内经二级乙等以上医院体检合格且无妨碍从事相应特种作业的疾病和生理缺陷；

3. 初中及以上学历；

4. 符合相应特种作业规定的其他条件。

(五)考核内容

建筑施工特种作业人员考核内容应当包括安全技术理论和安全操作技能。《建筑施工特种作业人员安全技术考核大纲》(试行)见附件二。

考核内容分掌握、熟悉、了解三类。其中掌握即要求能运用相关特种作业知识解决实际问题,熟悉即要求能较深理解相关特种作业安全技术知识,了解即要求具有相关特种作业的基本知识。

(六)考核办法

1. 安全技术理论考核,采用闭卷笔试方式。考核时间为 2 小时,实行百分制,60 分为合格。其中,安全生产基本知识占 25%、专业基础知识占 25%、专业技术理论占 50%。

2. 安全操作技能考核,采用实际操作(或模拟操作)、口试等方式。考核实行百分制,70 分为合格。《建筑施工特种作业人员安全操作技能考核标准》(试行)见附件三。

3. 安全技术理论考核不合格的,不得参加安全操作技能考核。安全技术理论考试和实际操作技能考核均合格的,为考核合格。

(七)其他事项

1. 考核发证机关应当建立健全建筑施工特种作业人员考核、发证及档案管理计算机信息系统,加强考核场地和考核人员队伍建设,注重实际操作考核质量。

2. 首次取得《建筑施工特种作业操作资格证书》的人员实习操作不得少于三个月。实习操作期间,用人单位应当指定专人指导和监督作业。指导人员应当从取得相应特种作业资格证书并从事相关工作 3 年以上、无不良记录的熟练工中选择。实习操作期满,经用人单位考核合格,方可独立作业。

附件一　建筑施工特种作业操作范围(略)

附件二　建筑施工特种作业人员安全技术考核大纲(试行)(略)

附件三　建筑施工特种作业人员安全操作技能考核标准(试行)(略)

中华人民共和国住房和城乡建设部办公厅

二〇〇八年七月十八日

四、《建筑施工特种作业人员管理规定》

(2008 年 6 月 1 日起实施)

第一章　总　则

第一条　为加强对建筑施工特种作业人员的管理,防止和减少生产安全事故,根据《安全生产许可证条例》、《建筑起重机械安全监督管理规定》等法规规章,制定本规定。

第二条　建筑施工特种作业人员的考核、发证、从业和监督管理,适用本规定。

本规定所称建筑施工特种作业人员是指在房屋建筑和市政工程施工活动中,从事可能对本人、他人及周围设备设施的安全造成重大危害作业的人员。

第三条 建筑施工特种作业包括：

（一）建筑电工；

（二）建筑架子工；

（三）建筑起重信号司索工；

（四）建筑起重机械司机；

（五）建筑起重机械安装拆卸工；

（六）高处作业吊篮安装拆卸工；

（七）经省级以上人民政府建设主管部门认定的其他特种作业。

第四条 建筑施工特种作业人员必须经建设主管部门考核合格，取得建筑施工特种作业人员操作资格证书（以下简称“资格证书”），方可上岗从事相应作业。

第五条 国务院建设主管部门负责全国建筑施工特种作业人员的监督管理工作。

省、自治区、直辖市人民政府建设主管部门负责本行政区域内建筑施工特种作业人员的监督管理工作。

第二章 考 核

第六条 建筑施工特种作业人员的考核发证工作，由省、自治区、直辖市人民政府建设主管部门或其委托的考核发证机构（以下简称“考核发证机关”）负责组织实施。

第七条 考核发证机关应当在办公场所公布建筑施工特种作业人员申请条件、申请程序、工作时限、收费依据和标准等事项。

考核发证机关应当在考核前在机关网站或新闻媒体上公布考核科目、考核地点、考核时间和监督电话等事项。

第八条 申请从事建筑施工特种作业的人员，应当具备下列基本条件：

（一）年满18周岁且符合相关工种规定的年龄要求；

（二）经医院体检合格且无妨碍从事相应特种作业的疾病和生理缺陷；

（三）初中及以上学历；

（四）符合相应特种作业需要的其他条件。

第九条 符合本规定第八条规定的人员应当向本人户籍所在地或者从业所在地考核发证机关提出申请，并提交相关证明材料。

第十条 考核发证机关应当自收到申请人提交的申请材料之日起5个工作日内依法作出受理或者不予受理决定。

对于受理的申请，考核发证机关应当及时向申请人核发准考证。

第十一条 建筑施工特种作业人员的考核内容应当包括安全技术理论和实际操作。

考核大纲由国务院建设主管部门制定。

第十二条 考核发证机关应当自考核结束之日起10个工作日内公布考核成绩。

第十三条 考核发证机关对于考核合格的，应当自考核结果公布之日起10个工作日内颁发资格证书；对于考核不合格的，应当通知申请人并说明理由。

第十四条 资格证书应当采用国务院建设主管部门规定的统一样式，由考核发证机关编号后签发。资格证书在全国通用。

资格证书样式见附件一，编号规则见附件二。

第三章　从　业

第十五条　持有资格证书的人员，应当受聘于建筑施工企业或者建筑起重机械出租单位（以下简称用人单位），方可从事相应的特种作业。

第十六条　用人单位对于首次取得资格证书的人员，应当在其正式上岗前安排不少于3个月的实习操作。

第十七条　建筑施工特种作业人员应当严格按照安全技术标准、规范和规程进行作业，正确佩戴和使用安全防护用品，并按规定对作业工具和设备进行维护保养。

建筑施工特种作业人员应当参加年度安全教育培训或者继续教育，每年不得少于24小时。

第十八条　在施工中发生危及人身安全的紧急情况时，建筑施工特种作业人员有权立即停止作业或者撤离危险区域，并向施工现场专职安全生产管理人员和项目负责人报告。

第十九条　用人单位应当履行下列职责：

（一）与持有效资格证书的特种作业人员订立劳动合同；

（二）制定并落实本单位特种作业安全操作规程和有关安全管理制度；

（三）书面告知特种作业人员违章操作的危害；

（四）向特种作业人员提供齐全、合格的安全防护用品和安全的作业条件；

（五）按规定组织特种作业人员参加年度安全教育培训或者继续教育，培训时间不少于24小时；

（六）建立本单位特种作业人员管理档案；

（七）查处特种作业人员违章行为并记录在档；

（八）法律法规及有关规定明确的其他职责。

第二十条　任何单位和个人不得非法涂改、倒卖、出租、出借或者以其他形式转让资格证书。

第二十一条　建筑施工特种作业人员变动工作单位，任何单位和个人不得以任何理由非法扣押其资格证书。

第四章　延期复核

第二十二条　资格证书有效期为两年。有效期满需要延期的，建筑施工特种作业人员应当于期满前3个月内向原考核发证机关申请办理延期复核手续。延期复核合格的，资格证书有效期延期2年。

第二十三条　建筑施工特种作业人员申请延期复核，应当提交下列材料：

（一）身份证（原件和复印件）；

（二）体检合格证明；

（三）年度安全教育培训证明或者继续教育证明；

（四）用人单位出具的特种作业人员管理档案记录；

（五）考核发证机关规定提交的其他资料。

第二十四条 建筑施工特种作业人员在资格证书有效期内，有下列情形之一的，延期复核结果为不合格：

（一）超过相关工种规定年龄要求的；

（二）身体健康状况不再适应相应特种作业岗位的；

（三）对生产安全事故负有责任的；

（四）2年内违章操作记录达3次（含3次）以上的；

（五）未按规定参加年度安全教育培训或者继续教育的；

（六）考核发证机关规定的其他情形。

第二十五条 考核发证机关在收到建筑施工特种作业人员提交的延期复核资料后，应当根据以下情况分别作出处理：

（一）对于属于本规定第二十四条情形之一的，自收到延期复核资料之日起5个工作日内作出不予延期决定，并说明理由；

（二）对于提交资料齐全且无本规定第二十四条情形的，自受理之日起10个工作日内办理准予延期复核手续，并在证书上注明延期复核合格，并加盖延期复核专用章。

第二十六条 考核发证机关应当在资格证书有效期满前按本规定第二十五条作出决定；逾期未作出决定的，视为延期复核合格。

第五章 监督管理

第二十七条 考核发证机关应当制定建筑施工特种作业人员考核发证管理制度，建立本地区建筑施工特种作业人员档案。

县级以上地方人民政府建设主管部门应当监督检查建筑施工特种作业人员从业活动，查处违章作业行为并记录在档。

第二十八条 考核发证机关应当在每年年底向国务院建设主管部门报送建筑施工特种作业人员考核发证和延期复核情况的年度统计信息资料。

第二十九条 有下列情形之一的，考核发证机关应当撤销资格证书：

（一）持证人弄虚作假骗取资格证书或者办理延期复核手续的；

（二）考核发证机关工作人员违法核发资格证书的；

（三）考核发证机关规定应当撤销资格证书的其他情形。

第三十条 有下列情形之一的，考核发证机关应当注销资格证书：

（一）依法不予延期的；

（二）持证人逾期未申请办理延期复核手续的；

（三）持证人死亡或者不具有完全民事行为能力的；

（四）考核发证机关规定应当注销的其他情形。

第六章 附 则

第三十一条 省、自治区、直辖市人民政府建设主管部门可结合本地区实际情况制定实施细则，并报国务院建设主管部门备案。

第三十二条 本办法自2008年6月1日起施行。

附件一:建筑施工特种作业操作资格证书样式(略)
附件二:建筑施工特种作业操作资格证书编号规则(略)

中华人民共和国住房和城乡建设部
二〇〇八年四月十八日

五、《绿色施工导则》

1 总 则

1.1 我国尚处于经济快速发展阶段,作为大量消耗资源、影响环境的建筑业,应全面实施绿色施工,承担起可持续发展的社会责任。

1.2 本导则用于指导建筑工程的绿色施工,并可供其他建设工程的绿色施工参考。

1.3 绿色施工是指工程建设中,在保证质量、安全等基本要求的前提下,通过科学管理和技术进步,最大限度地节约资源与减少对环境负面影响的施工活动,实现四节一环保(节能、节地、节水、节材和环境保护)。

1.4 绿色施工应符合国家的法律、法规及相关的标准规范,实现经济效益、社会效益和环境效益的统一。

1.5 实施绿色施工,应依据因地制宜的原则,贯彻执行国家、行业和地方相关的技术经济政策。

1.6 运用ISO14000和ISO18000管理体系,将绿色施工有关内容分解到管理体系目标中去,使绿色施工规范化、标准化。

1.7 鼓励各地区开展绿色施工的政策与技术研究,发展绿色施工的新技术、新设备、新材料与新工艺,推行应用示范工程。

2 绿色施工原则

2.1 绿色施工是建筑全寿命周期中的一个重要阶段。实施绿色施工,应进行总体方案优化。在规划、设计阶段,应充分考虑绿色施工的总体要求,为绿色施工提供基础条件。

2.2 实施绿色施工,应对施工策划、材料采购、现场施工、工程验收等各阶段进行控制,加强对整个施工过程的管理和监督。

3 绿色施工总体框架

绿色施工总体框架由施工管理、环境保护、节材与材料资源利用、节水与水资源利用、节能与能源利用、节地与施工用地保护六个方面组成。这六个方面涵盖了绿色施工的基本指标,同时包含了施工策划、材料采购、现场施工、工程验收等各阶段的指标的子集。

4 绿色施工要点

4.1 绿色施工管理主要包括组织管理、规划管理、实施管理、评价管理和人员安全与健康管理五个方面。

4.1.1　组织管理

1. 建立绿色施工管理体系，并制定相应的管理制度与目标。

2. 项目经理为绿色施工第一责任人，负责绿色施工的组织实施及目标实现，并指定绿色施工管理人员和监督人员。

4.1.2　规划管理

1. 编制绿色施工方案。该方案应在施工组织设计中独立成章，并按有关规定进行审批。

2. 绿色施工方案应包括以下内容：

1）环境保护措施，制定环境管理计划及应急救援预案，采取有效措施，降低环境负荷，保护地下设施和文物等资源。

2）节材措施，在保证工程安全与质量的前提下，制定节材措施。如进行施工方案的节材优化，建筑垃圾减量化，尽量利用可循环材料等。

3）节水措施，根据工程所在地的水资源状况，制定节水措施。

4）节能措施，进行施工节能策划，确定目标，制定节能措施。

5）节地与施工用地保护措施，制定临时用地指标、施工总平面布置规划及临时用地节地措施等。

4.1.3　实施管理

1. 绿色施工应对整个施工过程实施动态管理，加强对施工策划、施工准备、材料采购、现场施工、工程验收等各阶段的管理和监督。

2. 应结合工程项目的特点，有针对性地对绿色施工作相应的宣传，通过宣传营造绿色施工的氛围。

3. 定期对职工进行绿色施工知识培训，增强职工绿色施工意识。

4.1.4　评价管理

1. 对照本导则的指标体系，结合工程特点，对绿色施工的效果及采用的新技术、新设备、新材料与新工艺，进行自评估。

2. 成立专家评估小组，对绿色施工方案、实施过程至项目竣工，进行综合评估。

4.1.5　人员安全与健康管理

1. 制订施工防尘、防毒、防辐射等职业危害的措施，保障施工人员的长期职业健康。

2. 合理布置施工场地，保护生活及办公区不受施工活动的有害影响。施工现场建立卫生急救、保健防疫制度，在安全事故和疾病疫情出现时提供及时救助。

3. 提供卫生、健康的工作与生活环境，加强对施工人员的住宿、膳食、饮用水等生活与环境卫生等管理，明显改善施工人员的生活条件。

4.2　环境保护技术要点

4.2.1　扬尘控制

1. 运送土方、垃圾、设备及建筑材料等，不污损场外道路。运输容易散落、飞扬、流漏的物料的车辆，必须采取措施封闭严密，保证车辆清洁。施工现场出口应设置洗车槽。

2. 土方作业阶段，采取洒水、覆盖等措施，达到作业区目测扬尘高度小于 1.5m，不扩散到场区外。

3. 结构施工、安装装饰装修阶段，作业区目测扬尘高度小于0.5m。对易产生扬尘的堆放材料应采取覆盖措施；对粉末状材料应封闭存放；场区内可能引起扬尘的材料及建筑垃圾搬运应有降尘措施，如覆盖、洒水等；浇筑混凝土前清理灰尘和垃圾时尽量使用吸尘器，避免使用吹风器等易产生扬尘的设备；机械剔凿作业时可用局部遮挡、掩盖、水淋等防护措施；高层或多层建筑清理垃圾应搭设封闭性临时专用道或采用容器吊运。

4. 施工现场非作业区达到目测无扬尘的要求。对现场易飞扬物质采取有效措施，如洒水、地面硬化、围档、密网覆盖、封闭等，防止扬尘产生。

5. 构筑物机械拆除前，做好扬尘控制计划。可采取清理积尘、拆除体洒水、设置隔档等措施。

6. 构筑物爆破拆除前，做好扬尘控制计划。可采用清理积尘、淋湿地面、预湿墙体、屋面敷水袋、楼面蓄水、建筑外设高压喷雾状水系统、搭设防尘排栅和直升机投水弹等综合降尘。选择风力小的天气进行爆破作业。

7. 在场界四周隔档高度位置测得的大气总悬浮颗粒物（TSP）月平均浓度与城市背景值的差值不大于0.08mg/m^3。

4.2.2　噪音与振动控制

1. 现场噪音排放不得超过国家标准《建筑施工场界噪声限值》(GB12523—90)的规定。

2. 在施工场界对噪音进行实时监测与控制。监测方法执行国家标准《建筑施工场界噪声测量方法》（GB12524—90）。

3. 使用低噪音、低振动的机具，采取隔音与隔振措施，避免或减少施工噪音和振动。

4.2.3　光污染控制

1. 尽量避免或减少施工过程中的光污染。夜间室外照明灯加设灯罩，透光方向集中在施工范围。

2. 电焊作业采取遮挡措施，避免电焊弧光外泄。

4.2.4　水污染控制

1. 施工现场污水排放应达到国家标准《污水综合排放标准》(GB8978—1996)的要求。

2. 在施工现场应针对不同的污水，设置相应的处理设施，如沉淀池、隔油池、化粪池等。

3. 污水排放应委托有资质的单位进行废水水质检测，提供相应的污水检测报告。

4. 保护地下水环境。采用隔水性能好的边坡支护技术。在缺水地区或地下水位持续下降的地区，基坑降水尽可能少地抽取地下水；当基坑开挖抽水量大于50万 m^3 时，应进行地下水回灌，并避免地下水被污染。

5. 对于化学品等有毒材料、油料的储存地，应有严格的隔水层设计，做好渗漏液收集和处理。

4.2.5　土壤保护

1. 保护地表环境，防止土壤侵蚀、流失。因施工造成的裸土，及时覆盖砂石或种植速生草种，以减少土壤侵蚀；因施工造成容易发生地表径流土壤流失的情况，应采取设置地表排水系统、稳定斜坡、植被覆盖等措施，减少土壤流失。

2. 沉淀池、隔油池、化粪池等不发生堵塞、渗漏、溢出等现象。及时清掏各类池内沉淀物，并委托有资质的单位清运。

3. 对于有毒有害废弃物如电池、墨盒、油漆、涂料等应回收后交有资质的单位处理，不能作为建筑垃圾外运，避免污染土壤和地下水。

4. 施工后应恢复施工活动破坏的植被（一般指临时占地内）。与当地园林、环保部门或当地植物研究机构进行合作，在先前开发地区种植当地植物或其他合适的植物，以恢复剩余空地地貌或科学绿化，补救施工活动中人为破坏植被和地貌造成的土壤侵蚀。

4.2.6 建筑垃圾控制

1. 制定建筑垃圾减量化计划，如住宅建筑，每万平方米的建筑垃圾不宜超过400吨。

2. 加强建筑垃圾的回收再利用，力争建筑垃圾的再利用和回收率达到30%，建筑物拆除产生的废弃物的再利用和回收率大于40%。对于碎石类、土石方类建筑垃圾，可采用地基填埋、铺路等方式提高再利用率，力争再利用率大于50%。

3. 施工现场生活区设置封闭式垃圾容器，施工场地生活垃圾实行袋装化，及时清运。对建筑垃圾进行分类，并收集到现场封闭式垃圾站，集中运出。

4.2.7 地下设施、文物和资源保护

1. 施工前应调查清楚地下各种设施，做好保护计划，保证施工场地周边的各类管道、管线、建筑物、构筑物的安全运行。

2. 施工过程中一旦发现文物，立即停止施工，保护现场并通报文物部门并协助做好工作。

3. 避让、保护施工场区及周边的古树名木。

4. 逐步开展统计分析施工项目的 CO_2 排放量，以及各种不同植被和树种的 CO_2 固定量的工作。

4.3 节材与材料资源利用技术要点

4.3.1 节材措施

1. 图纸会审时，应审核节材与材料资源利用的相关内容，达到材料损耗率比定额损耗率降低30%。

2. 根据施工进度、库存情况等合理安排材料的采购、进场时间和批次，减少库存。

3. 现场材料堆放有序。储存环境适宜，措施得当。保管制度健全，责任落实。

4. 材料运输工具适宜，装卸方法得当，防止损坏和遗洒。根据现场平面布置情况就近卸载，避免和减少二次搬运。

5. 采取技术和管理措施提高模板、脚手架等的周转次数。

6. 优化安装工程的预留、预埋、管线路径等方案。

7. 应就地取材，施工现场500公里以内生产的建筑材料用量占建筑材料总重量的70%以上。

4.3.2 结构材料

1. 推广使用预拌混凝土和商品砂浆。准确计算采购数量、供应频率、施工速度等，在施工过程中动态控制。结构工程使用散装水泥。

2. 推广使用高强钢筋和高性能混凝土，减少资源消耗。

3. 推广钢筋专业化加工和配送。

4. 优化钢筋配料和钢构件下料方案。钢筋及钢结构制作前应对下料单及样品进行复核,无误后方可批量下料。

5. 优化钢结构制作和安装方法。大型钢结构宜采用工厂制作,现场拼装;宜采用分段吊装、整体提升、滑移、顶升等安装方法,减少方案的措施用材量。

6. 采取数字化技术,对大体积混凝土、大跨度结构等专项施工方案进行优化。

4.3.3 围护材料

1. 门窗、屋面、外墙等围护结构选用耐候性及耐久性良好的材料,施工确保密封性、防水性和保温隔热性。

2. 门窗采用密封性、保温隔热性能、隔音性能良好的型材和玻璃等材料。

3. 屋面材料、外墙材料具有良好的防水性能和保温隔热性能。

4. 当屋面或墙体等部位采用基层加设保温隔热系统的方式施工时,应选择高效节能、耐久性好的保温隔热材料,以减小保温隔热层的厚度及材料用量。

5. 屋面或墙体等部位的保温隔热系统采用专用的配套材料,以加强各层次之间的黏结或连接强度,确保系统的安全性和耐久性。

6. 根据建筑物的实际特点,优选屋面或外墙的保温隔热材料系统和施工方式,例如保温板粘贴、保温板干挂、聚氨酯硬泡喷涂、保温浆料涂抹等,以保证保温隔热效果,并减少材料浪费。

7. 加强保温隔热系统与围护结构的节点处理,尽量降低热桥效应。针对建筑物的不同部位保温隔热特点,选用不同的保温隔热材料及系统,以做到经济适用。

4.3.4 装饰装修材料

1. 贴面类材料在施工前,应进行总体排版策划,减少非整块材的数量。

2. 采用非木质的新材料或人造板材代替木质板材。

3. 防水卷材、壁纸、油漆及各类涂料基层必须符合要求,避免起皮、脱落。各类油漆及黏结剂应随用随开启,不用时及时封闭。

4. 幕墙及各类预留预埋应与结构施工同步。

5. 木制品及木装饰用料、玻璃等各类板材等宜在工厂采购或定制。

6. 采用自粘类片材,减少现场液态黏结剂的使用量。

4.3.5 周转材料

1. 应选用耐用、维护与拆卸方便的周转材料和机具。

2. 优先选用制作、安装、拆除一体化的专业队伍进行模板工程施工。

3. 模板应以节约自然资源为原则,推广使用定型钢模、钢框竹模、竹胶板。

4. 施工前应对模板工程的方案进行优化。多层、高层建筑使用可重复利用的模板体系,模板支撑宜采用工具式支撑。

5. 优化高层建筑的外脚手架方案,采用整体提升、分段悬挑等方案。

6. 推广采用外墙保温板替代混凝土施工模板的技术。

7. 现场办公和生活用房采用周转式活动房。现场围挡应最大限度地利用已有围墙,或采用装配式可重复使用围挡封闭。力争工地临房、临时围挡材料的可重复使用率达到70%。

4.4　节水与水资源利用的技术要点

4.4.1　提高用水效率

1. 施工中采用先进的节水施工工艺。

2. 施工现场喷洒路面、绿化浇灌不宜使用市政自来水。现场搅拌用水、养护用水应采取有效的节水措施，严禁无措施浇水养护混凝土。

3. 施工现场供水管网应根据用水量设计布置，管径合理、管路简捷，采取有效措施减少管网和用水器具的漏损。

4. 现场机具、设备、车辆冲洗用水必须设立循环用水装置。施工现场办公区、生活区的生活用水采用节水系统和节水器具，提高节水器具配置比率。项目临时用水应使用节水型产品，安装计量装置，采取针对性的节水措施。

5. 施工现场建立可再利用水的收集处理系统，使水资源得到梯级循环利用。

6. 施工现场分别对生活用水与工程用水确定用水定额指标，并分别计量管理。

7. 大型工程的不同单项工程、不同标段、不同分包生活区，凡具备条件的应分别计量用水量。在签订不同标段分包或劳务合同时，将节水定额指标纳入合同条款，进行计量考核。

8. 对混凝土搅拌站点等用水集中的区域和工艺点进行专项计量考核。施工现场建立雨水、中水或可再利用水的搜集利用系统。

4.4.2　非传统水源利用

1. 优先采用中水搅拌、中水养护，有条件的地区和工程应收集雨水养护。

2. 处于基坑降水阶段的工地，宜优先采用地下水作为混凝土搅拌用水、养护用水、冲洗用水和部分生活用水。

3. 现场机具、设备、车辆冲洗、喷洒路面、绿化浇灌等用水，优先采用非传统水源，尽量不使用市政自来水。

4. 大型施工现场，尤其是雨量充沛地区的大型施工现场建立雨水收集利用系统，充分收集自然降水用于施工和生活中适宜的部位。

5. 力争施工中非传统水源和循环水的再利用量大于30%。

4.4.3　用水安全

在非传统水源和现场循环再利用水的使用过程中，应制定有效的水质检测与卫生保障措施，确保避免对人体健康、工程质量以及周围环境产生不良影响。

4.5　节能与能源利用的技术要点

4.5.1　节能措施

1. 制订合理施工能耗指标，提高施工能源利用率。

2. 优先使用国家、行业推荐的节能、高效、环保的施工设备和机具，如选用变频技术的节能施工设备等。

3. 施工现场分别设定生产、生活、办公和施工设备的用电控制指标，定期进行计量、核算、对比分析，并有预防与纠正措施。

4. 在施工组织设计中，合理安排施工顺序、工作面，以减少作业区域的机具数量，相邻作业区充分利用共有的机具资源。安排施工工艺时，应优先考虑耗用电能的或其他能耗较少的施工工艺。避免设备额定功率远大于使用功率或超负荷使用设备的现象。

5. 根据当地气候和自然资源条件，充分利用太阳能、地热等可再生能源。

4.5.2 机械设备与机具

1. 建立施工机械设备管理制度，开展用电、用油计量，完善设备档案，及时做好维修保养工作，使机械设备保持低耗、高效的状态。

2. 选择功率与负载相匹配的施工机械设备，避免大功率施工机械设备低负载长时间运行。机电安装可采用节电型机械设备，如逆变式电焊机和能耗低、效率高的手持电动工具等，以利节电。机械设备宜使用节能型油料添加剂，在可能的情况下，考虑回收利用，节约油量。

3. 合理安排工序，提高各种机械的使用率和满载率，降低各种设备的单位耗能。

4.5.3 生产、生活及办公临时设施

1. 利用场地自然条件，合理设计生产、生活及办公临时设施的体形、朝向、间距和窗墙面积比，使其获得良好的日照、通风和采光。南方地区可根据需要在其外墙窗设遮阳设施。

2. 临时设施宜采用节能材料，墙体、屋面使用隔热性能好的材料，减少夏天空调、冬天取暖设备的使用时间及耗能量。

3. 合理配置采暖、空调、风扇数量，规定使用时间，实行分段分时使用，节约用电。

4.5.4 施工用电及照明

1. 临时用电优先选用节能电线和节能灯具，临电线路合理设计、布置，临电设备宜采用自动控制装置。采用声控、光控等节能照明灯具。

2. 照明设计以满足最低照度为原则，照度不应超过最低照度的20%。

4.6 节地与施工用地保护的技术要点

4.6.1 临时用地指标

1. 根据施工规模及现场条件等因素合理确定临时设施，如临时加工厂、现场作业棚及材料堆场、办公生活设施等的占地指标。临时设施的占地面积应按用地指标所需的最低面积设计。

2. 要求平面布置合理、紧凑，在满足环境、职业健康与安全及文明施工要求的前提下尽可能减少废弃地和死角，临时设施占地面积有效利用率大于90%。

4.6.2 临时用地保护

1. 应对深基坑施工方案进行优化，减少土方开挖和回填量，最大限度地减少对土地的扰动，保护周边自然生态环境。

2. 红线外临时占地应尽量使用荒地、废地，少占用农田和耕地。工程完工后，及时对红线外占地恢复原地形、地貌，使施工活动对周边环境的影响降至最低。

3. 利用和保护施工用地范围内原有绿色植被。对于施工周期较长的现场，可按建筑永久绿化的要求，安排场地新建绿化。

4.6.3 施工总平面布置

1. 施工总平面布置应做到科学、合理，充分利用原有建筑物、构筑物、道路、管线为施工服务。

2. 施工现场搅拌站、仓库、加工厂、作业棚、材料堆场等布置应尽量靠近已有交通线路或即将修建的正式或临时交通线路，缩短运输距离。

3. 临时办公和生活用房应采用经济、美观、占地面积小、对周边地貌环境影响较小，且适合于施工平面布置动态调整的多层轻钢活动板房、钢骨架水泥活动板房等标准化装配式结构。生活区与生产区应分开布置，并设置标准的分隔设施。

4. 施工现场围墙可采用连续封闭的轻钢结构预制装配式活动围挡，减少建筑垃圾，保护土地。

5. 施工现场道路按照永久道路和临时道路相结合的原则布置。施工现场内形成环形通路，减少道路占用土地。

6. 临时设施布置应注意远近结合（本期工程与下期工程），努力减少和避免大量临时建筑拆迁和场地搬迁。

5　发展绿色施工的新技术、新设备、新材料与新工艺

5.1　施工方案应建立推广、限制、淘汰公布制度和管理办法。发展适合绿色施工的资源利用与环境保护技术，对落后的施工方案进行限制或淘汰，鼓励绿色施工技术的发展，推动绿色施工技术的创新。

5.2　大力发展现场监测技术、低噪音的施工技术、现场环境参数检测技术、自密实混凝土施工技术、清水混凝土施工技术、建筑固体废弃物再生产品在墙体材料中的应用技术、新型模板及脚手架技术的研究与应用。

5.3　加强信息技术应用，如绿色施工的虚拟现实技术、三维建筑模型的工程量自动统计、绿色施工组织设计数据库建立与应用系统、数字化工地、基于电子商务的建筑工程材料、设备与物流管理系统等。通过应用信息技术，进行精密规划、设计、精心建造和优化集成，实现与提高绿色施工的各项指标。

6　绿色施工的应用示范工程

我国绿色施工尚处于起步阶段，应通过试点和示范工程，总结经验，引导绿色施工的健康发展。各地应根据具体情况，制订有针对性的考核指标和统计制度，制订引导施工企业实施绿色施工的激励政策，促进绿色施工的发展。

六、关于印发《建筑施工总承包企业特级资质标准》的通知

（建市[2007]72 号）

各省、自治区建设厅，直辖市建委，山东、江苏省建管局，国务院有关部门建设司，总后营房部工程局，新疆生产建设兵团建设局：

为规范对施工总承包特级企业的资质管理，引导企业成为技术含量高，融资能力强，管理水平高的龙头企业，促进建筑业企业向工程总承包发展，我们组织对《建筑业企业资质等级标准》（建建[2001]82 号）中施工总承包特级资质标准进行了修订。现将修订后的《施工总承包企业特级资质标准》印发给你们，请遵照执行。

本标准自颁布之日起施行，原《建筑业企业资质等级标准》（建建[2001]82 号）中施

工总承包特级资质标准同时废止。

中华人民共和国建设部
二〇〇七年三月十三日

施工总承包企业特级资质标准

申请特级资质,必须具备以下条件:

一、企业资信能力

1. 企业注册资本金3亿元以上。

2. 企业净资产3.6亿元以上。

3. 企业近三年上缴建筑业营业税均在5000万元以上。

4. 企业银行授信额度近三年均在5亿元以上。

二、企业主要管理人员和专业技术人员要求

1. 企业经理具有10年以上从事工程管理工作经历。

2. 技术负责人具有15年以上从事工程技术管理工作经历,且具有工程序列高级职称及一级注册建造师或注册工程师执业资格;主持完成过两项及以上施工总承包一级资质要求的代表工程的技术工作或甲级设计资质要求的代表工程或合同额2亿元以上的工程总承包项目。

3. 财务负责人具有高级会计师职称及注册会计师资格。

4. 企业具有注册一级建造师(一级项目经理)50人以上。

5. 企业具有本类别相关的行业工程设计甲级资质标准要求的专业技术人员。

三、科技进步水平

1. 企业具有省部级(或相当于省部级水平)及以上的企业技术中心。

2. 企业近三年科技活动经费支出平均达到营业额的0.5%以上。

3. 企业具有国家级工法3项以上;近五年具有与工程建设相关的,能够推动企业技术进步的专利3项以上,累计有效专利8项以上,其中至少有一项发明专利。

4. 企业近十年获得过国家级科技进步奖项或主编过工程建设国家或行业标准。

5. 企业已建立内部局域网或管理信息平台,实现了内部办公、信息发布、数据交换的网络化;已建立并开通了企业外部网站;使用了综合项目管理信息系统和人事管理系统、工程设计相关软件,实现了档案管理和设计文档管理。

四、代表工程业绩(见附件1)

(一)房屋建筑工程(附件1-1)

(二)公路工程(附件1-2)

(三)铁路工程(附件1-3)

(四)港口与航道工程(附件1-4)

(五)水利水电工程(附件1-5)

(六)电力工程(附件1-6)

（七）矿山工程（附件 1 －7）
（八）冶炼工程（附件 1 －8）
（九）石油化工工程（附件 1 －9）
（十）市政公用工程（附件 1 －10）

承包范围

1. 取得施工总承包特级资质的企业可承担本类别各等级工程施工总承包、设计及开展工程总承包和项目管理业务。

2. 取得房屋建筑、公路、铁路、市政公用、港口与航道、水利水电等专业中任意 1 项施工总承包特级资质和其中 2 项施工总承包一级资质，即可承接上述各专业工程的施工总承包、工程总承包和项目管理业务，及开展相应设计主导专业人员齐备的施工图设计业务。

3. 取得房屋建筑、矿山、冶炼、石油化工、电力等专业中任意 1 项施工总承包特级资质和其中 2 项施工总承包一级资质，即可承接上述各专业工程的施工总承包、工程总承包和项目管理业务，及开展相应设计主导专业人员齐备的施工图设计业务。

4. 特级资质的企业，限承担施工单项合同额 3 000 万元以上的房屋建筑工程。

附件 1 －1

房屋建筑工程施工总承包企业特级资质标准

代表工程业绩

近 5 年承担过下列 5 项工程总承包或施工总承包项目中的 3 项，工程质量合格。

1. 高度 100 米以上的建筑物；
2. 28 层以上的房屋建筑工程；
3. 单体建筑面积 5 万平方米以上房屋建筑工程；
4. 钢筋混凝土结构单跨 30 米以上的建筑工程或钢结构单跨 36 米以上房屋建筑工程；
5. 单项建安合同额 2 亿元以上的房屋建筑工程。

附件 1 －2

公路工程施工总承包企业特级资质标准

代表工程业绩

近 10 年承担过下列 4 项中的 3 项以上工程的工程总承包、施工总承包或主体工程承包，工程质量合格。

1. 累计修建一级以上公路路基 100 公里以上；
2. 累计修建高级路面 400 万平方米以上；
3. 累计修建单座桥长≥500 米或单跨跨度≥100 米的公路特大桥 6 座以上；
4. 单项合同额 2 亿元以上的公路工程 3 个以上。

附件 1－3

铁路工程施工总承包企业特级资质标准

代表工程业绩

近 10 年承担一级铁路干线综合工程 300 公里以上或铁路客运专线综合工程 100 公里以上，并承担下列 4 项中的 2 项以上工程的工程总承包、施工总承包或主体工程承包，工程质量合格。

1. 长度 3 000 米以上隧道 2 座；

2. 长度 500 米以上特大桥 3 座，或长度 1 000 米以上特大桥 1 座；

3. 编组站 1 个；

4. 单项合同额 5 亿元以上铁路工程 2 个。

附件 1－4

港口与航道工程施工总承包企业特级资质标准

代表工程业绩

近 5 年承担过下列 11 项中的 6 项以上工程的工程总承包、施工总承包或主体工程承包，工程质量合格。

1. 沿海 3 万吨或内河 5 000 吨级以上码头；

2. 5 万吨级以上船坞；

3. 水深 >5 米的防波堤 600 米以上；

4. 沿海 5 万吨或内河 1 000 吨级以上航道工程；

5. 1 000 吨级以上船闸或 300 吨级以上升船机；

6. 500 万立方米以上疏浚工程；

7. 400 万立方米以上吹填造地工程；

8. 15 万平方米以上港区堆场工程；

9. 1 000 米以上围堤护岸工程；

10. 3 万立方米以上水下炸礁、清礁工程；

11. 单项合同额沿海 2 亿元以上或内河 8 000 万元以上的港口与航道工程。

附件 1－5

水利水电工程施工总承包企业特级资质标准

代表工程业绩

近 10 年承担过下列 6 项中的 3 项以上工程的工程总承包、施工总承包或主体工程承包，其中至少有 1 项是 1、2 中的工程，工程质量合格。

1. 库容10亿立方米以上或坝高80米以上大坝1座,或库容1亿立方米以上或坝高60米以上大坝2座;

2. 过闸流量>3 000立方米/秒的拦河闸1座,或过闸流量>1 000立方米/秒的拦河闸2座;

3. 总装机容量300 MW以上水电站1座,或总装机容量100 MW以上水电站2座;

4. 总装机容量10 MW以上灌溉、排水泵站1座,或总装机容量5 MW以上灌溉、排水泵站2座;

5. 洞径>8米、长度>3 000米的水工隧洞1个,或洞径>6米、长度>2 000米的水工隧洞2个;

6. 年完成水工混凝土浇筑50万立方米以上或坝体土石方填筑120万立方米以上或岩基灌浆12万米以上或防渗墙成墙8万平方米以上。

附件1-6

电力工程施工总承包企业特级资质标准

代表工程业绩

近5年承担过下列5项中的2项以上工程的工程总承包、施工总承包或主体工程承包,工程质量合格。

1. 累计电站装机容量500万千瓦以上;

2. 单机容量60万千瓦机组,或2台单机容量30万千瓦机组,或4台单机容量20万千瓦机组整体工程;

3. 单机容量90万千瓦以上核电站核岛或常规岛整体工程;

4. 330千伏以上送电线路500公里;

5. 330千伏以上电压等级变电站4座。

附件1-7

矿山工程施工总承包企业特级资质标准

代表工程业绩

近10年承担过下列7项中的3项以上或1-5项中某一项的3倍以上规模工程的工程总承包、施工总承包或主体工程承包,工程质量合格。

1. 100万吨/年以上铁矿采、选工程;

2. 100万吨/年以上有色砂矿或60万吨/年以上有色脉矿采、选工程;

3. 120万吨/年以上煤矿或300万吨/年以上洗煤工程;

4. 60万吨/年以上磷矿、硫铁矿或30万吨/年以上铀矿工程;

5. 20万吨/年以上石膏矿、石英矿或70万吨/年以上石灰石矿等建材矿山工程;

6. 10 000 米以上巷道工程及 100 万吨以上尾矿库工程；
7. 单项合同额 3 000 万元以上矿山主体工程。

附件 1－8

冶炼工程施工总承包企业特级资质标准

代表工程业绩

近 10 年承担过下列 11 项中的 4 项以上工程的工程总承包、施工总承包或主体工程承包，工程质量合格。

1. 年产 100 万吨以上炼钢或连铸工程（或单座容量 120 吨以上转炉，90 吨以上电炉）；
2. 年产 80 万吨以上轧钢工程；
3. 年产 100 万吨以上炼铁工程（或单座容积 1 200 立方米以上高炉）或烧结机使用面积 180 平方米以上烧结工程；
4. 年产 90 万吨以上炼焦工程（炭化室高度 6 米以上焦炉）；
5. 小时制氧 10 000 立方米以上制氧工程；
6. 年产 30 万吨以上氧化铝加工工程；
7. 年产 20 万吨以上铜、铝或 10 万吨以上铅、锌、镍等有色金属冶炼、电解工程；
8. 年产 5 万吨以上有色金属加工工程或年产 5 000 吨以上金属箔材工程；
9. 日产 2 000 吨以上窑外分解水泥工程；
10. 日产 2 000 吨以上预热器系统或水泥烧成系统工程；
11. 日熔量 400 吨以上浮法玻璃工程。

附件 1－9

石油化工工程施工总承包企业特级资质标准

代表工程业绩

近 5 年承担过 3 项以上大型石油化工工程的工程总承包、施工总承包或主体工程承包，工程质量合格。

附件 1－10

市政公用工程施工总承包企业特级资质标准

代表工程业绩

近 10 年承担过下列 7 项中的 4 项市政公用工程的施工总承包或主体工程承包，工程质量合格。

1. 累计修建城市道路(含城市主干道、城市快速路、城市环路,不含城际间公路)长度30公里以上,或累计修建城市道路面积200万平方米以上;

2. 累计修建直径1米以上的供、排、中水管道(含净宽1米以上方沟)工程30公里以上,或累计修建直径0.3米以上的中、高压燃气管道30公里以上,或累计修建直径0.5米以上的热力管道工程30公里以上;

3. 累计修建内径5米以上地铁隧道工程5公里以上,或累计修建地下交通工程3万平米以上,或修建合同额6 000万元以上的地铁车站工程3项以上;

4. 累计修建城市桥梁工程的桥梁面积15万平方米以上,或累计修建单跨40米以上的城市桥梁5座以上;

5. 修建日处理30万吨以上的污水处理厂工程3座以上,或日供水50万吨以上的供水厂工程2座以上;

6. 修建合同额5 000万元以上的城市生活垃圾处理工程3项以上;

7. 合同额8 000万元以上的市政综合工程(含城市道路、桥梁及供水、排水、中水、燃气、热力、电力、通信等管线)总承包项目5项以上,或合同额为2 000万美元以上的国(境)外市政公用工程项目1项以上。

七、关于印发《建筑市场诚信行为信息管理办法》的通知

(建市[2007]9号)

各省、自治区建设厅,直辖市建委,计划单列市建委(建设局),新疆生产建设兵团建设局,总后基建营房部工程局,国资委管理的有关企业,有关行业协会:

为进一步规范建筑市场秩序,健全建筑市场诚信体系,加强对建筑市场各方主体的动态监管,营造诚实守信的市场环境,我们组织制定了《建筑市场诚信行为信息管理办法》,现印发给你们,请遵照执行。

省、自治区、直辖市建设行政主管部门要对建筑市场信用体系建设工作高度重视,加强组织领导和宣传贯彻,并结合本地实际,抓紧制订落实《建筑市场诚信行为信息管理办法》的实施细则。省会城市、计划单列市以及基础条件较好的地级城市要在2007年6月30日前,按照《建筑市场诚信行为信息管理办法》的要求,建立本地区的建筑市场综合监管信息系统和诚信信息平台。其他地区在2007年年底前也要全部启动这项工作,推动建筑市场信用体系建设的全面实施。

附件:建筑市场诚信行为信息管理办法

中华人民共和国建设部

二〇〇七年一月十二日

建筑市场诚信行为信息管理办法

第一条 为进一步规范建筑市场秩序,健全建筑市场诚信体系,加强对建筑市场各方主体的监管,营造诚实守信的市场环境,根据《建筑法》、《招标投标法》、《建设工程勘察设计管理条例》、《建设工程质量管理条例》、《建设工程安全生产管理条例》等有关法律法规,制定本办法。

第二条 本办法所称建筑市场各方主体是指建设项目的建设单位和参与工程建设活动的勘察、设计、施工、监理、招标代理、造价咨询、检测试验、施工图审查等企业或单位以及相关从业人员。

第三条 本办法所称诚信行为信息包括良好行为记录和不良行为记录。

良好行为记录指建筑市场各方主体在工程建设过程中严格遵守有关工程建设的法律、法规、规章或强制性标准,行为规范,诚信经营,自觉维护建筑市场秩序,受到各级建设行政主管部门和相关专业部门的奖励和表彰,所形成的良好行为记录。

不良行为记录是指建筑市场各方主体在工程建设过程中违反有关工程建设的法律、法规、规章或强制性标准和执业行为规范,经县级以上建设行政主管部门或其委托的执法监督机构查实和行政处罚,形成的不良行为记录。《全国建筑市场各方主体不良行为记录认定标准》由建设部制定和颁布。

第四条 建设部负责制定全国统一的建筑市场各方主体的诚信标准;负责指导建立建筑市场各方主体的信用档案;负责建立和完善全国联网的统一的建筑市场信用管理信息平台;负责对外发布全国建筑市场各方主体诚信行为记录信息;负责指导对建筑市场各方主体的信用评价工作。

各省、自治区和直辖市建设行政主管部门负责本地区建筑市场各方主体的信用管理工作,采集、审核、汇总和发布所属各市、县建设行政主管部门报送的各方主体的诚信行为记录,并将符合《全国建筑市场各方主体不良行为记录认定标准》的不良行为记录及时报送建设部。报送内容应包括:各方主体的基本信息、在建筑市场经营和生产活动中的不良行为表现、相关处罚决定等。

各市、县建设行政主管部门按照统一的诚信标准和管理办法,负责对本地区参与工程建设的各方主体的诚信行为进行检查、记录,同时将不良行为记录信息及时报送上级建设行政主管部门。

中央管理企业和工商注册不在本地区的企业的诚信行为记录,由其项目所在地建设行政主管部门负责采集、审核、记录、汇总和公布,逐级上报,同时向企业工商注册所在地的建设行政主管部门通报,建立和完善其信用档案。

第五条 各级建设行政主管部门要明确分管领导和承办机构人员,落实责任制,加强对各方主体不良行为的监督检查以及不良行为记录真实性的核查,负责收集、整理、归档、保全不良行为事实的证据和资料,不良行为记录报表要真实、完整、及时报送。

第六条 行业协会要协助政府部门做好诚信行为记录、信息发布和信用评价等工作,推进建筑市场动态监管;要完善行业内部监督和协调机制,建立以会员单位为基础的自律维权信息平台,加强行业自律,提高企业及其从业人员的诚信意识。

第七条 各省、自治区、直辖市建设行政主管部门应按照《全国建筑市场各方主体不良行为记录认定标准》，自行或通过市、县建设行政主管部门及其委托的执法监督机构，结合建筑市场检查、工程质量安全监督以及政府部门组织的各类执法检查、督查和举报、投诉等工作，采集不良行为记录，并建立与工商、税务、纪检、监察、司法、银行等部门的信息共享机制。

第八条 各省、自治区、直辖市建设行政主管部门应根据行政处罚情况，及时公布各方主体的不良行为信息，形成政府监管、行业自律、社会监督的有效约束机制。

第九条 各地建设行政主管部门要通过资源整合和组织协调，完善建筑市场和工程现场联动的业务监管体系，在健全建筑市场综合监管信息系统的基础上，建立向社会开放的建筑市场诚信信息平台，做好诚信信息的发布工作。诚信信息平台的建设可依托各地有形建筑市场（建设工程交易中心）的资源条件，避免重复建设和资源浪费。

第十条 诚信行为记录实行公布制度。

诚信行为记录由各省、自治区、直辖市建设行政主管部门在当地建筑市场诚信信息平台上统一公布。其中，不良行为记录信息的公布时间为行政处罚决定做出后7日内，公布期限一般为6个月至3年；良好行为记录信息公布期限一般为3年，法律、法规另有规定的从其规定。公布内容应与建筑市场监管信息系统中的企业、人员和项目管理数据库相结合，形成信用档案，内部长期保留。

属于《全国建筑市场各方主体不良行为记录认定标准》范围的不良行为记录除在当地发布外，还将由建设部统一在全国公布，公布期限与地方确定的公布期限相同，法律、法规另有规定的从其规定。各省、自治区、直辖市建设行政主管部门将确认的不良行为记录在当地发布之日起7日内报建设部。

通过与工商、税务、纪检、监察、司法、银行等部门建立的信息共享机制，获取的有关建筑市场各方主体不良行为记录的信息，省、自治区、直辖市建设行政主管部门也应参照本规定在本地区统一公布。

各地建筑市场综合监管信息系统，要逐步与全国建筑市场诚信信息平台实现网络互联、信息共享和实时发布。

第十一条 对发布有误的信息，由发布该信息的省、自治区和直辖市建设行政主管部门进行修正，根据被曝光单位对不良行为的整改情况，调整其信息公布期限，保证信息的准确和有效。

省、自治区和直辖市建设行政主管部门负责审查整改结果，对整改确有实效的，由企业提出申请，经批准，可缩短其不良行为记录信息公布期限，但公布期限最短不得少于3个月，同时将整改结果列于相应不良行为记录后，供有关部门和社会公众查询；对于拒不整改或整改不力的单位，信息发布部门可延长其不良行为记录信息公布期限。

行政处罚决定经行政复议、行政诉讼以及行政执法监督被变更或被撤消，应及时变更或删除该不良记录，并在相应诚信信息平台上予以公布，同时应依法妥善处理相关事宜。

第十二条 各省、自治区、直辖市建设行政主管部门应加强信息共享，推进各地诚信信息平台的互联互通，逐步开放诚信行为信息，维护建筑市场的统一、开放、竞争、有序。

第十三条 各级建设行政主管部门，应当依据国家有关法律、法规和规章，按照诚信激励和失信惩戒的原则,逐步建立诚信奖惩机制,在行政许可、市场准入、招标投标、资质管理、工程担保与保险、表彰评优等工作中,充分利用已公布的建筑市场各方主体的诚信行为信息,依法对守信行为给予激励,对失信行为进行惩处。在健全诚信奖惩机制的过程中,要防止利用诚信奖惩机制设置新的市场壁垒和地方保护。

第十四条 各级建设行政主管部门应按照管理权限和属地管理原则建立建筑市场各方主体的信用档案,将信用记录信息与建筑市场监管综合信息系统数据库相结合,实现数据共享和管理联动。

第十五条 各省、自治区、直辖市和计划单列市建设行政主管部门可结合本地区实际情况,依据地方性法规对本办法和认定标准加以补充,制订具体实施细则。

第十六条 各级建设行政主管部门要按照《最高人民检察院、建设部、交通部、水利部关于在工程建设领域开展行贿犯罪档案试点工作的通知》(高检会[2004]2号)要求,准确把握建立工程建设领域行贿犯罪档案查询系统的内容和要求,认真履行职责,加强领导,密切配合,做好工程建设领域行贿犯罪档案查询试点工作,将其纳入建筑市场信用体系建设工作中,逐步建立健全信用档案管理制度和失信惩戒制度。

第十七条 对参与工程建设的其他单位(如建筑材料、设备和构配件生产供应单位等)和实行个人注册执业制度的各类从业人员的诚信行为信息,可参照本办法进行管理。

第十八条 本办法由建设部负责解释。

第十九条 本办法自发布之日起施行。

附件:全国建筑市场各方主体不良行为记录认定标准

建设单位不良行为记录认定标准(A1)(略)

勘察单位不良行为记录认定标准(B1)(略)

设计单位不良行为记录认定标准(C1)(略)

施工单位不良行为记录认定标准(D1)(略)

监理单位不良行为记录认定标准(E1)(略)

招标代理单位不良行为记录认定标准(F1)(略)

造价咨询单位不良行为记录认定标准(G1)(略)

检测机构不良行为记录认定标准(H1)(略)

施工图审查机构不良行为记录认定标准(I1)(略)

八、《河南省建设工程质量投诉管理办法》

第一条 为确保我省建设工程质量,维护建设工程各方当事人的合法权益,做好工程质量投诉的处理工作,依据《建筑法》、《建设工程质量管理条例》、《河南省建设工程质量管理条例》及《建设工程质量投诉处理暂行规定》等有关法律、法规,制定本制度。

第二条 本制度所称工程质量投诉,是指公民、法人和其他组织通过信函、电话、传真、来访等形式反映工程质量问题的活动。

第三条 凡在我省境内新建、改建、扩建的各类建筑安装、市政、装饰装修等建设工程,在建设过程中或保修期内发生的由参建各方引起的工程质量投诉,适用本办法。

第四条 工程质量投诉的受理和处理是建设行政主管部门依据国家工程建设法律法规调节、解决建设工程有关各方质量争议的行政手段。各级建设行政主管部门支持和保护人民群众通过正常渠道、采取正当方式反映问题。

第五条 工程质量投诉处理工作,在省建设行政主管部门的统一领导下,坚持分级负责、归口办理、属地协调解决的原则。

省建设行政主管部门委托省建设工程质量监督总站负责全省工程质量投诉的受理和处理。

各市(县)建设行政主管部门负责本辖区工程质量投诉的受理和处理。

第六条 省建设行政主管部门受理工程质量投诉的主要职责:

(一)制订全省工程质量投诉处理的有关规定和办法;

(二)监督、指导省辖市、县(市)的投诉处理工作;

(三)协调、解决重大工程质量投诉。

第七条 工程质量投诉的条件:

(一)工程存在一定的质量缺陷;

(二)有明确的投诉人与被投诉人;

(三)有具体的投诉请求、事实和理由;

(四)投诉人与被投诉人是利害关系人;

(五)投诉人与被投诉人姓名、联系方式真实、有效。

第八条 投诉应提交的材料:

(一)投诉人基本情况;

(二)工程建设单位名称;

(三)施工单位名称;

(四)物业管理单位名称;

(五)监理单位名称;

(六)质量监督单位名称;

(七)工程所在地址;

(八)工程竣工时间;

(九)工程存在的主要质量问题;

(十)其他所需资料。

第九条 质量投诉的办事程序:

(一)投诉来源及受理

投诉来源包括:电话、来信、传真、来访、上级部门及相关单位转来等。

收到投诉后,受理人应向投诉人出示或口头介绍投诉的条件和需提供的材料。对符合投诉受理要求的,填写《河南省建设工程质量投诉一览表》,并下发《投诉调查联系单》,通知有关单位或转交相关部门,及时安排处理;对不符合受理条件的,下发《河南省建设工程质量投诉告知书》或口头通知,说明不受理的理由。

(二)投诉处理

有关单位或相关部门在接到《投诉调查联系单》后,对《河南省建设工程质量投诉一览表》中记载的用户投诉问题，逐一核查落实。确属有质量问题的，应将查证的问题附带处理意见以书面形式交有关单位，并督促其处理。

（三）处理结果反馈与归档

投诉问题处理完毕后，有关单位或相关部门应将处理结果及其他相关事宜填入《河南省建设工程质量投诉一览表》，将处理情况书面或口头反馈投诉人，并将工程质量投诉资料整理后归档。

（四）投诉人反馈意见

投诉人将实际处理情况与《河南省建设工程质量投诉一览表》中的处理情况进行对比，及时向工程质量投诉管理机构反馈意见。

第十条 各级建设主管部门要本着实事求是的原则，及时妥善处理投诉，并做好解释工作。

第十一条 工程建设参建各方应认真履行工程质量投诉中涉及的质量责任，对不履行或履行责任不到位的，建设主管部门将责令其限期整改，并进行通报批评、媒体曝光、记入不良行为记录或实施行政处罚。

第十二条 有下列情形之一的，不适用本办法：

1. 被投诉人的解决方案经当地投诉受理部门或法定鉴定部门认可后，投诉人拒不配合的；

2. 投诉人无故刁难、设置障碍，不接受投诉受理部门调解的；

3. 质量问题由不可抗力造成的；

4. 房地产民事纠纷、邻里居住纠纷、拆迁赔偿纠纷、拆迁安置纠纷、阻止市政建设及邻里建设等与工程质量无关的；

5. 已进入司法程序的。

第十三条 各省辖市质量投诉受理部门每半年要结合本市投诉的焦点、热点问题进行综合分析，并分别于每年6月和12月的20日之前向省建设行政主管部门上报投诉受处理情况分析报告。省建设行政主管部门根据各省辖市上报的分析报告，对投诉集中的工程质量问题有针对性地采取有效措施，制定解决方案。

第十四条 本办法由河南省建设厅负责解释。

第十五条 本办法自发布之日起施行。原《河南省建设厅关于印发河南省建设工程投诉管理制度的通知》（豫建建[2004]129号）同时废止。

附件：1. 河南省建设工程质量投诉一览表（略）

2. 河南省建设工程质量投诉告知书（略）

3. 投诉调查联系单（略）

4. 建设工程质量投诉统计表（略）

二〇〇八年四月二日

九、《河南省建设工程见证取(送)样程序与人员管理办法》(试行)

第一章　总　则

第一条　为保证建设工程质量及检测工作的准确性、公正性和科学性,根据建设部《房屋建筑工程和市政基础设施工程实行见证取样和送检的规定》(建建[2000]211号)及有关法律、法规和技术标准等有关文件要求,制定本办法。

第二条　建设工程(新建、扩建、改建等)所使用的全部原材料、钢筋焊接和连接件及现场制作的混凝土、砂浆试块等均实行见证取(送)样制度。

第三条　见证人员由建设单位、监理单位的人员担任;取(送)样人员由施工单位的人员担任。

第四条　省建设厅负责全省见证取(送)样人员的管理工作,并委托省建设工程质量监督总站负责全省建设工程见证取(送)样员的考核认定及监督管理工作。

各省辖市建设行政主管部门负责组织本辖区建设工程见证取(送)样员的报名、培训、上报和日常行为的监督管理工作。

第二章　见证取(送)样的工作程序

第五条　建设单位到工程所在地工程质量监督机构递交"见证单位和见证人员授权书"。授权书应写明本工程现场委托的见证人,以便于质监站和检测机构检查核对。

第六条　施工企业取(送)样人在现场进行原材料取样和试块制作时,见证人必须在旁见证。见证人应对试样进行监护,并和见证取(送)样人一起将所见证样品送至检测机构,或采取有效的封样措施送样并在样品见证人的见证下打开。

第七条　检测机构在接受委托检测任务时,委托单位应填写"河南省建设工程质量检测委托书"(附表二,略),见证人应出示本人"岗位证书",并在"河南省建设工程质量检测委托书"上签名。

第八条　检测机构在检测报告单备注中应注明见证单位及见证人姓名。一旦发生检测不合格情况,要及时通知工程质量监督机构和委托单位及见证单位。

第九条　未注明见证单位和见证人的检测报告不得作为工程竣工验收备案资料。

第三章　报名条件及考核

第十条　参加见证取(送)样员考核应具备以下条件:

(一)见证员应有建设单位或监理单位签订的劳动合同,具备房建及相近专业初级及以上技术职称;

(二)取(送)样员应有施工单位签订的劳动合同,具备房建及相近专业初级及以上技术职称;

(三)经培训考核合格颁发"岗位证书";

（四）有良好的职业道德和责任感。

第十一条 参加见证取（送）样员培训需提交以下材料：

（一）填写河南省见证取（送）样员申请表（附表一，略）；

（二）身份证、毕业证、职称证、劳动合同原件及复印件；

（三）本人近期一寸彩色照片两张。

第四章 见证取（送）样员的职责

第十二条 见证取（送）样员应严格执行国家及省有关技术标准、规范及相关规定，秉公办事，并对样品的代表性和真实性负责。

（一）取（送）样员取样时，见证员必须在施工现场进行见证；

（二）取（送）样员应在样品或其包装上作出标识、封志。标识和封志应注明工程名称、取样部位、取样日期、样品名称和数量，试样应由所经见证员和取（送）样员共同送至建设工程质量检测机构，并在试样标识、封志及委托单上签名。

第十三条 见证取（送）样员不得委托他人执行业务，应在岗位证书有效期内接受不少于24学时的继续教育。

第五章 见证取（送）样员的管理

第十四条 见证取（送）样员岗位证书有效期为两年。到期的岗位证书换发程序与新申请见证取（送）样员的程序相同。

第十五条 见证取（送）样员有下列情形之一者，收回岗位证书，情节严重的，五年内不得从事见证取（送）样工作，并向社会公示：

（一）见证取样的工程发生质量事故，经调查与见证取（送）样员有直接责任的；

（二）未直接对工程进行见证取样而在样品标识、封志及委托单上签署名字的；

（三）违反本办法第十二条、第十三条规定的。

第十六条 外省进豫承揽工程的单位，其见证取（送）样员须具有省级建设行政主管部门颁发的岗位证书，并到我省建设行政主管部门备案，方可从事见证取（送）样工作。

第十七条 见证取（送）样员调离本岗位后，应有原工作单位和调入工作单位法定代表人签字，加盖并出具的证明，到省建设行政主管部门办理变更或注销手续。

第六章 附 则

第十八条 本办法由省建设厅负责解释。

第十九条 本办法自发布之日起施行。

十、《河南省建设工程质量检测机构从业人员管理暂行办法》(试行)

第一章 总 则

第一条 为加强对我省建设工程质量检测从业人员的管理,规范从业人员的行为,提高检测人员的技术水平,确保检测工程的质量,依据《建设工程质量管理条例》、《河南省建设工程质量检测管理实施细则》的有关规定,制定本办法。

第二条 在河南省境内注册的工程质量检测机构的从业人员均适用本办法。

第三条 省建设厅负责全省建设工程质量检测机构从业人员的统一管理,并委托省建设工程质量监督总站对全省检测机构从业人员负责监督管理。各省辖市建设行政主管部门或其委托的建设工程质量监督机构负责对本辖区的检测机构从业人员进行日常监督管理。

第二章 报名与考核

第四条 凡符合《河南省建设工程质量检测管理实施细则》规定的条件和要求者,均可参加建设工程质量检测从业人员培训。

第五条 建设工程质量检测从业人员由所在单位推荐,并由各省辖市建设行政主管部门对其人员条件进行核准,汇总后上报省质监总站。

第六条 建设工程质量检测从业人员的培训证书由省建设厅统一制作,统一发放。

第三章 职 责

第七条 检测从业人员的职责:

(一)严格执行国家及我省有关的法律、法规、标准规范、操作规程、部门规章和相关文件开展检测工作,坚持原则,秉公办事;

(二)具备良好的职业道德,保证建设工程检测报告数据的准确性、真实性和有效性。

第八条 检测从业人员不得从事培训证书规定的检测项目以外的检测工作,也不得同时在两个及两个以上检测机构供职。

检测从业人员不得向工程参建各方推荐或者监制建筑材料、构配件和设备。

第九条 质量、技术负责人及报告审核人职责:

(一)质量、技术负责人除应履行第七条和第八条规定的职责外,还应履行以下职责:

1. 负责本单位的技术管理工作,贯彻推行本单位的质量方针、质量目标,确保检测质量;

2. 对技术规范、标准执行情况进行监督管理,及时解决检测工作过程中遇到的技术问题;

3. 负责本单位的业务学习及培训工作。

(二)报告审核人除应履行第七条和第八条规定的职责外,还应履行以下职责:

1. 组织实施单位的质量方针、目标、质保体系的有效实行;

2. 认真做好报告审核工作,保证报告信息的真实性和完整性;

3. 配合做好管理体系文件的编号、修订、审核工作。

第十条 检测从业人员应在培训证书有效期时间内,参加不少于24学时的继续教育。

第四章 监督管理

第十一条 省建设工程质量监督总站负责建设工程质量检测从业人员的管理,其主要职责是:

(一)负责检测从业人员的培训和继续教育;

(二)负责对持证人员检测行为的监督管理;

(三)负责建立检测从业人员的诚信档案;

(四)负责培训证书的有关变更。

第十二条 各省辖市建设行政主管部门负责受理本辖区各类检测机构从业人员的培训和日常监督管理工作。

第十三条 持证人员有下列行为之一者,依据有关法律法规和相关规定进行处理并收回其培训证书:

(一)检测的工程发生质量事故,经调查应负有责任的;

(二)不认真履行工作职责,出具虚假报告的;

(三)超出本人检测业务范围从事检测工作的。

第五章 附 则

第十四条 本办法由省建设厅负责解释。

第十五条 本办法自发布之日起施行。

附件1

地基基础工程检测机构检测从业人员培训登记表

<table>
<tr><td>姓名</td><td></td><td>性别</td><td></td><td>身份证号</td><td></td><td rowspan="4">照片</td></tr>
<tr><td>年龄</td><td></td><td>学历</td><td></td><td>专业</td><td></td></tr>
<tr><td>职称</td><td></td><td>检测工作年限</td><td></td><td>检测岗位</td><td></td></tr>
<tr><td>单位</td><td colspan="5"></td></tr>
<tr><td>考核项目（申请考核的项目打“√”）</td><td colspan="6">1. □静载试验：
a. □单桩载荷试验；
b. □复合地基静载试验；
c. □桩身应变测试；
2. □低应变法；
3. □高应变法；
4. □声波透射法；
5. □钻孔取芯法。
备注：申请人在选择大项方框中打“√”，根据单位相应资质及本人情况来选择相应的小项，并在相应的小项方框中划“▽”。</td></tr>
<tr><td>本人与专业技术相关的经历</td><td colspan="6"></td></tr>
<tr><td colspan="2">检测机构推荐意见：

签　章
年　月　日</td><td colspan="3">省辖市建设行政主管部门意见：

签　章
年　月　日</td><td colspan="2">省建设厅意见：

签　章
年　月　日</td></tr>
</table>

附件 2

主体结构工程检测机构检测从业人员培训登记表

<table>
<tr><td>姓名</td><td></td><td>性别</td><td></td><td>身份证号</td><td></td><td rowspan="4">照片</td></tr>
<tr><td>年龄</td><td></td><td>学历</td><td></td><td>专业</td><td></td></tr>
<tr><td>职称</td><td></td><td>检测工作年限</td><td></td><td>检测岗位</td><td></td></tr>
<tr><td>单位</td><td colspan="2"></td><td colspan="2"></td><td></td></tr>
<tr><td>考核项目（申请考核的项目打“√”）</td><td colspan="6">1. □钢筋保护层厚度；
2. □混凝土结构检测（回弹、取芯、混凝土拉拔、超声）；
3. □混凝土预制构件；
4. □植筋拉拔；
5. □砌筑砂浆抗压强度现场检测；
6. □砖砌体抗压强度检测。</td></tr>
<tr><td>本人与专业技术相关的经历</td><td colspan="6"></td></tr>
<tr><td colspan="2">检测机构推荐意见：

签　章
年　月　日</td><td colspan="3">省辖市建设行政主管部门意见：

签　章
年　月　日</td><td colspan="2">省建设厅意见：

签　章
年　月　日</td></tr>
</table>

附件3

钢结构工程检测机构检测从业人员培训登记表

<table>
<tr><td>姓名</td><td></td><td>性别</td><td></td><td>身份证号</td><td></td><td rowspan="4">照片</td></tr>
<tr><td>年龄</td><td></td><td>学历</td><td></td><td>专业</td><td></td></tr>
<tr><td>职称</td><td></td><td>检测工作年限</td><td></td><td>检测岗位</td><td></td></tr>
<tr><td>单位</td><td colspan="2"></td><td colspan="2"></td><td></td></tr>
<tr><td>考核项目（申请考核的项目打“√”）</td><td colspan="6">1. □钢网架结构焊接质量无损检验；2. □螺栓球及焊接球加工质量；
3. □钢网架杆件；4. □钢网架支承面；
5. □总拼及安装质量；6. □节点承载力；
7. □钢网架挠度；8. □钢网架总体偏差；
9. □钢结构焊缝质量无损检测；10. □钢屋（托）架、桁架；
11. □钢梁、吊车梁等垂直度和侧向弯曲；12. □钢柱垂直度；
13. □主体结构尺寸；14. □防腐涂装涂层厚度；
15. □防火涂装涂层厚度；
16. □钢结构用高强度大六角螺栓、螺母、垫圈技术条件；
17. □钢结构用扭剪型高强度螺栓连接副技术条件；
18. □螺栓、螺钉和螺柱；19. □粗牙螺纹螺母；
20. □六角头螺栓；21. □钢网架螺栓球节点用高强螺栓；
22. □钢网架螺栓球节点；23. □钢网架焊接球节点；
24. □钢筋焊接件；25. □焊接接头和焊接试样；
26. □建筑锚栓及后锚固钢筋。</td></tr>
<tr><td>本人与专业技术相关的经历</td><td colspan="6"></td></tr>
<tr><td colspan="2">检测机构推荐意见：

签　章
年　月　日</td><td colspan="3">省辖市建设行政主管部门意见：

签　章
年　月　日</td><td colspan="2">省建设厅意见：

签　章
年　月　日</td></tr>
</table>

附件4

建筑幕墙工程检测机构检测从业人员培训登记表

<table>
<tr><td>姓名</td><td></td><td>性别</td><td></td><td>身份证号</td><td></td><td rowspan="4">照片</td></tr>
<tr><td>年龄</td><td></td><td>学历</td><td></td><td>专业</td><td></td></tr>
<tr><td>职称</td><td></td><td>检测工作年限</td><td></td><td>检测岗位</td><td></td></tr>
<tr><td>单位</td><td colspan="3"></td><td></td><td></td></tr>
<tr><td>考核项目（申请考核的项目打“√”）</td><td colspan="6">1. □建筑幕墙气密性；
2. □建筑幕墙水密性；
3. □建筑幕墙风压变形性；
4. □建筑幕墙平面内变形性能；
5. □建筑幕墙硅酮结构胶相容性。</td></tr>
<tr><td>本人与专业技术相关的经历</td><td colspan="6"></td></tr>
<tr><td colspan="3">检测机构推荐意见：

签　章
年　月　日</td><td colspan="2">省辖市建设行政主管部门意见：

签　章
年　月　日</td><td colspan="2">省建设厅意见：

签　章
年　月　日</td></tr>
</table>

附件 5

见证取(送)样检测机构检测从业人员培训登记表

<table>
<tr><td>姓名</td><td></td><td>性别</td><td></td><td>身份证号</td><td></td><td rowspan="4">照片</td></tr>
<tr><td>年龄</td><td></td><td>学历</td><td></td><td>专业</td><td></td></tr>
<tr><td>职称</td><td></td><td>检测工
作年限</td><td></td><td>检测岗位</td><td></td></tr>
<tr><td>单位</td><td colspan="3"></td><td></td><td></td></tr>
<tr><td>考核
项目
(申请
考核
的项
目打
“√”)</td><td colspan="6">1. □水泥;
2. □砂(天然砂、机制砂);
3. □石子;
4. □钢材(原材、焊接、机械连接);
5. □墙体材料(多孔砖、黏土砖、加气混凝土砌块、轻质墙板);
6. □饰面砖;
7. □内外墙涂料;
8. □土工实验;
9. □普通混凝土配合比;
10. □特种混凝土配合比;
11. □高强混凝土配合比(含 C60 及 C60 以上);
12. □砂浆配合比;
13. □改性沥青防水卷材;
14. □高分子防水卷材;
15. □防水涂料;
16. □外加剂;
17. □掺和料(粉煤灰、磨细矿渣粉、硅粉、火山灰、混凝土膨胀剂);
18. □沥青、沥青混合料检验;
19. □建筑门窗;
20. □饰面砖拉拔;
21. □预应力钢绞线、锚夹具。</td></tr>
<tr><td>本人
与专
业技
术相
关的
经历</td><td colspan="6"></td></tr>
<tr><td colspan="3">检测机构推荐意见:

签　章
年　月　日</td><td colspan="2">省辖市建设行政主管部门意见:

签　章
年　月　日</td><td colspan="2">省建设厅意见:

签　章
年　月　日</td></tr>
</table>

附件 6

室内环境工程检测机构检测从业人员培训登记表

<table>
<tr><td>姓名</td><td></td><td>性别</td><td></td><td>身份证号</td><td></td><td rowspan="4">照片</td></tr>
<tr><td>年龄</td><td></td><td>学历</td><td></td><td>专业</td><td></td></tr>
<tr><td>职称</td><td></td><td>检测工作年限</td><td></td><td>检测岗位</td><td></td></tr>
<tr><td>单位</td><td colspan="3"></td><td></td><td></td></tr>
<tr><td>考核项目（申请考核的项目打“√”）</td><td colspan="6">1. □无机非金属建筑材料和装修材料放射性指标检测；
2. □工程地点土壤中氡浓度检测、土壤氡析出率检测；
3. □空气中氡浓度、工程地点土壤氡析出率检测；
4. □室内空气中苯、TVOC 测试；
5. □室内空气中甲醛、氨的测定；
6. □溶剂性涂料（胶粘剂）中有害物质含量 A. □苯 B. □VOCs 测试；
7. □聚氨酯漆中 TDI 测试；
8. □穿孔萃取法测试人造板材中甲醛含量；
9. □干燥器法测试人造木板及饰面人造木板甲醛释放量；
10. □水性涂料中（胶粘剂、水性阻燃剂、水性处理剂）有害物质含量：
a. □游离甲醛含量
b. □VOCs 测试；
11. □混凝土外加剂（阻燃剂）中氨的测定；
12. □环境测试舱法测试人造木板及饰面人造木板甲醛释放量；
13. □粘合木结构甲醛释放量；
14. □壁布、帷幕游离甲醛释放量；
15. □壁纸中甲醛含量；
16. □地毯、地毯衬垫有害物质含量；
17. □聚氯乙烯卷材地板挥发物测试。
备注：申请人在选择大项方框中打“√”，其中 1 至 11 为强制性标准条文所规定的检测项目。</td></tr>
<tr><td>本人与专业技术相关的经历</td><td colspan="6"></td></tr>
<tr><td colspan="3">检测机构推荐意见：

签　章
年　月　日</td><td colspan="2">省辖市建设行政主管部门意见：

签　章
年　月　日</td><td colspan="2">省建设厅意见：

签　章
年　月　日</td></tr>
</table>

第二篇　规范及标准

第一章　《建筑抗震设计规范》（2008版）内容介绍

汶川地震表明，严格按照现行规范进行设计、施工和使用的建筑，在遭遇比当地设防烈度高一度的地震作用下，没有出现倒塌破坏，有效地保护了人民的生命安全。说明我国在1976年唐山地震后，建设部做出房屋从6度开始抗震设防和按高于设防烈度一度的“大震”不倒塌的设防目标进行抗震设计的决策是正确的。

根据住房和城乡建设部建标[2008]102号文的要求，由中国建筑科学研究院会同有关单位对《建筑抗震设计规范》（GB50011—2001）进行了局部修订。本次局部修订合计修订31条，其内容统计如下：

1　灾区设防烈度等调整：涉及四川、陕西、甘肃三省，共3条。

2　材料性能按产品标准修改：共2条，其中强制性条文1条。

3　强制性条文14条：原有条文的文字调整6条，主要涉及设防分类和建筑方案设计；删去关于隔震、减震适用范围限制的规定1条；新增涉及山区场地、非结构构件、楼梯间、专门的施工要求7条。

4　其他修改12条：涉及结构构件基本要求、预制装配式楼盖、坡地、单跨框架、土木石民居构造措施，以及楼梯参与整体计算等。

本文根据施工、监理等相关岗位的需要，结合河南省情况简要介绍部分修订条文，并做简要说明（为方便读者对比阅读，本文标题和规范标题保持一致）。

第一节　抗震设计的基本要求

3.1　建筑抗震设防分类和设防标准

3.1.1　所有建筑应按现行国家标准《建筑工程抗震设防分类标准》（GB50223）确定其抗震设防类别。

3.1.3　各抗震设防类别建筑的抗震设防标准，均应符合现行国家标准《建筑工程抗震设防分类标准》（GB50223）的要求。

【修订说明】

划分不同的抗震设防类别并采取不同的设计要求，是在现有技术和经济条件下减轻地震灾害的重要对策之一。

3.3　场地和地基

3.3.1　选择建筑场地时，应根据工程需要，掌握地震活动情况、工程地质和地震地质的有关资料，对抗震有利、不利和危险地段做出综合评价。对不利地段，应提出避开要求；当无法避开时应采取有效措施。对危险地段，严禁建造甲、乙类的建筑，不应建造丙类的建筑。

【修订说明】

本次修订，对在危险地段建造房屋建筑的要求，作了局部的调整。

3.3.5　山区建筑场地和地基基础设计应符合下列要求：

1　山区建筑场地应根据地质、地形条件和使用要求，因地制宜设置符合抗震设防要求的边坡工程；边坡应避免深挖高填，坡高大且稳定性差的边坡应采用后仰放坡或分阶放坡。

2　建筑基础与土质、强风化岩质边坡的边缘应留有足够的距离，其值应根据抗震设防烈度的高低确定，并采取措施避免地震时地基基础破坏。

【修订说明】

本条是新增的，针对山区房屋选址和地基基础设计，提出明确的抗震要求。

3.4　建筑设计和建筑结构的规则性

3.4.1　建筑设计应符合抗震概念设计的要求，不规则的建筑方案应按规定采取加强措施；特别不规则的建筑方案应进行专门研究和论证，采取特别的加强措施；不应采用严重不规则的建筑方案。

【修订说明】

本次修订，对建筑方案的各种不规则性，分别给出处理对策，以提高建筑设计和结构设计的协调性。

3.5　结构体系

3.5.4　结构构件应符合下列要求：

1　砌体结构应按规定设置钢筋混凝土圈梁和构造柱、芯柱，或采用配筋砌体等。

2　混凝土结构构件应控制截面尺寸和纵向受力钢筋与箍筋的设置，防止剪切破坏先于弯曲破坏、混凝土的压溃先于钢筋的屈服、钢筋的锚固先于构件破坏。

3　预应力混凝土构件，应配有足够的非预应力钢筋。

4　钢结构构件应避免局部失稳或整个构件失稳。

5　多、高层的混凝土楼、屋盖宜优先采用现浇混凝土板。当采用混凝土预制装配式楼、屋盖时，应从楼盖体系和构造上采取措施确保各预制板之间连接的整体性。

【修订说明】

本条针对预制混凝土板在强烈地震中容易脱落导致人员伤亡的震害，增加了推荐采用现浇楼、屋盖，特别强调装配式楼、屋盖需加强整体性的基本要求。

3.7 非结构构件

3.7.3 附着于楼、屋面结构上的非结构构件，以及楼梯间的非承重墙体，应采取与主体结构可靠连接或锚固等避免地震时倒塌伤人或砸坏重要设备的措施。

【修订说明】

本条新增疏散通道的楼梯间墙体的抗震安全性要求，提高对生命的保护。

3.7.4 框架结构的围护墙和隔墙，应考虑其设置对结构抗震的不利影响，避免不合理设置而导致主体结构的破坏。

【修订说明】

本条新增为强制性条文，以加强围护墙、隔墙等建筑非结构构件的抗震安全性，提高对生命的保护。

3.9 结构材料与施工

3.9.2 结构材料性能指标，应符合下列最低要求：

1 砌体结构材料应符合下列规定：

1）烧结普通砖和烧结多孔砖的强度等级不应低于 MU10，其砌筑砂浆强度等级不应低于 M5；

2）混凝土小型空心砌块的强度等级不应低于 MU7.5，其砌筑砂浆强度等级不应低于 M7.5。

2 混凝土结构材料应符合下列规定：

1）混凝土的强度等级，框支梁、框支柱及抗震等级为一级的框架梁、柱、节点核心区，不应低于 C30；构造柱、芯柱、圈梁及其他各类构件不应低于 C20；

2）抗震等级为一、二级的框架结构，其纵向受力钢筋采用普通钢筋时，钢筋的抗拉强度实测值与屈服强度实测值的比值不应小于 1.25；钢筋的屈服强度实测值与强度标准值的比值不应大于 1.3；且钢筋在最大拉力下的总伸长率实测值不应小于 9%。

3 钢结构的钢材应符合下列规定：

1）钢材的屈服强度实测值与抗拉强度实测值的比值不应大于 0.85；

2）钢材应有明显的屈服台阶，且伸长率不应小于 20%；

3）钢材应有良好的焊接性和合格的冲击韧性。

【修订说明】

本条将烧结黏土砖改为烧结砖，适用范围更宽些。列入黏土多孔砖 KP1 型砖 240 × 115 ×90 和模数多孔砖（M 砖）190 × 190 × 90，多孔砖已逐步替代实心黏土砖。列入蒸压灰砂砖和蒸压粉煤灰砖砌体。将小型空心混凝土砌块砌体纳入新规范，并增加了层数和高度。取消中型砌块的内容，原因：此类砌块体积大，人工搬动困难，需要小型机械。此外，此类建筑的层数和高度限制较严，市场竞争力小，国内已很少采用，新规范不列入。

新增加的钢筋伸长率的要求,是控制钢筋延性的重要性能指标。其取值依据产品标准《钢筋混凝土用钢　第2部分:热轧带肋钢筋》(GB1499.2—2007)规定的钢筋抗震性能指标提出。

结构钢材的性能指标,按钢材产品标准《建筑结构用钢》(GB/T19879—2005)规定的性能指标,将分子、分母对换,改为屈服强度与抗拉强度的比值。

3.9.3　结构材料性能指标,尚宜符合下列要求:

1　普通钢筋宜优先采用延性、韧性和焊接性较好的钢筋;普通钢筋的强度等级,纵向受力钢筋宜选用符合抗震性能指标的HRB400级热轧钢筋,也可采用符合抗震性能指标的HRB335级热轧钢筋;箍筋宜选用符合抗震性能指标的HRB335、HRB400级热轧钢筋。

2　混凝土结构的混凝土强度等级,9度时不宜超过C60,8度时不宜超过C70。

3　钢结构的钢材宜采用Q235等级B、C、D的碳素结构钢及Q345等级B、C、D、E的低合金高强度结构钢;当有可靠依据时,尚可采用其他钢种和钢号。

【修订说明】

本次修订,考虑到产品标准《钢筋混凝土用钢　第2部分:热轧带肋钢筋(GB1499.2—2007)增加了抗震钢筋的性能指标(强度等级编号加字母E),条文作相应改动。

3.9.4　当需要以强度等级较高的钢筋替代原设计中的纵向受力钢筋时,应按照钢筋承载力设计值相等的原则换算,并应满足最小配筋率、抗裂验算等要求。

【修订说明】

本条新增为强制性条文,以加强对施工质量的监督和控制,实现预期的抗震设防目标。文字有所修改,将构造要求等具体化。

3.9.6　钢筋混凝土构造柱、芯柱和底部框架-抗震墙砖房中砖抗震墙的施工,应先砌墙后浇构造柱、芯柱和框架梁柱。

【修订说明】

本条新增为强制性条文,以加强对施工质量的监督和控制,实现预期的抗震设防目标。

第二节　多层砌体房屋和底部框架、内框架房屋

7.1　一般规定

7.1.2　多层房屋的层数和高度应符合下列要求:

1　一般情况下,房屋的层数和总高度不应超过表7.1.2的规定。

2　对医院、教学楼等横墙较少的多层砌体房屋,总高度应比表7.1.2的规定降低3m,层数相应减少一层;各层横墙很少的多层砌体房屋,还应再减少一层。

注:横墙较少指同一楼层内开间大于4.20m的房间占该层总面积的40%以上。

3　横墙较少的多层砖砌体住宅楼,当按规定采取加强措施并满足抗震承载力要求时,其高度和层数应允许仍按表7.1.2的规定采用。

表 7.1.2　房屋的层数和总高度限值　（单位：m）

房屋类别		最小厚度（mm）	烈度							
			6		7		8		9	
			高度	层数	高度	层数	高度	层数	高度	层数
多层砌体	普通砖	240	24	8	21	7	18	6	12	4
	多孔砖	240	21	7	21	7	18	6	12	4
	多孔砖	190	21	7	18	6	15	5	—	—
	小砌块	190	21	7	21	7	18	6	—	—
底部框架－抗震墙		240	22	7	22	7	19	6	—	—
多排柱内框架		240	6	5	16	5	13	4	—	—

注： 1. 房屋的总高度指室外地面到主要屋面板板顶或檐口的高度，半地下室从地下室室内地面算起，全地下室和嵌固条件好的半地下室应允许从室外地面算起；对带阁楼的坡屋面应算到山尖墙的 1/2 高度处。

2. 室内外高差大于 0.6m 时，房屋总高度应允许比表中数据适当增加，但不应多于 1m。

3. 乙类的多层砌体房屋应允许按本地区设防烈度查表，但层数应减少一层且总高度应降低 3m。

4. 本表小砌块砌体房屋不包括配筋混凝土空心小型砌块砌体房屋。

【修订说明】

本条补充了属于乙类的多层砌体结构房屋的高度和层数控制要求。大开间房屋（横墙间隔拿掉，建筑考虑让住户用家具分隔），此类房屋横墙间距不得超过 6.6m，按约束砌体设计。

7.1.3　普通砖、多孔砖和小砌块砌体承重房屋的层高，不应超过 3.6m；底部框架－抗震墙房屋的底部和内框架房屋的层高，不应超过 4.5m。

注：当使用功能确有需要时，采用约束砌体等加强措施的普通砖墙体的层高不应超过 3.9m。

7.1.7　多层砌体房屋的结构体系，应符合下列要求：

1　应优先采用横墙承重或纵横墙共同承重的结构体系。

2　纵横墙的布置宜均匀对称，沿平面内宜对齐，沿竖向应上下连续；同一轴线上的窗间墙宽度宜均匀。

3　房屋有下列情况之一时宜设置防震缝，缝两侧均应设置墙体，缝宽应根据烈度和房屋高度确定，可采用 50～100mm：

1）房屋立面高差在 6m 以上；

2）房屋有错层，且楼板高差较大；

3）各部分结构刚度、质量截然不同。

4　楼梯间不宜设置在房屋的尽端和转角处。

5　烟道、风道、垃圾道等不应削弱墙体；当墙体被削弱时，应对墙体采取加强措施；不宜采用无竖向配筋的附墙烟囱及出屋面的烟囱。

6　教学楼、医院等横墙较少、跨度较大的房屋，宜采用现浇钢筋混凝土楼、屋盖。

7　不应采用无锚固的钢筋混凝土预制挑檐。

【修订说明】

本条补充了对教学楼、医院等横墙较少砌体房屋的楼、屋盖体系的要求，以加强横墙较少、跨度较大房屋的楼、屋盖的整体性。对于错层房屋，规范第7.1.7条用辞是“不宜”。规范条文说明中：震害调查，不设防震缝造成的房屋破坏一般都只是局部的。设防震缝，投资会增大，使用功能也受影响。根据有关研讨意见，当总高度不超过第7.1.2条规定，按实际情况作抗震验算能够满足，可对错层交接处墙体予以构造加强，可采用约束砌体的概念适当增加构造柱进行加强。

7.3 多层黏土砖抗震构造措施

7.3.1 多层普通砖、多孔砖房，应按下列要求设置现浇钢筋混凝土构造柱（以下简称构造柱）：

1 构造柱设置部位，一般情况下应符合表7.3.1的要求。

2 外廊式和单面走廊式的多层房屋，应根据房屋增加一层后的层数，按表7.3.1的要求设置构造柱，且单面走廊两侧的纵墙均应按外墙处理。

3 教学楼、医院等横墙较少的房屋，应根据房屋增加一层后的层数，按表7.3.1的要求设置构造柱；当教学楼、医院等横墙较少的房屋为外廊式或单面走廊式时，应按2款要求设置构造柱，但6度不超过四层、7度不超过三层和8度不超过二层时，应按增加二层后的层数对待。

表7.3.1 砖房构造柱设置要求

<table>
<tr><th colspan="4">房屋层数</th><th colspan="2" rowspan="2">设置部位</th></tr>
<tr><th>6度</th><th>7度</th><th>8度</th><th>9度</th></tr>
<tr><td>四、五</td><td>三、四</td><td>二、三</td><td></td><td rowspan="3">楼、电梯间四角，楼梯段上下端对应的墙体处；外墙四角和对应转角。
错层部位横墙与外纵墙交接处，大房间内外墙交接处，较大洞口两侧</td><td>隔15m或单元横墙与外纵墙交接处</td></tr>
<tr><td>六、七</td><td>五</td><td>四</td><td>二</td><td>隔开间横墙（轴线）与外墙交接处，山墙与内纵墙交接处</td></tr>
<tr><td>八</td><td>六、七</td><td>五、六</td><td>三、四</td><td>内墙（轴线）与外墙交接处，内墙的局部较小墙垛处；
9度时内纵墙与横墙（轴线）交接处</td></tr>
</table>

【修订说明】

本条增加了6度设防时楼梯间四角以及不规则平面的外墙对应转角（凸角）处设置构造柱的要求。楼梯段上下端对应墙体处增加四根构造柱，与在楼梯间四角设置的构造柱合计有八根构造柱，再与第7.3.8条规定楼层半高的钢筋混凝土带等可构成应急疏散安全岛。

7.3.6 楼、屋盖的钢筋混凝土梁或屋架应与墙、柱（包括构造柱）或圈梁可靠连接；6度时，梁与砖柱的连接不应削弱柱截面，独立砖柱顶部应在两个方向均有可靠连接；7～9度时不得采用独立砖柱。跨度不小于6m大梁的支承构件应采用组合砌体等加强措施，并满足承载力要求。

【修订说明】

本条新增为强制性条文，并依据砌体结构规范对大跨度梁支座的规定，补充了大跨混凝土梁支承构件的构造和承载力要求，不允许采用一般的砖柱或砖墙。

7.3.8 楼梯间应符合下列要求：

1 顶层楼梯间横墙和外墙应沿墙高每隔500mm设2Φ6通长钢筋；7～9度时其他各层楼梯间墙体应在休息平台或楼层半高处设置60mm厚的钢筋混凝土带或配筋砖带，其砂浆强度等级不应低于M7.5，纵向钢筋不应少于2Φ10。

2 楼梯间及门厅内墙阳角处的大梁支承长度不应小于500mm，并应与圈梁连接。

3 装配式楼梯段应与平台板的梁可靠连接；不应采用墙中悬挑式踏步或踏步竖肋插入墙体的楼梯，不应采用无筋砖砌栏板。

4 突出屋顶的楼、电梯间，构造柱应伸到顶部，并与顶部圈梁连接，内外墙交接处应沿墙高每隔500mm设2Φ6通长拉结钢筋。

【修订说明】

本条新增为强制性条文，楼梯间作为地震疏散通道，而且地震时受力比较复杂，容易造成破坏，故提高了砌体结构楼梯间的构造要求。

第二章 《建设工程工程量清单计价规范》(GB50500—2008)内容介绍

第一节 编制概述

根据《中华人民共和国建筑法》、《中华人民共和国合同法》、《中华人民共和国招标投标法》等法律以及最高人民法院《关于审理建设工程施工合同纠纷案件适用法律问题的解释》(法释[2004]14号),按照我国工程造价管理改革的总体目标,本着国家宏观调控、市场竞争形成价格的原则要求,2008年7月9日,住房和城乡建设部发布第63号公告,批准《建设工程工程量清单计价规范》(以下简称"08规范")为国家标准,编号为GB50500—2008,自2008年12月1日起实施。

一、"08规范"编制的目的和意义

"08规范"是在原《建设工程工程量清单计价规范》(GB50500—2003)(以下简称"03规范")的基础上进行修订的。"03规范"自2003年7月1日实施以来,对规范工程招投标中的发、承包计价行为起到了重要作用,为建立市场形成工程造价的机制、规范工程造价计价行为和维护建设市场秩序发挥了重大的作用。但在执行中也存在一些欠缺,特别是清理拖欠工程款工作中普遍反映的,在工程实施阶段中有关工程价款调整、支付、结算等方面缺乏相应的依据。因此,为了完善工程量清单计价工作,自2006年开始,原建设部定额司组织有关单位和专家,结合近几年工程建设领域与工程造价密切相关的事件和政策规定,对"03规范"进行了补充和完善。2008年7月9日,历经两年多的起草、论证和修改,住房和城乡建设部以第63号公告,发布了《建设工程工程量清单计价规范》(GB50500—2008),自2008年12月1日起实施。"08规范"的发布施行,对巩固工程量清单计价改革的成果,进一步规范工程量清单计价行为具有十分重的意义,对建立公开、公平、公正的市场竞争秩序,推进和完善市场形成工程造价机制的建设必将发挥重要作用。

二、"08规范"的主要特点

"08规范"总结了"03规范"实施以来的经验,针对执行中存在的问题,对"03规范"进行了补充、修改和完善。具体有以下特点:

(一)"08规范"充分总结了实行工程量清单计价的经验和取得的成果,内容更加全面。"08规范"的条文由"03规范"的45条增加到137条,增加了92条,其中强制性条文由6条增加到15条,增加了9条,基本涵盖了工程施工阶段从招投标开始到工程竣工结算办理的全过程,并增加了条文说明。"03规范"主要侧重于规范工程招投标中的计价行

为,对工程实施阶段全过程中如何规范工程量清单计价行为的指导性不强。"08 规范"的内容包括采用工程量清单的编制;招标控制价和投标报价的编制;工程发、承包合同价款的约定;施工过程中工程计量与价款支付;工程价款调整;索赔;工程竣工后竣工结算的办理以及工程计价争议的处理等内容。条文说明的增加加强了造价工作者对条款的理解,减少歧异。

(二)"08 规范"体现了工程造价计价各阶段的要求,使规范工程造价计价行为形成有机整体。"08 规范"首先对工程造价计价具有阶段性的共性特点问题进行了规范,同时也针对不同阶段的工程造价计价特点作了专门性规定,使共性和个性有机的结合。具体表现为各条文之间按照工程施工建设的顺序承前启后,相互贯通,使整个条文形成了一个规范工程造价计价行为的有机整体。

(三)"08 规范"充分考虑到我国建设市场的实际情况,体现了国情。"08 规范"按照"政府宏观调控、企业自主报价、市场形成价格、加强市场监管"的改革思路,在发展和完善社会主义市场经济体制的要求下,对工程建设领域中施工阶段发、承包双方的计价,适宜采用市场定价的充分放开,政府监管不越位;还需政府宏观调控的,政府监管不缺位。因此,"08 规范"在安全文明施工费、规费等计取上不允许竞价;在物价波动对工程造价的影响上,提出了发、承包双方共同承担风险的规定。

(四)"08 规范"对工程施工建设各阶段、各步骤计价的具体做法和要求作出了具体而详尽的规定,使条文更具操作性。"08 规范"从工程造价计价的实际需要出发,增加和修订了相关的工程造价计价的具体操作条款,并完善了工程量计价表格,使"08 规范"更贴近实际计价需要。"08 规范"考虑到下一步附录的修改,将措施项目中的各专业工程的措施项目调整到了各专业工程的附录中。同时,又结合我国工程造价管理的统一性、区域性和行业性的特点,对规范中的计价表格进行了补充,使"08 规范"更加贴近工程造价管理的需要。

第二节　内容介绍

1　总　则

"08 规范"总则共 8 条,比"03 规范"增加 2 条,其中强制性条文 1 条。主要内容为制定本规范的编制目的、编制依据、适用范围、基本原则以及附录适用的工程范围。

1.0.1　为规范工程造价计价行为,统一建设工程工程量清单的编制和计价方法,根据《中华人民共和国建筑法》、《中华人民共和国合同法》、《中华人民共和国招标投标法》等法律法规,制定本规范。

本条阐述了制定本规范的目的和法律依据。目的是"规范工程造价计价行为,统一建设工程工程量清单的编制和计价方法",删除了"03 规范"第一段中"工程量清单",正如条文说明第 1.0.4 条定义的"对于不采用工程量清单计价方式的工程建设项目,除工程量清单等专门性规定外,本规范的其他条文仍应执行"。例如,合同价款约定、工程计量与价款支付、索赔与现场签证、工程价款调整、竣工结算、工程计价争议处理等条款。法律依据增加了《中华人民共和国建筑法》和《中华人民共和国合同法》。

1.0.2　本规范适用于建设工程工程量清单计价活动。

本条规定了本规范的适用范围。本条所指建设工程包括：建筑工程、装饰装修工程、安装过程、市政工程、园林绿化工程和矿山工程。本条所指的工程量清单计价活动包括：工程量清单编制、招标控制价编制、投标报价的编制，工程合同价款的约定，竣工结算的办理以及施工过程中的工程计量与工程价款支付、索赔与现场签证、工程价款调整和工程计价争议处理等活动。与“03 规范”定义的主要适用于建设工程招投标的工程量清单计价活动相比，“08 规范”扩大到了工程建设施工阶段的全过程。

1.0.3　全部使用国有资金投资或国有资金投资为主（以下二者简称“国有资金投资”）的工程建设项目，必须采用工程量清单计价。

本条仍为强制性条文，规定了国有资金投资的工程建设项目必须采用工程量清单计价。取消了“03 规范”中对工程“大中型”的限制词，将“应执行本规范”改为“必须采用工程量清单计价”，表述更为严格。同时在条文说明中对国有资金投资的项目作了说明。

1. 国有资金投资的工程建设项目包括：

（1）使用各级财政预算资金的项目；

（2）使用纳入财政管理的各种政府性专项建设资金的项目；

（3）使用国有企事业单位自有资金，并且国有资产投资者实际拥有控制权的项目。

2. 国有融资资金投资的工程建设项目包括：

（1）使用国家发行债券所筹资金的项目；

（2）使用国家对外借款或者担保所筹资金的项目；

（3）使用国家政策性贷款的项目；

（4）国家授权投资主体融资的项目；

（5）国家特许的融资项目。

国有资金（含国有融资资金）为主的工程建设项目是指国有资金占投资总额 50% 以上，或虽不足 50% 但国有投资者实质上拥有控制权的工程建设项目。

1.0.4　非国有资金投资的工程建设项目，可采用工程量清单计价。

本条为新增条款，主要包括以下含义：

1　对于非国有资金投资的工程建设项目，是否采用工程量清单计价由业主自主确定；

2　当确定采用工程量清单计价时，应执行本规范；

3　对于不采用工程量清单计价方式的非国有资金投资工程建设项目，除不执行工程量清单计价的专门性规定外，本规范的其他条文仍应执行。

1.0.5　工程量清单、招标控制价、投标报价、工程价款结算等工程造价文件的编制与核对应由具有资格的工程造价专业人员承担。

本条为新增条款，规定了从事建设工程工程量清单计价活动的主体。根据国家对工程造价人员实行执业资格管理制度的要求，在工程造价计价活动中，工程量清单、招标控制价、投标报价、工程价款结算等所有的工程造价文件的编制与核对，均应由具有资格的注册造价师、造价员承担，并签字和加盖执业专用章。

1.0.6　建设工程工程量清单计价活动应遵循客观、公正、公平的原则。

本条规定了建设工程计价活动的基本要求，建设工程计价活动不仅要客观反映工程建设的投资，更应体现工程建设交易活动的公正、公平性。

1.0.7 本规范附录A、附录B、附录C、附录D、附录E、附录F应作为编制工程量清单的依据。

1 附录A为建筑工程工程量清单项目及计算规则，适用于工业与民用建筑物和构筑物工程。

2 附录B为装饰装修工程工程量清单项目及计算规则，适用于工业与民用建筑物和构筑物的装饰装修工程。

3 附录C为安装工程工程量清单项目及计算规则，适用于工业与民用安装工程。

4 附录D为市政工程工程量清单项目及计算规则，适用于城市市政建设工程。

5 附录E为园林绿化工程工程量清单项目及计算规则，适用于园林绿化工程。

6 附录F为矿山工程工程量清单项目及计算规则，适用于矿山工程。

本条规定了本规范附录是编制工程量清单的依据及其适用的工程范围。附录是本规范的组成部分，与正文具有同等效力。比"03规范"新增加了附录F矿山工程工程量清单项目及计算规则。

1.0.8 建设工程工程量清单计价活动，除应遵守本规范外，尚应符合国家现行有关标准的规定。

本条规定了本规范与其他标准的关系。本规范的条款是建设工程计价活动中应遵守的专业性条款，在工程计价活动中，除应遵守本规范外，尚应符合国家现行有关标准的规定。

2 术 语

本规范术语共计23条，比"03规范"增加了15条，改变术语名称2条，删去1条（消耗量定额）。按照编制标准规范的基本要求，术语是对本规范特有术语给予的定义。

2.0.1 工程量清单

建设工程的分部分项工程项目、措施项目、其他项目、规费项目和税金项目的名称和相应数量等的明细清单。

"工程量清单"是建设工程实行工程量计价的专业名词。它表示的是实行工程量清单计价的建设工程的分部分项工程项目、措施项目、其他项目、规费项目和税金项目的名称和相应数量。与"03规范"相比，一是增加了规费和税金，使工程量清单计价内容更为全面。二是将"拟建工程"更名为"建设工程"，使定义更完整。

2.0.2 项目编码

分部分项工程量清单项目名称的数字标识。

本条对"项目编码"重新进行了定义，即相对于工程量清单而言，是对分部分项工程量清单项目名称进行的数字标识。与"03规范"相比，只讲了定义，原定义的内容分别放入本规范第3.2.3条及其条文说明。

2.0.3 项目特征

构成分部分项工程量清单项目、措施项目自身价值的本质特征

"项目特征"是新增术语，是相对于工程量清单计价而言，对构成工程实体的分部分

项工程量清单项目和非实体的措施清单项目价值的特征进行的描述。定义该术语,是为了更加准确地规范工程量清单计价中对分部分项工程量清单项目、措施项目的特征描述的要求,便于准确的组建综合单价。

2.0.4 综合单价

完成一个规定计量单位的分部分项工程量清单项目或措施清单项目所需的人工费、材料费、施工机械使用费和企业管理费与利润,以及一定范围内的风险费用。

本条对“综合单价”定义作了修改。变化为:一是将“完成工程量清单中一个规定计量单位项目”表述为“完成一个规定计量单位的分部分项工程量清单项目或措施项目”,更为清晰;二是将“并考虑风险因素”表述为“以及一定范围内的风险费用”,更为准确。

2.0.5 措施项目

为完成工程项目施工,发生于该工程施工准备和施工过程中的技术、生活、安全、环境保护等方面的非工程实体项目。

“措施项目”与“03 规范”的定义一致,是相对于工程实体的分部分项工程项目而言,对实际施工中为完成工程项目施工所发生的施工准备和施工过程中技术、生活、安全、环境保护等方面的非工程实体项目的总称。

2.0.6 暂列金额

招标人在工程量清单中暂定并包括在合同价款中的一笔款项。用于施工合同签订时尚未确定或者不可预见的所需材料、设备、服务的采购,施工中可能发生的工程变更、合同约定调整因素出现时的工程价款调整以及发生的索赔、现场签证确认等的费用。

“暂列金额”是对“03 规范”中“预留金”的更名,是招标人暂定并掌握使用的一笔款项,它包括在合同价款内,但并不直接属承包人所有,它是用于施工合同签订时尚未确定或者不可预见的所需材料、设备、服务的采购以及施工过程中可能发生的工程变更、合同约定调整因素出现时的工程价款调整以及发生的索赔、现场签证确认等的费用。与“03 规范”相比,“08 规范”的定义更为全面、实际和具有操作性。

2.0.7 暂估价

招标人在工程量清单中提供的用于支付必然发生但暂时不能确定的材料的单价以及专业工程的金额。

“暂估价”为新增术语,是在招标阶段预见肯定会发生,只是因为标准不明确或者需要由专业承包人完成,暂时又无法确定具体价格时采用的一种价格形式。

2.0.8 计日工

在施工过程中,完成发包人提出的施工图纸以外的零星项目或工作,按合同中约定的综合单价计价。

“计日工”是对“03 规范”零星工作项目费的更名,指对零星项目或工作采取的一种计价方式,包括完成作业所需的人工、材料、施工机械及其费用的计价。计日工的单价由投标人通过投标报价确定;计日工的数量按完成发包人发出的计日工指令的数量确定。

2.0.9 总承包服务费

总承包人为配合协调发包人进行的工程分包自行采购的设备、材料等进行管理、服务以及施工现场管理、竣工资料汇总整理等服务所需的费用。

“总承包服务费”是在工程建设的施工阶段实行施工总承包时，当招标人在法律、法规允许的范围内对工程进行分包和自行采购供应部分设备、材料时，要求总承包人提供相关服务（如分包人使用总包人的脚手架、水电等）和施工现场管理等所需的费用（如施工现场协调和统一管理、竣工资料统一汇总整理等）。与“03 规范”的定义相比，“08 规范”的定义及其条文说明更加明确、具体，包含内容更加广泛。

2.0.10 索赔

在合同履行过程中，对于非己方的过错而应由对方承担责任的情况造成的损失，应向对方提出补偿的要求。

“索赔”为新增术语。是专指在工程建设的施工过程中发、承包双方在履行承发包合同时，对于非自己过错的责任事件并造成损失时，向对方提出补偿要求的行为。

2.0.11 现场签证

发包人现场代表与承包人现场代表就施工过程中涉及的责任事件所作的签证证明。

“现场签证”为新增术语。是专指在工程建设的施工过程中，发、承包双方的现场代表（或其委托人）对施工过程中由于发包人的责任致使承包人完成合同内容外的额外工作而产生的费用，由承包人通过书面形式向发包人提出，予以签字确认的证明。

2.0.12 企业定额

施工企业根据本企业的施工技术和管理水平而编制的人工、材料和施工机械台班等的消耗标准。

“企业定额”专指施工企业的施工定额。它是施工企业根据本企业的施工技术、机械装备和具有的管理水平而编制的完成一个工程量清单项目所需的人工、材料和施工机械台班等的消耗标准，是施工企业内部进行施工管理的标准，也是施工企业进行投标报价的依据之一。

2.0.13 规费

根据省级政府或省级有关权力部门规定必须缴纳的，应计入建筑安装工程造价的费用。

“规费”为新增术语。根据建设部、财政部印发的《建筑安装工程费用项目组成》（建标[2003]206 号）的规定，“规费”是工程造价的组成部分，其计取标准由省级、行业建设主管部门依据省级政府或省级有关权力部门的规定制定。

2.0.14 税金

国家税法规定的应计入建筑安装工程造价内的营业税、城市维护建设税以及教育费附加等。

“税金”为新增术语。是依据国家税法规定的应计入建筑安装工程造价内，由承包人负责缴纳的营业税、城市维护建设税以及教育费附加等的总称。

2.0.15 发包人

具有工程发包主体资格和支付工程价款能力的当事人以及取得该当事人资格的合法继承人。

“发包人”为新增术语。是指具有工程发包主体资格和支付工程价款能力的当事人以及取得该当事人资格的合法继承人，也称建设单位或业主，在工程招标发包中，又被称为招标人。

2.0.16 承包人

被发包人接受的具有工程施工承包主体资格的当事人以及取得该当事人资格的合法继承人。

“承包人”为新增术语。是指被发包人接受的具有工程施工承包主体资格的当事人以及取得该当事人资格的合法继承人,也称施工企业,在工程招标发包中,投标时又被称为投标人。

2.0.17 造价工程师

取得《造价工程师注册证书》,在一个单位注册从事建设工程造价活动的专业人员。

2.0.18 造价员

取得《全国建设工程造价员资格证书》,在一个单位注册从事建设工程造价活动的专业人员。

“造价工程师”和“造价员”为新增术语。都是从事建设工程造价业务活动的专业技术人员。

2.0.19 工程造价咨询人

取得工程造价咨询资质等级证书,接受委托从事建设工程造价咨询活动的企业。

“工程造价咨询人”为新增术语。是指专门从事工程造价咨询服务的中介机构。中介机构应依法取得工程造价咨询企业资质方能成为工程造价咨询人,并只能在其资质等级许可的范围内从事工程造价咨询活动。建设行政主管部门按照《工程造价咨询企业管理办法》(建设部第149号令)对工程造价咨询人进行管理。

2.0.20 招标控制价

招标人根据国家或省级、行业建设主管部门颁发的有关计价依据和办法,按设计施工图纸计算的,对招标工程限定的最高工程造价。

“招标控制价”为新增术语。是在工程采用招标发包的过程中,由招标人根据国家或省级、行业建设主管部门发布的有关计价规定,按设计施工图纸计算的工程造价,其作用是招标人用于对招标工程发包的最高限价,有的地方亦称拦标价、预算控制价、最高报价值。

自我国工程建设项目施工招标推行工程量清单计价以来,招标时评标定价的管理方式发生了根本性的变化。为了避免投标人串标、哄抬标价,我国多个省、市相继出台了控制最高限价的规定。最高限价要求在招标文件中公布,并规定投标人的报价不得超出最高限价。因此,“招标控制价”是在新的招标方式下,产生的新的称谓。

2.0.21 投标价

投标人投标时报出的工程造价。

“投标价”为新增术语。是在工程采用招标发包的过程中,由投标人按照招标文件的要求,根据工程特点,结合自身的施工技术、装备和管理水平,依据有关计价规定自主确定的工程造价,是投标人希望达成工程承包交易的期望价格,原则上它不能高于招标人设定的招标控制价。

2.0.22 合同价

发、承包人在施工合同中约定的工程造价。

“合同价”为新增术语。是在工程发、承包交易完成后，由发、承包双方以合同形式确定的工程承包交易价格。采用招标发包的工程，其合同价应为投标人的中标价，也即投标人的投标报价。

2.0.23　竣工结算价

发、承包双方依据国家有关法律、法规和标准规定，按照合同约定的最终工程造价。

“竣工结算价”为新增术语。是在承包人完成合同约定的全部工程承包内容，发包人依法组织竣工验收，并验收合格后，由发、承包双方根据国家有关法律、法规和本规范的规定，按照合同约定的工程造价确定条款，即合同价、合同价款调整内容以及索赔和现场签证等事项确定的最终工程造价。

第2.0.20～2.0.23条规定的招标控制价、投标价、合同价、竣工结算价这4条新增术语，反映了工程造价的计价具有动态性和阶段性（多次性）的特点。工程建设项目从决策到竣工交付使用，都有一个较长的建设期。在整个建设期内，构成工程造价的任何因素发生变化都必然会影响工程造价，因此需对建设程序的各个阶段进行计价，以保证工程造价确定和控制的科学性。工程造价的多次性计价反映了不同的计价主体对工程造价的逐步深化、逐步细化、逐步接近和最终确定工程造价的过程。

3　工程量清单编制

本章共6节21条，比“03规范”增加了2节，条文增加了6条，强制性条文由5条增加至8条。本章节规定了工程量清单编制人及其资格、工程量清单的组成内容、编制依据和各组成内容的编制要求。

3.1　一般规定

本节条文共5条，比“03规范”增加了2条，其中增加强制性条文1条。规定了工程量清单的编制主体，编制主体的责任，工程量清单的作用、组成内容、编制依据。

3.1.1　工程量清单应由具有编制能力的招标人或受其委托，具有相应资质的工程造价咨询人编制。

本条规定了工程量清单的编制主体。招标人是进行工程建设的主要责任主体，其责任包括负责编制工程量清单。若招标人不具备编制工程量清单的能力时，根据《工程造价咨询企业管理办法》（建设部第149号令）的规定，可委托具有工程造价资质的工程造价咨询企业编制。与“03规范”相比，“08规范”明确了“具有相应资质的工程造价咨询人”。

3.1.2　采用工程量清单方式招标，工程量清单必须作为招标文件的组成部分，其准确性和完整性由招标人负责。

本条规定了工程量清单是招标文件的组成部分及其编制责任。本条升格为强制性条款，强调“采用工程量清单方式招标，工程量清单必须作为招标文件的组成部分”，“其准确性和完整性由招标人负责”。采用工程量清单方式招标发包时，工程量清单必须作为招标文件的组成部分，招标人应将工程量清单连同招标文件一并发（或售）给投标人。招标人对编制的工程量清单的准确性（即数量不错）和完整性（即不缺项漏项）负责。投标人依据工程量清单进行投标报价，对工程量清单不负核实的义务，更不具有修改和调整的权利。与“03 规范”相比，“08 规范”对工程量清单是招标文件的组成部分的规定更为严格，同时，对编制质量的责任规定也更加明确和具体。

3.1.3 工程量清单是工程量清单计价的基础，应作为标准招标控制价、投标报价、计算工程量。支付工程款、调整合同价款、办理竣工结算以及工程索赔等的依据。

本条为新增条款，规定了工程量清单的作用，阐述了工程量清单在工程量清单计价中起到基础性作用，是整个工程量清单计价活动的重要依据之一，是编制招标控制价、投标报价、计算工程量、支付工程款、调整合同价款、办理竣工结算以及工程索赔等的依据，贯穿于整个施工过程中。

3.1.4 工程量清单应由分部分项工程量清单、措施项目清单、其他项目清单、规范项目清单、税金项目清单组成。

本条规定了工程量清单的组成内容。本条是对“03 规范”原第 3.1.3 条进行了修改，将原清单的组成由三个清单改为五个清单，增加了“规费和税金项目清单”。

3.1.5 编制工程量清单的依据：

1 本规范；

2 国家或省级、行业建设主管部门颁发的计价依据和办法；

3 建设工程设计文件；

4 与建设工程项目有关的标准、规范、技术资料；

5 招标文件及其补充通知、答疑纪要；

6 施工现场情况、工程特点及常规施工方案；

7 其他相关资料。

本条为新增条款，规定了工程量清单的编制依据。

3.2 分部分项工程量清单

本节条文共 8 条，比“03 规范”增加了 2 条。增加强制性条文由 5 条增加为 7 条。本节规定了组成分部分项工程量清单的五个要件，即项目编码、项目名称、项目特征、计量单位和工程量计算规则五大要件的编制要求。

3.2.1 分部分项工程量清单应包括项目编码、项目名称、项目特征、计量单位和工程量。

本条修改为强制性条文。规定了构成一个分部分项工程量清单的五个要件：项目编码、项目名称、项目特征、计量单位和工程量，这五个要件在分部分项工程量清单的组成中缺一不可。与“03 规范”相比，增加了“项目特征”。

3.2.2 分部分项工程量清单应根据附录规定的项目编码、项目名称、项目特征、计量单位和工程量计算规则进行编制。

本条仍保留为强制性条文，规定了分部分项工程量清单各构成要件应根据附录的规定编制。该编制依据主要体现了对分部分项工程量清单内容规范管理的要求。与“03 规范”相比，增加了“项目特征”。

3.2.3 分部分项工程量清单的项目编码，应采用十二位阿拉伯数字表示。一至九位应按附录的规定设置，十至十二位应根据拟建工程的工程量清单项目名称设置，同一招标工程的项目编码不得有重码。

本条仍保留为强制性条文，规定了分部分项工程量清单项目编码的表示方式：采用十二位阿拉伯数字及各位数字的含义和其设置规定。一至九位应按附录的规定设置,十至十二位应根据拟建工程的工程量清单项目名称设置,同一招标工程的项目编码不得有重码。

3.2.4 分部分项工程量清单的项目名称应按附录的项目名称结合拟建工程的实际确定。

本条为强制性条文,规定了分部分项工程量清单的项目名称的确定原则。保留"03规范"第3.2.4条第一款,分部分项工程量清单的项目名称应按附录的项目名称结合拟建工程的实际确定。将"03规范"第3.2.4条第二款修订为"08规范"第3.2.8条。

3.2.5 分部分项工程量清单中所列工程量应按附录中规定的工程量计算规则计算。

本条为强制性条文,规定了分部分项工程量清单的工程量的计算原则。保留"03规范"第3.2.6条第一款,分部分项工程量清单的工程量应按附录中规定的工程量计算规则计算。工程量的有效位数应遵守下列规定:

1 以"t"为单位,应保留三位小数,第四位小数四舍五入;

2 以"m^3"、"m^2"、"m"、"kg"为计量单位的应保留小数点二位,第三位小数四舍五入;

3 以"项"、"个"等为计量单位的应取整数。

3.2.6 分部分项工程量清单的计量单位应按附录中规定的计量单位确定。

本条为强制性条文,规定了分部分项工程量清单项目的计量单位的确定原则。分部分项工程量清单的计量单位应按附录中规定的计量单位确定。当计量单位有两个或两个以上时,应根据所编工程量清单项目的特征要求,选择最适应表现该项目特征并方便计量的单位来表示。

3.2.7 分部分项工程量清单项目特征应按附录中规定的项目特征,结合拟建工程项目的实际予以描述。

本条为新增的强制性条文,规定了分部分项工程量的项目特征的描述原则。"08规范"突出了对项目特征描述的要求,并作为强制性条款,规定了分部分项工程量清单的项目特征的描述原则。分部分项工程量清单的项目特征是确定一个清单项目综合单价不可缺少的重要依据,在编制工程量清单时,必须对其项目特征进行准确和全面的描述。工程量清单项目特征的描述,应根据计价规范附录中有关项目特征的要求,结合技术规范、标准图集、施工图纸,按照工程结构、使用材质及规格或安装位置等,予以详细而准确的表述和说明。准确的描述清单项目的特征对于准确确定清单项目的综合单价具有决定性的作用。若招标人提供的工程量清单对项目特征描述不具体,特征不清晰、界限不明确,使得投标人无法准确理解工程量清单项目的构成要素,导致评标时难以合理的评定中标价;结算时,发、承包双方引起争议。招标人应高度重视分部分项工程量清单项目特征的描述,任何不描述或描述不清,均会在合同履约过程中产生分歧,导致纠纷、索赔。

由于有些项目特征用文字往往难以准确和全面的描述清楚,影响工程量清单报价的推行。因此,为达到规范、简捷、准确、全面描述工程量清单项目特征的要求,在描述工程量清单项目特征时应按以下原则进行:

1 项目特征描述的内容应按附录中的规定,结合拟建工程的实际,能满足确定综合单价的需要。

2 若采用标准图集或施工图纸能够全面或部分满足项目特征的要求,项目特征描述可直接采用详见××图集或××图号的方式。对不能满足项目特征描述的部分,仍应用文字描述。

3.2.8 编制工程量清单出现附录中未包括的项目,编制人应作补充,并报省级或行业工程造价管理机构备案,省级或行业工程造价管理机构应汇总报往住房和城乡建设部标准定额研究所。

补充项目的编码由附录的顺序码与B和三位阿拉伯数字组成,并应从×B001起顺序编制,同一招标工程的项目不得重码。工程量清单中需附有补充项目的名称、项目特征、计量单位、工程量计算规则、工程内容。

本条为新增条文,是将"03规范"第3.2.4条第二款内容单列出来,并对补充项目的编码做了具体规定。随着工程建设中新材料、新技术、新工艺等不断涌现,本规范附录所列的工程量清单项目不可能包含所有项目。在编制工程量清单时,当出现附录中未包括的清单项目时,编制人应作补充。在编制补充项目时应注意以下三个方面:

1 补充项目的编码应按本规范的规定确定。即由附录的顺序码(A、B、C、D、E、F等)与B和三位阿拉伯数字组成,并应从XB001(X代表附录代码,B表示补充)起顺序编制,同一工程招标的项目不得重码。

2 在工程量清单中应附补充项目的项目名称、项目特征、计量单位、工程量、工程量计算规则和工作内容。

3 将编制的补充项目报省级或行业工程造价管理机构备案。

3.3 措施项目清单

本节共有2条,与"03规范"相比,条文未作增减,但内容变化较大。将"03规范"中的两条合并为一条3.3.1,又增加一条3.3.2。一是将通用措施项目与专业措施项目分列,本节只保留通用措施项目,专业措施项目列入附录中各专业工程中;二是规定措施项目中可以计算工程量的可采用分部分项工程量清单的方式编制。

3.3.1 措施项目清单应根据拟建工程的实际情况列项。通用措施项目可按表3.3.1选择列项,专业工程的措施项目可按附录中规定的项目选择列项。若出现本规范未列的项目,可根据工程实际情况补充。

本条规定了措施项目清单的列项要求。本条只保留了"03规范"中通用措施项目中的大部分内容,一是将环境保护、文明施工、安全施工、临时设施合并定义为安全文明施工;二是增加了冬雨季施工、地上、地下设施、建筑物的临时保护设施;三是将施工排水、施工降水分列;四是将混凝土、钢筋混凝土模板及支架与脚手架分别列于附录中各专业工程内。

"03规范"的措施项目清单中,所有项目的计量单位均为"项",数量为1,其中混凝土模板费用和工程脚手架费用也是如此按"项"来计量的。在工程实施过程中,变更是不可避免的,但当它们的工程量因设计变更等原因增加或减少时,"03规范"的规定给工程变更后的计量、计价带来了问题。因此,本规范将这两项费用从按"项"计量的措施项目清单中取消,列在了适用以综合单价形式计价的措施项目表(二)或分部分项工程量清单中。

由于影响措施项目设置的因素很多,本规范不能一一列出。在编制措施项目清单时,应根据拟建工程的实际情况列项。通用措施项目可按表3.3.1选择列项,专业工程的措施项目可按附录中规定的项目选择列项。若出现本规范未列的项目,可根据工程实际情况补充。

表 3.3.1 通用措施项目一览表

序号	项目名称
1	安全文明施工(含环境保护、文明施工、安全施工、临时设施)
2	夜间施工
3	二次搬运
4	冬雨季施工
5	大型机械设备进出场及安拆
6	施工排水
7	施工降水
8	地上、地下设施,建筑物的临时保护设施
9	已完工程及设备保护

3.3.2 措施项目中可以计算工程量的项目清单宜采用分部分项工程量清单的方式编制,列出项目编码、项目名称、项目特征、计量单位和工程量计算规则;不能计算工程量的项目清单,以“项”为计量单位。

本条规定了措施项目的计价方式。本规范将实体性项目划分为分部分项工程量清单项目,非实体性项目划分为措施项目。所谓非实体性项目,一般来说,其费用的发生和金额的大小与使用时间、施工方法或者两个以上工序有关,与实际完成的实体工程量的多少关系不大,典型的是大中型施工机械、文明施工和安全防护、临时设施等。但有的非实体项目,则是可以计算工程量的项目,典型的是混凝土浇筑的模板工程,用分部分项工程量清单的方式,采用综合单价更有利于措施费的确定和调整。

本条规定了凡是可以计算工程量的项目清单宜采用分部分项工程量清单的方式进行编制,应列出项目编码、项目名称、项目特征、计量单位和工程量计算规则;对不能计算工程量的项目清单,以“项”为计量单位进行编制。

3.4 其他项目清单

本节共 2 条,与“03 规范”相比,条文由 3 条减少为 2 条,取消了原“03 规范”中第 3.4.2 条。其他项目清单的内容仍为四个,但将“预留金”更名为“暂列金额”并重新定义;将“零星工作项目费”更名为“计日工”;取消“材料购置费”增列“暂估价”。

3.4.1 其他项目清单宜按照下列内容列项:

1　暂列金额；

2　暂估价：包括材料暂估价、专业工程暂估价；

3　计日工；

4　总承包服务费。

本条规定了其他项目清单的内容。本条仅提供4项内容作为列项参考。其不足部分，编制人可根据工程的具体情况进行补充。

1　暂列金额在本规范第2.0.6条明确定义是“招标人暂定并掌握使用的一笔款项，它包括在合同价款内，但并不直接属承包人所有。”由于工程建设存在工期长、技术复杂等特性，使工程建设过程存在一些不能预见、不能确定的因素。消化这些因素势必造成工程价格的调整，暂列金额正是因这类不可避免的价格调整而设立，以便合理确定工程造价的控制目标。暂列金额虽包括在合同价款内，是否属于中标人应得金额取决于具体的合同约定，只有按照合同约定程序实际发生后，才能成为中标人的应得金额，纳入合同结算价款中。扣除实际发生金额后的暂列金额余额仍属于招标人所有。

2　暂估价是指招标阶段直至签订合同协议时，招标人在招标文件中提供的用于支付必然要发生但暂时不能确定价格的材料以及需另行发包的专业工程金额。暂估价数量和拟用项目应当结合工程量清单中“暂估价表”予以补充说明。

为方便合同管理和计价，需要纳入分部分项工程量清单项目综合单价中的暂估价应只是材料费，以方便投标人组价。专业工程的暂估价一般应是综合暂估价，应当包括除规费、税金以外的管理费、利润等。

3　计日工是为了解决现场发生的零星工作的计价而设立的。计日工以完成零星工作所消耗的人工工时、材料数量、机械台班进行计量，并按照计日工表中填报的适用项目的单价进行计价支付。计日工适用的所谓零星工作一般是指合同约定以外的或者因变更而产生的、工程量清单中没有相应项目的额外工作，尤其是那些时间不允许事先商定价格的额外工作。

4　总承包服务费是为了解决招标人在法律、法规允许的条件下进行专业工程发包，以及自行采购供应材料、设备时，要求总承包人对分包的专业工程提供协调和配合服务，对供应的材料、设备提供收、发和保管服务以及对施工现场进行统一管理，对竣工资料进行统一汇总整理等所发生并向总承包人支付的费用。招标人应当预计该项费用并按投标人的投标报价向投标人支付该项费用。3.4.2 出现本规范第3.4.1条未列的项目，可根据工程实际情况补充。

本条规定了对其他项目清单可进行补充。即出现本规范第3.4.1条未列的项目，可根据工程实际情况补充。如竣工结算中的索赔、现场签证等可列入其他项目中。

3.5　规费项目清单

本节内容均为新增加条文，共有2条。

3.5.1　规费项目清单应按照下列内容列项：

1　工程排污费；

2　工程定额测定费；

3　社会保障费：包括养老保险费、失业保险费、医疗保险费；

4 住房公积金；

5 危险作业意外伤害保险。

3.5.2 出现本规范第3.5.1条未列的项目，应根据省级政府或省级有关权力部门的规定列项。

规费是政府和有关权利部门规定必须缴纳的费用。编制人对《建筑安装工程费用项目组成》中未包括的规费项目，应根据省级政府或省级有关权力部门的规定列项补充于规费项目清单中。

3.6 税金项目清单

本节内容为新增加条文，共有2条。

3.6.1 税金项目清单应包括下列内容：

1 营业税；

2 城市维护建设税；

3 教育费附加。

3.6.2 出现本规范第3.6.1条未列的项目，应根据税务部门的规定列项。

目前我国税法规定应计入建筑安装工程造价的税种只有第3.6.1条的内容。如国家税法发生变化，税务部门依据职权增加了税种，应对税金项目清单进行补充。

4 工程量清单计价

本章"工程量清单计价"由"03规范"中的10个条文，现经修改为9节，72个条文，其中强制性条文6条。本章内容是"08规范"的主要内容，是修改的重点，增加的内容和条文大部分集中在此章节中。它充分体现了建设工程全过程造价管理要规范的精神。规定了工程量清单计价从招标控制价的编制、投标报价、合同价款约定、工程计量及价款支付、索赔与现场签证、工程价款调整到工程竣工结算办理以及工程造价计价争议处理等的全部内容。

4.1 一般规定

本节共9条，其中新增强制性条文4条。对工程量清单计价各阶段中的共性问题作了规定。

4.1.1 采用工程量清单计价，建设工程造价由分部分项工程费、措施项目费、其他项目费、规费和税金组成。

本条规定了采用工程量清单计价工程造价的组成内容。采用工程量清单计价，建设工程造价由分部分项工程费、措施项目费、其他项目费、规费和税金五部分组成。

4.1.2 分部分项工程量清单应采用综合单价计价。

本条升格为强制性条文，规定了分部分项工程量清单应采用的计价方式。《建筑工程施工发包与承包计价管理办法》（建设部令第107号）第五条规定：工程计价方法包括工料单价法和综合单价法。实行工程量清单计价应采用综合单价法，综合单价包括除规费和税金以外的全部费用。

4.1.3 招标文件中的工程量清单标明的工程量是投标人投标报价的共同基础，竣工结算的工程量按发、承包双方在合同中约定应予计量且实际完成的工程量确定。

本条为新增的强制性条文，规定了工程量在招标阶段的作用及其在竣工结算中的确定原则。招标文件中的工程量清单标明的工程量是招标人根据拟建工程设计文件预计的工程量，只是招标用的，不能作为承包人在履行合同义务中应予完成的实际和准确的工程量。招标文件中的工程量清单所列的工程量一方面是各投标人投标报价的共同基础，另一方面也是各投标人的投标报价进行评审的共同平台，体现了招标活动中的公开、公平、公正和诚实信用原则。

发、承包双方竣工结算的工程量应按发、承包双方认可的实际完成的工程量确定，而非招标文件中工程量清单所列的工程量。

4.1.4　措施项目清单计价应根据拟建工程的施工组织设计，可以计算工程量的措施项目，应按分部分项工程量清单的方式采用综合单价计价；其余的措施项目可以"项"为单位的方式计价，应包括除规费、税金外的全部费用。

本条规定了措施项目的不同计价方式及包含内容。本条对"03 规范"第 4.0.5 作了修改。措施项目清单计价应根据拟建工程的施工组织设计，可以计算工程量的措施项目，应按分部分项工程量清单的方式采用综合单价计价；其余的措施项目可以"项"为单位的方式计价，应包括除规费、税金外的全部费用。

4.1.5　措施项目清单中的安全文明施工费应按照国家或省级、行业建设主管部门的规定计价，不得作为竞争性费用。

本条为新增强制性条文，规定了安全文明施工费的计价原则。根据《中华人民共和国安全生产法》、《中华人民共和国建筑法》、《建设工程安全生产管理条例》、《安全生产许可证条例》等法律、法规的规定，安全文明施工费纳入国家强制性标准管理范围，其费用标准不予竞争。本规范规定措施项目清单中的安全文明施工费应按照国家或省级、行业建设主管部门的规定费用标准计价，招标人不得要求投标人对该项费用进行优惠，投标人也不得作为竞争性费用参与市场竞争。

4.1.6　其他项目清单应根据工程特点和本规范第 4.2.6、4.3.6、4.8.6 条的规定计价。

本条是对"03 规范"中第 4.0.6 条的补充和完善，规定了其他项目清单的计价要求。本条分别针对工程实施过程中不同阶段计价的特点，规定了其他项目清单的计价原则。

4.1.7　招标人在工程量清单中提供了暂估价的材料和专业工程属于依法必须招标的，由承包人和招标人共同通过招标确定材料单价与专业工程分包价。

若材料不属于依法必须招标的，经发、承包双方协商确认单价后计价。

若专业工程不属于依法必须招标的，由发包人、总承包人与分包人按有关计价依据进行计价。

本条为新增条文，规定了其他项目清单中暂估价的计价原则。根据《工程建设项目货物招标投标办法》（国家发改委、建设部等七部委 27 号令）第五条规定："以暂估价形式包括在总承包范围内的货物达到国家规定标准的，应当由总承包中标人和工程建设项目招标人共同依法组织招标"的规定设置。招标人在工程量清单中提供了暂估价的材料属于依法必须招标的，由承包人和招标人共同通过招标确定材料单价。此规定同样适用于以暂估价形式出现的专业分包工程。对未达到法律、法规规定的规模标准的材料和专业工程，需要约定定价的程序和方法，并与材料样品报批程序相互衔接。

4.1.8 规费和税金应按国家或省级、行业建设主管部门的规定计算，不得作为竞争性费用。

本条为新增强制性条文，规定了规费和税金的计价原则。规费和税金应按国家或省级、行业建设主管部门依据国家税法及省级政府或省级有关权力部门的规定确定，在工程计价时应按规定计算，不得作为竞争性费用参与市场竞争。

4.1.9 采用工程量清单计价的工程，应在招标文件或合同中明确风险内容及其范围（幅度），不得采用无限风险、所有风险或类似语句规定风险内容及其范围（幅度）。

本条为新增条文，规定了工程风险的确定原则。采用工程量清单计价的工程，招标人应在招标文件或签订合同时，明确风险内容及其风险范围或风险幅度，不得采用无限风险、所有风险或类似语句规定投标人应承担的风险内容及其风险范围或风险幅度。

本条所指的风险是工程建设施工阶段发、承包双方在招标投标活动和合同履约及施工中所面临涉及工程计价方面的风险。它具有客观性、损失性、不确定性的特点，并且风险始终是与损失相联系的。基于市场交易的公平性和工程施工过程中发、承包双方权、责的对等性要求，发、承包双方应合理分摊风险。

根据我国工程建设特点，投标人应完全承担的风险是技术风险和管理风险，如管理费和利润；应有限度承担的是市场风险，如材料价格、施工机械使用费等的风险；应完全不承担的是法律、法规、规章和政策变化的风险。

根据国际惯例并结合我国社会主义市场经济条件下工程建设的特点，发、承包双方对工程施工阶段的风险宜采用如下分摊原则：

1 对于主要由市场价格波动导致的价格风险，如工程造价中的建筑材料、燃料等价格风险，发、承包双方应当在招标文件中或在合同中对此类风险的范围和幅度予以明确约定，进行合理分摊。本规范提出承包人可承担5%以内的材料价格风险，10%的施工机械使用费的风险。

2 对于法律、法规、规章或有关政策出台导致工程税金、规费、人工发生变化，并由省级、行业建设行政主管部门或其授权的工程造价管理机构根据上述变化发布的政策性调整，承包人不应承担此类风险，应按照有关调整规定执行。

3 对于承包人根据自身技术水平、管理、经营状况能够自主控制的风险，如承包人的管理费、利润的风险，承包人应结合市场情况，根据企业自身实际合理确定、自主报价，该部分风险由承包人全部承担。

4.2 招标控制价

本节共有9条，全部为新增条文，对编制招标控制价的专门性问题作了规定。

4.2.1 国有资金投资的工程建设项目应实行工程量清单招标，并应编制招标控制价。招标控制价超过批准的概算时，招标人应将其报原概算部门审核。投标人的投标报价高于招标控制价的，其投标应予以拒绝。

本条规定了国有资金投资的工程建设项目，编制和使用招标控制价的原则。包括以下三个方面的内容：

1 必须实行工程量清单招标的国有资金投资的工程建设项目，应编制招标控制价。国有资金投资的工程进行招标时，根据《中华人民共和国招标投标法》的规定，招标人可以设标底。当招标人不设标底时，为有利于客观、合理的评审投标报价和避免哄抬标价，造成国有资产流失，招标人应编制招标控制价，作为招标人能够接受的最高交易价格。

2 国有资金投资的工程在招标过程中，当招标人编制的招标控制价超过批准的概算时，招标人应将其报原概算部门进行审核。

3 招标控制价是招标人在工程招标时能接受投标人报价的最高限价，投标人的投标报价高于招标控制价的，其投标应予以拒绝。

4.2.2 招标控制价应由具有编制能力的招标人，或受其委托具有相应资质的工程造价咨询人编制。

本条规定了招标控制价的编制人。招标控制价应由招标人负责编制，但当招标人不具备编制招标控制价的能力时，则应委托具有相应工程造价咨询资质的工程造价咨询人编制。工程造价咨询人不得同时接受招标人和投标人对同一工程的招标控制价和投标报价的编制。

4.2.3 招标控制价应根据下列依据编制：

1 本规范；

2 国家或省级、行业建设主管部门颁发的计价定额和计价办法；

3 建设工程设计文件及相关资料；

4 招标文件中的工程量清单及有关要求；

5 与建设项目相关的标准、规范、技术资料；

6 工程造价管理机构发布的工程造价信息；工程造价信息没有发布的参照市场价；

7 其他的相关资料。

本条规定了招标控制价的编制依据，并体现了招标控制价的计价特点：

1 使用的计价标准：应是本规范，国家或省级、行业建设主管部门颁布的计价定额和相关政策规定；

2 采用的价格信息：应是工程造价管理机构通过工程造价信息发布的，工程造价信息未发布材料单价的材料，其材料价格应通过市场调查确定；

3 国家或省级、行业建设主管部门对工程造价计价中费用或费用标准有规定的，应按规定执行。

4.2.4 分部分项工程费应根据招标文件中的分部分项工程量清单项目的特征描述及有关要求，按本规范第4.2.3条的规定确定综合单价计算。

综合单价中应包括招标文件中要求投标人承担的风险费用。

招标文件提供了暂估单价的材料，按暂估的单价计入综合单价。

本条规定了编制招标控制价时，分部分项工程费的计价原则。

1 采用的分部分项工程量应是招标文件中的分部分项工程量清单提供的工程量；

2 综合单价应按本规范第4.2.3条规定的依据确定；

3 综合单价中应当包括招标文件中招标人要求投标人所承担的风险费用；

4 招标文件提供了暂估单价的材料，应按招标文件确定的暂估单价计入综合单价。

4.2.5 措施项目费应根据招标文件中的措施项目清单按本规范第4.1.4、4.1.5和4.2.3条的规定计价。

本条规定了编制招标控制价时，措施项目费的计价原则。

1 措施项目费应依据招标文件中提供的措施项目清单所列内容确定，按本规范第4.2.3条规定计价，包括除规费、税金以外的全部费用。

2 措施项目费中的安全文明施工费应当按照国家或省级、行业建设主管部门的规定标准计价。

4.2.6 其他项目费应按下列规定计价：

1 暂列金额应根据工程特点按有关计价规定估算。

2 暂估价中的材料单价应根据工程造价信息或参照市场价格估算；暂估价中的专业工程金额应分不同专业，按有关计价规定估算。

3 计日工应根据工程特点和有关计价依据计算。

4 总承包服务费应根据招标文件列出的内容和要求估算。

本条规定了编制招标控制价时，其他项目费的计价原则。

1 暂列金额。暂列金额由招标人根据工程的复杂程度、设计深度、工程环境条件，按有关计价规定估算确定，一般可按分部分项工程费的10% ~15%作为参考。

2 暂估价。暂估价中的材料单价应按照工程造价管理机构发布的工程造价信息或参照市场价格估算；暂估价中的专业工程金额应分不同专业，按有关计价规定估算。

3 计日工。招标人应根据工程特点，按照列出的计日工和有关计价依据计算。

4 总承包服务费。编制招标控制价时，总承包服务费应按照省级或行业建设主管部门的规定计算，也可参照下列标准计算：

(1)招标人仅要求对分包的专业工程进行总承包管理和协调时，按分包的专业工程估算造价的1.5%计算；

(2)招标人要求对分包的专业工程进行总承包管理和协调，并同时要求提供配合服务时，应根据招标文件列出的配合服务内容和提出的要求，按分包的专业工程估算造价的3% ~5%计算；

(3)招标人自行供应材料的，按招标人材料价值的1%计算。

4.2.7 规费和税金应按本规范第4.1.8条的规定计算。

本条规定了编制招标控制价时，规费和税金的计取原则。即规费和税金应按国家或省级、行业建设主管部门规定的标准计算。

4.2.8 招标控制价应在招标时公布，不应上调或下浮，招标人应将招标控制价及有关资料报送工程所在地工程造价管理机构备查。

本条规定了招标控制价的公布和备查事项。招标控制价的编制特点和作用决定了招标控制价不同于标底，无需保密。为体现招标的公开、公平、公正，防止招标人有意抬高或压低工程造价，招标人应在招标文件中如实公布，不应对所编的招标控制价进行上调或下浮。同时，招标人应将招标控制价及有关资料报送工程所在地工程造价管理机构备查。

4.2.9 投标人经复核认为招标人公布的招标控制价未按照本规范的规定编制的，应在开标前5天向招投标监督机构或(和)工程造价管理机构投诉。

招投标监督机构应会同工程造价管理机构对投诉进行处理，发现有错误的，应责成招标人修改。

本条规定赋予了投标人对招标人不按本规范的规定编制招标控制价进行投诉的权利。同时要求招投标监督机构和工程造价管理机构担负并履行对未按本规范规定编制招标控制价的行为进行监督处理的责任。

4.3 投标价

本节共有8条,其中强制性条文1条,全部为新增条文,对编制投标报价作了明确具体的规定。

4.3.1 除本规范强制性规定外,投标价由投标人自主确定,但不得低于成本。

投标价应由投标人或受其委托具有相应资质的工程造价咨询人编制。

本条规定了投标报价的确定原则。除本规范强制性规定外,投标报价编制和确定的最基本特征是由投标人自主确定。但投标人自主决定投标报价不能违背以下原则。

1 必须执行本规范的强制性条文。

2 投标报价不得低于成本。

此外,本条还规定了投标价应由投标人编制,也可委托具有相应资质的工程造价咨询人编制。

4.3.2 投标人应按招标人提供的工程量清单填报价格。填写的项目编码、项目名称、项目特征、计量单位、工程量必须与招标人提供的一致。

本条为强制性条文。规定了投标报价对项目编码、项目名称、项目特征、计量单位、工程量的填写原则。

实行工程量清单招标,招标人在招标文件中提供工程量清单,其目的是使各投标人在投标报价中具有共同的竞争平台。因此,要求投标人在投标报价中填写的工程量清单的项目编码、项目名称、项目特征、计量单位、工程量必须与招标人招标文件中提供的一致。

4.3.3 投标报价应根据下列依据编制:

1 本规范;

2 国家或省级、行业建设主管部门颁发的计价办法;

3 企业定额,国家或省级、行业建设主管部门颁发的计价定额;

4 招标文件、工程量清单及其补充通知、答疑纪要;

5 建设工程设计文件及相关资料;

6 施工现场情况、工程特点及拟定的投标施工组织设计或施工方案;

7 与建设项目相关的标准、规范等技术资料;

8 市场价格信息或工程造价管理机构发布的工程造价信息;

9 其他的相关资料。

本条规定了投标报价的依据。体现了投标报价的特点:

1 本规范和国家或省级、行业建设主管部门颁发的计价办法应当执行;

2 使用定额:企业定额,国家或省级、行业建设主管部门颁发的计价定额;

3 采用价格:市场价格信息或工程造价管理机构发布的工程造价信息。

4.3.4 分部分项工程费应依据本规范第2.0.4条综合单价的组成内容,按招标文件中分部分项工程量清单项目的特征描述确定综合单价计算。

综合单价中应考虑招标文件中要求投标人承担的风险费用。

招标文件中提供了暂估单价的材料，按暂估的单价计入综合单价。

本条规定了编制投标报价时，分部分项工程项目综合单价的确定原则。

1　确定依据。确定综合单价的最重要依据之一是该清单项目的特征描述。当出现招标文件中分部分项工程量清单特征描述与设计图纸不符时，投标人应以分部分项工程量清单特征描述为准，确定投标报价的综合单价。

2　材料暂估价。招标文件中提供了暂估单价的材料，应按暂估的单价计入综合单价。

3　风险费用。综合单价中应考虑招标文件中要求投标人承担的风险内容及其范围（幅度）产生的风险费用。在施工过程中，当出现的风险内容及其范围（幅度）在合同约定的范围内时，工程价款不作调整。

4.3.5　投标人可根据工程实际情况结合施工组织设计，对招标人所列的措施项目进行增补。

措施项目费应根据招标文件中的措施项目清单及投标时拟定的施工组织设计或施工方案按本规范第4.1.4条的规定自主确定。其中安全文明施工费应按照本规范第4.1.5条的规定确定。

本条规定了投标人对措施项目费投标报价的原则。

由于各投标人拥有的施工装备、技术水平和采用的施工方法有所差异，招标人提出的措施项目清单是根据一般情况确定的，没有考虑不同投标人的“个性”，投标人投标时应根据工程实际情况结合自身编制的施工组织设计或施工方案确定措施项目，并对招标人所列的措施项目进行增补。投标人根据投标施工组织设计或施工方案调整和确定的措施项目应通过评标委员会的评审。

措施项目费的计算包括：

1　措施项目的内容应根据招标文件中的措施项目清单及投标时拟定的施工组织设计或施工方案；

2　措施项目费的计价方式应根据招标文件的规定，可以计算工程量的措施清单项目采用综合单价方式报价，其余的措施清单项目采用以“项”为计量单位的方式报价；

3　措施项目费由投标人自主确定，但其中安全文明施工费应按国家或省级、行业建设主管部门的规定确定。

4.3.6　其他项目费应按下列规定报价：

1　暂列金额应按招标人在其他项目清单中列出的金额填写；

2　材料暂估价应按招标人在其他项目清单中列出的单价计入综合单价，专业工程暂估价应按招标人在其他项目清单中列出的金额填写；

3　计日工按招标人在其他项目清单中列出的项目和数量，自主确定综合单价并计算计日工费用；

4　总承包服务费根据招标文件中列出的内容和提出的要求自主确定。

本条规定了投标人对其他项目费投标报价的依据及原则。

1　暂列金额应按招标人在其他项目清单中列出的金额填写，不得变动。

2　暂估价不得变动和更改。暂估价中的材料必须按照招标人在其他项目清单中列出的单价计入综合单价；专业工程暂估价必须按照招标人在其他项目清单中列出的金额填写。

3　计日工应按照招标人在其他项目清单中列出的项目和估算的数量，自主确定各项综合单价并计算计日工费用。

4　总承包服务费应依据招标人在招标文件中列出的分包专业工程内容和供应材料、设备情况，按照招标人提出的要求自主确定。

4.3.7　规费和税金应按本规范第4.1.8条的规定确定。

本条规定了投标人对规费和税金投标报价的原则。规费和税金的计取标准是依据有关法律、法规和政策规定制定的，具有强制性。投标人是法律、法规和政策的执行者，不能改变，更不能制定，而必须按照法律、法规和政策的有关规定执行。因此，本条规定投标人在投标报价时必须按照国家或省级、行业建设主管部门的有关规定计算规费和税金。

4.3.8　投标总价应当与分部分项工程费、措施项目费、其他项目费和规费、税金的合计金额一致。

本条规定了投标人投标总价的计算原则。

实行工程量清单招标，投标人的投标总价应当与组成工程量清单的分部分项工程费、措施项目费、其他项目费和规费、税金的合计金额一致，即投标人在投标报价时，不能进行投标总价优惠（或降价、让利），投标人对投标报价的任何优惠（或降价、让利）均应反映在相应清单项目的综合单价中。

4.4　工程合同价款的约定

本节共4条，全部为新增条文。对工程合同价款的约定作了原则规定。从合同签订起，就将其纳入工程计价规范的内容，保证工程价款结算的依法进行。

4.4.1　实行招标的工程合同价款应在中标通知书发出之日起30天内，由发、承包人双方依据招标文件和中标人的投标文件在书面合同中约定。

不实行招标的工程合同价款，在发、承包人双方认可的工程价款基础上，由发、承包人双方在合同中约定。

本条规定了工程合同中约定工程价款的原则。工程合同价款的约定是建设工程合同的主要内容，根据有关法律条款的规定，工程合同价款的约定应满足以下几个方面的要求：

1　约定的依据要求：招标人向中标的投标人发出的中标通知书；

2　约定的时间要求：自招标人发出中标通知书之日起30天内；

3　约定的内容要求：招标文件和投标人的投标文件；

4　合同的形式要求：书面合同。

4.4.2　实行招标的工程，合同约定不得违背招、投标文件中关于工期、造价、质量等方面的实质性内容。招标文件与中标人投标文件不一致的地方，以投标文件为准。

本条规定了实行招标的工程合同约定的原则。实行招标的工程，合同约定不得违背招、投标文件中关于工期、造价、质量等方面的实质性内容。当招标文件与中标人的投标文件不一致的地方，以投标文件为准。因为，在工程招投标过程中，招标文件应视为要约邀请，投标文件为要约，中标通知书为承诺。因此，在签订建设工程合同时，当招标文件与中标人的投标文件不一致的地方，应以投标文件为准。

4.4.3 实行工程量清单计价的工程，宜采用单价合同。

本条规定了实行工程量清单计价的工程宜采用的合同形式。对实行工程量清单计价的工程，宜采用单价合同方式。即合同约定的工程价款中所包含的工程量清单项目综合单价在约定条件内是固定的，不予调整，工程量允许调整。工程量清单项目综合单价在约定的条件外，允许调整。但调整方式、方法应在合同中约定。

本规范仅规定"实行工程量清单计价的工程，宜采用单价合同方式"，并不排斥总价合同。按照财政部、建设部印发的《建设工程价款结算暂行办法》（财建[2004]369号）第八条的规定："合同工期较短且工程合同总价较低的工程，可以采用固定总价合同方式。"所谓固定总价合同是指总价包干或总价不变合同，适用于规模不大、工序相对成熟、工期较短、施工图纸完备的工程施工项目。

4.4.4 发、承包人双方应在合同条款中对下列事项进行约定；合同中没有约定或约定不明的，由双方协商确定；协商不能达成一致的按本规范执行。

1 预付工程款的数额、支付时间及抵扣方式；

2 工程计量与支付工程进度款的方式、数额及时间；

3 工程价款的调整因素、方法、程序、支付及时间；

4 索赔与现场签证的程序、金额确认与支付时间；

5 发生工程价款争议的解决方法及时间；

6 承担风险的内容、范围以及超出约定内容、范围的调整办法；

7 工程竣工价款结算编制与核对、支付及时间；

8 工程质量保证（保修）金的数额、预扣方式及时间；

9 与履行合同、支付价款有关的其他事项等。

本条规定了发、承包双方应在合同价款的约定事项，以及合同约定不明的处理方式。《中华人民共和国建筑法》第十八条规定："建筑工程造价应当按照国家有关规定，由发包单位与承包单位在合同中约定。公开招标发包的，其造价的约定，须遵守招标投标法律的规定。"依据财政部、建设部印发的《建设工程价款结算暂行办法》（财建[2004]369号）第七条的规定，本条规定了"发、承包人双方应在合同条款中对下列事项进行约定；合同中没有约定或约定不明的，由双方协商确定；协商不能达成一致的按本规范执行"。

1 预付工程款。是发包人为解决承包人在施工准备阶段资金周转问题提供的协助。应在合同中约定预付款的数额、支付时间及抵扣方式。

2 工程计量与工程进度款支付。应在合同中约定计量时间和方式、支付数额及时间。

3 工程价款的调整。应在合同中约定调整因素、调整方法、调整程序以及支付时间。

4 索赔与现场签证。应在合同中约定索赔与现场签证的程序、金额确认与支付时间。

5 发生工程价款争议。应在合同中约定解决工程价款争议的方法及时间。

6 承担风险。约定风险的内容、范围以及超出约定内容、范围的调整办法。

7 工程竣工价款结算。约定承、发包人编制与核对竣工结算的时间以及支付结算价款的时间。

8 工程质量保证(保修)金。在合同中约定工程质量保修金的数额、预扣方式及归还时间。

9 与履行合同、支付价款有关的其他事项等。

4.5 工程计量与价款支付

本节共8条,全部为新增条文,规定了工程计量、预付款、进度款的支付以及违约的责任。

4.5.1 发包人应按照合同约定支付工程预付款。支付的工程预付款,按照合同约定在工程进度中抵扣。

本条规定了预付款的支付和抵扣原则。发包人应按照合同约定支付工程预付款的时间和比例(或金额)向承包人支付工程预付款。当合同对工程预付款的支付没有约定时,按照财政部、建设部印发的《建设工程价款结算暂行办法》(财建[2004]369号)的规定办理:

1 工程预付款的额度:包工包料的工程原则上预付比例不低于合同金额(扣除暂列金额)的10%,不高于合同金额(扣除暂列金额)的30%;对重大工程项目,按年度工程计划逐年预付。实行工程量清单计价的工程,实体性消耗和非实体性消耗部分应在合同中分别约定预付款比例(或金额)。

2 工程预付款的支付时间:在具备施工条件的前提下,发包人应在双方签订合同后的一个月内或约定的开工日期前的7天内预付工程款。

3 若发包人未按合同约定预付工程款,承包人应在预付时间到期后10天内向发包人发出要求预付的通知,发包人收到通知后仍不按要求预付,承包人可在发出通知14天后停止施工,发包人应从约定应付之日起按同期银行贷款利率计算向承包人支付应付预付款的利息,并承担违约责任。

4 凡是没有签订合同或不具备施工条件的工程,发包人不得预付工程款,不得以预付款为名转移资金。

4.5.2 发包人支付工程进度款,应按照合同约定计量和支付,支付周期同计量周期。

本条规定了工程计量和进度价款支付方式。工程量的正确计量是发包人向承包人支付工程进度款的前提和依据。计量和付款周期可采用分段或按月结算的方式。按照财政部、建设部印发的《建设工程价款结算暂行办法》(财建[2004]369号)的规定:

1 按月结算与支付。即实行按月支付进度款,竣工后结算的办法。合同工期在两个年度以上的工程,在年终进行工程盘点,办理年度结算。

2 分段结算与支付。即当年开工、当年不能竣工的工程按照工程形象进度,划分不同阶段,支付工程进度款。

当采用分段结算方式时,应在合同中约定具体的工程分段划分,支付周期同计量周期。

4.5.3 工程计量时,若发现工程量清单中出现漏项、工程量计算偏差,以及工程变更引起工程量的增减,应按承包人在履行合同义务过程中实际完成的工程量计算。

本条规定了工程计量的原则。工程量应按承包人在履行合同义务过程中的实际完成工程量计量。若发现工程量清单中出现漏项、工程量计算偏差，以及工程变更引起工程量的增减变化应按实调整，正确计量。

4.5.4 承包人应按照合同约定，向发包人递交已完工程量报告。发包人应在接到报告后按合同约定进行核对。

本条规定了承包人与发包人进行工程计量的要求。当发、承包双方在合同中未对工程量的计量时间、程序、方法和要求作约定时，按以下规定办理：

1 承包人应在每个月末或合同约定的工程段完成后向发包人递交上月或上一工程段已完工程量报告。

2 发包人应在接到报告后7天内按施工图纸（含设计变更）核对已完工程量，并应在计量前24小时通知承包人。承包人应提供条件并按时参加。

3 计量结果：

(1)如发、承包双方均同意计量结果，则双方应签字确认。

(2)如承包人收到通知后不参加计量核对，则由发包人核实的计量应认为是对工程量的正确计量。

(3)如发包人未在规定的核对时间内进行计量核对，承包人提交的工程计量视为发包人已经认可。

(4)如发包人未在规定的核对时间内通知承包人，致使承包人未能参加计量核对的，则由发包人所作的计量核实结果无效。

(5)对于承包人超出施工图纸范围或承包人原因造成返工的工程量，发包人不予计量。

(6)如承包人不同意发包人核实的计量结果，承包人应在收到上述结果后7天内向发包人提出，申明承包人认为不正确的详细情况。发包人收到后，应在2天内重新核对有关工程量的计量，或予以确认，或将其修改。

发、承包双方认可的核对后的计量结果，应作为支付工程进度款的依据。

4.5.5 承包人应在每个付款周期末，向发包人递交进度款支付申请，并附相应的证明文件。除合同另有约定外，进度款支付申请应包括下列内容：

1 本周期已完成工程的价款；

2 累计已完成的工程价款；

3 累计已支付的工程价款；

4 本周期已完成计日工金额；

5 应增加和扣减的变更金额；

6 应增加和扣减的索赔金额；

7 应抵扣的工程预付款；

8 应扣减的质量保证金；

9 根据合同应增加和扣减的其他金额；

10 本付款周期实际应支付的工程价款。

本条规定了承包人递交进度款支付申请的原则。承包人应在每个付款周期末（月末或合同约定的工程段完成后），向发包人递交进度款支付申请，申请中应附但不限于本规范要求的支持性证明文件。

4.5.6 发包人在收到承包人递交的工程进度款支付申请及相应的证明文件后，发包人应在合同约定时间内核对和支付工程进度款。发包人应扣回的工程预付款，与工程进度款同期结算抵扣。

本条规定了发包人支付工程进度款的原则。发包人应按合同约定的时间核对承包人的支付申请，并应按合同约定的时间和比例向承包人支付工程进度款。当发、承包人双方在合同中未对工程进度款支付申请的核对时间以及工程进度款支付时间、比例作约定时，根据财政部、建设部印发的《建设工程价款结算暂行办法》（财建[2004]369 号）第十三条的有关规定办理：

1 发包人应在收到承包人的工程进度款支付申请后 14 天内核对完毕。否则，从第 15 天起承包人递交的工程进度款支付申请视为被批准。

2 发包人应在批准工程进度款支付申请的 14 天内，向承包人按不低于计量工程价款的 60%，不高于计量工程价款的 90% 向承包人支付工程进度款。

3 发包人在支付工程进度款时，应按合同约定的时间、比例（或金额）扣回工程预付款。

4.5.7 发包人未在合同约定时间内支付工程进度款，承包人应及时向发包人发出要求付款的通知，发包人收到承包人通知后仍不按要求付款，可与承包人协商签订延期付款协议，经承包人同意后延期支付。协议应明确延期支付的时间和从付款申请生效后按同期银行贷款利率计算应付款的利息。

本条规定了当发包人未在合同约定支付工程进度款时，发、承包双方进行协商处理的原则。

1 发包人未在合同约定时间内支付工程进度款，承包人应及时向发包人发出要求付款的通知；

2 发包人收到承包人通知后仍不按要求付款，可与承包人协商签订延期付款协议，经承包人同意后延期支付；

3 协议应明确延期支付的时间和从付款申请生效后按同期银行贷款利率计算应付工程款的利息。

4.5.8 发包人不按合同约定支付工程进度款，双方又未达成延期付款协议，导致施工无法进行时，承包人可停止施工，由发包人承担违约责任。

本条规定了发包人不按合同约定支付工程进度款的责任。本条根据财政部、建设部印发的《建设工程价款结算暂行办法》（财建[2004]369 号）第十三条的有关规定，当发包人不按合同约定支付工程进度款，且与承包人又不能达成延期付款协议，导致施工无法进行时，承包人有停止施工的权利，发包人应承担违约的责任。

4.6 索赔与现场签证

本节共 7 条，全部为新增条文。与"03 规范"第 4.0.10 条规定索赔要求相比，本规范规定的更加明确具体，更具操作性。一是对索赔范围未作限制；二是规定了索赔条件；三是规定了索赔程序。

4.6.1 合同一方向另一方提出索赔，应有正当的索赔理由和有效证据，并应符合合同的相关约定。

本条规定了索赔的条件。《中华人民共和国民法通则》第一百一十一条规定："当事人一方不履行合同义务或履行合同义务不符合合同约定条件的，另一方有权要求履行或者采取补救措施，并有权要求赔偿损失。"因此，索赔是合同双方依据合同约定维护自身合法利益的行为，它的性质属于经济补偿行为，而非处罚。

建设工程施工中的索赔是发、承包双方行使正当权利的行为，承包人可向发包人索赔。发包人也可向承包人提出索赔。本条规定了索赔的三要素：一是正当的索赔理由；二是有效的索赔证据；三是在合同约定的时间内提出。

4.6.2 若承包人认为非承包人原因发生的事件造成了承包人的经济损失，承包人应在确认该事件发生后，按合同约定向发包人发出索赔通知。

本条规定了承包人向发包人的索赔应在索赔事件发生后，持有效索赔事件发生的有效证据和依据正当的索赔理由，按合同约定的时间向发包人递交索赔通知。发包人应按合同约定的时间对承包人提出的索赔进行答复和确认。当发、承包双方在合同中对此通知未作具体约定时，按以下规定办理：

1 承包人应在确认引起索赔的事件发生后28天内向发包人发出索赔通知，否则，承包人无权获得追加付款，竣工时间不得延长。

2 承包人应在现场或发包人认可的其他地点，保持证明索赔可能需要的记录。发包人收到承包人的索赔通知后，未承认发包人责任前，可检查记录保持情况，并可指示承包人保持进一步的同期记录。

3 在承包人确认引起索赔的事件后42天内，承包人应向发包人递交一份详细的索赔报告，包括索赔的依据、要求追加付款的全部资料。

如果引起索赔的事件具体连续影响，承包人应按月递交进一步的中间索赔报告，说明累计索赔的金额。

承包人应在索赔事件产生的影响结束后28天内，递交一份最终索赔报告。

4 发包人在收到索赔报告后28天内，应作出回应，表示批准或不批准并附具体意见。还可以要求承包人提供进一步的资料，但仍要在上述期限内对索赔再作出回应。

5 发包人在收到最终索赔报告后的28天内，未向承包人作出答复，视为该项索赔报告已经认可。

4.6.3 承包人索赔按下列程序处理：

1 承包人在合同约定的时间内向发包人递交费用索赔意向通知书。

2 发包人指定专人收集与索赔有关的资料。

3 承包人在合同约定的时间内向发包人递交费用索赔申请表。

4 发包人指定的专人初步审查费用索赔申请表，符合本规范第4.6.1条规定的条件时予以受理。

5 发包人指定的专人进行费用索赔核对，经造价工程师复核索赔金额后，与承包人协商确定并由发包人批准。

6 发包人指定的专人应在合同约定的时间内签署费用索赔审批表，或发出要求承包人提交有关索赔的进一步详细资料的通知，待收到承包人提交的详细资料后，按本条第

4、5 款的程序进行。

本条规定了发包人对索赔事件的处理程序和要求。

4.6.4 若承包人的费用索赔与工程延期索赔要求相关联时，发包人在作出费用索赔的批准决定时，应结合工程延期的批准，综合作出费用索赔与工程延期的决定。

本条文规定当索赔事件发生后，在造成费用损失时，往往会造成工期的变动。当索赔事件造成的费用损失与工期相关时，承包人应在根据发生的索赔事件向发包人提出费用索赔要求的同时，提出工期延长的要求。

发包人在批准承包人的索赔报告时，应将索赔事件造成的费用损失和工期延长联系起来，综合作出批准费用索赔和工期延长的决定。

4.6.5 若发包人认为由于承包人的原因造成额外损失，发包人应在确认引起索赔的事件后，按合同约定向承包人发出索赔通知。

承包人在收到发包人索赔通知后并在合同约定时间内，未向发包人作出答复，视为该项索赔已经认可。

本条规定了发包人向承包人提出索赔的时间、程序和要求。规定了发包人与承包人平等的索赔权利与相同的索赔程序。当合同中对此未作具体约定时，按以下规定办理：

1 发包人应在确认引起索赔的事件发生后 28 天内向承包人发出索赔通知，否则，承包人免除该索赔的全部责任。

2 承包人在收到发包人索赔报告后的 28 天内，应作出回应，表示同意或不同意并附具体意见，如在收到索赔报告后的 28 天内，未向发包人作出答复，视为该项索赔报告已经认可。

4.6.6 承包人应发包人要求完成合同以外的零星工作或非承包人责任事件发生时，承包人应按合同约定及时向发包人提出现场签证。

本条规定了承包人应向发包人要求完成合同以外的零星工作，应进行现场签证。当合同对此未作具体约定时，按照财政部、建设部印发的《建设工程价款结算暂行办法》(财建[2004]369 号)的规定，承包人应在接受发包人要求的 7 天内向发包人提出签证，发包人签证后施工。若没有相应的计日工单价，签证中还应包括用工数量和单价、机械台班数量和单价、使用材料品种及数量和单价等。若发包人未签证同意，承包人施工后发生争议的，责任由承包人自负。

发包人应在收到承包人的签证报告 48 小时内给予确认或提出修改意见，否则，视为该签证报告已经认可。

4.6.7 发、承包人双方确认的索赔与现场签证费用与工程进度款同期支付。

本条规定了发、承包人双方确认的索赔与现场签证费用与工程进度款同期支付。依据财政部、建设部印发的《建设工程价款结算暂行办法》(财建[2004]369 号)第十五条的规定："发包人和承包人要加强施工现场的造价控制，及时对工程合同外的事项如实记录并履行书面手续。凡由发、承包双方授权的现场代表签字的现场签证以及发、承包双方协商确定的索赔等费用，应在工程竣工结算中如实办理，不得因发、承包双方现场代表的中途变更改变其有效性"，并明确规定与工程进度款同期支付。

4.7 工程价款调整

本节共9条，全部为新增条文。与“03规范”相比，本节对工程价款调整范围作了7个方面的规定，并相应规定了调整原则，规定更全面，更具操作性。

4.7.1 招标工程以投标截止日前28天，非招标工程以合同签订前28天为基准日，其后国家的法律、法规、规章和政策发生变化影响工程造价的，应按省级或行业建设主管部门或其授权的工程造价管理机构发布的规定调整合同价款。

本条规定了法律、法规、规章和政策发生变化时，合同价款的调整原则。工程建设过程中，发、承包双方都是国家法律、法规、规章及政策的执行者。因此，在发、承包双方履行合同的过程中，当国家的法律、法规、规章及政策发生变化，国家或省级、行业建设主管部门或其授权的工程造价管理机构据此发布的工程造价调整文件，工程价款应当进行调整。

4.7.2 若施工中出现施工图纸(含设计变更)与工程量清单项目特征描述不符的，发、承包双方应按新的项目特征确定相应工程量清单的综合单价。

本条规定了当施工中出现施工图纸(含设计变更)与工程量清单项目特征描述不一致时，发、承包双方应按实际施工的项目特征重新确定相应工程量清单的综合单价，本条款与本规范第4.3.4条相呼应。

4.7.3 因分部分项工程量清单漏项或非承包人原因的工程变更，造成增加新的工程量清单项目，其对应的综合单价按下列方法确定：

1 合同中已有适用的综合单价，按合同中已有的综合单价确定；

2 合同中有类似的综合单价，参照类似的综合单价确定；

3 合同中没有适用或类似的综合单价，由承包人提出综合单价，经发包人确认后执行。

本条规定了新的工程量清单项目综合单价的确定方法。按照财政部、建设部印发的《建设工程价款结算暂行办法》(财建[2004]369号)第十条的相关规定，规定了分部分项工程量清单的漏项或非承包人原因的工程变更，造成增加新的工程量清单项目时，新增项目综合单价的确定原则。这一原则是以已标价工程量清单为依据的：

1 直接采用适用的项目单价的前提是其采用的材料、施工工艺和方法相同，亦不因此增加关键线路上工程的施工时间；

2 采用适用的项目单价的前提是其采用的材料、施工工艺和方法基本相似，不增加关键线路上工程的施工时间，可仅就其变更后的差异部分，参考类似的项目单价由发、承包双方协商新的项目单价；

3 无法找到适用和类似的项目单价时，应采用招投标时的基础资料，按成本加利润的原则，由承包人提出综合单价，经发包人确认后执行。

4.7.4 因分部分项工程量清单漏项或非承包人原因的工程变更，引起措施项目发生变化，造成施工组织设计或施工方案变更，原措施费中已有的措施项目，按原有措施费的组价方法调整；原措施费中没有的措施项目，由承包人根据措施项目变更情况，提出适当的措施费变更，经发包人确认后调整。

本条规定了因分部分项工程量清单漏项或非承包人原因的工程变更，造成增加新的分部分项工程量清单项目并引起措施项目发生变化，造成施工组织设计或施工方案变更，造成措施费发生变化的调整原则。

1 原措施费中已有的措施项目,按原有措施费的组价方法调整;

2 原措施费中没有的措施项目,由承包人根据措施项目变更情况,提出适当的措施费变更,经发包人确认后调整。

4.7.5 因非承包人原因引起的工程量增减,该项工程量变化在合同约定幅度以内的,应执行原有的综合单价;该项工程量变化在合同约定幅度以外的,其综合单价及措施费应予以调整。

本条规定了因非承包人原因引起的工程量增减,综合单价的调整原则。在合同履行过程中,因非承包人原因引起的工程量增减与招标文件中提供的工程量可能有偏差,该偏差对工程量清单项目的综合单价将产生影响,是否调整综合单价以及如何调整应在合同中约定。若合同未作约定,按以下原则办理:

1 当工程量清单项目工程量的变化幅度在10%以内时,其综合单价不作调整,执行原有综合单价。

2 当工程量清单项目工程量的变化幅度在10%以外时,其综合单价及措施费应予以调整。调整的方法是由承包人对增加的工程量或减少后剩余的工程量提出新的综合单价和措施项目费,经发包人确认后调整。

4.7.6 若施工期内市场价格波动超出一定幅度时,应按合同约定调整工程价款;合同没有约定或约定不明确的,应按省级或行业建设主管部门或其授权的工程造价管理机构的规定调整。

本条规定了在施工期内市场价格波动超出一定幅度时,工程价款应按合同的约定调整。如合同没有约定或约定不明确的,应按省级或行业建设主管部门或其授权的工程造价管理机构的规定调整。

1 人工单价发生变化时,发、承包双方应按省级或行业建设主管部门或其授权的工程造价管理机构发布的人工成本文件调整工程价款。

2 材料价格变化超过省级和行业建设主管部门或其授权的工程造价管理机构规定的幅度时应当调整,承包人应在采购材料前将采购数量和新的材料单价报发包人核对,确认用于本合同工程时,发包人应确认采购材料的数量和单价。发包人在收到承包人报送的确认资料后3个工作日不予答复的视为已经认可,作为调整工程价款的依据。如果承包人未报经发包人核对即自行采购材料,再报发包人确认调整工程价款的,如发包人不同意,则不作调整。

3 施工机械台班单价或施工机械使用费发生变化超过省级和行业建设主管部门或其授权的工程造价管理机构规定的范围时,按其规定进行调整。

4.7.7 因不可抗力事件导致的费用,发、承包双方应按以下原则分别承担并调整工程价款。

1 工程本身的损害、因工程损害导致第三方人员伤亡和财产损失以及运至施工现场用于施工的材料和待安装的设备的损害,由发包人承担;

2 发包人、承包人人员伤亡由其所在单位负责,并承担相应费用;

3 承包人的施工机械设备的损坏及停工损失,由承包人承担;

4　停工期间，承包人应发包人要求留在施工现场的必要的管理人员及保卫人员的工资费用，由发包人承担；

5　工程所需清理、修复费用，由发包人承担。

本条规定了当不可抗力事件发生造成损失时，发、承包双方分别承担和工程价款的调整原则。

4.7.8　工程价款调整报告应由受益方在合同约定时间内向合同的另一方提出，经对方确认后调整合同价款。受益方未在合同约定时间内提出工程价款调整报告的，视为不涉及合同价款的调整。

收到工程价款调整报告的一方应在合同约定时间内确认或提出协商意见，否则视为工程价款调整报告已经确认。

本条规定了工程价款调整的程序。

工程价款调整因素确定后，发、承包双方应按合同约定的时间和程序提出并确认调整的工程价款。当合同未作约定或本规范的有关条款未作规定时，按下列规定办理：

1　调整因素确定后14天内，由受益方向对方递交工程价款调整报告。受益方在14天内未递交调整工程价款的报告，视为不调整合同价款。

2　收到工程价款调整报告的一方，应在收到之日起14天内予以确认或提出协商意见，否则视为工程价款调整报告已经确认。

4.7.9　经发、承包双方确定调整的工程价款，作为追加(减)合同价款与工程进度款同期支付。

本条规定工程价款调整后的支付原则。按照财政部、建设部印发的《建设工程价款结算暂行办法》(财建[2004]369号)的相关规定，规定了经发、承包双方确定调整的工程价款的支付办法。即作为追加(减)合同价款与工程进度款同期支付。

4.8　竣工结算

本节共14条，全部为新增条文，其中1条强制性条文。

4.8.1　工程完工后，发、承包双方应在合同约定时间内办理工程竣工结算。

本条为强制性条文，规定了竣工结算的办理原则。工程完工后，发、承包双方应在合同约定时间内办理工程竣工结算。合同中没有约定或约定不清的，按本规范相关规定实施。

4.8.2　工程竣工结算由承包人或受其委托具有相应资质的工程造价咨询人编制，由发包人或受其委托具有相应资质的工程造价咨询人核对。

本条规定了竣工结算由承包人或受其委托具有相应资质的工程造价咨询人编制，发包人或受其委托具有相应资质的工程造价咨询人核对。实行总承包的工程，由总承包人对竣工结算的编制负总责。

4.8.3　工程竣工结算应依据：

1　本规范；

2　施工合同；

3　工程竣工图纸及资料；

4　双方确认的工程量；

5 双方确认追加(减)的工程价款;

6 双方确认的索赔、现场签证事项及价款;

7 投标文件;

8 招标文件;

9 其他依据。

本条规定了办理工程竣工结算价款的依据。

4.8.4 分部分项工程量费应依据双方确认的工程量、合同约定的综合单价计算;如发生调整的,以发、承包双方确认调整的综合单价计算。

本条规定了办理竣工结算时,分部分项工程量费的计价原则。

1 工程量应依据发、承包双方确认的工程量。

2 综合单价应依据合同约定的综合单价计算;如发生调整的,以发、承包双方确认调整的综合单价计算。

4.8.5 措施项目费应依据合同约定的项目和金额计算;如发生调整的,以发、承包双方确认调整的金额计算,其中安全文明施工费应按本规范第4.1.5条的规定计算。

本条规定了办理竣工结算时,措施项目费的计价原则。

1 明确采用综合单价的措施项目,应依据发、承包双方确认的工程量和综合单价计算。

2 明确采用"项"计价的措施项目,应按合同约定的措施项目和金额或发、承包双方确认调整后的措施项目费金额计算。

3 措施项目费中的安全文明施工费应按照国家或省级、行业建设主管部门的规定计算。施工过程中,国家或省级、行业建设主管部门对安全文明施工费进行了调整的,措施项目费中的安全文明施工费应作相应调整。

4.8.6 其他项目费用应按下列规定计算:

1 计日工应按发包人实际签证确认的事项计算。

2 暂估价中的材料单价应按发、承包双方最终确认价在综合单价中调整;专业工程暂估价应按中标价或发包人、承包人与分包人最终确认价计算。

3 总承包服务费应依据合同约定金额计算,如发生调整的,以发、承包双方确认调整的金额计算。

4 索赔费用应依据发、承包双方确认的索赔事项和金额计算。

5 现场签证费用应依据发、承包双方签证资料确认的金额计算。

6 暂列金额应减去工程价款调整与索赔、现场签证金额计算,如有余额归发包人。

本条规定了其他项目费用在办理工程竣工结算时的要求。

1 计日工的费用应按发包人实际签证确认的数量和合同约定的相应项目综合单价计算。

2 若暂估价中的材料是招标采购的,其材料单价按中标价在综合单价中调整。若暂估价中的材料为非招标采购的,其单价按发、承包双方最终确认价的材料单价在综合单价中调整。

若暂估价中的专业工程是招标分包的,其专业工程分包费按中标价计算。若暂估价中的专业工程为非招标分包的,其专业工程分包费按发、承包人双方与分包人最终结算确认的金额计算。

3　总承包服务费应依据合同约定金额计算,发、承包双方依据合同约定对总承包服务费进行了调整,应按调整后的金额计算。

4　索赔事件产生的费用在办理竣工结算时应在其他项目费中反映。索赔费用的金额应依据发、承包双方确认的索赔事项和金额计算。

5　现场签证发生的费用在办理竣工结算时应在其他项目费中反映。现场签证费用金额依据发、承包双方签证资料确认的金额计算。

6　合同价款中的暂列金额在用于各项价款调整、索赔与现场签证后,若有余额,则余额归发包人,若出现差额,则由发包人补足并反映在相应的工程价款中。

4.8.7　规费和税金应按本规范第4.1.8条的规定计算。

本条规定了规费和税金的计取原则。竣工结算中应按照国家或省级、行业建设主管部门对规费和税金的计取标准计算。

4.8.8　承包人应在合同约定时间内编制完成竣工结算书,并在提交竣工验收报告的同时递交给发包人。

承包人未在合同约定时间内递交竣工结算书,经发包人催促后仍未提供或没有明确答复的,发包人可以根据已有资料办理结算。

本条规定了承包人编制、递交竣工结算书的原则。承包人应在合同约定的时间内完成竣工结算编制工作。承包人向发包人提交竣工验收报告时,应一并递交竣工结算书。

承包人无正当理由在约定时间内未递交竣工结算书,造成工程结算价款延期支付的,责任由承包人承担。

4.8.9　发包人在收到承包人递交的竣工结算书后,应按合同约定时间核对。

同一工程竣工结算核对完成,发、承包双方签字确认后,禁止发包人又要求承包人与另一个或多个工程造价咨询人重复核对竣工结算。

本条内容为竣工结算的核对是工程造价计价中发、承包双方应共同完成的重要工作。按照交易的一般原则,任何交易结束,都应做到钱、货两清,工程建设也不例外。工程施工的发、承包活动作为期货交易行为,当工程竣工验收合格后,承包人将工程移交给发包人时,发、承包双方应将工程价款结算清楚,即竣工结算办理完毕。本条按照交易结束时钱、货两清的原则,规定了发、承包双方在竣工结算核对过程中的权、责主要体现在以下方面:

1　递竣工结算的核对时间:按发、承包双方合同约定时间完成。

2　竣工结算核对完成的标志:发、承包双方签字确认。

此后,禁止发包人又要求与另一个或多个工程造价咨询人重复核对竣工结算。

4.8.10　发包人或受其委托的工程造价咨询人收到承包人递交的竣工结算书后,在合同约定时间内,不核对竣工结算或未提出核对意见的,视为承包人递交的竣工结算书已经认可,发包人应向承包人支付工程结算价款。

承包人在接到发包人提出的核对意见后,在合同约定时间内,不确认也未提出异议的,视为发包人提出的核对意见已经认可,竣工结算办理完毕。

本条规定了发、承包双方在办理竣工结算中的责任。发包人或受其委托的工程造价咨询人收到承包人递交的竣工结算书后，在合同约定时间内，不核对竣工结算或未提出核对意见的，视为承包人递交的竣工结算书已经认可，发包人应向承包人支付工程结算价款。

承包人在接到发包人提出的核对意见后，在合同约定时间内，不确认也未提出异议的，视为发包人提出的核对意见已经认可，竣工结算办理完毕；发包人按核对意见中的竣工结算金额向承包人支付结算价款。

承包人如未在规定时间内提供完整的工程竣工结算资料，经发包人催促后14天内仍未提供或没有明确答复，发包人有权根据已有资料进行审查，责任由承包人自负。

4.8.11　发包人应对承包人递交的竣工结算书签收，拒不签收的，承包人可以不交付竣工工程。

承包人未在合同约定时间内递交竣工结算书的，发包人要求交付竣工工程，承包人应当交付。

本条规定了当发包人拒不签收承包人递交的竣工结算书时，承包人的权利：即可以不交付竣工工程；承包人未按合同约定时间内递交竣工结算书时，发包人的权利：要求交付竣工工程，承包人应当交付。

4.8.12　竣工结算办理完毕，发包人应将竣工结算书报送工程所在地工程造价管理机构备案。竣工结算书作为工程竣工验收备案、交付使用的必备文件。

本条内容为竣工结算书是反映工程造价计价规定执行情况的最终文件。根据《中华人民共和国建筑法》第六十一条："交付竣工验收的建筑工程，必须符合规定的建筑工程质量标准，有完整的工程技术经济资料和经签署的工程保修书，并具备国家规定的其他竣工条件"的规定，本条规定了将工程竣工结算书作为工程竣工验收备案、交付使用的必备条件。同时要求发、承包双方竣工结算办理完毕后，应由发包人向工程所在地工程造价管理机构备案，以便工程造价管理机构对本规范的执行情况进行监督和检查。

4.8.13　竣工结算办理完毕，发包人应根据确认的竣工结算书在合同约定时间内向承包人支付工程竣工结算价款。

本条规定了竣工结算办理完毕，发包人应在合同约定时间内向承包人支付工程竣工结算价款，若合同中没有约定或约定不明的，按照财政部、建设部印发的《建设工程价款结算暂行办法》（财建[2004]369号）第十六条的规定，发包人应在竣工结算书确认后15天内向承包人支付工程结算价款。

4.8.14　发包人未在合同约定时间内向承包人支付工程结算价款的，承包人可催告发包人支付结算价款。如达成延期支付协议的，发包人应按同期银行同类贷款利率支付拖欠工程价款的利息。如未达成延期支付协议，承包人可以与发包人协商将该工程折价，或申请人民法院将该工程依法拍卖，承包人就该工程折价或者拍卖的价款优先受偿。

本条规定了承包人未按合同约定得到工程结算价款时应采取的措施。竣工结算办理完毕后，发包人应按合同约定向承包人支付工程结算价款。发包人按合同约定应向承包人支付而未支付的工程款视为拖欠工程款。根据《最高人民法院关于审理建设工程施工合同纠纷案件适用法律问题的解释》（法释[2004]14号）第十七条规定："当事人对欠付工程价款利息计付标准有约定的，按照约定处理；没有约定的，按照中国人民银行发布的同期同类贷款利率计息。发包人应向承包人支付拖欠工程款的利息，并承担违约责任。”

根据《中华人民共和国合同法》第二百八十六条规定：“发包人未按照合同约定支付价款的，承包人可以催告发包人在合理期限内支付价款。发包人逾期不支付的，除按照建设工程的性质不宜折价、拍卖的外，承包人可以与发包人协议将该工程折价，也可以申请人民法院将该工程依法拍卖。建设工程的价款就该工程折价或者拍卖的价款优先受偿。”

4.9 工程计价争议处理

本节共4条，全部为新增条文。规定了工程计价争议处理的原则。

4.9.1 在工程计价中，对工程造价计价依据、办法以及相关政策规定发生争议事项的，由工程造价管理机构负责解释。

本条规定了工程计价依据的解释机构。工程造价管理机构是工程造价计价依据、办法以及相关政策的制定和管理机构。对发包人、承包人或工程造价咨询人在工程造价计价中，对计价依据、办法以及相关政策规定发生的争议进行解释是工程造价管理机构的职责。

4.9.2 发包人以对工程质量有异议，拒绝办理工程竣工结算的，已竣工验收或已竣工未验收但实际投入使用的工程，其质量争议按该工程保修合同执行，竣工结算按合同约定办理；已竣工未验收且未实际投入使用的工程以及停工、停建工程的质量争议，双方应就有争议的部分委托有资质的检测鉴定机构进行检测，根据检测结果确定解决方案，或按工程质量监督机构的处理决定执行后办理竣工结算，无争议部分的竣工结算按合同约定办理。

本条规定了在发包人对工程质量有异议的情况下，工程竣工结算的办理原则。按照财政部、建设部印发的《建设工程价款结算暂行办法》（财建[2004]369号）第十九条的规定：

1 已竣工验收或竣工未验收但实际投入使用的工程，其质量争议按工程保修合同执行，竣工结算按合同约定办理。

2 已竣工未验收且未实际投入使用的工程以及停工、停建工程的质量争议，应当就有争议部分竣工结算暂缓办理，并就有争议的工程部分委托有资质的检测鉴定机构进行检测，根据检测结果确定解决方案，或按工程质量监督机构的处理决定执行后办理竣工结算，此外有两层含义，一是经检测质量合格，竣工结算继续办理；二是经检测质量确有问题，应经修复处理，质量验收合格后，竣工结算继续办理。无争议部分的竣工结算按合同约定办理。

4.9.3 发、承包双方发生工程造价合同纠纷时，应通过下列办法解决：

1 双方协商；

2 提请调解，工程造价管理机构负责调解工程造价问题；

3 按合同约定向仲裁机构申请仲裁或向人民法院起诉。

本条规定了发生工程造价合同纠纷时的解决渠道和方法。根据《中华人民共和国合同法》第一百二十八条规定的：“当事人可以通过和解或者调解解决合同争议。当事人不愿和解、调解或者和解、调解不成的，可以根据仲裁协议向仲裁机构申请仲裁。……当事人没有订立仲裁协议或者仲裁协议无效的，可以向人民法院起诉。”发、承包双方发生工

程造价合同纠纷时,应通过下列办法解决:

1 双方协商;

2 提请调解,工程造价管理机构负责调解工程造价问题;

3 按合同约定向仲裁机构申请仲裁或向人民法院起诉。

4.9.4 在合同纠纷案件处理中,需作工程造价鉴定的,应委托具有相应资质的工程造价咨询人进行。

本条规定了工程造价鉴定的机构。当工程造价合同纠纷需作工程造价鉴定的,根据《工程造价咨询企业管理办法》(建设部令第149号)第二十条的规定,应委托具有相应资质的工程造价咨询人进行。

5 工程量清单计价表格

由于此次增加、修改了不少条文,计价表格的设置与本规范正文部分保持一致,包括工程量清单、招标控制价、投标报价、竣工结算等各个阶段计价使用的四种封面22种表样,大大增加了规范的实用价值。本章与“03规范”不同的是:第一节介绍各种表格,第二节介绍表格使用上的一些规定。条文由5条增加到13条。

5.1 计价表格组成

5.1.1 封面

1 工程量清单:封—1

2 招标控制价:封—2

3 投标总价:封—3

4 竣工结算总价:封—4

5.1.2 总说明:表—01

5.1.3 汇总表:

1 工程项目招标控制价/投标报价汇总表:表—02

2 单项工程招标控制价/投标报价汇总表:表—03

3 单位工程招标控制价/投标报价汇总表:表—04

4 工程项目竣工结算汇总表:表—05

5 单项工程竣工结算汇总表:表—06

6 单位工程竣工结算汇总表:表—07

5.1.4 分部分项工程量清单表:

1 分部分项工程量清单与计价表:表—08

2 工程量清单综合单价分析表:表—09

5.1.5 措施项目清单表:

1 措施项目清单与计价表(一):表—10

2 措施项目清单与计价表(二):表—11

5.1.6 其他项目清单表:

1 其他项目清单与计价汇总表:表—12

2 暂列金额明细表:表—12-1

3　材料暂估单价表：表—12-2

4　专业工程暂估价表：表—12-3

5　计日工表：表—12-4

6　总承包服务费计价表：表—12-5

7　索赔与现场签证计价汇总表：表—12-6

8　费用索赔申请（核准）表：表—12-7

9　现场签证表：表—12-8

5.1.7　规范、税金项目清单与计价表：表—13

5.1.8　工程款支付申请（核准）表：表—14

本节介绍了计价表格的各种格式。（略）

5.2　计价表格使用规定

5.2.1　工程量清单与计价宜采用统一格式。各省、自治区、直辖市建设行政主管部门和行业建设主管部门可根据本地区、本行业的实际情况，在本规范计价表格的基础上补充完善。

本条规定了工程量清单计价表宜采用统一格式。但由于行业、地区的一些特殊情况，赋予了各省、自治区、直辖市建设行政主管部门和行业建设主管部门可在本规范提供计价表格的基础上予以补充。

5.2.2　工程量清单的编制应符合下列规定：

1　工程量清单编制使用表格包括：封—1、表—01、表—08、表—10、表—11、表—12（不含表—12-6～表—12-8）、表—13。

2　封面应按规定的内容填写、签字、盖章，造价员编制的工程量清单应有负责审核的造价工程师签字、盖章。

3　总说明应按下列内容填写：

1）工程概况：建设规模、工程特征、计划工期、施工现场实际情况、自然地理条件、环境保护要求等。

2）工程招标和分包范围。

3）工程量清单编制依据。

4）工程质量、材料、施工等的特殊要求。

5）其他需要说明的问题。

本条对工程量清单编制表的使用作出了规定。

5.2.3　招标控制价、投标报价、竣工结算的编制应符合下列规定：

1　使用标格：

1）招标控制价使用表格包括：封—2、表—01、表—02、表—03、表—04、表—08、表—09、表—10、表—11、表—12（不含表—12-6～表—12-8）、表—13。

2）投标报价使用的表格包括：封—3、表—01、表—02、表—03、表—04、表—08、表—09、表—10、表—11、表—12（不含表—12-6～表—12-8）、表—13。

3）竣工结算使用的表格包括：封—4、表—01、表—05、表—06、表—07、表—08、表—09、表—10、表—11、表—12、表—13、表—14。

2　封面应按规定的内容填写、签字、盖章，除承包人自行编制的投标报价和竣工结算外，受委托编制的招标控制价、投标报价、竣工结算若为造价员编制的，应有负责审核的造价工程师签字、盖章以及工程造价咨询人盖章。

3　总说明应按下列内容填写：

1）工程概况：建设规模、工程特征、计划工期、合同工期、实际工期、施工现场及变化情况、施工组织设计的特点、自然地理条件、环境保护要求等。

2）编制依据等。

本条对工程量清单计价表的使用作了规定，特别强调在封面的有关签署和盖章中应遵守和满足有关工程造价计价管理规章和政策的规定。这是工程造价文件是否生效的必备条件。

5.2.4　投标人应按照招标文件的要求，附工程量清单综合单价分析表。

本条规定了投标人应按照招标文件的要求，附工程量清单综合单价分析表。

在实际招标工作中，由于工程量清单综合单价分析表数量较多，招标人可在招标文件中仅要求投标人在投标文件正本中附工程量清单综合单价分析表。

5.2.5　工程量清单与计价表中列明的所有需要填写的单价和合价，投标人均应填写，未填写单价和合价，视为此项费用已包含在工程量清单的其他单价和合价中。

本条规定了投标人在投标报价中，应对招标人提供的工程量清单与计价表中所列的项目均应填写单价和合价。否则，将被视为此项费用已包含在工程量清单其他项目的单价和合价中，施工过程中此项费用得不到支付，在竣工结算时，此项费用将不被承认。

6　附　录

对“03 规范”的附录除个别调整外，基本未作修改。修订增加了附录 F，调整内容如下：

1　措施项目。本规范将“03 规范”的措施项目表 3.3.1 中的专业工程措施项目列入附录，定义为措施项目。所以各个附录均成为两个部分，第一部分是实体项目，第二部分是措施项目。

2　计量单位及工程量计算规则。本规范对“03 规范”附录中反映较大的工程实体项目的计量单位作了增加，并相应调整了工程量计算规则。主要集中在门、窗和园林工程中的 E1.1 ~ E1.2、E2.1、E3.2 项目。如：门、窗的计量单位增加一个“m^2”，或“樘/m^2”均可。计量规则改为：“按设计图示数量或设计图示洞口尺寸以面积计算。”

3　项目特征。本规范对“03 规范”中反映较大的项目特征及特征描述作了修改。

（1）表 A.3.1 砖基础（编码：010301）和表 A.3.5 石砌体中 010305001 石基础“项目特征”栏删去“1. 垫层材料种类、厚度”，“工程内容”栏删去“2. 铺设垫层”。实质取消了垫层与砖基础合并计量，垫层另按相关项目单列。

（2）表 A.4.1 现浇混凝土基础（编码：010401）“项目特征”栏删去“1. 垫层材料种类、厚度”，“工程内容”栏删去“1. 铺设垫层”。

在本节增补了 010401006“垫层”这一现浇混凝土项目。

第三章 《通用硅酸盐水泥》(GB175—2007)内容介绍

第一节 概 述

目前,建筑工程中广泛使用的是硅酸盐类水泥,而在硅酸盐类水泥中应用较多的是硅酸盐水泥、普通硅酸盐水泥、矿渣硅酸盐水泥、火山灰质硅酸盐水泥、粉煤灰硅酸盐水泥和复合硅酸盐水泥,一般也将这六类水泥称为通用水泥(或常用水泥),并制定了三个国家标准,分别对其质量要求进行了明确规定。

2008 年 6 月 1 日起,原有的三个国家标准作废,将以上六种通用水泥统称为通用硅酸盐水泥,并制定了新的国家标准《通用硅酸盐水泥》(GB175—2007)。与原有的三个标准相比,新的标准主要变化在于以下内容。

1. 全文强制改为条文强制(本版前言)。

2. 增加了通用硅酸盐水泥的定义(本版第 3 章)。

3. 将各品种水泥的定义取消(原版 GB175—1999、GB1344—1999、GB12958—1999 第 3 章)。

4. 将组分与材料合并为一章(原版 GB175—1999、GB1344—1999、GB12958—1999 第 4 章,本版第 5 章)。

5. 普通硅酸盐水泥中"掺活性混合材料时,最大掺量不超过 15%,其中允许用不超过水泥质量 5% 的窑灰或不超过水泥质量 10% 的非活性混合材料来代替"改为"活性混合材料掺加量为 >5% 且 ≤20%,其中允许用不超过水泥质量 8%,且符合本标准第 5.2.4 条的非活性混合材料或不超过水泥质量 5% 且符合本标准第 5.2.5 条的窑灰代替"(原版 GB175—1999 中第 3.2 条,本版第 5.1 条)。

6. 将矿渣硅酸盐水泥中矿渣掺加量由"20% ~70%"改为" >20% 且≤70%",并分为 A 型和 B 型。A 型矿渣掺量 >20% 且 ≤50%,代号 P·S·A;B 型矿渣掺量 >50% 且≤70%,代号 P·S·B(原版 GB1344—1999 中第 3.1 条,本版第 5.1 条)。

7. 将火山灰质硅酸盐水泥中火山灰质混合材料掺量由"20% ~50%"改为" >20% 且≤40%"(原版 GB1344—1999 中第 3.2 条,本版第 5.1 条)。

8. 将复合硅酸盐水泥中混合材料总掺加量由"应大于 15%,但不超过 50%"改为" >20% 且≤50%"(原版 GB12958—1999 中第 3 章,本版第 5.1 条)。

9. 材料中增加了粒化高炉矿渣粉(本版第 5.2.3、5.2.4 条)。

10. 取消了复合硅酸盐水泥中允许掺加粒化精炼铬铁渣、粒化增钙液态渣、粒化碳素铬铁渣、粒化高炉钛矿渣等混合材料以及符合新标准中列出的新开辟的混合材料,并将附录 A 取消(原版 GB12958—1999 中第 4.2、4.3 条和附录 A)。

11. 增加了 M 类混合石膏，取消了 A 类硬石膏（原版 GB175—1999、GB1344—1999 和 GB12958—1999 中第 3 章，本版第 5.2.1.1 条）。

12. 助磨剂允许掺量由“不超过水泥质量的 1%”改为“不超过水泥质量的 0.5%”（原版 GB175—1999、GB1344—1999 和 GB12958—1999 中第 4.5 条，本版第 5.2.6 条）。

13. 普通水泥强度等级中取消了 32.5 和 32.5R（原版 GB175—1999 中第 5 章，本版第 6 章）。

14. 将矿渣硅酸盐水泥、火山灰质硅酸盐水泥、粉煤灰硅酸盐水泥和复合硅酸盐水泥中“熟料中的氧化镁含量”改为“水泥中的氧化镁含量”，其中要求 P·S·A 型、P·P 型、P·F 型、P·C 型水泥中的氧化镁含量不大于 6.0%，并加注 b 说明“如果水泥中氧化镁含量大于 6.0% 时，应进行水泥压蒸试验并合格”；P·S·B 型无要求（原版 GB1344—1999 和 GB12958—1999 中第 6.1 条，本版第 7.1 条）。

15. 增加了氯离子限量的要求，即水泥中氯离子含量不大于 0.06%（本版第 7.1 条）。

16. 将各强度等级的普通硅酸盐水泥的强度指标改为和硅酸盐水泥一致，将各强度等级复合硅酸盐水泥的强度指标改为和矿渣硅酸盐水泥、火山灰质硅酸盐水泥、粉煤灰硅酸盐水泥一致（原版 GB12958—1999 中第 6.6 条，本版第 7.3.3 条）。

17. 增加了 45μm 方孔筛筛余不大于 30% 作为选择性指标（本版第 7.3.3 条）。

18. 增加了选择水泥组分试验方法的原则和定期校核要求（本版第 7.3.4 条）。

19. 将“按 0.50 水灰比和胶砂流动度不小于 180mm 来确定用水量”的规定的适用水泥品种扩大为火山灰质硅酸盐水泥、粉煤灰硅酸盐水泥、复合硅酸盐水泥和掺火山灰质混合材料的普通硅酸盐水泥（原版 GB1344—1999 中第 7.5 条，本版第 8.5 条）。

20. 编号与取样中增加了年生产能力“200×10^4t 以上”的级别，即：200×10^4t 以上，不超过 4 000t 为一个编号；将“120 万吨以上，不超过 1 200 吨为一个编号”改为“120×10^4t ~ 200×10^4t，不超过 2 400t 为一个编号”（原版 GB175—1999、GB1344—1999 和 GB12958—1999 中第 8.1 条，本版第 9.1 条）。

21. 将“出厂水泥应保证出厂强度等级，其余技术要求应符合本标准有关要求”改为“经确认水泥各项技术指标及包装质量符合要求时方可出厂”（原版 GB175—1999、GB1344—1999 和 GB12958—1999 中第 8.2 条，本版第 9.2 条）。

22. 增加了出厂检验项目（本版第 9.3 条）。

23. 取消了废品判定（原版 GB175—1999、GB1344—1999 和 GB12958—1999 中第 9.3 条）。

24. 不合格品判定中取消了细度和混合材料掺加量的规定，将判定规则改为“检验结果符合本标准第 7.1、7.3.1、7.3.2、7.3.3 条技术要求为合格品。检验结果不符合本标准中第 7.1、7.3.1、7.3.2、7.3.3 条中任何一项技术要求为不合格品（原版 GB175—1999、GB1344—1999 和 GB12958—1999 中第 8.3.2 条，本版第 9.4.1、9.4.2 条）。

25. 检验报告中增加了“合同约定的其他技术要求”（原版 GB175—1999、GB1344—1999 和 GB12958—1999 中第 8.4 条，本版第 9.5 条）。

26. 交货与验收中增加了“安定性仲裁检验时，应在取样之日起 10d 以内完成”（本版第 9.6.2 条）。

27. 包装标志中将“且应不少于标志质量的98%”改为“且应不少于标志质量的99%”(原版 GB175—1999、GB1344—1999 和 GB12958—1999 中第 9.1 条,本版第 10.1 条)。

28. 包装标志中将“火山灰质硅酸盐水泥、粉煤灰硅酸盐水泥和复合硅酸盐水泥包装袋的两侧印刷采用黑色”改为“火山灰质硅酸盐水泥、粉煤灰硅酸盐水泥和复合硅酸盐水泥包装袋的两侧印刷采用黑色或蓝色”(原版 GB1344—1999 和 GB12958—1999 中第 9.2 条,本版第 10.2 条)。

29. 新标准所代替标准的历次版本情况为:

—GB175—1956、GB175—1962、GB175—1977、GB175—1985、GB175—1992、GB175—1999;

—GB1344—1956、GB1344—1962、GB1344—1977、GB1344—1985、GB1344—1992、GB1344—1999;

—GB12958—1981、GB12958—1991、GB12958—1999。

第二节　内容介绍

一、相关概念

(1)通用硅酸盐水泥:以硅酸盐水泥熟料和适量的石膏及规定的混合材料制成的水硬性胶凝材料。

(2)硅酸盐水泥熟料:由主要含 CaO、SiO_2、Al_2O_3、Fe_2O_3 的原料,按适当比例磨成细粉烧至部分熔融所得以硅酸钙为主要矿物成分的水硬性胶凝物质。其中硅酸钙矿物不小于66%,氧化钙和氧化硅质量比不小于2.0。

(3)活性混合材料:符合国家标准《用于水泥中的粒化高炉矿渣》(GB/T203—2008)、《用于水泥和混凝土中的粒化高炉矿渣粉》(GB/T18046—2008)、《用于水泥和混凝土中的粉煤灰》(GB/T1596—2005)、《用于水泥中的火山灰质混合材料》(GB/T2847—2005)要求的粒化高炉矿渣、粒化高炉矿渣粉、粉煤灰、火山灰质混合材料。

(4)非活性混合材料:活性指标分别低于国家标准 GB/T203—2008、GB/T18046—2008、GB/T1596—2005、GB/T2847—2005 标准要求的粒化高炉矿渣、粒化高炉矿渣粉、粉煤灰、火山灰质混合材料;石灰石和砂岩,其中石灰石中的三氧化二铝含量应不大于2.5%。

(5)助磨剂:水泥粉磨时允许加入助磨剂,其加入量应不大于水泥质量的0.5%,助磨剂应符合行业标准《水泥助磨剂》(JC/T667—2004)的规定。

二、强度等级

硅酸盐水泥的强度等级分为42.5、42.5R、52.5、52.5R、62.5、62.5R 六个等级。

普通硅酸盐水泥的强度等级分为42.5、42.5R、52.5、52.5R 四个等级。

矿渣硅酸盐水泥、火山灰质硅酸盐水泥、粉煤灰硅酸盐水泥、复合硅酸盐水泥的强度等级分为 32.5、32.5R、42.5、42.5R、52.5、52.5R 六个等级。

三、技术要求

(一)化学指标

化学指标应符合表 3-1 的规定。

表 3-1 通用硅酸盐水泥不同品种化学成分要求(%)

<table>
<tr><th>品种</th><th>代号</th><th>不溶物
(质量分数)</th><th>烧失量
(质量分数)</th><th>三氧化硫
(质量分数)</th><th>氧化镁
(质量分数)</th><th>氯离子
(质量分数)</th></tr>
<tr><td rowspan="2">硅酸盐水泥</td><td>P·I</td><td>≤0.75</td><td>≤3.0</td><td rowspan="3">≤3.5</td><td rowspan="3">≤5.0[a]</td><td rowspan="8">≤0.06[c]</td></tr>
<tr><td>P·Ⅱ</td><td>≤1.50</td><td>≤3.5</td></tr>
<tr><td>普通硅酸盐水泥</td><td>P·O</td><td>—</td><td>≤5.0</td></tr>
<tr><td rowspan="2">矿渣硅酸盐水泥</td><td>P·S·A</td><td>—</td><td>—</td><td rowspan="2">≤4.0</td><td>≤6.0[b]</td></tr>
<tr><td>P·S·B</td><td>—</td><td>—</td><td>—</td></tr>
<tr><td>火山灰质硅酸盐水泥</td><td>P·P</td><td>—</td><td>—</td><td rowspan="3">≤3.5</td><td rowspan="3">≤6.0[b]</td></tr>
<tr><td>粉煤灰硅酸盐水泥</td><td>P·F</td><td>—</td><td>—</td></tr>
<tr><td>复合硅酸盐水泥</td><td>P·C</td><td>—</td><td>—</td></tr>
</table>

注:a 如果水泥压蒸试验合格,则水泥中氧化镁的含量(质量分数)允许放宽至 6.0%。

b 如果水泥中氧化镁的含量(质量分数)大于 6.0% 时,需进行水泥压蒸安定性试验并合格。

c 当有更低要求时,该指标由买卖双方协商确定。

(二)碱含量(选择性指标)

水泥中碱含量按 $Na_2O + 0.658K_2O$ 计算值表示。若使用活性骨料,用户要求提供低碱水泥时,水泥中的碱含量应不大于 0.60% 或由买卖双方协商确定。

(三)物理指标

1. 凝结时间

硅酸盐水泥初凝不小于 45min,终凝不大于 390min;普通硅酸盐水泥、矿渣硅酸盐水泥、火山灰质硅酸盐水泥、粉煤灰硅酸盐水泥和复合硅酸盐水泥初凝不小于 45min,终凝不大于 600min。

2. 安定性

沸煮法合格。

3. 强度

不同品种不同强度等级的通用硅酸盐水泥,其不同各龄期的强度应符合表 3-2 的规定。

4. 细度(选择性指标)

硅酸盐水泥和普通硅酸盐水泥以比表面积表示,不小于 $300m^2/kg$;矿渣硅酸盐水泥、火山灰质硅酸盐水泥、粉煤灰硅酸盐水泥和复合硅酸盐水泥以筛余表示,80μm 方孔筛筛余不大于 10% 或 45μm 方孔筛筛余不大于 30%。

表 3-2　通用硅酸盐水泥不同品种强度等级　（单位：MPa）

品种	强度等级	抗压强度		抗折强度	
		3d	28d	3d	28d
硅酸盐水泥	42.5	≥17.0	≥42.5	≥3.5	≥6.5
	42.5R	≥22.0		≥4.0	
	52.5	≥23.0	≥52.5	≥4.0	≥7.0
	52.5R	≥27.0		≥5.0	
	62.5	≥28.0	≥62.5	≥5.0	≥8.0
	62.5R	≥32.0		≥5.5	
普通硅酸盐水泥	42.5	≥17.0	≥42.5	≥3.5	≥6.5
	42.5R	≥22.0		≥4.0	
	52.5	≥23.0	≥52.5	≥4.0	≥7.0
	52.5R	≥27.0		≥5.0	
矿渣硅酸盐水泥 火山灰硅酸盐水泥 粉煤灰硅酸盐水泥 复合硅酸盐水	32.5	≥10.0	≥32.5	≥2.5	≥5.5
	32.5R	≥15.0		≥3.5	
	42.5	≥15.0	≥42.5	≥3.5	≥6.5
	42.5R	≥19.0		≥4.0	
	52.5	≥21.0	≥52.5	≥4.0	≥7.0
	52.5R	≥23.0		≥4.5	

（四）编号及取样

水泥出厂前按同品种、同强度等级编号和取样。袋装水泥和散装水泥应分别进行编号和取样。每一编号为一取样单位。水泥出厂编号按年生产能力规定为：

200×10^4t 以上，不超过 4 000t 为一编号；

120×10^4t ~ 200×10^4t，不超过 2 400t 为一编号；

60×10^4t ~ 120×10^4t，不超过 1 000t 为一编号；

30×10^4t ~ 60×10^4t，不超过 600t 为一编号；

10×10^4t ~ 30×10^4t，不超过 400t 为一编号；

10×10^4t 以下，不超过 200t 为一编号。

取样方法按国家标准《水泥取样方法》（GB12573—90）进行。可连续取，亦可从 20 个以上不同部位取等量样品，总量至少 12kg。当散装水泥运输工具的容量超过该厂规定出厂编号吨数时，允许该编号的数量超过取样规定吨数。

（五）出厂检验

出厂检验项目为化学成分、凝结时间、安定性和强度，经确认水泥各项技术指标及包装质量符合要求时方可出厂。

（六）判定规则

（1）检验结果符合上述对其化学成分、凝结时间、安定性和强度的要求时判定为合格品。

（2）检验结果不符合化学成分、凝结时间、安定性和强度中的任何一项技术要求时判定为不合格品。

（七）检验报告

检验报告内容应包括出厂检验项目、细度、混合材料品种和掺加量、石膏和助磨剂的品种及掺加量、属旋窑或立窑生产及合同约定的其他技术要求。当用户需要时，生产者应在水泥发出之日起7d内寄发除28d强度以外的各项检验结果，32d内补报28d强度的检验结果。

（八）交货与验收

（1）交货时水泥的质量验收可抽取实物试样以其检验结果为依据，也可以生产者同编号水泥的检验报告为依据。采取何种方法验收由买卖双方商定，并在合同或协议中注明。卖方有告知买方验收方法的责任。当无书面合同或协议，或未在合同、协议中注明验收方法的，卖方应在发货票上注明“以本厂同编号水泥的检验报告为验收依据”字样。

（2）以抽取实物试样的检验结果为验收依据时，买卖双方应在发货前或交货地共同取样和签封。取样方法按国家标准《水泥取样方法》（GB12573—90）进行，取样数量为20 kg，缩分为二等份。一份由卖方保存40d，一份由买方按本标准规定的项目和方法进行检验。

在40d以内，买方检验认为产品质量不符合本标准要求，而卖方又有异议时，则双方应将卖方保存的另一份试样送省级或省级以上国家认可的水泥质量监督检验机构进行仲裁检验。水泥安定性仲裁检验时，应在取样之日起10d以内完成。

（3）以生产者同编号水泥的检验报告为验收依据时，在发货前或交货时买方在同编号水泥中取样，双方共同签封后由卖方保存90d，或认可卖方自行取样、签封并保存90d的同编号水泥的封存样。

在90d内，买方对水泥质量有疑问时，则买卖双方应将共同认可的试样送省级或省级以上国家认可的水泥质量监督检验机构进行仲裁检验。

（九）包装、标志、运输与贮存

1. 包装

水泥可以散装或袋装，袋装水泥每袋净含量为50kg，且应不少于标志质量的99%；随机抽取20袋总质量（含包装袋）应不少于1 000kg。其他包装形式由供需双方协商确定，但有关袋装质量要求，应符合上述规定。水泥包装袋应符合国家标准《水泥包装袋》（GB9774—2002）的规定。

2. 标志

水泥包装袋上应清楚标明：执行标准、水泥品种、代号、强度等级、生产者名称、生产许可证标志（QS）及编号、出厂编号、包装日期、净含量。包装袋两侧应根据水泥的品种采用不同的颜色印刷水泥名称和强度等级，硅酸盐水泥和普通硅酸盐水泥采用红色，矿渣硅酸盐水泥采用绿色；火山灰质硅酸盐水泥、粉煤灰硅酸盐水泥和复合硅酸盐水泥采用黑色或蓝色。

散装发运时应提交与袋装标志相同内容的卡片。

3. 运输与贮存

水泥在运输与贮存时不得受潮和混入杂物，不同品种和强度等级的水泥在贮运中避免混杂。

第四章 《绿色建筑评价标准》（GB/T50378—2006）内容介绍

第一节 概 述

一、编制背景

在建筑的建造和使用过程中，需要消耗大量的自然资源，同时增加环境负荷。据统计，人类从自然界所获得的50%以上的物质原料用来建造各类建筑及其附属设备。这些建筑在建造和使用过程中又消耗了全球能量的50%左右；与建筑有关的空气污染、光污染、电磁污染等占环境总体污染的34%；建筑垃圾占人类活动产生垃圾总量的40%。

绿色建筑是指在建筑的全寿命周期内，最大限度地节约资源（节能、节地、节水、节材）、保护环境和减少污染，为人们提供健康、适用和高效的使用空间，与自然和谐共生的建筑。绿色建筑是将可持续发展理念引入建筑领域的结果，将成为未来建筑的主导趋势。

中国从基本国情出发，从人与自然和谐发展，节约能源，有效利用资源和保护环境的角度，提出发展"节能省地型住宅和公共建筑"，主要内容是节能、节地、节水、节材与环境保护，注重以人为本，强调可持续发展。从这个意义上讲，节能省地型住宅和公共建筑与绿色建筑、可持续建筑提法不同，内涵相通，具有某种一致性，是具有中国特色的绿色建筑和可持续建筑理念。

我国资源总量和人均资源量都严重不足，同时我国的消费增长速度惊人，在资源再生利用率上也远低于发达国家。我国各地区在气候、地理环境、自然资源、经济社会发展水平与民俗文化等方面都存在巨大差异。我国正处于工业化、城镇化加速发展时期。中国现有建筑总面积400多亿 m^2，预计到2020年还将新增建筑面积约300亿 m^2。在我国发展绿色建筑，是一项意义重大而十分迫切的任务。借鉴国际先进经验，建立一套适合我国国情的绿色建筑评价体系，反映建筑领域可持续发展理念，对积极引导大力发展绿色建筑，促进节能省地型住宅和公共建筑的发展，具有十分重要的意义。

在《国务院关于做好建设节约型社会近期重点工作的通知》（国发[2005]21号）及《建设部关于建设领域资源节约今明两年重点工作的安排意见》（建科[2005]98号）中均提出了完善资源节约标准的要求，并提出编制《绿色建筑技术导则》、《绿色建筑评价标准》等标准的具体要求。

二、编制原则

《绿色建筑评价标准》（以下简称《标准》）编制原则如下：

（1）借鉴国际先进经验，结合我国国情。

(2)重点突出“四节”与环保要求。

(3)体现过程控制。

(4)定量和定性相结合。

(5)系统性与灵活性相结合。

三、标准简介

《标准》用于评价住宅建筑和办公建筑、商场、宾馆等公共建筑。《标准》的评价指标体系包括以下六大指标:

(1)节地与室外环境;

(2)节能与能源利用;

(3)节水与水资源利用;

(4)节材与材料资源利用;

(5)室内环境质量;

(6)运营管理。

各大指标中的具体指标分为控制项、一般项和优选项三类。其中,控制项为评为绿色建筑的必备条款;优选项主要指实现难度较大、指标要求较高的项目。对同一对象,可根据需要和可能分别提出对应于控制项、一般项和优选项的指标要求。

绿色建筑的必备条件为全部满足《标准》第 4 章住宅建筑或第 5 章公共建筑中控制项要求。按满足一般项和优选项的程度,绿色建筑划分为三个等级。

对住宅建筑,原则上以住区为对象,也可以单栋住宅为对象进行评价。对公共建筑,以单体建筑为对象进行评价。对住宅建筑或公共建筑的评价,在其投入使用一年后进行。

第二节　内容介绍

1　总　则

1.0.1　为贯彻执行节约资源和保护环境的国家技术经济政策,推进可持续发展,规范绿色建筑的评价,制定本标准。

【要点说明】建筑活动是人类对自然资源、环境影响最大的活动之一。我国正处于经济快速发展阶段,年建筑量世界排名第一,资源消耗总量逐年迅速增长。因此,必须牢固树立和认真落实科学发展观,坚持可持续发展理念,大力发展绿色建筑。发展绿色建筑应贯彻执行节约资源和保护环境的国家技术经济政策。《标准》的颁布将规范绿色建筑的评价,推动绿色建筑的发展。

1.0.2　本标准用于评价住宅建筑和公共建筑中的办公建筑、商场建筑和旅馆建筑。

【要点说明】不同类型的建筑因使用功能的不同,其消耗资源和影响环境的情况存在较大差异。考虑到现状,侧重评价总量大的住宅建筑和公共建筑中消耗能源较多的办公建筑、商业建筑、旅馆建筑。

1.0.3　评价绿色建筑时,应统筹考虑建筑全寿命周期内,节能、节地、节水、节材、保护环境、满足建筑功能之间的辩证关系。

【要点说明】建筑从最初的规划设计到随后的施工、运营及最终的拆除，形成一个全寿命周期。关注建筑的全寿命周期，意味着不仅在规划设计阶段充分考虑并利用环境因素，而且确保施工过程中对环境的影响最低，运营阶段能为人们提供健康、舒适、低耗、无害的活动空间，拆除后又对环境危害降到最低。

绿色建筑要求在建筑全寿命周期内最大限度地节能、节地、节水、节材与保护环境同时满足建筑功能要求。因此，评价绿色建筑时，节能、节地、节水、节材、保护环境之间的矛盾必须放在建筑全寿命周期内统筹考虑，正确处理与建筑功能之间的辩证关系。

1.0.4 评价绿色建筑时，应依据因地制宜的原则，结合建筑所在地域的气候、资源、自然环境、经济、文化等特点进行评价。

【要点说明】我国不同地区的气候、地理环境、自然资源、经济发展与社会习俗等都有很大的差异，评价绿色建筑时，应注重地域性，充分考虑建筑所在地域的气候、资源、自然环境、经济和文化特点。

1.0.5 绿色建筑的评价除应符合本标准外，尚应符合国家的法律法规和相关的标准，体现经济效益、社会效益和环境效益的统一。

【要点说明】符合国家的法律法规与相关的标准是参与绿色建筑评价的前提条件。《标准》着重评价与绿色建筑性能相关的内容，主要包括节能、节地、节水、节材与保护环境等方面。发展绿色建筑，建设节约型社会，必须倡导城乡统筹、循环经济的理念，全社会参与，充分挖掘建筑节能、节地、节水、节材的潜力。注重经济性，从建筑全寿命周期核算效益和成本，顺应市场发展需求及地方经济状况，实现经济效益、社会效益和环境效益的统一。

2 术 语

2.0.1 绿色建筑 green building

在建筑的全寿命周期内，最大限度地节约资源（节能、节地、节水、节材）、保护环境和减少污染，为人们提供健康、适用和高效的使用空间，与自然和谐共生的建筑。

2.0.2 热岛强度 heat island intensity

城市内一个区域的气温与郊区气象测点温度的差值，为热岛效应的表征参数。

2.0.3 可再生能源 renewable energy

从自然界获取的、可以再生的非化石能源，包括风能、太阳能、水能、生物质能、地热能和海洋能等。

2.0.4 非传统水源 nontraditional water source

不同于传统地表水供水和地下水供水的水源，包括再生水、雨水、海水等。

2.0.5 可再利用材料 reusable material

在不改变所回收物质形态的前提下进行材料的直接再利用，或经过再组合、再修复后再利用的材料。

2.0.6 可再循环材料 recyclable material

对无法进行再利用的材料通过改变物质形态，生成另一种材料，实现多次循环利用的材料。

3 基本规定

3.1 基本要求

3.1.1 绿色建筑的评价以建筑群或建筑单体为对象。评价单栋建筑时，凡涉及室外环境的指标，以该栋建筑所处环境的评价结果为准。

【要点说明】绿色建筑以建筑群或建筑单体作为评价对象。评价建筑单体时，室外环境指标以该栋建筑所处环境的评价结果为准。

3.1.2 对新建、扩建与改建的住宅建筑或公共建筑的评价，应在其投入使用一年后进行。

【要点说明】对新建、扩建与改建的住宅建筑和公共建筑中的办公建筑、商场建筑和旅馆建筑的评价，应在交付业主使用一年后使用。

3.1.3 申请评价方应进行建筑全寿命周期技术和经济分析，合理确定建筑规模，选用适当的建筑技术、设备和材料，并提交相应分析报告。

【要点说明】绿色建筑是在全寿命周期内兼顾资源节约与环境保护的建筑，而单项技术的过度采用虽可提高某一方面的性能，但很可能造成新的浪费，基于此，需要从建筑全寿命周期的各个阶段综合评估建筑规模、建筑技术与投资之间的相互影响，以节约资源和保护环境为主要目标，综合考虑安全、耐久、经济、美观等因素，比较、确定最优的技术、材料和设备。

3.1.4 申请评价方应按本标准的有关要求，对规划、设计与施工阶段进行过程控制，并提交相关文档。

【要点说明】绿色建筑的建设应对规划、设计、施工与竣工阶段进行过程控制。各责任方应按《标准》评价指标的要求，制定目标、明确责任、进行过程控制，并最终形成规划、设计、施工与竣工阶段的过程控制报告。申请评价方应按绿色建筑评价机构的要求，提交评价所需的过程控制基础资料。绿色建筑评价机构对基础资料进行分析，并结合项目现场勘察情况，提出评价报告。

3.2 评价与等级划分

3.2.1 绿色建筑评价指标体系由节地与室外环境、节能与能源利用、节水与水资源利用、节材与材料资源利用、室内环境质量和运营管理六类指标组成。每类指标包括控制项、一般项与优选项。

【要点说明】绿色建筑评价指标体系是按定义对绿色建筑性能的一种完整的表述，用于评价已建成建筑与按定义的绿色建筑相比在性能上的差异。借鉴国际上绿色建筑评价体系的经验，针对我国地域、经济、社会情况，强调节能、节地、节水、节材与保护环境，建立有特色的绿色建筑评价指标体系。

绿色建筑评价指标体系由节地与室外环境、节能与能源利用、节水与水资源利用、节材与材料资源利用、室内环境质量和运营管理六类指标组成。每类指标包括控制项、一般项和优选项。控制项为绿色建筑的必备条件；一般项和优选项为划分绿色建筑等级的可选条件，其中优选项是难度大、综合性强、绿色度较高的可选项。

3.2.2 绿色建筑应满足本标准第4章住宅建筑或第5章公共建筑中所有控制项的要求，并按满足一般项数和优选项数的程度，划分为三个等级，等级划分按表3.2.2-1、

表3.2.2-2确定。

当本标准中某条文不适应建筑所在地区、气候与建筑类型等条件时，该条文可不参与评价，参评的总项数相应减少，等级划分时对项数的要求按原比例调整确定。

表3.2.2-1 划分绿色建筑等级的项数要求（住宅建筑）

等级	一般项数（共40项）						优选项数（共9项）
	节地与室外环境（共8项）	节能与能源利用（共6项）	节水与水资源利用（共6项）	节材与材料资源利用（共7项）	室内环境质量（共6项）	运营管理（共7项）	
★	4	2	3	3	2	4	—
★★	5	3	4	4	3	5	3
★★★	6	4	5	5	4	6	5

表3.2.2-2 划分绿色建筑等级的项数要求（公共建筑）

等级	一般项数（共43项）						优选项数（共14项）
	节地与室外环境（共6项）	节能与能源利用（共10项）	节水与水资源利用（共6项）	节材与材料资源利用（共8项）	室内环境质量（共6项）	运营管理（共7项）	
★	3	4	3	5	3	4	—
★★	4	6	4	6	4	5	6
★★★	5	8	5	7	5	6	10

【要点说明】住宅建筑控制项、一般项与优选项共76项，其中控制项27项，一般项40项，优选项9项。公共建筑控制项、一般项与优选项共83项，其中控制项26项，一般项43项，优选项14项。

除控制项应全部满足外，一星级、二星级、三星级还应满足相应的一般项和优选项的要求。

当《标准》中某条文不适应建筑所在地区、气候与建筑类型等条件时，该条文可不参与评价，此时参评总数会相应减少，表中对项数的要求可按原比例调整。

3.2.3 本标准中定性条款的评价结论为通过或不通过；对有多项要求的条款，各项要求均满足时方能评为通过。

【要点说明】绿色建筑评价标准中定性条款的结论为通过或不通过，对于有多项要求的条款，只有各项要求均满足时方可评为通过。

4 住宅建筑

4.1 节地与室外环境

控制项

4.1.1 场地建设不破坏当地文物、自然水系、湿地、基本农田、森林和其他保护区。

【要点说明】建设过程中应尽可能维持原有场地的地形地貌，这样既可以减少用于场地平整所带来建设投资的增加，减少施工工程量，也避免因场地建设对原有生态环境景观的破坏。场地内有价值的树木、水塘、水系不但具有较高的生态价值，而且是传承场地所在区域历史文脉的重要载体，也是该区域重要的景观标志。因此，应根据《城市绿化条例》（1992 年国务院令第 100 号）等国家相关规定予以保护。

【评价方法】审核场地地形图和相关文件。

4.1.2 建筑场地选址无洪涝灾害、泥石流及含氡土壤的威胁。建筑场地安全范围内无电磁辐射危害和火、爆、有毒物质等危险源。

【要点说明】绿色建筑建设地点的确定是决定绿色建筑外部大环境是否安全的重要前提。众所周知，洪灾、泥石流等自然灾害将会对建筑场地造成毁坏性破坏。资料显示，主要存在于土壤和石材中的氡是无色无味的致癌物质，会对人体产生极大伤害。电磁辐射对人体有两种影响：一是电磁波的热效应，当人体吸收到一定量的时候就会出现高温生理反应，最后导致神经衰弱、白细胞减少等病变；二是电磁波的非热效应，当电磁波长时间作用于人体时，就会出现如心率、血压等生理改变和失眠、健忘等生理反应，对孕妇及胎儿影响较大，后果严重者可以导致胎儿畸变或者流产。电磁辐射无色无味无形，可以穿透包括人体在内的多种物质，人体如果长期暴露在超过安全的辐射剂量下，细胞就会被大面积杀伤或杀死，并产生多种疾病。能够制造电磁辐射污染的污染源很多，如电视广播发射塔、雷达站、通信发射台、变电站、高压电线等。油库、煤气站、有毒物质车间等均有发生火灾、爆炸和毒气泄漏的可能。基于此，绿色建筑选址阶段必须符合国家相关的安全规定。

【评价方法】审核场址检测报告及应对措施的合理性。

4.1.3 人均居住用地指标：低层不高于 $43m^2$、多层不高于 $28m^2$、中高层不高于 $24m^2$、高层不高于 $15m^2$。

【要点说明】现阶段常出现居住用地人均用地指标突破国家相关标准的问题，与节地要求相悖。为此，提出控制居住用地人均用地的上限指标。

【评价方法】审核相关设计文件。

4.1.4 住区建筑布局保证室内外的日照环境、采光和通风的要求，满足《城市居住区规划设计规范》（GB50180）中有关住宅建筑日照标准的要求。

【要点说明】住区建筑（包括住宅建筑和配套公共建筑）室内外日照环境、自然采光和通风条件与室内空气质量及室外环境质量的优劣密切相关，并直接影响居住者的身心健康和居住生活质量。为保证住宅建筑基本日照、采光和通风条件，本条提出应满足《城市居住区规划设计规范》（GB50180—93）（2002 年版）第 5.0.2.1 条有关住宅建筑日照标准的要求。

住宅建筑日照标准一般情况符合表 4.1.4 规定；特定情况符合下述 3 条规定：①老年

人居住建筑不应低于冬至日日照2小时的标准;②在原设计建筑外增加设施不应使相邻住宅原有日照标准降低;③旧区改建的项目内新建住宅日照标准可酌情降低,但不应低于大寒日日照1小时的标准。

表4.1.4　住宅建筑日照标准一般规定

气候区划	Ⅰ、Ⅱ、Ⅲ、Ⅶ气候区		Ⅳ气候区		Ⅴ、Ⅵ气候区
	大城市	中小城市	大城市	中小城市	
日照标准日	大寒日			冬至日	
日照时数(h)	≥2			≥3	
有效日照时间带(h)	8~16			9~15	
计算起点	底层窗台面				

《中华人民共和国城市规划法》(1998年版)第四条规定:大城市是指市区和近郊区非农业人口五十万以上的城市;中等城市是指市区和近郊区非农业人口二十万以上、不满五十万的城市;小城市是指市区和近郊区非农业人口二十万以下的城市。老年人居住建筑是指专为老年人设计,供其起居生活使用,符合老年人生理、心理要求的居住建筑,包括老年住宅、老年公寓、托老所等。考虑到老年人自身特点,为老年人所设的各项设施应有更高的标准。已批准的原规划设计中没有涉及的室外固定设施,如建设中增设的空调机、建筑小品、雕塑、户外广告牌等均不能使相邻住户的日照标准降低。旧区改建项目内的新建住宅日照标准可酌情降低,是指在旧区改建时确实难以达到规定的标准时才能这样做。与此同时,为保障居民切身利益,无论在什么情况下,降低后的住宅日照标准均"不得低于大寒日日照1小时的标准"。

低于北纬25°的地区,宜考虑视觉卫生要求。根据国外经验,当两幢住宅楼居住空间的水平视线距离不低于18m时,即能基本满足要求。

【评价方法】审核设计图纸和日照模拟分析报告。

4.1.5　种植适应当地气候和土壤条件的乡土植物,选用少维护、耐候性强、病虫害少、对人体无害的植物。

【要点说明】乡土植物具有很强的适应能力,种植乡土植物可确保植物的存活,减少病虫害,能有效降低维护费用。

【评价方法】审核规划设计方案和植物配植报告,并现场核实。

4.1.6　住区的绿地率不低于30%,人均公共绿地面积不低于1m^2。

【要点说明】"绿地率"是衡量住区环境质量的重要指标之一。绿地率是指住区范围内各类绿地面积的总和占住区用地面积的比率(%)。各类绿地面积包括公共绿地、宅旁绿地、公共服务设施所属绿地和道路绿地(道路红线内的绿地),其中包括满足当地植树绿化覆土要求、方便居民出入的地下或半地下建筑的屋顶建筑的屋顶绿化,不包括其他屋顶、晒台的人工绿地。我国居住区规划实践表明:当绿地率达到30%时可达较好的空间环境效果。该指标经综合分析居住区建筑层数、密度、房屋间距的相关指标及可行性后确定。

"人均公共绿地指标"是指住区内构建适应不同居住对象游憩活动空间的前提条件,

也是适应居民日常不同层次的游憩活动需要、优化住区空间环境、提升环境质量的基本条件。为此，根据《城市居住区规划设计规范》（GB50180—93）（2002 年版）的相关规定及住区规模一般以居住小区居多的情况，提出"人均公共绿地指标不低于 $1m^2$"的要求。公共绿地应采用集中与分散、大小相结合的布局方式，以适应不同居住对象的要求，应满足集中绿地的基本要求：宽度不小于 8m，面积不小于 $400m^2$，以利于绿地内基本设施的设置和游憩要求，公共绿地应满足日照环境要求：应有不少于 1/3 的绿地在标准的建筑日照阴影线范围之外，以利于人们的户外活动。

【评价方法】审查规划设计或建成后的绿地率、人均公共绿地指标是否达标，以及绿地布置是否符合《城市居住区规划设计规范》（GB50180）中有关"绿地"的相关规定。

4.1.7 住区内部无排放超标的污染源。

【要点说明】污染源主要是指易产生噪声的学校和运动场地，易产生烟、气、尘、声的饮食店、修理铺、锅炉房和垃圾转运站等。规划设计时，应主要根据项目性质合理布局或利用绿化进行隔离。

【评价方法】审核规划设计的布局或应对措施的合理性，或检测投入使用后噪声、空气质量、水质、光污染等项环境指标。

4.1.8 施工过程中制定并实施保护环境的具体措施，控制由于施工引起的大气污染、土壤污染、噪声影响、水污染、光污染以及对场地周边区域的影响。

【要点说明】施工过程中可能产生各类影响室外大气环境质量的污染物质，主要包括施工扬尘和废气排放两大方面。施工单位提交的施工组织设计中，必须提出行之有效的控制扬尘的技术路线和方案，并切实履行，以减少施工活动对大气环境的污染。为减少施工过程对土壤环境的破坏，应根据建设项目的特征和施工场地土壤环境条件，识别各种污染和破坏因素对土壤可能产生的影响，提出避免、消除、减轻土壤侵蚀和污染的对策与措施。施工工地污水如未经妥善处理排放，将对市政排污系统及水生态系统造成不良影响。因此，必须严格执行国家标准《污水综合排放标准》（GB8978—1996）的要求。建筑施工噪声是指建筑施工过程中产生的干扰周围生活环境的声音。施工现场应制定降噪措施，使噪声排放达到或优于国家标准《建筑施工场界噪声限值》（GB12523—1990）的要求。施工场地电焊操作及夜间作业时所使用的强照明灯光等所产生的眩光，是施工过程光污染的主要来源。施工单位应选择适当的照明方式和技术，尽力减少夜间对非照明区、周边区域环境的光污染。施工现场设置围挡，其高度、用材必须达到地方有关规定的要求，应采取措施保障施工现场周边人群、设施的安全。

【评价方法】审核施工过程控制的有关文档，包括提交项目组编写的环境保护计划书、实施记录文件（包括照片、录像等）、环境保护结果自评报告及当地环保局或建委等有关职能部门对环境影响因子如扬尘、噪声、污水排放评价的达标证明。

一般项

4.1.9 住区公共服务设施按规划配建，合理采用综合建筑并与周边地区共享。

【要点说明】根据《城市居住区规划设计规范》（GB50180—93）（2002 年版）相关规定，居住区配套公共服务设施（配套公建）应包括：教育、医疗卫生、文化、体育、商务服务、金融邮电、社区服务、市政公用和行政管理等九类设施。住区配套公共服务设施是满足居民基本物质与精神生活所需的设施，也是保证居民居住生活品质的不可缺少的重要组成部分。其意义在于：

（1）配套公共服务设施相关项目建综合楼集中设置，即可节约土地，也能为居民提供选择和使用的便利，并提高设施的使用率。

（2）中学、门诊所、商业设施和会所等配套公共设施，可打破住区范围，与周边地区共同使用。这样既节约用地，又方便使用，还节省投资。

【评价方法】审核规划设计中公共服务设施的配置是否满足居民需求，与周边相关城市设施是否协调互补，以及是否将相关项目合理集中设置。

4.1.10　充分利用尚可使用的旧建筑。

【要点说明】充分利用尚可使用的旧建筑，既是节地的重要措施之一，也是防止大拆乱建的控制条件。“尚可使用的旧建筑”是指建筑质量能保证使用安全的旧建筑，或通过少量改造加固后能保证使用安全的旧建筑。“纳入规划项目”是指对旧建筑的利用，可根据规划要求保留或改变其原有使用性质，并纳入规划建设项目。

【评价方法】审核原旧建筑的评价分析报告。

4.1.11　住区环境噪声符合现行国家标准《声环境质量标准》（GB3096）的规定。

【要点说明】环境保护部于 2008 年 8 月 19 日发布国家标准《声环境质量标准》（GB3096—2008），标准对《城市区域环境噪声标准》（GB3096—93）和《城市区域环境噪声测量方法》（GB/T14623—93）进行修订。

环境噪声是绿色住宅的评价重点之一。根据不同类别的居住区，要求对场地周边的噪声现状进行检测，并对规划实施后的环境噪声进行预测，使之符合国家标准《声环境质量标准》（GB3096—2008）中对于不同类别住宅区环境噪声标准的规定，对于交通干线两侧的住宅建筑，需要在临街外窗和围护结构等方面采取有效的隔声措施。

【评价方法】审核环境影响评价报告及运行后的现场测试报告。

4.1.12　住区室外日平均热岛强度不高于 1.5℃。

【要点说明】热岛效应是指一个区域（主要指城市内）的气温高于周边郊区的现象，“热岛”现象在夏季出现不仅会使人们高温中暑的几率变大，同时还形成光化学烟雾污染，并增加建筑的空调能耗，给人们工作生活带来严重的负面影响。对于住区而言，由于受规划设计中建筑密度、建筑材料、建筑布局、绿地率和水景设施、空调排热、交通排热及炊事排热等因素的影响，住区室外有可能出现“热岛”现象。

热岛效应可以用两个代表性测点的气温差值（城市中某地温度与郊区气象测点温度的差值）即热岛强度表示。热岛强度的特征是冬季最强，夏季最弱，春秋居中。年均气温的城乡差值约为 1℃。《标准》采用夏季典型日的室外热岛强度（居住区室外气温与郊区气温的差值，即 8:00 ~ 18:00 之间的气温差别平均值）作为评价指标，以 1.5℃ 作为控制值，是基于多年来对北京、上海等地夏季气温状况的测试结果的平均值。

【评价方法】审核居住区规划设计中的热岛模拟预测分析报告，或运行后的现场测试报告。

4.1.13　住区风环境有利于冬季室外行走舒适及过渡季、夏季的自然通风。

【要点说明】高层建筑和超高层建筑的出现使得再生风和二次风环境问题逐渐凸现。

在鳞次栉比的高低层建筑中，由于建筑单体设计和群体布局不当而导致行人举步维艰或强风卷刮物体撞碎玻璃等事故。研究结果表明，建筑物周围人行区距地 1.5m 高处风速宜低于 5m/s，以保证人们在室外的正常活动。此外，通风不畅还会严重地阻碍空气的流动，在某些区域形成无风区或涡流区，不利于室外散热和污染物消散，因此应尽量避免。以冬季作为主要评价季节，是基于多数城市冬季风速约为 5m/s 的情况较多。夏季、过渡季自然通风对于建筑节能十分重要，还涉及室外环境的舒适度问题。大型室外场所的夏季室外热环境恶劣，不仅会影响人的舒适感，当超过极限值时，长时间停留还会引发高比例人群的生理不适直至中暑。

【评价方法】审核居住区规划设计中的风环境模拟预测分析报告，或运行后的现场测试报告。

4.1.14　根据当地的气候条件和植物自然分布特点，栽植多种类型植物，乔、灌、草结合构成多层次的植物群落，每 100m^2 绿地上不少于 3 株乔木。

【要点说明】植物的配置应能体现本地区植物资源的丰富程度和特色植物景观等方面的特点，以保证绿化植物的地方特色。同时，要采用包含乔、灌木的复层绿化，可以形成富有层次的城市绿化体系，不但可为使用者提供遮阳、游憩的良好条件，还可以吸引各种动物和鸟类筑巢，改善建筑周边良好的生态环境。而大面积的单纯草坪绿化不但维护费用高，生态效果也不及复层绿化，应尽量减少采用。

【评价方法】审核建筑设计和景观设计文档并现场核实。

4.1.15　选址和住区出入口的设置方便居民充分利用公共交通网络。住区出入口到达公共交通站点的步行距离不超过 500m。

【要点说明】优先发展公共交通是解决城市交通问题的重要对策。为便于居民选择公共交通工具出行，在场地规划中应重视住区主要出入口的设置方位及与城市交通网络的有机联系。

【评价方法】审核场地到达公交站点的步行距离是否达标，及与周边道路交通的有机联系。

4.1.16　住区非机动车道路、地面停车场和其他硬质铺地采用透水地面，并利用园林绿化提供遮阳。室外透水地面面积比不小于 45%。

【要点说明】增强地面透水能力，可缓解城市及住区气温逐渐升高和气候干燥状况，降低热岛效应，调节微气候，增加场地雨水与地下水涵养，改善生态环境及强化天然降水的地下渗透能力，补充地下水量，减少因地下水位下降造成的地面下陷，减轻排水系统负荷，以及减少雨水的尖峰径流量，改善排水状况。

透水面积包括自然裸露地面、公共绿地、绿化地面和镂空面积大于等于 40% 的镂空地面（如草植砖）。透水地面面积比是指透水地面面积占室外地面总面积的比例。

【评价方法】审核规划设计方案中透水地面面积是否达标及采用的措施是否合理。

优选项

4.1.17　合理开发利用地下空间。

【要点说明】随着我国城市的快速发展，土地资源的减少成为必然。开发利用地下空间是城市节约用地的主要措施，也是节地倡导的措施之一。利用地下空间应结合地质情况，处理好地下室入口与地面的有机联系、通风、防火及防渗漏等问题。

【评价方法】审核规划设计方案地下空间的规模和功能的合理性。

4.1.18　合理选用废弃场地进行建设。对已被污染的废弃地，进行处理并达到有关标准。

【要点说明】城市的废弃地包括不可建设用地（由于各种原因未能使用或尚不能使用的土地，如裸岩、石砾地、陡坡地、塌陷地、盐碱地、沙荒地、沼泽地、废窑坑等）、仓库与工厂弃置地等。废弃地对城市而言，应是节地的首选措施，既可变废为利改善城市环境，又基本无拆迁与安置问题，征地比较容易。基于废弃地的合理利用是节地的重要措施。因此，绿色建筑场地选择时可优先考虑废弃场地，但应对原有场地进行检测或处理；对仓库与工厂的弃置地，应对土壤中是否含有有毒物质进行检测，并做相应处理后方可使用。

【评价方法】审核场址检测报告及规划设计应对措施的合理性。

4.2　节能与能源利用

控制项

4.2.1　住宅建筑热工设计和暖通空调设计符合国家批准或备案的居住建筑节能标准的规定。

【要点说明】住宅建筑热工设计和暖通空调设计的优劣对建筑能耗的影响很大。国家标准《民用建筑热工设计规范》（GB50176—93）从建筑热工设计角度，划分为严寒、寒冷、夏热冬冷、夏热冬暖、温和5个不同的建筑热工设计分区，除温和地区外，建设部已陆续颁布实施分别针对各个热工设计分区居住建筑节能设计标准。参照各区居住建筑国家标准，各地也相应地制定出地方居住建筑节能标准。因此，将该条文作为必须达标的项目。

【评价方法】审核有关设计文档和现场核实。

4.2.2　当采用集中空调系统时，所选用的冷水机组或单元式空调机组的性能系数、能效比符合现行国家标准《公共建筑节能设计标准》（GB50189）中的有关规定值。

【要点说明】对于用电驱动的集中空调系统，冷源（主要指冷水机组和单元式空调机）的能耗是空调系统能耗的主体，因此冷源的能源效率对节省能源至关重要。性能系数、能效比是反映冷源能源效率的主要指标之一，为此，将冷源的性能系数、能效比作为必须达标的项目。

为配合能效标识制度的实施，我国颁布实施了强制性国家能效标准《冷水机组能效限定值及能源效率等级》（GB19577—2004）和《单元式空气调节机能效限定值及能源效率等级》（GB19576—2004）。标准根据能源效率将产品划分为5个等级，1等级是企业努力的目标；2等级代表节能型产品的门槛；3、4等级代表我国平均水平；5等级产品是未来淘汰的产品。标准的发布实施能够为消费者提供明确信息，帮助其选择购买，促进高效产品市场。

国家标准《公共建筑节能设计标准》（GB50189—2005）中第5.4.5条和第5.4.8条强制性条文规定了冷水（热泵）机组制冷性能系数（COP）限值和单元式空气调节机能效比（EER）限值，对于采用集中空调系统的居民小区，或者设计阶段已完成户式中央空调系统设计的住宅，其冷源能效的要求应该等同于公共建筑的规定。对照“能效限定值及能源效率等级”标准，冷水（热泵）机组能源效率等级的规定值：活塞/涡旋式采用第5级，水冷离心式采用第3级，螺旋杆采用第4级，单元式空气调节机取用第4级。

【评价方法】核查设计图纸及说明书，核对所安装设备的能效值。

4.2.3 采用集中采暖或集中空调系统的住宅，设置室温调节和热量计量设施。

【要点说明】采用集中采暖或集中空调机组向住宅供热（冷），将会涉及用户支付采暖、空调费用问题。作为收费服务项目，用户能自主调节室温是必须的，因此应该设置室温可以由用户自主调节的装置；收费与用户使用的热（冷）量多少有关，作为收费的一个主要依据，计量用户用热（冷）量的相关测量装置和制定费用分摊的计算方法是必不可少的。

【评价方法】核查图纸及说明书中有关室（户）温调节设施及按户热量分摊的技术措施内容。

一般项

4.2.4 利用场地自然条件，合理设计建筑体型、朝向、楼距和窗墙面积比，使住宅获得良好的日照、通风和采光，并根据需要设遮阳设施。

【要点说明】住宅建筑的体型、朝向、楼距、窗墙面积比、窗户的遮阳措施不仅影响住宅的外在质量，而且影响住宅的通风、采光和节能等方面的内在质量。作为绿色建筑应该提倡建筑师充分利用场地的有利条件，尽量避免不利因素，并进行精心设计。

【评价方法】审核有关设计文档和现场核实。

4.2.5 选用效率高的用能设备和系统。集中采暖系统热水循环水泵的耗电输热比，集中空调系统风机单位风量耗功率和冷热水输送能效比符合现行国家标准《公共建筑节能设计标准》（GB50189）的规定。

【要点说明】需要对所有用能系统和设备进行节能设计和选择。对于采用集中采暖或空调系统的住宅。冷、热水（风）是靠水泵和风机输送到用户，如果水泵和风机的选型不当，其能耗在整个采暖空调系统中占有相当的比例。可以参照国家标准《公共建筑节能设计标准》（GB50189—2005）中第5.2.8、5.3.26条和第5.3.27条中相关规定。

【评价方法】核查图纸及说明书中所选水泵和风机计算的输送能耗限值。

4.2.6 当采用集中空调系统时，所选用的冷水机组或单元式空调机组的性能系数、能效比比现行国家标准《公共建筑节能设计标准》（GB50189）中的有关规定值高一个等级。

【要点说明】冷源能源效率是机组运行节能的关键指标。作为一般项要求，冷源能源效率应比第4.2.2条中规定的、对照《冷水机组能效限定值及能效效率等级》（GB19577—2004）、《单元式空调调节机能效限定值及能效效率等级》（GB19576—2004）更高一个等级。

【评价方法】核查设计图纸及说明书，核对所安装设备的能效值。

4.2.7 公共场所和部位的照明采用高效光源、高效灯具和低损耗镇流器等附件，并采取其他节能控制措施，在有自然采光的区域设定时或光电控制。

【要点说明】住宅建筑的建筑能耗中，照明能耗占相当大比例，因此要注意照明节能。作为绿色建筑必须强调公共场所和部位的照明节能问题，采用高效光源和灯具并采取节能控制措施。在自然采光的区域可以为照明系统配置定时或光电控制设施，可以合理控制照明系统开关，在保证使用的前提下同时达到照明节能的目的。

【评价方法】审核有关设计文档和现场核实。

4.2.8 采用集中采暖或集中空调系统的住宅，设置能量回收系统（装置）。

【要点说明】设置集中采暖或集中空调系统的住宅，如设置集中新风和排风的系统，由于采暖空调区域(或房间)排风中所含能量十分可观,技术经济分析合理时,集中加以回收利用可取得很好的节能效益和环境效益。因此,设置能量回收系统(装置)是必要的。

【评价方法】审核有关设计文档和现场核实。

4.2.9 根据当地气候和自然资源条件,充分利用太阳能、地热能等可再生能源。可再生能源的使用量占建筑总能耗的比例大于5%。

【要点说明】绿色建筑的特征之一是合理使用可再生能源与新能源技术。中华人民共和国《可再生能源法》第二条:可再生能源是指风能、太阳能、水能、生物质能、地热能、海洋能等非化石能源。第十七条:国家鼓励单位和个人安装太阳能热水系统、太阳能供热采暖和制冷系统、太阳能光伏发电系统等太阳能利用系统。中华人民共和国建设部令第143号《民用建筑节能管理规定》第八条,国家鼓励发展下列节能技术和产品:(五)太阳能、地热等可再生能源应用技术及设备。所以在绿色建筑的设计过程中应对可再生能源的利用加以考虑。

目前,我国可再生能源在建筑中应用情况比较成熟的主要有两方面,一是太阳能利用即采用太阳能热水器供生活热水、采暖等;二是应用地热能直接采暖或者应用地源热泵进行采暖和空调。

中国有较丰富的太阳能资源,年太阳辐照时数超过2 200小时的太阳能利用条件较好的地区占国土的2/3,故开发太阳能利用是实现中国可持续发展战略的有效措施之一。我国从20世纪80年代起,对城镇多层住宅应用被动太阳能进行采暖及降温技术已有研究。证明了从合理建筑及热工设计着手,在增加有限的建设投资下,利用被动太阳能是有可能达到改善室内冬夏热环境舒适条件的。

太阳能热水器经过近20年的研究和开发,其技术已趋成熟,是目前我国新能源和可再生能源行业中最具发展潜力的产品之一。近几年来,太阳能热水器市场年增长率达到20%~30%。随着城乡居民生活水平的提高,对生活热水需求量将大大增加。太阳能热水器使用范围也将逐步由提供生活用热水向商业用和工农业生产用热水方向发展。太阳能热利用与建筑一体化技术的发展使得太阳能热水供应、空调、采暖工程成本逐渐降低,也将是太阳能热水器潜在的巨大市场。

太阳光电转换技术中太阳电池的生产和光伏发电系统的应用水平不断提高。在我国已能商品化生产的单晶硅、非晶硅太阳电池的效率分别为12%~13%和4%~6%,多晶硅太阳电池也有少量的试生产,效率为10%~12%。1998年我国太阳电池的生产能力为4.5兆瓦,实际生产为2.1兆瓦。国家发改委颁布《可再生能源上网管理规定》等多项政策,鼓励太阳能发电。

地热的利用方式目前主要有两种:一是采用地源热泵系统加以利用,一种是以地道风的形式加以利用。地源热泵系统的工作原理主要是通过工作介质流过埋设在土壤或地下水、地表水(含污水、海水等)中的、一种传热效果较好的管材来吸取土壤或水中的热量(制热时)及排出热量(制冷时)到土壤中或水中。与空气源热泵相比,它的优点是出力稳定,效率高,当然也没有除霜问题,可大大降低运行费用。如果在该建筑附近有一定面积的土壤可以埋设专门的塑料管道(水平开槽埋设或垂直钻孔埋设),可采用地热源热泵机组。

有关资料表明:城镇采暖能耗占37.4%,农村采暖6.44%,空调制冷占11.5%,照明、家电占7.0%,炊事、热水占37.7%,可以得出结论:热水和采暖空调占建筑能耗的大部分。基于此,可再生能源的使用量占建筑总能耗的比例大于5%可用以下指标之一进行判断:①如果小区中有25%以上住户采用太阳能热水器提供住户大部分生活热水,判定满足要求;或②小区中有25%的住户采用地源热泵系统,判定满足要求;或③小区中50%的住户采用地热水直接采暖,判定满足要求。

【评价方法】审核设计文档、产品型式检验报告和现场调查。

优选项

4.2.10 采暖或空调能耗不高于国家批准或备案的建筑节能标准规定值的80%。

【要点说明】在《标准》第4.2.1条规定的前提下,根据相应的居住建筑节能标准规定采暖或空调能耗计算方法可计算出一个采暖或空调能耗限值。利用标准中规定的同样的能耗计算方法,对当前评价的实际住宅的采暖或空调能耗进行计算,若计算得出的能耗低于相应居住建筑节能设计标准规定限值的80%,则表明参评住宅节能性能优越,满足本优选项要求。

如果能够通过检测,直接得到实际住宅的采暖或空调能耗,也可用实测能耗与标准规定的限值比较,根据比较结果判定是否满足本优选项的要求。

【评价方法】依据设计文档计算或实测。

4.2.11 可再生能源的使用量占建筑总能耗的比例大于10%。

【要点说明】可再生能源的使用量占建筑总能耗的比例大于10%,可用以下指标之一进行判断:①如果小区中有50%以上的住户采用太阳能热水器提供住户大部分生活热水,判定满足要求;或②小区中有50%的住户采用地源热泵系统,判定满足要求;或③小区中全部用户采用地热水直接采暖,判定满足要求。

【评价方法】审核有关设计文档和现场核实。

4.3 节水与水资源利用

控制项

4.3.1 在方案、规划阶段制定水系统规划方案,统筹、综合利用各种水资源。

【要点说明】对于住宅建筑,除涉及室内水资源利用、给水排水系统外,还涉及室外雨、污水排放、再生水利用及绿化、景观用水等与城市宏观水环境直接相关的问题。结合城市水环境专项规划及当地水资源状况,考虑建筑周边环境,对建筑水环境进行统筹规划,是建设绿色住宅建筑的必要条件。因此,在进行绿色建筑设计前应结合区域的给水排水、水资源、气候特点等客观环境状况对建筑水环境进行系统规划,制定水系统规划方案,增加水资源循环利用率,减少市政供水量和污水排放量。水系统规划方案包括用水定额的确定、用水量估算及水量平衡、给排水系统设计、节水器具、污水处理、再生水利用等内容。根据所在地区水资源状况和气候特征的不同,水系统规划方案涉及内容可能有所不同,如不缺水地区,不一定考虑污水再生利用内容,因此水系统规划方案的具体内容要因地制宜。

用水定额、水量平衡及用水量的确定要从住区区域用水整体上考虑,应参照《城市居民生活用水量标准》(GB/T50331)和相关用水标准规定的用水定额,并结合当地经济状况、气候条件、用水习惯和区域水专项规划等,根据实际情况科学、合理地确定。雨水、再生水等水源的利用是重要的节水措施,但应根据具体情况进行分析,多雨地区应加强雨水利用，内陆缺水地区加强再生水利用，而淡水资源丰富地区不宜强制实施污水再生利用，但所有地区均应考虑采用节水器具。

【评价方法】审核建筑水（环境）系统规划方案报告并现场核实。

4.3.2　采取有效措施避免管网漏损。

【要点说明】小区管网漏失水量包括：室内卫生器具漏水量、屋顶水箱漏水量和管网漏水量。为避免管网漏损，可采取如下措施：

（1）给水系统中使用的管材、管件，必须符合现行产品行业标准的要求。

（2）选用性能高的阀门、零泄漏阀门等，如在冲洗排水阀、消火栓、通气阀阀前增设软密封闭阀或蝶阀。

（3）合理设计供水压力，避免供水压力持续高压或压力骤变。

（4）选用高灵敏计量水表，而且根据水平衡测试标准安装分级计量水表，计量水表安装率达100%。

（5）做好管道基础处理和覆土，控制管道埋深，加强管道工程监督，把好施工质量关。

【评价方法】查阅相关防止管网漏损措施的设计文件，并现场查阅用水量计量情况报告。

4.3.3　采用节水器具和设备，节水率不低于8%。

【要点说明】本着"节流为先"的原则，优先选用中华人民共和国国家经济贸易委员会2001年第5号公告《当前国家鼓励发展的节水设备》（产品）目录中公布的设备、器材和器具。根据用水场合的不同，合理选用节水水龙头、节水便器、节水淋浴装置等。所有用水器具应满足《节水型生活用水器具》（CJ164—2002）及《节水型产品技术条件与管理通则》（GB/T18870—2002）的要求。

可选用的节水器具：①节水龙头：加气节水龙头、陶瓷阀芯水龙头、停水自动关闭水龙头等；②坐便器：压力流防臭、压力流冲击式6L直排便器、3L/6L两档节水型虹吸式排水坐便器、6L以下直排式节水型坐便器或感应式节水型坐便器，缺水地区可选用带洗手水龙头的水箱坐便器，极度缺水地区可试用无水真空抽吸坐便器；③节水淋浴器：水温调节器、节水型淋浴喷嘴等；④节水型电器：节水洗衣机、洗碗机等。

采用给水系统减压限流措施，以及采用非传统水源、高效节水灌溉方式等均可达到节水目的。

节水率是指采用包括利用节水设施、非传统水源在内的节水手段实际节约的水量占设计总用水量的百分比。其计算见公式（1）。

$$R_{WR} = \frac{W_n - W_m}{W_n} \tag{1}$$

式中　R_{WR}——节水率（%）；

W_n——总用水量定额值，按照定额标准，根据实际人口或用途估算的建筑用水总量，m^3/a；

W_m——实际市政供水用水总量，按照住区各用水途径测量出的总量，m^3/a。

【评价方法】查阅产品说明书、产品检测报告、运行数据报告（用水量计量报告）。

4.3.4　景观用水不采用市政供水和自备地下水井供水。

【要点说明】住区景观环境用水及补水属于城市景观环境用水的一部分。应结合城市水环境规划、周边环境、地形地貌及气候特点，提出合理的住区水景面积规划比例，避免为美化环境而大量浪费水资源。景观用水应优先考虑采用雨水、再生水，而不应采用市政供水和自备地下水井供水。此外，还可设置循环水处理设备，循环处理利用景观用水。

【评价方法】查阅竣工图纸、设计说明书及现场核查。

4.3.5 使用非传统水源时，采取用水安全保障措施，且不对人体健康与周围环境产生不良影响。

【要点说明】雨水、再生水等非传统水源在贮存、输配等过程中要有足够的消毒杀菌能力，且水质不会被污染，以保障水质安全。供水系统应设有备用水源、溢流装置及相关切换设施等，以保障水量安全。雨水、再生水等在整个处理、贮存、输配等环节中要采取一定的安全防护和监（检）测控制措施，符合《污水再生利用工程设计规范》（GB50335）及《建筑中水设计规范》（GB50336）的相关要求，以保证雨水、再生水在处理、贮存、输配和使用过程中的卫生安全，不对人体健康和周围环境产生影响。对采用海水的，海水由于盐分含量较高，还要考虑到对管材和设备的防腐问题，以及使用后排放问题。

景观水体采用雨水、再生水时，在水景规划及设计阶段应将水景设计和水质安全保障措施结合起来考虑。安全保障措施包括：采用湿地工艺进行景观用水的预处理；景观水体内采用机械设施，加强水体的水力循环，增强水面扰动，破坏藻类的生长环境；采用生物措施，培养水生动植物吸收水中营养盐，并及时消除富营养化及水体腐败的潜在因素。

【评价方法】查阅竣工图纸、设计说明书及现场核查。

一般项

4.3.6 合理规划地表与屋面雨水径流途径，降低地表径流，采用多种渗透措施增加雨水渗透量。

【要点说明】在规划设计阶段，要结合住区的地形特点规划设计好雨水（包括地面雨水、建筑屋面雨水）径流途径，减少雨水受污染几率。雨水渗透措施包括：小区或住区中公共活动场地、人行道、露天停车场的铺地材质，采用渗水材质，以利于雨水入渗，如采用多孔沥青地面，多孔混凝土地面等；将雨水排放的非渗透管改为渗透管或穿孔管，兼具渗透和排放功能；采用景观贮留透水池、屋顶花园及中庭花园、渗井、绿地等增加渗透量。

【评价方法】查阅竣工图纸、设计说明书、产品说明及现场核查。

4.3.7 绿化用水、洗车用水等非饮用用水采用再生水、雨水等非传统水源。

【要点说明】绿化、洗车、道路冲洗、垃圾间冲洗等非饮用水采用雨水、再生水等非传统水源是减少市政供水量很重要的一方面。绿化节水很有潜力，如果绿化用水全部或部分采用雨水、再生水，则节约的市政供水量是很可观的。因此，不缺水地区也应尽量利用雨水进行绿化灌溉；缺水地区应优先考虑采用雨水或再生水进行灌溉。采用雨水、再生水等作为绿化用水时，水质应达到相应的水质标准，且不应对公共卫生造成威胁。

【评价方法】查阅竣工图纸、设计说明书等。

4.3.8 绿化灌溉采用喷灌、微灌等高效节水灌溉方式。

【要点说明】绿化灌溉鼓励采用喷灌、微灌、渗灌、低压管灌等节水灌溉方式；鼓励采用湿度传感器或根据气候变化的调节控制器；为增加雨水渗透量和减少灌溉量，对绿地来说，鼓励选用兼具渗透和排放两种功能的渗透性排水管；采用再生水作为绿化用水时，应尽量避免采用易形成气溶胶的喷灌方式。

喷灌是目前普遍采用的绿化灌溉方式，利用专门的设备（动力机、水泵、管道等）把水加压，或利用水的自然落差将有压水送到灌溉地段，通过喷洒器（喷头）将水喷射到空中散成细小的水滴，均匀地散布，比地面漫灌要省水 30% ~50%，喷灌时要在风力小时进行，当采用再生水灌溉时，因水中微生物在空气中极易传播，应避免喷灌方式。

微灌包括滴灌、微喷灌、涌流灌和地下渗灌，是通过低压管道和滴头或其他灌水器，以持续、均匀和受控的方式向植物根系输送所需水分，比地面漫灌省水 50% ~70%，比喷灌省水 15% ~20%。微灌的灌水器孔径很小，易堵塞。微灌的用水一般都应进行净化处理，先经过沉淀除去大颗粒泥沙，再进行过滤，除去细小颗粒的杂质等，特殊情况还需进行化学处理。

【评价方法】查阅竣工图纸、设计说明书、产品说明及现场核查。

4.3.9　非饮用水采用再生水时，优先利用附近集中再生水厂的再生水；附近没有集中再生水厂时，通过技术经济比较，合理选择其他再生水水源和处理技术。

【要点说明】本着“开源节流”原则，缺水地区在规划设计阶段还应考虑将污水处理后合理再利用，作为室内冲厕用水及室外绿化、景观、道路浇洒、汽车等用水。再生水包括市政再生水（以城市污水处理厂出水或城市污水为水源）、建筑再生水（以生活排水、杂排水、优质杂排水为水源），其选择应结合城市规划、住区区域环境、城市中水设施建设管理办法、水利平衡等，从经济、技术和水源水质、水量稳定性等方面综合考虑而定。住区周围有集中再生水厂时，首先应采用本地区或上游地区市政再生水；没有集中再生水厂时，要根据本建筑所在省、市的中水设施建设管理办法或其他相关规定，确定是否建设建筑再生水处理设施，并依次考虑建筑优质杂排水、杂排水、生活排水等的再利用。总之，再生水水源的选择及再生水利用应从区域统筹和城市规划的层面上整体考虑。

再生水处理工艺应根据处理规模、水质特性和利用、回用用途及当地实际情况和要求，经全面技术经济比较后优选确定。

【评价方法】查阅竣工图纸、设计说明书等。

4.3.10　降雨量大的缺水地区，通过技术经济比较，合理确定雨水集蓄及利用方案。

【要点说明】对年平均降雨量在 800mm 以上的多雨但缺水地区，应结合当地气候条件和住区地形、地貌等特点，除采取措施增加雨水渗透量外，还应建立完善的雨水收集、处理、贮存、利用等配套设施，对屋顶雨水和其他非渗透地面地表径流雨水进行收集、利用。雨水收集利用系统应设置雨水初期弃流装置和雨水调节池，收集利用系统可与小区或住区水景设计相结合。可优先选用暗渠收集雨水，根据用水对象，对所收集的雨水进行单独人工处理或进入住区中水处理系统，处理后的雨水水质应达到相应用途的水质标准，宜优先考虑用于室外的绿化、景观用水。

雨水处理方案及技术应根据当地实际情况，经多方案比较后确定。雨水单独处理宜采用渗水槽系统，渗水槽内宜装填砾石或其他滤料；南方气候适宜地区可选用氧化塘、人工湿地等自然净化系统，并结合当地的气候特点等，选用本地的一些水生植物或挺水类植物。

【评价方法】查阅竣工图纸、设计说明书等。

4.3.11　非传统水源利用率不低于10%。

【要点说明】非传统水源利用率是指采用再生水、雨水等非传统水源代替市政自来水供给景观、绿化、冲厕等杂用的水量占总用水量的百分比。

其计算见公式(2)，其中非传统水源设计或实际使用量可通过公式(3)计算。

$$R_u = \frac{W_u}{W_t} \times 100\% \tag{2}$$

$$W_u = W_R + W_r + W_s + W_o \tag{3}$$

式中：R_u——非传统水源利用率，%；

W_u——非传统水源设计使用量（规划设计阶段）或实际使用量（运行阶段），m^3/a；

W_t——设计用水总量（规划设计阶段）或实际用水总量（运行阶段），m^3/a；

W_R——再生水设计利用量（规划设计阶段）或实际利用量（运行阶段），m^3/a；

W_r——雨水设计利用量（规划设计阶段）或实际利用量（运行阶段），m^3/a；

W_s——海水设计利用量（规划设计阶段）或实际利用量（运行阶段），m^3/a；

W_o——其他非传统水源利用量（规划设计阶段）或实际利用量（运行阶段），m^3/a。

考虑绿化、道路浇洒、汽车用水等，居住区应有10%以上的室外用水能用再生水等非传统水源来代替。因此，对无论只有冲厕或只有室外采用非传统水源的住宅建筑，若不考虑非传统水源的原水的量，其非传统水源利用率都能达到10%。

【评价方法】查阅设计说明书以及运行数据报告（用水量记录报告）等。

优选项

4.3.12　非传统水源利用率不低于30%。

【要点说明】根据《建筑中水设计规范》(GB50336—2002)可知，住宅冲厕用水占20%以上，这部分用水若全部采用再生水和(或)雨水（沿海严重缺水地区还可采用海水），而且只考虑室内冲厕采用再生水等非传统水源，则非传统水源利用率在20%以上；若室内与室外均采用，则利用率不低于30%。

若非传统水源采用集中再生水或海水，利用率达到10%和30%是没问题的。若非传统水源采用居住小区的建筑再生水，因为住宅建筑的沐浴、盥洗用水占到40%以上，只收集优质杂排水作为再生水源，经处理后能满足10%的利用率要求。若也考虑到冲厕，收集杂排水经处理再生后，能满足30%利用率要求。若考虑室外杂用，则只收集雨水和部分优质杂排水就能满足10%的利用率要求。若也考虑冲厕等室内杂用，收集雨水和优质杂排水或杂排水就能满足30%的利用率要求。

【评价方法】查阅设计说明书以及运行数据报告（用水量记录报告）等。

4.4　节材与材料资源利用

控制项

4.4.1　建筑材料中有害物质含量符合现行国家标准GB18580～GB18588和《建筑材料放射性核素限量》(GB6566)的要求。

【要点说明】装饰装修材料主要包括石材、人造板及其制品、建筑涂料、溶剂型木器涂料、胶粘剂、木制家具、壁纸、聚氯乙烯卷材地板、地毯、地毯衬垫及胶粘剂等。装饰装修材料中的有害物质是指甲醛、挥发性有机物(VOC)、苯、甲苯、二甲苯以及游离甲苯二异氰酸酯及放射性核素等。装饰装修材料中的有害物质以及石材和用工业废渣生产的建筑装饰材料中的放射性物质会对人体健康造成损害。绿色建筑选用的装饰装修材料和建筑材料中的有害物质含量必须符合相关标准要求。

【评价方法】查阅由国家认证认可监督管理委员会授权的具有资质的第三方检验机构出具的产品检验报告。

4.4.2 建筑造型要素简约,无大量装饰性构件。

【要点说明】建筑是艺术和技术的综合体,但是为片面追求美观而以巨大的资源消耗为代价,不符合绿色建筑的基本理念。在设计中应控制造型要素中没有功能作用的装饰构件的应用。应用没有功能作用的装饰构件主要有:①不具备遮阳、导光、导风、载物、辅助绿化等作用的飘板、格栅和构架等,且作为构成要素在建筑中大量使用;②单纯为追求标志性效果,在屋顶等处设立塔、球、曲面等异形构件;③女儿墙高度超过规范要求2倍以上;④不符合当地气候条件,并非有利于节能的双层外墙(含幕墙)的面积超过外墙总面积的20%。

【评价方法】查阅竣工图纸及现场核实。

一般项

4.4.3 施工现场500km以内生产的建筑材料重量占建筑材料总重量的70%以上。

【要点说明】建材本地化是减少运输过程的资源和能源消耗、降低环境污染的重要手段之一。提高本地材料使用率还可促进当地经济发展。作为绿色建筑应鼓励使用当地生产的建筑材料,提高就地取材制成的建筑产品所占比例。

【评价方法】查阅工程决算材料清单,清单中要标明材料生产厂家的名称、地址,以此清单计算工程所用建筑材料中500km范围内生产的建筑材料的重量以及建筑材料总重量,两者比值要求不小于70%。

4.4.4 现浇混凝土采用预拌混凝土。

【要点说明】由于烧结黏土砖以消耗大量土地资源而被国家列为禁止和限制使用的产品,因此今后相当长时间内,我国建筑结构形式主要为钢筋混凝土结构。与现场搅拌混凝土相比,采用预拌混凝土能够保证混凝土质量,强度保证率可达95%以上;能够减少施工现场噪声和粉尘污染;能够减少材料损耗和节约水泥的包装纸袋对森林资源的消耗。现阶段我国大力提倡和推广使用预拌混凝土,国家有关部门发布一系列关于禁止在城市城区现场搅拌混凝土的文件,明确规定禁止城市城区现场搅拌混凝土。绿色建筑提倡和推广使用预拌混凝土。

【评价方法】查阅施工单位提供的混凝土工程总用量清单及混凝土搅拌站提供的预拌混凝土供货单中预拌混凝土使用量。

4.4.5 建筑结构材料合理采用高性能混凝土、高强度钢。

【要点说明】在绿色建筑中合理采用耐久性和节材效果好的建筑结构材料。高性能混凝土、高强度钢等结构材料在耐久性和节材方面具有明显优势。对于建筑工程而言,使用耐久性好的材料是最大节约措施。高性能混凝土、高强度钢本身具有显著的节材效果。混凝土如果能采用C30～C40强度等级，部分建筑达到C80，则可以在目前混凝土消耗量水平上节约30%左右；如果将钢筋混凝土的主导受力钢筋强度提高到400～500N/mm^2，则可以在目前用钢量水平上节约10%左右。同时，使用高性能混凝土、高强度钢还可以解决建筑结构中肥梁胖柱问题，增加建筑使用面积。因此，钢筋混凝土主体结构中合理地使用HRB400级以上的钢筋和强度满足设计要求的高性能混凝土。

【评价方法】查阅材料决算清单中钢筋混凝土使用情况和施工记录中有关混凝土配合比报告单和具有资质的第三方检验机构出具的混凝土检验报告（必须有耐久性指标）。

4.4.6 将建筑施工、旧建筑拆除和场地清理时产生的固体废弃物分类处理，并将其中可再利用材料、可再循环材料回收和再利用。

【要点说明】施工过程中，应最大限度利用建设用地内拆除的或其他渠道收集得到的旧建筑材料，以及建筑施工和现场清理时产生的废弃物，延长其使用期，达到节约原材料、减少废物、降低由于更新所需材料的生产及运输对环境的影响的目的。施工所产生的垃圾、废弃物，应在现场进行分类处理是回收利用废弃物的关键和前提。可再生利用材料在建筑中重新利用，可再循环材料通过再生利用企业进行回收、加工，最大限度地避免废弃物污染、随意遗弃。施工单位需编制专门的建筑施工废物管理规划，包括寻找折价处理物品的市场销路；制定设计拆毁、废品与折价处理和回收的计划和方法，包括废物统计；提供废物回收、折价处理和再利用的费用等内容。规划中需确认的回收物包括纸板、金属、混凝土砌块、沥青、现场垃圾、饮料罐、塑料、玻璃、石膏板、木制品等。

【评价方法】查阅建筑施工废物管理规划和施工现场废弃物回收利用记录。

4.4.7 在建筑设计选材时考虑使用材料的可再循环使用性能。在保证安全和不污染环境的情况下，可再循环材料使用重量占所用建筑材料总重量的10%以上。

【要点说明】建筑中可再循环材料包括两部分内容，一是使用的材料本身就是可再循环材料；二是建筑拆除时能够被再循环利用的材料。可循环材料主要包括金属材料（钢材、铜）、玻璃、铝合金型材、石膏制品、木材等。不可降解的建筑材料如聚氯乙烯（PVC）等材料不属于可循环材料范围。充分使用可再循环材料可以减少生产加工新材料带来的资源、能源消耗和环境污染，对建筑的可持续性具有非常重要的意义。

【评价方法】查阅工程决算材料清单中有关材料的使用数量。

4.4.8 土建与装修工程一体化设计施工，不破坏和拆除已有的建筑构件及设施。

【要点说明】土建和装修一体化设计施工，要求建筑师对土建和装修同样设计，施工单位对土建和装修一体化设计施工，可以事先统一进行建筑构件上的孔洞预留和装修面层固定件的预埋，避免在装修施工阶段对已有建筑构件打凿、穿孔，既保证结构安全性，又减少噪声和建筑垃圾；一体化设计施工还可减少扰民，减少材料消耗，并降低装修成本。土建与装修工程一体化设计施工需要业主、设计方及施工方的通力合作。

【评价方法】查阅土建与装修一体化证明材料（必要时应该核查施工图及施工的实际工作量清单）和现场核查。

4.4.9 在保证性能的前提下，使用以废弃物为原料生产的建筑材料，其用量占同类建筑材料的比例不低于30%。

【要点说明】可再循环建筑材料是指使用废弃物生产的建筑材料。废弃物主要包括建筑废弃物、工业废弃物和生活废弃物,可作为原材料用于生产绿色建材产品。在满足使用性能的前提下,鼓励使用利用建筑废弃物再生骨料制作的混凝土砌块、水泥制品和配置再生混凝土;鼓励使用利用工业废弃物、农作物秸秆、建筑垃圾、淤泥为原料制作的水泥、混凝土、墙体材料、保温材料等建筑材料;鼓励使用生活废弃物经处理后制成的建筑材料。

为保证废弃物使用达到一定的数量要求,本条规定使用废弃物生产的建筑材料的重量占同类建筑材料的总重量比例不低于30%。

【评价方法】查阅工程决算材料清单中有关材料的使用数量。

优选项

4.4.10 采用资源消耗和环境影响小的建筑结构体系。

【要点说明】不同类型与功能特点的建筑,采用不同结构体系和材料,对资源、能源耗用量及对环境的冲击存在显著差异。当前我国住宅建筑结构体系主要有砖－混凝土预制板混合结构、现浇钢筋混凝土框架结构和框架－剪力墙结构。近年来,轻钢结构有一定发展。砖混结构占主导地位,约占整个结构体系的70%,钢结构建筑所占比重不到5%。砖混结构、钢筋混凝土结构体系所用材料在生产过程中大量使用黏土、石灰石等不可再生资源、对资源消耗极大,同时会排放大量二氧化碳等污染物。

绿色建筑从节约资源和环境保护要求出发,在保证安全、耐久前提下,尽量选用资源消耗和环境影响小的建筑结构体系,主要包括钢结构体系、砌体结构体系及木结构体系。钢铁、铝材的循环利用性好,而且回收处理后仍可再利用。由工业废弃物制作的建筑砌块本身自重轻,不可再生资源消耗小,形成工业废弃物的资源化循环利用体系。木材是一种可持续的建材,但需要以森林的良性循环为支撑,在技术经济允许条件下,利用从森林资源已形成良性循环的国家进口的木材是可以鼓励的。因此,因地制宜地采用轻钢结构体系、砌体结构体系和木结构体系等建筑结构体系是十分必要的。

【评价方法】查阅设计文件。

4.4.11 可再利用建筑材料的使用率大于5%。

【要点说明】绿色建筑应延长还具有使用价值的建筑材料的使用周期,重复使用材料,降低材料生产的资源、能源消耗和材料运输对环境造成的影响。可再利用材料是指在不改变所回收物质形态的前提下进行材料的直接再利用,或经过再组合、再修复后再利用的材料。可再利用材料包括砌块、砖石、管道、板材、木地板、木制品(门窗)、钢材、钢筋、部分装饰材料等。评价时,开发商需提供工程决算材料清单,计算使用可再生材料的重量及工程建筑材料的总重量,二者比值即为可再利用材料的使用率。

【评价方法】查阅工程决算材料清单中有关材料的使用数量。

4.5 室内环境质量

控制项

4.5.1 每套住宅至少有1个居住空间满足日照标准的要求。当有4个及4个以上居住空间时,至少有2个居住空间满足日照标准的要求。

【要点说明】日照对人的生理和心理健康都是非常重要的,但是住宅的日照又受到地理位置、朝向、外部遮挡等许多外部条件的限制,达到理想状态不是十分容易。尤其在冬季，太阳高度角比较小，楼间相互遮挡更加严重。设计绿色住宅时，应注意楼的朝向、楼与楼之间距离和相对位置、楼内平面的布置，通过精心的计算调整，使居住空间能够获得充足的日照。

【评价方法】审核设计图纸和日照模拟计算报告。

4.5.2 卧室、起居室（厅）、书房、厨房设置外窗，房间的采光系数不低于现行国家标准《建筑采光设计标准》（GB/T50033）的规定。

【要点说明】充足的天然采光和自然通风有利于居住者的生理、心理健康，同时也有利于降低人工照明能耗。作为绿色建筑满足国家标准《建筑采光设计标准》（GB/T50033—2001）规定的居住建筑各类房间的采光系数最低值是必须的。

【评价方法】审核设计图纸和日照模拟计算报告。

4.5.3 对建筑围护结构采取有效的隔声、减噪措施。卧室、起居室的允许噪声级在关窗状态下白天不大于45dB（A），夜间不大于35dB（A）。楼板和分户墙的空气声计权隔声量不小于45dB，楼板的计权标准化撞击声声压级不大于70dB。户门的空气声计权隔声量不小于30dB；外窗的空气声计权隔声量不小于25dB，沿街时不小于30dB。

【要点说明】住宅应该给居住者提供一个安静的环境，但是现代城市中绝大多数住宅均处于比较嘈杂的外部环境中，尤其是临街住宅，交通噪声影响较为严重，因此需要设计者在住宅建筑围护构造上采取有效的隔声、降噪措施，如尽可能使卧室和起居室远离噪声源，沿街使用隔声性能好的窗户等。作为绿色建筑卧室、起居室的允许噪声级相当于国家标准《民用建筑隔声设计规范》（GBJ118—88）中较高水平。楼板、分户墙、外窗和户门声学要求均是为满足卧室、起居室的允许噪声级要求所必要的水平。

【评价方法】查阅设计图纸或检测报告。

4.5.4 居住空间能自然通风，通风开口面积在夏热冬暖和夏热冬冷地区不小于该房间地板面积的8%，在其他地区不小于5%。

【要点说明】自然通风可以提高居住者舒适感，有助于健康。在室外气象条件良好的条件下，加强自然通风还有助于缩短空调设备运行时间，降低空调能耗，绿色建筑应特别强调自然通风。

住宅建筑能否获取足够的自然通风与通风开口面积的大小密切相关，一般情况下，当通风开口面积与地板面积之比不小于5%时，房间可以获得比较好的自然通风；基于南方气候特点，夏热冬暖和夏热冬冷地区，通风开口面积与地板面积之比不小于8%。

自然通风的效果不仅与开口面积与地板面积比有关，还与通风开口之间的相对位置密切相关，应考虑通风开口位置，尽量使之有利于形成“穿堂风”。

【评价方法】审核通风模拟计算报告、设计图纸和现场核实。

4.5.5 室内游离甲醛、苯、氨、氡和TVOC等空气污染物浓度符合现行国家标准《民用建筑室内环境污染控制规范》（GB50325）的规定。

【要点说明】室内空气污染造成的健康问题近年来得到广泛关注。轻微的反应包括眼睛、鼻子及呼吸道刺激和头疼、头昏眼花及身体疲乏；严重的有可能导致呼吸器官疾病，甚至心脏疾病及癌症等。为此，《民用建筑室内环境污染控制规范》（GB50325—2001）列出危害人体健康的游离甲醛、苯、氨、氡和TVOC五类空气污染物。并对其活度、浓度提出控制要求和措施，从而保证人们的身体健康。作为绿色建筑满足此规定是必须的。

【评价方法】审核检测报告。

一般项

4.5.6　居住空间开窗具有良好的视野，且避免户间居住空间的视线干扰。当1套住宅设有2个及2个以上卫生间时，至少有1个卫生间设有外窗。

【要点说明】住宅的窗户除有自然通风和自然采光的功能外，还具有视觉上沟通内外的作用，良好的视野有助于居住者心情舒畅。现代城市中的住宅大多成排成片建造，住宅之间的距离一般不会很大，因此应该进行精心设计，尽量避免前后左右不同住户间的居住空间的视线干扰。卫生间是住宅内部的一个空气污染源，卫生间开设外窗有利于污浊空气的排放，但是套内空间的平面布置常常很难保证卫生间一定能靠外墙。故而规定一套住宅有多个卫生间的情况，应至少有1个卫生间开设外窗。

【评价方法】查阅设计图纸和现场核实。

4.5.7　屋面、地面、外墙和外窗的内表面在室内温、湿度设计条件下无结露现象。

【要点说明】外围护结构内表面出现结露会造成居民生活不便，严重时会导致霉菌的滋生，影响室内卫生条件。《民用建筑热工设计规范》(GB50176—93)提出外围护结构内表面不能产生结露现象。绿色建筑应为居住者提供一个良好的室内环境，基于此，在室内温、湿度设计条件下不应产生结露现象。导致结露除空气过分潮湿外，表面温度过低是直接原因。一般情况下，住宅外围护结构大面积出现结露的可能性不大，多数出现在热桥部位。作为绿色建筑在设计和建造过程中，应核算可能结露的热桥部位内表面温度是否高于露点温度，采取措施防止在室内温、湿度设计条件下产生结露现象。

【评价方法】查阅设计图纸、计算书和现场核实。

4.5.8　在自然通风条件下，房间的屋顶和东、西外墙内表面的最高温度满足现行国家标准《民用建筑热工设计规范》(GB50176)的要求。

【要点说明】房间的屋顶和外墙内表面温度高低直接影响室内人员舒适，控制屋顶和外墙内表面温度不致过高，可使住户少开空调多通风，有利于提高室内热舒适度水平，同时降低空调能耗。基于此，《民用建筑热工设计规范》(GB50176—93)对自然通风条件下屋顶和东、西外墙内表面温度应满足的隔热控制指标做出具体规定。

【评价方法】审核设计图纸和计算书。

4.5.9　设采暖或空调系统(设备)的住宅，运行时用户可根据需要对室温进行调控。

【要点说明】从舒适、节能和收费服务角度，设置采暖或空调系统(设备)的住宅，用户应能自主调节室温。

【评价方法】查阅设计图纸和现场核实。

4.5.10　采用可调节外遮阳装置，防止夏季太阳辐射透过窗户玻璃直接进入室内。

【要点说明】夏季强烈的阳光透过窗户玻璃照到室内会引起居住者的不舒适感，同时还会大幅度增大空调负荷。窗户内侧设置窗帘在住宅中普遍采用，但内窗帘在遮挡直射阳光的同时常常也遮挡了散射光线、影响室内的自然采光，而且内窗帘对减少由阳光直接进入室内而产生的空调负荷作用不大。在窗户外面设置一种可调节的遮阳装置，可以根据需要调节遮阳装置的位置，防止夏季强烈的阳光透过玻璃直接进入室内，提高居住者的舒适感,同时显著降低夏季空调负荷。外遮阳强调可调节原因在于冬季和夏季居住者对透过窗户进入室内的阳光需求是截然相反的,而固定外遮阳(如窗口上沿的遮阳板)无法很好地适应这种相反的需求。可调节外遮阳应注重可靠、耐久和美观。

【评价方法】查阅设计图纸和现场核实。

4.5.11 设置通风换气装置或室内空气质量监测装置。

【要点说明】通风换气是降低室内空气污染的有效措施,设置通风换气系统有利于引入室外新鲜空气,排出室内混浊气体,保证室内空气质量,满足人体的健康要求。为满足人体正常生理需求,要求新风量达到每人每小时 $30m^3$。室内空气质量监测装置能自动监测室内空气质量,主要是测定二氧化碳浓度,具有报警提示功能。

【评价方法】查阅有关设计文件和现场核实。

优选项

4.5.12 卧室、起居室(厅)使用蓄能、调湿或改善室内空气质量的功能材料。

【要点说明】卧室、起居室(厅)使用蓄能、调湿或改善室内空气质量的功能材料有利于降低采暖空调能耗,改善室内环境。目前较为成熟的这类功能性材料包括空气净化功能纳米复相涂覆材料、产生负离子功能材料、稀土激活保健抗菌材料、湿度调节材料、温度调节材料等。

【评价方法】查阅有关设计文件、产品检测报告和现场核实。

4.6 运营管理

控制项

4.6.1 制定并实施节能、节水、节材与绿化管理制度。

【要点说明】物业管理公司应提交节能、节水、节材与绿化管理制度,并说明实施效果。节能管理制度主要包括:业主和物业共同制定节能管理模式;分户、分类的计量与收费;建立物业内部的节能管理机制;节能指标达到设计要求。节水管理制度主要包括:按照高质高用、低质低用的梯级用水原则,制定节水方案;采用分户、分类的计量与收费;建立物业内部的节水管理机制;节水指标达到设计要求。耗材管理制度主要包括:建立建筑、设备、系统的维护制度,减少因维修带来的材料消耗;建立物业耗材管理制度,选用绿色材料。绿化管理制度主要包括:对绿化用水进行计量,建立并完善节水型灌溉系统;规范杀虫剂、除草剂、化肥、农药等化学药品的使用,有效避免对土壤和地下水环境的损害。

【评价方法】查阅物业管理公司节能、节水、节材与绿化管理文档、日常管理记录,进行现场考察和用户抽样调查。

4.6.2 住宅水、电、燃气分户、分类计量与收费。

【要点说明】住宅用户水、电、燃气分户、分类计量与收费对于建设节约型社会具有重大意义。

【评价方法】现场核实和用户抽样调查。

4.6.3 制定垃圾管理制度,对垃圾物流进行有效控制,对废品进行分类收集,防止垃圾无序倾倒和二次污染。

【要点说明】首先要考虑垃圾收集、运输等整体系统的合理规划,如果设置小型有机厨余垃圾处理设施,应考虑其布置的合理性。其次物业管理公司应提交垃圾管理制度,并说明实施效果。垃圾管理制度包括垃圾管理运行操作手册、管理设施、管理经费、人员配备及机构分工、监督机制、定期的岗位业务培训和突发事件的应急反应处理系统等。

【评价方法】查阅垃圾管理制度与垃圾收集、运输等整体规划和现场核实。

4.6.4 设置密闭的垃圾容器,并有严格的保洁清洗措施,生活垃圾采用袋装化存放。

【要点说明】垃圾容器一般设在居住单元出入口附近隐蔽的位置,其数量、外观色彩及标志应符合垃圾分类收集的要求。垃圾容器分为固定式和移动式两种,其规格应符合国家有关标准。垃圾容器应选择美观与功能兼备、且与周围景观相协调的产品,要求坚固耐用,不易倾倒。一般可采用不锈钢、木材、石材、混凝土、GRC、陶瓷材料制作。

【评价方法】现场核实。

一般项

4.6.5 垃圾站(间)设冲洗和排水设施。存放垃圾及时清运,不污染环境,不散发臭味。

【要点说明】重视垃圾站(间)的景观美化及环境卫生问题,用以提升生活环境的品质。垃圾站(间)设冲洗和排水设施,存放垃圾及时清运、不污染环境、不散发臭味。

【评价方法】现场考察和用户抽样调查。

4.6.6 智能化系统定位正确,采用的技术先进、实用、可靠,达到安全防范子系统、管理与设备监控子系统与信息网络子系统的基本配置要求。

【要点说明】结合小区实际情况,参照行业标准《居住区智能化系统配置与技术要求》(GJ/T174—2003)中所列举的基本配置,进行安全防范子系统、管理与设备监控子系统和信息网络子系统的建设。

【评价方法】查阅智能化系统验收报告,现场考察各系统和进行用户抽样调查。

4.6.7 采用无公害病虫害防治技术,规范杀虫剂、除草剂、化肥、农药等化学药品的使用,有效避免对土壤和地下水环境的损害。

【要点说明】病虫害的发生和蔓延,将直接导致树木生长质量下降,破坏生态环境和生物多样性,应加强预测预报,严格控制病虫害的传播和蔓延。增强病虫害防治工作的科学性,要坚持生物防治和化学防治相结合的方法,科学使用化学农药,大力推行生物制剂、仿生制剂等无公害防治技术,提高生物防治和无公害防治比例,保证人畜安全,保护有益生物,防止环境污染,促进生态可持续发展。

【评价方法】查阅化学药品的进货清单与使用记录和现场核实。

4.6.8 栽种和移植的树木成活率大于90%,植物生长状态良好。

【要点说明】对行道树、花灌木、绿篱定期修剪,草坪及时修剪。及时做好树木病虫害预测、预防工作,做到树木无暴发性病虫害,保持草坪、地被的完整,保证树木有较高的成活率。老树木成活率达98%,新栽树木成活率达85%以上。发现危树、枯死树木及时处理。

【评价方法】现场核实和用户调查。

4.6.9 物业管理部门通过ISO14001环境管理体系认证。

【要点说明】ISO14000系列标准是国际标准化组织ISO/TC207负责起草的一份国际标准。ISO14000是一个系列的环境管理标准,包括环境管理体系、环境审核、环境标志、生命周期分析等国际环境管理领域内的许多焦点问题,旨在指导各类组织(企业、公司)取得表现正确的环境行为。ISO给14000系列标准共预留100个标准号。该系列标准共分七个系列,其编号为ISO14001—14100。

ISO14001标准是ISO14000系列标准的龙头标准,也是唯一可供认证使用的标准。物业管理部门通过ISO14001环境管理体系认证,是提高环境管理水平的需要。可以达到节约能源,降低消耗,减少环保支出,降低成本的目的,可以减少由于污染事故或违反法律、法规所造成的环境风险。同时物业管理具有完善的管理措施,定期进行物业管理人员的培训。

【评价方法】查看物业管理公司的资质证书。

4.6.10 垃圾分类收集率(实行垃圾分类收集的住户占总住户数的比例)达90%以上。

【要点说明】垃圾分类收集是在源头将垃圾分类投放,并通过分类的清运和回收使之分类处理或重新变为资源。垃圾分类收集有利于资源回收利用,同时便于处理有毒有害物质,减少垃圾的处理量,减少运输和处理过程中的成本。垃圾分类收集率是实行垃圾分类收集的住户占总住户数的比例。本条要求垃圾分类收集率达90%以上。许多发达国家垃圾资源回收产业在产业结构中占有重要位置,甚至以法律形式约束人们必须分类放置垃圾。

【评价方法】现场核实和用户抽样调查。

4.6.11 设备、管道的设置便于维修、改造和更换。

【要点说明】建筑中设备、管道的使用寿命普遍短于建筑结构寿命,因此各种设备、管道的布置应方便将来的维修、改造和更换。可通过将管井设置在公共部位等措施,减少对住户的干扰。属于公共使用功能的设备、管道应设置在公共部位,以便于日常维修与更换。

【评价方法】查阅有关设备、管道的设计文件并现场核实。

优选项

4.6.12 对可生物降解垃圾进行单独收集或设置可生物降解垃圾处理房。垃圾收集或垃圾处理房设有风道或排风、冲洗和排水设施,处理过程无二次污染。

【要点说明】处理生活垃圾的方法主要有卫生填埋、焚烧、生物处理。由于有机厨余垃圾的生物处理具有减量化、资源化效果好的特点,因而得到一定的推广应用,有机厨余垃圾生物降解是多种微生物共同协同作用的结果,将筛选到的有效微生物菌群,接种到有机厨余垃圾中,通过好氧和厌氧联合处理工艺降解生活垃圾是垃圾生物处理的发展趋势之一。其前提条件是实行垃圾分类,以提高生物处理垃圾中有机物的含量。

【评价方法】查阅有关垃圾处理房的设计文件并现场核实。

5 公共建筑

5.1 节地与室外环境

控制项

5.1.1 场地建设不破坏当地文物、自然水系、湿地、基本农田、森林和其他保护区。

参照《标准》4.1.1条要点说明和评价方法。

5.1.2 建筑场地选址无洪灾、泥石流及含氡土壤的威胁,建筑场地安全范围内无电磁辐射危害和火、爆、有毒物质等危险源。

参照《标准》4.1.2条要点说明和评价方法。

5.1.3　不对周边建筑物带来光污染，不影响周围居住建筑的日照要求。

【要点说明】项目建设不对周边环境产生影响，是绿色建筑的基本原则之一。对于公建而言，要避免其建筑布局或体型不能对周边环境产生不利影响，特别需要避免对周围环境的光污染及对周围居住建筑的日照遮挡。公共建筑多采用玻璃幕墙，当直射阳光和天空扩散光照射时，会产生反射光及眩光，进而可能造成道路安全隐患；沿街两侧的高层建筑同时采用玻璃幕墙时，由于大面积玻璃幕墙出现多次镜面反射，造成光的混乱和干扰，对居民住宅、行人和车辆行驶都有害，应加以避免。此外，公共建筑周边如有居住建筑，应避免过多遮挡，以保证其满足日照标准的要求。

【评价方法】图纸审核及运行后的现场核查。

5.1.4　场地内无排放超标的污染源。

【要点说明】建设项目场地周围不应存在污染物排放超标的污染源，主要包括油烟未达标的厨房、车库、超标排放的燃煤锅炉房、垃圾站、垃圾处理场及其他工业项目等；否则会污染场地范围内大气环境，影响人们的室内外工作活动，与绿色建筑理念相悖。

【评价方法】审核环评报告，并在运行后进行现场核实。

5.1.5　施工过程中制定并实施保护环境的具体措施，控制由于施工引起各种污染以及对场地周边区域的影响。

参照《标准》4.1.8 条要点说明和评价方法。

一般项

5.1.6　场地环境噪声符合现行国家标准《声环境噪声质量标准》(GB3096)的规定。

【要点说明】对于公共建筑而言，应根据其类型划分，分别满足国家的《声环境噪声质量标准》(GB3096—2008)规定的环境噪声标准。要求对场地周边的噪声现状进行检测，并对规划实施后的环境噪声进行预测。当拟建噪声敏感建筑不能避免临近交通干线，或不能远离固定的设备噪声源时，就需要采取措施来降低噪声干扰。对于交通干线两侧区域，尽管满足了区域环境噪声的要求：白天 $L_{Aeq} \leq 70$dB(A)，夜间 $L_{Aeq} \leq 55$dB(A)，并不意味着临街的公共建筑的室内就安静了，仍需要在围护结构如临街外窗方面采取隔声措施。

【评价方法】审查环评报告及运行后的现场检测报告。

5.1.7　建筑物周围人行区风速低于 5m/s，不影响室外活动的舒适性和建筑通风。

参照《标准》4.1.13 条要点说明和评价方法。

5.1.8　合理采用屋顶绿化、垂直绿化等方式。

【要点说明】绿化是城市环境建设的重要内容，是改善生态环境和提高生活质量的重要内容。为了大力改善城市生态质量，提高城市绿化景观环境质量，建设用地内的绿化应避免大面积的纯草地，鼓励进行屋顶绿化和墙面绿化等方式。这样既能切实地增加绿化面积，提高绿化在二氧化碳固定方面的作用，改善屋顶和墙壁的保温隔热效果，又可以节约土地。

【评价方法】审核建筑设计和景观设计文档并现场核实。

5.1.9　绿化物种选择适宜当地气候和土壤条件的乡土植物，且采用包含乔、灌木的复层绿化。

参照《标准》4.1.14 条要点说明和评价方法。

5.1.10　场地交通组织合理，到达公共交通站点的步行距离不超过500m。

【要点说明】机动车，特别是小汽车的迅速增长，给城市带来行车拥堵、停车难的问题。对具有大量人流和短时间集散特性的建筑，为了保证各类人员顺畅方便地进出，要求将大量人群与少量使用专用车辆的特殊人群按照人车分行的原则组织各自的交通系统。同时，倡导以步行、公交为主的出行模式，在公共建筑的规划阶段应重视其主要出入口的设置方位，接近公交站点。

【评价方法】审核场地的道路组织和到达公交站点的步行距离是否达标。

5.1.11　合理开发利用地下空间。

参照《标准》4.1.17条要点说明和评价方法。

优选项

5.1.12　合理选用废弃场地进行建设。对已被污染的废弃地，进行处理并达到有关标准。

参照《标准》4.1.18条要点说明和评价方法。

5.1.13　充分利用尚可使用的旧建筑，并纳入规划项目。

参照《标准》4.1.10条要点说明和评价方法。

5.1.14　室外透水地面面积比大于等于40%。

参照《标准》4.1.16条要点说明和评价方法。

5.2　节能与能源利用

控制项

5.2.1　围护结构热工性能指标符合国家批准或备案的公共建筑节能标准的规定。

【要点说明】公共建筑（特别是大型商场、高档旅馆酒店、高档办公楼等）的全年能耗中，50%～60%消耗于空调制冷与采暖系统，20%～30%用于照明。而空调采暖能耗中，20%～50%由外围护结构传热所消耗（夏热冬暖地区约20%，夏热冬冷地区约35%，寒冷地区约40%，严寒地区约50%），基于此，对绿色公共建筑围护结构提出节能要求。

为鼓励建筑师的创造，围护结构的热工性能评判不对单个部件（如体型系数、外墙传热系数、窗墙比、幕墙遮阳系数、遮阳方式等）进行强制性规定，仅考虑其整体热工性能，即采用《公共建筑节能设计标准》（GB50189—2005）中的围护结构热工性能权衡判断法进行评判。当所设计的建筑不能同时满足公共建筑节能设计围护结构热工性能的所有规定性指标时，可通过调整设计参数并计算能耗，最终实现所设计建筑全年的空气调节和采暖能耗不大于参照建筑的能耗的目的。其中参考建筑的体形系数应与实际建筑完全相同，而热工性能要求（包括围护结构热工要求、各朝向窗墙比设定等）、各类热扰（通风换气次数、室内发热量等）和作息设定按照国家标准GB50189—2005中第4.3节的要求进行设定，且参考建筑与所设计建筑的空气调节和采暖能耗应采用同一个动态计算软件计算。如果地方公共建筑节能标准的相关条款要求高于GB50189—2005中的节能要求，则应以地方标准对建筑物围护结构热工性能进行评判。

【评价方法】审核有关设计文档和现场核实。

5.2.2　空调采暖系统的冷热源机组能效比符合现行国家标准《公共建筑节能设计标准》（GB50189）第5.4.5、5.4.8及5.4.9条规定，锅炉热效率符合第5.4.3条规定。

【要点说明】《公共建筑节能设计标准》(GB50189—2005)第5.4.3条对锅炉额定热效率的规定以及第5.4.5、5.4.8及5.4.9条对冷热源机组能效比的规定。该标准在制定时参照了强制性国家能效标准《冷水机组能效限定值及能源效率等级》(GB19577—2004)和《单元式空气调节机能效限定值及能源效率等级》(GB19576—2004),并综合考虑国家的节能政策及我国产品的发展水平,从科学合理的角度出发,制定冷热源机组的能效标准。

【评价方法】审核有关设计文档。

5.2.3 不采用电热锅炉、电热水器作为直接采暖和空气调节系统的热源。

【要点说明】合理利用能源、提高能源利用率、节约能源是我国的基本国策。高品位的电能直接用于转换为低品位的热能进行采暖或空调,热效率低,运行费用高,作为绿色建筑,应严格限制这种"高质低用"的能源转换利用方式。

考虑到一些采用太阳能供热的建筑,夜间利用低谷电进行蓄热补充,且蓄热式电锅炉不在日间用电高峰和平段时间启用,这种做法有利于减小昼夜峰谷,平衡能源利用,因此是一种宏观节能。

【评价方法】审核有关设计文档并现场核实。

5.2.4 各房间或场所的照明功率密度值不高于现行国家标准《建筑照明设计标准》(GB50034)规定的现行值。

【要点说明】按照《建筑照明设计标准》(GB50034—2004)的第6.1.2~6.1.4条规定,采用房间或场所一般照明的照明功率密度(LPD)作为照明节能的评价指标。设计者应选用发光效率高、显色性好、使用寿命长、色温适宜并符合环保要求的光源。在满足眩光限制和配光要求条件下,应采用效率高的灯具,灯具效率满足《建筑照明设计标准》(GB50034—2004)表3.3.2的规定。此外,应尽可能采用分区域分时段控制等节能手段。

【评价方法】审核建筑照明相关的设计文档。

5.2.5 新建的公共建筑,冷热源、输配系统和照明等各部分能耗进行独立分项计量。

【要点说明】公共建筑的能源消耗情况较复杂,以空调系统为例,其组成包括冷冻机、冷冻水泵、冷却水泵、冷却塔、空调箱、风机盘管等多个环节。目前各类公共建筑基本上都是一块总电表,不利于建筑各类系统设备的能耗分布,难以发现能耗不合理之处。对新建的公共建筑,要求在系统设计时必须考虑,使建筑内各耗能环节如冷热源、输配系统、照明、办公设备和热水能耗等都能实现独立分项计量,有助于分析公共建筑各项能耗水平和能耗结构是否合理,发现问题并提出改进措施,从而有效地实施建筑节能。

【评价方法】审核有关设计文档并现场核实。

一般项

5.2.6 建筑总平面设计有利于冬季日照并避开冬季主导风向,夏季利于自然通风。

【要点说明】建筑总平面设计的原则是冬季能获得足够的日照并避开主导风向,夏季则能利用自然通风并防止太阳辐射与暴风雨的袭击。虽然建筑总平面设计应考虑多方面的因素,会受到社会历史文化、地形、城市规划、道路、环境等条件的制约,但在设计之初仍需权衡各因素之间的相互关系,通过多方面分析、优化建筑的规划设计,尽可能提高建筑物在夏天的自然通风和冬季的采光效果。

【评价方法】审核有关设计文档。

5.2.7　建筑外窗可开启面积不小于外窗总面积的 30%，建筑幕墙具有可开启部分或设有通风换气装置。

【要点说明】房间有良好、合理的自然通风，一是可以显著地降低夏季房间自然室温，改善室内热环境，提高热舒适；二是可充分利用过渡季节较低的室外空气，减少房间空调设备的运行时间，节约能源。

无论在北方地区还是在南方地区，在春、秋季和冬、夏季的某些时段普遍有开窗加强房间通风的习惯，而外窗的可开启面积过小会严重影响建筑室内的自然通风效果。本条规定是为了使室内人员在较好的室外气象条件下，可通过开启外窗通风来获得热舒适性和良好的室内空气品质。

在我国南方地区，通过实测调查与计算机模拟：当室外干球温度不高于 28℃，相对湿度 80% 以下，室外风速在 1.5m/s 左右时，如果外窗的可开启面积不小于所在房间地面面积的 8%，室内大部分区域基本能达到热舒适性水平；而当室内通风不畅或关闭外窗，室内干球温度 26℃，相对湿度 80% 左右时，室内人员仍然感到有些闷热。人们曾对夏热冬暖地区典型城市的气象数据进行分析，从 5 月到 10 月，室外平均温度不高于 28℃ 的天数占每月总天数，有的地区高达 60% ~70%，最热月也能达到 10% 左右，对应时间段的室外风速大多能达到 1.5m/s 左右。因此，做好自然通风气流组织设计，保证一定的外窗可开启面积，可以减少房间空调设备的运行时间，节约能源，提高舒适性。同样，对建筑的幕墙部分提出应有可开启部分或设有通风换气设备也是为了提高幕墙建筑物室内的舒适性。

【评价方法】审核有关设计文档。

5.2.8　建筑外窗的气密性不低于现行国家标准《建筑外窗气密性能分级及其检测方法》(GB7107)规定的 4 级要求。

【要点说明】为了保证建筑的节能，抵御夏季和冬季室外空气过多地向室内渗漏，对外窗的气密性能有较高的要求。作为绿色建筑，外窗的气密性不低于现行国家标准《建筑外窗气密性分级及其检测方法》(GB/T7107—2002)规定的 4 级要求，即在 10Pa 压差下，每小时每米缝隙的空气渗透量在 0.5 ~1.5m^3 之间和每小时每平方米面积的空气渗透量在 1.5 ~4.5m^3 之间。

【评价方法】依据设计文档审核外窗产品的检测检验报告。

5.2.9　合理采用蓄冷蓄热技术。

【要点说明】蓄冷蓄热技术虽然从能源转换和利用本身来讲并不节约，但是其对于昼夜电力峰谷差异的调节具有积极的作用，满足城市能源结构调整和环境保护的要求，具有一定的政策性鼓励。为此，宜根据当地能源政策、峰谷电价、能源紧缺状况和设备系统特点等比较选择。

【评价方法】审核有关设计文档，并对系统实际运行情况进行调查。

5.2.10　利用排风对新风进行预热(或预冷)处理，降低新风负荷。

【要点说明】对空调区域排风中的能量加以回收利用可以取得很好的节能效益和环境效益。因此，设计时可优先考虑回收排风中的能量，尤其是当新风与排风采用专门独立的管道输送时，有利于设置集中的热回收装置。

【评价方法】审核有关设计文档，并对系统实际运行情况进行调查。

5.2.11 全空气空调系统采取实现全新风运行或可调新风比的措施。

【要点说明】空调系统设计时不仅要考虑设计工况，而且应考虑全年运行模式。在过渡季，空调系统采用全新风或增大新风比运行，都可以有效地改善空调区内空气的品质，大量节省空气处理所需消耗的能量，应该大力推广应用。但要实现全新风运行，设计时必须认真考虑新风取风口和新风管所需的截面积，妥善安排好排风出路，并应确保室内合理的正压值。

【评价方法】审核有关设计文档和使用说明。

5.2.12 建筑物处于部分冷热负荷时和仅部分空间使用时，采取有效措施节约通风空调系统能耗。

【要点说明】大多数公共建筑的空调系统都是按照最不利情况（满负荷）进行系统设计和设备选型的，而建筑在绝大部分时间内是处于部分负荷状况的，或者同一时间仅有一部分空间处于使用状态。面对这种部分负荷、部分空间使用条件的情况，如何采取有效的措施以节约能源，就显得至关重要。系统设计应能保证在建筑物处于部分冷热负荷时和仅部分建筑使用时，能根据实际需要提供恰当的能源供给，同时不降低能源转换效率。要实现这一目的，就必须以节约能源为出发点，区分房间的朝向，细化空调区域，分别进行空调系统的设计。同时，冷热源、输配系统在部分负荷下的调控措施也是十分必要的。

【评价方法】审核有关设计文档，并对系统实际运行情况进行调查。

5.2.13 采用节能设备与系统。通风空调系统风机的单位风量耗功率和冷热水系统的输送能效比符合现行国家标准《公共建筑节能设计标准》（GB50189）第5.3.26、5.3.27条的规定。

【要点说明】根据《公共建筑节能设计标准》（GB50189—2005）第5.3.26、5.3.27条的规定。

【评价方法】审核有关设计文档

5.2.14 选用余热或废热利用等方式提供建筑所需蒸汽或生活热水。

【要点说明】生活用能系统的能耗在整个建筑总能耗中占有不容忽视的比例。自备锅炉房来满足建筑蒸汽或生活热水，如天然气热水锅炉等，不仅对环境造成了较大污染，而且从能源转换和利用的角度而言也不符合“高质高用”的原则，不宜采用。鼓励采用市政热网、热泵、空调余热、其他废热等节能方式供应生活热水，在没有余热或废热可用时，对于蒸汽洗衣、消毒、炊事等应采用其他替代方法（如紫外线消毒等）。此外，如果设计方案中很好地实现了回收排水中的热量，以及利用如空调凝结水或其他余热废热来作为预热，可降低能源的消耗，同样也能够提高生活热水系统的用能效率。

【评价方法】审核有关设计文档，并对系统实际运行情况进行调查。

5.2.15 改建和扩建的公共建筑，冷热源、输配系统和照明等各部分能耗进行独立分项计量。

【要点说明】公共建筑各部分能耗的独立分项计量对于了解和掌握各项能耗水平和能耗结构是否合理，及时发现存在的问题并提出改进措施等具有积极的意义。但对于改建和扩建的公共建筑，有可能受到建筑原有状况和实际条件的限制，增加了分项计量实施的难度。因此，本条对于改建和扩建的公共建筑作为一般项，目的是鼓励在建筑改建和扩建时尽量考虑能耗分项计量的实施，如对原有线路进行改造等。

【评价方法】审核有关设计文档。

优选项

5.2.16 建筑设计总能耗低于国家批准或备案的节能标准规定值的80%。

【要点说明】设计建筑总能耗是指包括建筑围护结构以及采暖、通风、空调和照明用能源的总消耗。大量的调查与实测结果表明，通过建筑外窗的能耗损失是建筑能源消耗的主要途径。对于我国北方地区，外窗的传热系数与气密性对建筑采暖能耗影响很大，而在南方地区，外窗的综合遮阳系数则对建筑空调能耗具有明显的影响。

本条通过对设计建筑总能耗的限制，旨在鼓励采用新型建筑构件和其他节能技术，并改善建筑用能系统效率，提高节能效果。

【评价方法】审核有关设计文档。

5.2.17 采用分布式热电冷联供技术，提高能源的综合利用率。

【要点说明】分布式热电冷联供系统为建筑或区域提供电力、供冷、供热（包括供热水）三种需求，实现能源的梯级利用，能源利用效率可达到80%以上，大大减少固体废弃物、温室气体、氮氧化物、硫氧化物和粉尘的排放，还可应对突发事件，确保安全供电，在国际上已经得到广泛应用。我国已有少量项目应用了分布式热电冷联供技术，取得较好的社会和经济效益。

发展分布式热电冷联供技术可降低电网夏季高峰负荷，填补夏季燃气的低谷，平衡能源利用，实现资源的优化配置，是科学合理地利用能源的双赢措施。在应用分布式热电冷联供技术时，必须进行科学论证，从负荷预测、系统配置、运行模式、经济和环保效益等多方面对方案做可行性分析。

【评价方法】审核有关设计文档。

5.2.18 根据当地气候和自然资源条件，充分利用太阳能、地热能等可再生能源，可再生能源产生的热水量不低于建筑生活热水消耗量的10%，或可再生能源发电量不低于建筑用电量的2%。

【要点说明】若采用太阳能热水技术，由太阳能直接供应的热水量应达到建筑全年总热水供应量的10%以上；若采用太阳能或风力发电技术，发电量应达到建筑全年总用电量的2%以上；而对地源热泵系统的使用则不加以定量控制。

【评价方法】审核设计文档、产品型式检验报告和现场调查。

5.2.19 各房间或场所的照明功率密度值不高于现行国家标准《建筑照明设计标准》（GB50034）规定的目标值。

【要点说明】《建筑照明设计标准》（GB50034—2004）规定的照明功率密度目标值标准较高，故作为优选项。除了在保证照明质量的前提下尽量减小照明功率密度（LPD），建议采用自动控制照明方式，如：随室外天然光的变化自动调节人工照明照度；办公室采用人体感应或动静感应等方式自动开关灯；旅馆的门厅、电梯大堂和客房层走廊等场所，采用夜间定时降低照度的自动调光装置；中大型建筑，按具体条件采用集中或集散的、多功能或单一功能的照明自动控制系统。

【评价方法】审核有关设计文档并现场核实。

5.3 节水与水资源利用

控制项

5.3.1 在方案、规划阶段制定水系统规划方案，统筹、综合利用各种水资源。

【要点说明】对公共建筑除涉及室内水资源利用、给水排水系统外，还涉及室外雨、污水的排放、非传统水源利用以及绿化、景观用水等与城市宏观水环境直接相关的问题。绿色建筑的水资源利用设计应结合区域的给水排水、水资源、气候特点等客观环境状况对水环境进行系统规划，制定水系统规划方案，合理提高水资源循环利用率，减少市政供水量和污水排放量。

水系统规划方案包括用水定额的确定、用水量估算及水量平衡、给水排水系统设计、节水器具与非传统水源利用等内容。对于不同水资源状况、气候特征的地区和不同的建筑类型，水系统规划方案涉及的内容会有所不同，如不缺水地区，不一定考虑污水再生利用的内容；餐饮类公共建筑用水较单一，约90%以上的水耗用在厨房，冲厕用水很少，因此这类建筑可不考虑再生水利用。因此，水系统规划方案的具体内容要因地制宜。

公共建筑用水定额应参照国标用水定额和其他相关的用水标准规定的用水定额，并结合当地经济状况、气候条件、用水习惯、建筑类型和区域水专项规划等，根据实际情况科学、合理地确定，一般而言北方地区用水定额要比南方地区低。

雨水、再生水等利用是重要的节水措施，但宜具体情况具体分析：多雨地区应加强雨水利用，沿海缺水地区加强海水利用，内陆缺水地区加强再生水利用，而淡水资源丰富地区不宜强制实施污水再生利用，但所有地区均应考虑采用节水器具。

【评价方法】审核建筑水（环境）系统规划方案或报告。

5.3.2 设置合理、完善的供水、排水系统。

【要点说明】公共建筑给水排水系统的规划设计要符合《建筑给水排水设计规范》（GB50015—2003）的规定。管材、管道附件及设备等供水设施的选取和运行不对供水造成二次污染，而且要优先采用节能的供水系统，如采用变频供水、叠压供水（利用市政余压）系统等；高层建筑生活给水系统分区合理，低区充分利用市政供水压力，高区采用减压分区时不多于一区，每区供水压力不大于0.45MPa；要采取减压限流的节水措施，如生活给水系统入户管表前供水压力不大于0.2MPa；供水系统选用高效低耗的设备如变频供水设备、高效水泵等。

应设有完善的污水收集和污水排放等设施，靠近或在市政排水管网的公共建筑，其生活污水可排入市政污水管网与城市污水集中处理；远离或不能接入市政排水系统的污水，应进行单独处理（分散处理），还要设有完善的污水处理设施。处理后排放附近受纳水体，其水质应达到国家相关排放标准，缺水地区还应考虑回用。污水处理率应达到100%，达标排放率必须达到100%。要根据地形、地貌等特点合理规划雨水排放渠道、渗透途径或收集回用途径，保证排水渠道畅通，实行雨污分流，减少雨水受污染的几率以及尽可能地合理利用雨水资源。无论雨、污水如何收集、处理、排放，其收集、处理及排放系统都不应对周围人与环境产生负面影响。

【评价方法】查阅设计文档，并针对供水、排水水质查阅监测报告或运行数据报告。

5.3.3 采取有效措施避免管网漏损。

【要点说明】在规划设计阶段,选用管材、管道附件及设备等供水设施时要考虑在运行中不会对供水造成二次污染,鼓励选用高效低耗的设备如变频供水设备、高效水泵等。采取管道涂衬、管内衬软管、管内套管道等以及选用性能高的阀门、零泄漏阀门等措施避免管道渗漏。采用水平衡测试法检测建筑/建筑群管道漏损量,其漏损率应小于自身高日用水量的2% 。

【评价方法】查阅图纸、设计说明书等并现场核实。

5.3.4 建筑内卫生器具合理选用节水器具。

【要点说明】对办公、商场类公共建筑可选用以下节水器具:①可选用光电感应式等延时自动关闭水龙头、停水自动关闭水龙头;②可选用感应式或脚踏式高效节水型小便器和两档式坐便器,缺水地区可选用免冲洗水小便器;③极度缺水地区可选用真空节水技术。

对宾馆类公共建筑可选用以下节水器具:①客房可选用陶瓷阀芯、停水自动关闭水龙头;两档式节水型坐便器;水温调节器、节水型淋浴头等节水淋浴装置;②公用洗手间可选用延时自动关闭、停水自动关闭水龙头;感应式或脚踏式高效节水型小便器和蹲便器,缺水地区可选用免冲洗水小便器;③厨房可选用加气式节水龙头、节水型洗碗机等节水器具;④洗衣房可选用高效节水洗衣机。

【评价方法】查阅设计文档、产品说明及现场核实。

5.3.5 使用非传统水源时,采取用水安全保障措施,且不对人体健康与周围环境产生不良影响。

参照《标准》4.3.5 条要点说明和评价方法。

一般项

5.3.6 通过技术经济比较,合理确定雨水积蓄、处理及利用方案。

【要点说明】在规划设计阶段要结合场地的地形特点规划设计好雨水径流途径,包括地面雨水以及建筑屋面雨水,减少雨水受污染几率。公共活动场地、人行道、露天停车场的铺地材质,采用多孔材质,以利于雨水入渗;将雨水排放的非渗透管改为渗透管或穿孔管,兼具渗透和排放两种功能;另外,还可采用景观贮留渗透水池、屋顶花园及中庭花园、渗井、绿地等增加渗透量。

雨水处理方案及技术应根据当地实际情况,因地制宜地经多方案比较后确定。在南方多雨且缺水地区,应结合当地气候条件和建筑的地形、地貌等特点,建立完善的雨水收集、积蓄、处理、利用等配套设施,对屋顶雨水和其他非渗透地表径流雨水进行收集、利用。雨水收集利用系统应设置雨水初期弃流装置和雨水调节池,收集利用系统可与建筑群水景设计相结合。可优先选用暗渠收集雨水,处理后的雨水水质应达到相应用途的水质标准,宜用于绿化、景观、空调等用水。

【评价方法】查阅设计图纸及现场核实。

5.3.7 绿化、景观、洗车等用水采用非传统水源。

【要点说明】绿化用水采用雨水、再生水等非传统水源是节约市政供水很重要的一方面,不缺水地区宜优先考虑采用雨水进行绿化灌溉;缺水地区应优先考虑采用雨水或再生水进行灌溉。景观环境用水应结合水环境规划、周边环境、地形地貌及气候特点,提出合理的建筑水景规划方案，水景用水优先考虑采用雨水、再生水。其他非饮用用水如洗车用水、消防用水、浇洒道路用水等均可合理采用雨水等非传统水源。采用雨水、再生水等作为绿化、景观用水时，水质应达到相应标准要求，且不应对公共卫生造成威胁。

【评价方法】查阅设计说明，并现场核实。

5.3.8　绿化灌溉采用喷灌、微灌等高效节水灌溉方式。

参照《标准》4.3.8 条要点说明和评价方法。

5.3.9　非饮用水采用再生水时，利用附近集中再生水厂的再生水，或通过技术经济比较，合理选择其他再生水水源和处理技术。

参照《标准》4.3.9 条要点说明和评价方法。

5.3.10　按用途设置用水计量水表。

【要点说明】按照使用用途和水平衡测试标准要求设置水表，对厨卫用水、绿化景观用水等分别统计用水量，以便于统计每种用途的用水量和漏水量。

【评价方法】审核设计图纸并现场核实。

5.3.11　办公楼、商场类建筑非传统水源利用率不低于 20%，旅馆类建筑不低于 15%。

【要点说明】办公、商场这类公共建筑耗水特点是较单一，大部分用水用于冲厕，其余的用于盥洗。根据高质高用、低质低用的用水原则，对这类建筑较适宜采用分质供水，将再生水、雨水等用于冲厕。根据《建筑中水设计规范》(GB50336)等标准规范，冲厕用水占办公建筑用水量的 60% 以上，考虑这部分建筑可利用的循环水量较少，若冲厕、清洗中三分之一采用雨水或再生水替代，则雨水或再生水利用率可在 20% 以上。

宾馆一般都采用集中空调，其冷却水可采用再生水、雨水，沿海地区还可考虑采用海水。因此，这类公共建筑宜结合区域水资源情况及利用情况，在缺水地区可将再生水等非传统水源用在冲厕和空调冷却。根据《建筑中水设计规范》(GB50336—2002)等标准、规范，这类建筑冲厕用水至少占总用水量的 10% 以上，若再考虑空调冷却水也采用非传统水源，则非传统水源利用率不低于 15%。

【评价方法】查阅设计说明书以及运行数据报告(用水量记录报告)等。

优选项

5.3.12　办公楼、商场类建筑非传统水源利用率不低于 40%，旅馆类建筑不低于 25%。

参照《标准》5.3.11 条要点说明和评价方法。

5.4　节材与材料资源利用

控制项

5.4.1　建筑材料中有害物质含量符合现行国家标准 GB18580 ~ GB18588 和《建筑材料放射性核素限量》GB 6566 的要求。

参照《标准》4.4.1 条要点说明和评价方法。

5.4.2　建筑造型要素简约，无大量装饰性构件。

参照《标准》4.4.2 条要点说明和评价方法。

一般项

5.4.3　施工现场 500km 以内生产的建筑材料重量占建筑材料总重量的 60% 以上。

参照《标准》4.4.3 条要点说明和评价方法。

5.4.4　现浇混凝土采用预拌混凝土。

参照《标准》4.4.4 条要点说明和评价方法。

5.4.5　建筑结构材料合理采用高性能混凝土、高强度钢。

参照《标准》4.4.5 条要点说明和评价方法。

5.4.6　将建筑施工、旧建筑拆除和场地清理时产生的固体废弃物分类处理并将其中可再利用材料、可再循环材料回收和再利用。

参照《标准》4.4.6 条要点说明和评价方法。

5.4.7　在建筑设计选材时考虑材料的可循环使用性能。在保证安全和不污染环境的情况下，可再循环材料使用重量占所用建筑材料总重量的10%以上。

参照《标准》4.4.7 条要点说明和评价方法。

5.4.8　土建与装修工程一体化设计施工，不破坏和拆除已有的建筑构件及设施，避免重复装修。

参照《标准》4.4.8 条要点说明和评价方法。

5.4.9　办公、商场类建筑室内采用灵活隔断，减少重新装修时的材料浪费和垃圾产生。

【要点说明】对于办公、商场类建筑，使用者经常发生变动，室内办公设备、商品布置等相应也会发生改变，这会对建筑室内空间格局提出新的要求。为避免空间布局改变带来的多次装修和废弃物产生，此类建筑应在保证室内工作、商业环境不受影响的前提下，较多采用灵活的隔断，以减少空间重新布置时重复装修对建筑构件的破坏，节约材料。

【评价方法】现场核实。

5.4.10　在保证性能的前提下，使用以废弃物为原料生产的建筑材料，其用量占同类建筑材料的比例不低于30%。

参照《标准》4.4.9 条要点说明和评价方法。

优选项

5.4.11　采用资源消耗和环境影响小的建筑结构体系。

参照《标准》4.4.10 条要点说明和评价方法。

5.4.12　可再利用建筑材料的使用率大于5%。

参照《标准》4.4.11 条要点说明和评价方法。

5.5　室内环境质量

控制项

5.5.1　采用集中空调的建筑，房间内的温度、湿度、风速等参数符合现行国家标准《公共建筑节能设计标准》(GB50189)中的设计计算要求。

【要点说明】室内热环境是指影响人体冷热感觉的环境因素。“热舒适”是指人体对热环境的主观热反应，是人们对周围热环境感到满意的一种主观感觉，它是多种因素综合作用的结果。舒适的室内环境有助于人的身心健康，进而提高学习、工作效率；而当人处于过冷、过热环境中，则会引起疾病，影响健康乃至危及生命。

一般而言，室内温度、室内湿度和气流速度对人体热舒适感产生的影响最为显著，也最容易被人体所感知和认识；而环境辐射对人体的冷热感产生的影响很容易被人们所忽视;此外,围护结构辐射也会对室内空气温度产生直接的影响,因此引用室内温度、室内湿度、气流速度三个参数评判室内环境的人体热舒适性。根据《公共建筑节能设计标准》(GB50189—2005)中的设计计算要求,上述参数在冬、夏季分别控制在相应区间内。

【评价方法】查阅建筑房间内温度、湿度、风速的检测报告。

5.5.2 建筑围护结构内部和表面无结露、发霉现象。

【要点说明】由于围护结构中窗过梁、圈梁、钢筋混凝土抗震柱、钢筋混凝土剪力墙、梁、柱等部位的传热系数远大于主体部位的传热系数,形成热流密集通道,即为热桥。为了防止冬季采暖期间热桥内外表面温差小,内表面温度容易低于室内空气露点温度,造成围护结构热桥部位内表面产生结露;同时也避免夏季空调期间这些部位传热过大增加空调能耗。内表面结露,会造成围护结构内表面材料受潮,在通风不畅的情况下易产生霉菌,影响室内人员的身体健康。因此,应采取合理的保温、隔热措施,减少围护结构热桥部位的传热损失,防止外墙和外窗等外围护结构内表面温度过低。另外,在室内使用辐射型空调末端时,需密切注意水温的控制,避免表面结露。

【评价方法】审核建筑节能设计和系统设计资料,并现场观察。

5.5.3 采用集中空调的建筑,新风量符合现行国家标准《公共建筑节能设计标准》(GB50189)的设计要求。

【要点说明】公共建筑所需要的最小新风量应根据室内空气的卫生要求、人员的活动和工作性质,以及在室内停留时间等因素确定。卫生要求的最小新风量,公共建筑主要是对二氧化碳的浓度要求(可吸入颗粒物的要求可通过过滤等措施达到)。此外,为确保引入室内的新鲜空气,新风采气口的上风向不能有污染源;提倡新风直接入室,缩短新风风管的长度,减少途径污染。

公共建筑主要房间人员所需的最小新风量,应根据建筑类型和功能要求,参考国家标准《公共建筑节能设计标准》(GB50189—2005)、《公共场所卫生标准》(GB9663 ~ GB 9673—1996)、《饭馆(餐厅)卫生标准》(GB16153—1996)、《室内空气质量标准》(GB/T18883—2002)等标准规范确定。

【评价方法】查阅设计说明及现场检测报告。

5.5.4 室内游离甲醛、苯、氨、氡和 TVOC 等空气污染物浓度符合现行国家标准《民用建筑工程室内环境污染控制规范》(GB50325)中的有关规定。

参照《标准》4.5.5 条要点说明和评价方法。

5.5.5 宾馆和办公建筑室内背景噪声符合现行国家标准《民用建筑隔声设计规范》(GBJ118)中室内允许噪声标准中的二级要求;商场类建筑室内背景噪声水平满足现行国家标准《商场(店)、书店卫生标准》(GB9670)的相关要求。

【要点说明】室内背景噪声水平是影响室内环境质量的重要因素之一。尽管室内噪声通常与室内空气质量和热舒适度相比对人体的影响不那么显著,但其危害是多方面的,包括引起耳部不适、降低工作效率、损害心血管、引起神经系统紊乱,甚至影响视力等。

影响室内噪声的因素包括室内噪声源和室外环境影响。室内噪声主要来自室内电器,而室外环境对室内噪声的影响时间更长,影响程度更大,主要是交通噪声、建筑施工噪声、商业噪声、工业噪声、邻居噪声等。《民用建筑隔声设计规范》(GBJ118—1988)中对宾馆和办公类建筑室内允许噪声级提出了标准要求;《商场(店)、书店卫生标准》(GB9670—1996)中规定商场内背景噪声级不超过60dB(A),而出售音响的柜台背景噪声级不能超过85dB(A)。

【评价方法】审核现场检测报告。

5.5.6　建筑室内照度、统一眩光值、一般显色指数等指标满足现行国家标准《建筑照明设计标准》(GB50034)中的有关要求。

【要点说明】室内照明质量是影响室内环境质量的重要因素之一,良好的照明不但有利于提升人们的工作和学习效率,更有利于人们的身心健康,减少各种职业疾病。

良好、舒适的照明首先要求在参考平面上具有适当的照度水平,不但要满足视觉工作要求,而且要在整个建筑空间创造出舒适、健康的光环境气氛;强烈的眩光会使室内光线不和谐,使人感到不舒适,容易增加人体疲劳,严重时会觉得昏眩,甚至短暂失明眩光问题。室内照明质量的另一个重要因素是光源的显色性,人工光源对物体真实颜色的呈现程度称为光源的显色性,为了对光源的显色性进行定量的评价,引入显色指数的概念,以标准光源为准,将其显色指数定为100,其余光源的显色指数均低于100。人工光和天然光的光谱组成不同,因而显色效果也有差别。如果灯光的光色和空间色调不配合,就会造成很不相宜的环境气氛;而室内外光源的显色性相差过大也会引起人眼的不舒适、疲劳等,甚至会造成物体色判断失误等。因此,公共建筑的室内照度、统一眩光值、一般显色指数要满足《建筑照明设计标准》(GB50034—2004)中5.2节的有关规定。

【评价方法】审核现场检测报告。

一般项

5.5.7　建筑设计和构造设计有促进自然通风的措施。

【要点说明】自然通风是在风压或热压推动下的空气流动。自然通风是实现节能和改善室内空气品质的重要手段,提高室内热舒适的重要途径。因此,在建筑设计和构造设计中鼓励采取诱导气流、促进自然通风的主动措施,如导风墙、拔风井等,以促进室内自然通风的效率。

【评价方法】审核设计图纸和通风模拟报告。

5.5.8　室内采用调节方便、可提高人员舒适性的空调末端。

【要点说明】公共建筑空调末端是提供室内使用者舒适性的重要保证手段。为了杜绝不良的空调末端设计,如未充分考虑除湿的情况下采用辐射吊顶末端、宾馆类建筑采用不可调节的全空气系统等。而个性化送风末端、干式风机盘管、地板采暖等末端,用户可通过手动或自动调节来满足要求,有助于提高使用舒适性。

【评价方法】审核设计图纸和现场核实。

5.5.9　宾馆类建筑围护结构构件隔声性能满足现行国家标准《民用建筑隔声设计规范》(GBJ118)中的一级要求。

【要点说明】为了从使用功能上提高宾馆类建筑的建设质量,在该类建筑中提供安静的室内环境,并避免不同房间之间的声音干扰以及保护人们室内活动的隐私性,要求建筑围护结构的隔声性能满足一定的要求是通常使用的办法。

宾馆类建筑的围护结构分类主要包括客房与客房间隔墙、客房与走廊间隔墙(包括门)、客房外墙(包含窗),以及客房层间楼板、客房与各种有振动的房间之间的楼板,《标准》要求相关类型的围护结构的空气声隔声性能和撞击声隔声性能须分别满足《民用建筑隔声设计规范》(GBJ118—1988)中6.2.1和6.2.2条的一级以上要求。

【评价方法】审核现场检测报告。

5.5.10 建筑平面布局和空间功能安排合理,减少相邻空间的噪声干扰以及外界噪声对室内的影响。

【要点说明】公共建筑要按照有关的卫生标准要求控制室内的噪声水平,保护劳动者的健康和安全,还应创造一个能够最大限度提高员工效率的工作环境,包括声环境。这就要求在建筑设计、建造和设备系统设计、安装的过程中全程考虑建筑平面和空间功能的合理安排,并在设备系统设计、安装时就考虑其引起的噪声与振动控制手段和措施,从建筑设计上将对噪声敏感的房间远离噪声源、从噪声源开始实施控制,往往是最有效和经济的方法。

【评价方法】审核设计图纸和现场考核。

5.5.11 办公、宾馆类建筑75%以上的主要功能空间室内采光系数满足现行国家标准《建筑采光设计标准》(GB/T50033)的要求。

【要点说明】天然光环境是人们长期习惯和喜爱的工作环境。各种光源的视觉试验结果表明,在同样照度的条件下,天然光的辨认能力优于人工光,从而有利于人们工作、生活、保护视力和提高劳动生产率。公共建筑自然采光的意义不仅在于照明节能,而且为室内的视觉作业提供舒适、健康的光环境,是良好的室内环境质量不可缺少的重要组成部分。

自然采光的最大缺点就是不稳定和难以达到所要求的室内照度均匀度。在建筑的高窗位置采取反光板、折光棱镜玻璃等措施不仅可以将更多的自然光线引入室内,而且可以改善室内自然采光形成照度的均匀性和稳定性。我国大部分地区处于温带,天然光充足,为利用天然光提供了有利条件,在白天的大部分时间内都能具有充分的天然光资源可以利用。这对照明节能也具有非常重要的意义。

主要功能空间是指公共建筑内除室内交通、卫浴等外的主要使用空间。办公、宾馆类建筑75%以上的主要功能空间室内采光系数满足《建筑采光设计标准》(GB/T 50033—2001)中3.2.2~3.2.7条的要求。

【评价方法】审核设计图纸和相关分析或检测报告。

5.5.12 建筑入口和主要活动空间设有无障碍设施。

【要点说明】为了不断提高设计人员执行规范的自觉性,保证残疾人、老年人和儿童进出的方便,体现建筑整体环境的人性化,鼓励在建筑入口、电梯、卫生间等主要活动空间有无障碍设施。

【评价方法】现场考核。

优选项

5.5.13 采用可调节外遮阳,改善室内热环境。

【要点说明】可结合建筑的外立面造型采取合理的外遮阳措施,形成整体有效的外遮阳系统,可以有效地减少建筑因太阳辐射和室外空气温度通过建筑围护结构的传导得热以及通过窗户的辐射得热,对于改善夏季室内热舒适性具有重要作用。

【评价方法】现场核实。

5.5.14　设置室内空气质量监控系统，保证健康舒适的室内环境。

【要点说明】为保护人体健康，预防和控制室内空气污染，可在主要功能房间设计和安装室内污染监控系统，利用传感器对室内主要位置进行温湿度、二氧化碳、空气污染物浓度等进行数据采集和分析；也可同时检测进、排风设备的工作状态，并与室内空气污染监控系统关联，实现自动通风调节，保证室内始终处于健康的空气环境。室内污染监控系统应能够将所采集的有关信息传输至计算机或监控平台，实现对公共场所空气质量的采集、数据存储、实时报警，历史数据的分析、统计，处理和调节控制等功能，保障场所良好的空气质量。

【评价方法】审核设计资料并现场核实。

5.5.15　采用合理措施改善室内或地下空间的自然采光效果。

【要点说明】为了改善地上空间的自然采光效果，除可以在建筑设计手法上采取反光板、棱镜玻璃窗等简单措施，还可以采用导光管、光纤等先进的自然采光技术将室外的自然光引入室内的进深处，改善室内照明质量和自然光利用效果。

地下空间的自然采光不仅有利于照明节能，而且充足的自然光还有利于改善地下空间卫生环境。由于地下空间的封闭性，自然采光可以增加室内外的自然信息交流，减少人们的压抑心理等；同时，自然采光也可以作为日间地下空间应急照明的可靠光源。地下空间的自然采光方法很多，可以是简单的天窗、采光通道等，也可以是棱镜玻璃窗、导光管等技术成熟、容易维护的措施。

【评价方法】审核设计图纸并进行现场核实。

5.6　运营管理

控制项

5.6.1　制定并实施节能、节水等资源节约与绿化管理制度。

参照《标准》4.6.1 条要点说明和评价方法。

5.6.2　建筑运行过程中无不达标废气、废水排放。

【要点说明】建筑运营过程中会产生大量的废水和废气，为此需要通过选用先进的设备和材料或其他方式，通过合理技术措施和排放管理手段，杜绝建筑运营过程中废水和废气的不达标排放。

【评价方法】校对项目的环评报告并现场考察。

5.6.3　分类收集和处理废弃物，且收集和处理过程中无二次污染。

【要点说明】在建筑运行过程中会产生大量的垃圾，包括建筑装修、维护过程中出现的土、渣土、散落的砂浆和混凝土、剔凿产生的砖石和混凝土碎块，还包括金属、竹木材、装饰装修产生的废料、各种包装材料、废旧纸张等，对于宾馆类建筑还包括其餐厅产生的厨余垃圾等。这些众多种类的垃圾，如果弃之不用或不合理处理将会对城市环境产生极大的影响。为此，在建筑运行过程中需要根据建筑垃圾的来源、可否回用性质、处理难易度等进行分类，将其中可再利用或可再生的材料进行有效回收处理，重新用于生产。

【评价方法】审核物业的废弃物管理措施并现场核实。

一般项

5.6.4　建筑施工兼顾土方平衡和施工道路等设施在运营过程中的使用。

【要点说明】应对施工场地所在地区的土壤环境现状进行调查，并提出场地规划使用对策，防止土壤侵蚀、退化；施工所需占用的场地，应首先考虑利用荒地、劣地、废地。

施工中挖出的弃土堆置时，应避免流失，并应回填利用，做到土方量挖填平衡；有条件时应考虑邻近施工场地间的土方资源调配。施工场地内良好的表面耕植土应进行收集和利用。规划中考虑施工道路和建成后运营道路系统的延续性，考虑临时设施在建筑运营中的应用，避免重复建设。

【评价方法】审核施工报告，并现场考察。

5.6.5　物业管理部门通过 ISO14001 环境管理体系认证。

参照《标准》4.6.9 条要点说明和评价方法。

5.6.6　设备、管道的设置便于维修、改造和更换。

参照《标准》4.6.11 条要点说明和评价方法。

5.6.7　对空调通风系统按照国家标准《空调通风系统清洗规范》（GB19210）规定进行定期检查和清洗。

【要点说明】空调系统开启前，应对系统的过滤器、表冷器、加热器、加湿器、冷凝水盘进行全面检查、清洗或更换，保证空调送风风质符合《室内空气中细菌总数卫生标准》（GB/T17093—1997）的要求。空调系统清洗的具体方法和要求参见《空调通风系统清洗规范》（GB19210—2003）。

【评价方法】审核物业管理措施和维护记录。

5.6.8　建筑智能化系统定位合理，信息网络系统功能完善。

【要点说明】为保证建筑的安全、高效运营，要求根据国家标准《智能建筑设计标准》（GB/T50314—2006）和国家标准《智能建筑工程质量验收规范》（GB5033—2003），设置合理、完善的建筑信息网络系统，能顺利支持通信和计算机网络的应用，并运行安全可靠。

【评价方法】审查建筑信息网络系统设计文档及运行记录。

5.6.9　建筑通风、空调、照明等设备自动监控系统技术合理，系统高效运营。

【要点说明】公共建筑的空调、通风和照明系统是建筑运行中主要能耗去处。为此，绿色建筑内的空调通风系统冷热源、风机、水泵等设备应进行有效监测，对关键数据进行实时采集并记录；对上述设备系统按照设计要求进行可靠的自动化控制。对照明系统，除在保证照明质量的前提下尽量减小照明功率密度设计外，可采用感应式或延时的自动控制方式实现建筑的照明节能运行。

【评价方法】查阅设备自控系统设计文档并现场核实。

5.6.10　办公、商场类建筑耗电、冷热量等实行计量收费。

【要点说明】以往在公建中按面积收取水、电、天然气、热等的费用，往往容易导致用户不注意节能，长明灯、长流水现象处处可见，是浪费能源、资源的主要缺口之一。因此，应作为考查重点之一。要求在硬件方面，应该能够做到耗电和冷热量的分项、分级记录与计量，了解分析公共建筑各项能耗大小，发现问题所在和提出节能措施的必备手段。同时能实现按能量计量收费，这样有利于业主和用户重视节能。

【评价方法】审核物业管理措施，并抽查物业管理合同。

优选项

5.6.11　具有并实施资源管理激励机制，管理业绩与节约资源、提高经济效益挂钩。

【要点说明】管理是运行节能的重要手段，然而过去往往管理业绩不与节能、节约资源情况挂钩，因此要求物业在保证建筑的使用性能要求、投诉率要低于规定值的前提下，实现物业的经济效益与建筑用能系统的耗能状况、水和办公用品等的使用情况直接挂钩。

【评价方法】运行阶段审查业主和租用者以及管理企业之间的合同。

第五章 《蓄冷空调工程技术规程》(JGJ158—2008)内容介绍

第一节 概 述

一、编制背景

近年来,虽然电力工业有了较大的发展,但我国电力紧张的局面仍未得到根本的缓解。其中主要的原因是电网负荷率低,高峰电力严重不足,低谷电力不能充分利用。与此同时,我国的城市用电结构也不断发生变化,建筑物空调系统的负荷比例日益增加。一些大中城市中央空调的耗电量已占城市高峰用电量的20%以上,尤其是一天内用电高峰与低谷差距在不断拉大,电网运行的不均匀情况日趋严重。

蓄冷空调系统对转移电力高峰、平衡电网负荷、节能环保有极其重要的作用,因此近年在国内得到了日益广泛的应用。采用蓄冷空调系统,可以削峰填谷,减少削峰电站的建设费用与减少对环境的污染,有很好的社会效益;同时能充分利用电力差价,可为用户取得很好的经济效益。为充分利用现有电力资源,鼓励夜间使用低谷电,国家发改委与电力部门加大了实行电力峰、谷差价和推广蓄冷移峰填谷工作的力度,充分运用价格杠杆鼓励用户采用蓄冷空调,为蓄冷空调技术的推广和应用创造了更为有利的条件。但是,由于缺乏相应规范的约束,当前蓄冷空调系统的推广也呈现出很大的盲目性。为了规范蓄冷空调系统的设计、施工、调试、验收和运行管理,确保系统安全可靠的运行,特制定本规程。

二、主要内容

《规程》分六章,即:总则;术语;蓄冷空调系统的设计;蓄冷空调系统的施工安装;蓄冷空调系统的调试、检测及验收;蓄冷空调系统的运行管理。

三、主要特点

《规程》是借鉴国外现行相关标准,吸取国内外企业的先进经验,根据我国现状和应用要求而制定的。规程的主要特点包括:

(1)涵盖蓄冷空调工程的设计、施工、调试、检测、验收及运行管理等内容,并且侧重于其与常规空调系统不同之处。

(2)强调采用蓄冷空调系统前应进行经济技术分析和负荷计算,并规定了适用范围,以及负荷计算的具体内容。

(3)对不同蓄冷方式的系统设计和控制系统设计做出规定。

(4)适当涉及低温送风、大温差供冷等末端系统的与蓄冷空调系统相关内容。

(5)在广泛借鉴国外相关标准及文献的基础上，结合国内近年来的工程实践，使规程在内容上具有先进性、安全性及可操作性。

第二节　内容介绍

1　总　则

【概述】明确《规程》编制背景、适用范围及与国家相关标准的关系。

1.0.1　为使蓄冷空调工程的设计、施工、调试、验收及运行管理做到技术先进、经济适用、安全可靠、确保工程质量，制定本规程。

【要点说明】近年来，虽然电力工业有较快的发展，但是我国电力紧张的局面仍未得到根本的缓和，其中主要原因是电网负荷率低，高峰电力严重不足，低谷电力不能充分利用。与此同时，我国城市用电结构也不断发生变化，建筑物空调系统的负荷比例日益增加。为充分利用现有电力资源，鼓励夜间使用低谷电，国家和各地区电力部门制订了峰谷电价差政策。蓄冷空调系统对转移电力高峰、平衡电网负荷，有积极作用。

1.0.2　本规程适用于新建、改建、扩建的工业与民用建筑的蓄冷空调工程的设计、施工、调试、验收及运行管理。本规程不适用于共晶盐蓄冷空调系统及季节性蓄冷空调系统。

【要点说明】界定《规程》的适用范围。共晶盐蓄冷是利用相变温度为5～8 ℃的无机盐溶液作为载冷剂的一种蓄冷方式。季节性蓄冷是指利用冬季时蓄存的冰、雪等天然冷源作为夏季冷源的空调方式。由于这两种方式在国内应用较少，所以不包含在《规程》范围内。

1.0.3　蓄冷空调工程的设计、施工、调试、验收及运行管理，除应执行本规程外，尚应符合国家现行有关标准的规定。

【要点说明】阐述《规程》与其他国家现行相关标准的关系，这种关系遵守协调一致、互相补充的原则。

2　术　语

【概述】明确了蓄冷空调系统的分类和常用术语的定义。

2.0.1　蓄冷空调系统 cool storage air - conditioning system

将冷量以显热、潜热的形式蓄存在某种介质中，并能够在需要时释放出冷量的空调系统。

2.0.2　冰蓄冷系统 ice thermal storage system

通过制冰方式，以冰的相变潜热为主蓄存冷量的蓄冷系统。

2.0.3　载冷剂 coolant

在蓄冷系统中，用以传递制冷、蓄冷装置冷量的中间介质。

2.0.4　蓄冷介质 cool storage medium

在蓄冷系统中，以显热、潜热形式储存制冷机所产生的冷量的介质。常用的蓄冷介质有水、冰等。

2.0.5 蓄冷方式 manner of cool storage

蓄存冷量的方式。包括水蓄冷、盘管式蓄冰(内融冰、外融冰)、封装式(冰球、冰板式)蓄冰、冰片滑落式蓄冰、冰晶式蓄冰等。

2.0.6 蓄冷装置 cool storage device

由蓄冷设备及附属阀门、配管、传感器等相关附件组成的蓄存冷量的装置。

2.0.7 水蓄冷系统 chilled - water storage system

利用水的显热蓄存冷量的蓄冷系统。

2.0.8 盘管式蓄冰系统(内融冰、外融冰)ice - on - coil system(internal and external melt)

由浸没在充满水的蓄冰槽内的金属或塑料盘管作为蓄冷介质与载冷剂的换热面,通过载冷剂在盘管内的流动使盘管外表面结冰,以蓄存冷量的蓄冷系统。因融冰方式的不同分为外融冰和内融冰。

【要点说明】外融冰方式是由温度较高的空调回水直接进入盘管外的蓄冰槽内流动,由外向内融化盘管外表面的冰层。内融冰方式是由温度较高的载冷剂在盘管内流动,由内向外融化盘管外表面的冰层。

2.0.9 封装式(冰球、冰板式)蓄冰系统 encapsulated ice system

将封装蓄冷介质的蓄冷容器密集地放置在蓄冰装置中,由低温载冷剂流经蓄冰装置,使蓄冷容器内的蓄冷介质结冰来蓄存冷量的蓄冷系统。

2.0.10 冰片滑落式蓄冰系统 ice harvesting system

在制冷机的板式蒸发器表面上不断冻结薄冰片,然后滑落至蓄冰槽内蓄存冷量的蓄冷系统,又称收冰式或片冰式蓄冰系统。

2.0.11 冰晶式蓄冰系统 slurry system

将低浓度载冷剂冷却至0℃以下,产生细小而均匀的冰晶,与载冷剂形成冰浆状的物质蓄存在蓄冷槽内的蓄冷系统。

2.0.12 蓄冷 - 释冷周期 period of charge and discharge

蓄冷空调系统经一个蓄冷 - 释冷循环所运行的时间。

2.0.13 全负荷蓄冷 full cool storage

蓄冷装置承担设计周期内平、峰段的全部空调负荷。

2.0.14 部分负荷蓄冷 partial cool storage

蓄冷装置只承担设计周期内平、峰段的部分空调负荷。

2.0.15 双工况制冷机 refrigerating unit with dual duty

能在制冷工况和制冰工况下稳定运行,并均能达到较高能效比的制冷机。

2.0.16 基载负荷 base load

在蓄冷 - 释冷周期内冷负荷中较为恒定的部分。

2.0.17 基载制冷机 refrigerating unit for base load

用于满足基载负荷需求而设置的制冷机。

2.0.18 蓄冷温度 charge temperature

蓄冷工况时,载冷剂进入蓄冷装置中的温度。

2.0.19 释冷温度 discharge temperature

释冷工况时，载冷剂流出蓄冷装置的温度。

2.0.20 蓄冷速率 instantaneous storage capacity

蓄冷工况时，蓄冷装置瞬时的单位时间蓄冷量的大小。

2.0.21 释冷速率 instantaneous discharge capacity

释冷工况时，蓄冷装置瞬时的单位时间释冷量的大小。

2.0.22 低温送风 cold air distribution

送风温度不高于 10℃的空调送风方式。

2.0.23 运行模式 operating mode

蓄冷空调系统本身所能实现的各种运行工况。

【要点说明】蓄冷空调系统的运行模式主要包括：制冷机蓄冷；制冷机单独供冷；蓄冷装置单独供冷；制冷机同时蓄冷和供冷；制冷机和蓄冷装置联合供冷。

2.0.24 控制策略 control strategy

根据控制指令和监控参数的变化，采用一定的控制逻辑和算法，设置制冷机、蓄冷装置、水泵、阀门等设备的运行状态，以达到某种控制目标的方法。

【要点说明】包括两个层次的控制内容：一是在某种运行模式下，定义各控制回路如何作用，各被变量的设定值如何根据负荷和系统状态变化，以满足该运行模式的系统要求。二是定义蓄冷空调系统的总体控制方法，包括在不同时期不同时段选择何种运行模式，以及选择何种控制手段实现各运行模式的控制，以使蓄冷空调系统能够经济、安全地运行。

3 设 计

【概述】蓄冷空调系统的设计分为一般规定、负荷计算、冷源系统设计、末端空调系统和系统监测与控制五部分。

3.1 一般规定

【概述】规定了应对建筑物的冷负荷、空调系统的运行时间和运行特点、以及当地电力供应相关政策和分时电价情况进行充分调查，并在此基础上进行经济技术分析，确定系统的合理性。明确了蓄冷空调系统的一些主要适用场合及蓄冷系统不同于其他空调系统的一些设计内容。

3.1.1 蓄冷空调系统设计前，应对建筑物的冷负荷、空调系统的运行时间和运行特点，以及当地电力供应相关政策和分时电价情况进行调查。

【要点说明】蓄冷空调系统设计和技术经济比较的依据。

3.1.2 以电力制冷的空调工程，当符合下列条件之一且经技术经济分析合理时，宜设置蓄冷空调系统：

1 执行峰谷电价，且差价较大的地区；

2 空调冷负荷高峰与电网高峰时段重合，且在电网低谷时段空调负荷较小的空调工程；

3 逐时负荷的峰谷悬殊，使用常现空调系统会导致装机容量过大，且大部分时间处于部分负荷下运行的空调工程；

4 电力容量或电力供应受到限制的空调工程；

5 要求部分时段备用制冷量的空调工程；

6 要求提供低温冷水，或要求采用低温送风的空调工程；

7 区域性集中供冷的空调工程。

【要点说明】当空调系统的一次能源为除电以外的其他能源时，由于不存在电力需求与电量的费用，一般不宜采用蓄冷系统。以电力制冷的空调工程，宜采用蓄冷空调系统的条件要求。

3.1.3 蓄冷空调系统的设计应包括下列内容：

1 空调冷负荷计算；

2 确定蓄冷方式和蓄冷介质；

3 确定系统流程、运行模式和控制策略；

4 计算制冷设备、蓄冷装置的容量；

5 确定其他辅助设备的形式和容量；

6 编制蓄冷－释冷负荷逐时分配表；

7 计算蓄冷－释冷周期内的移峰电量、减少的电力负荷以及总能效比。

【要点说明】明确蓄冷空调系统不同于其他空调系统的设计内容。其中移峰电量是指蓄冷－释冷周期内转移的电力高峰时段电量；减少的电力负荷是指与采用非蓄冷空调系统相比较，制冷机功率减少的数量；总能效比是指一个蓄冷－释冷周期内，蓄冷空调系统的总供冷量与总耗电量的比值。

3.1.4 应根据蓄冷－释冷周期内冷负荷曲线、电网峰谷时段及电价、建筑物能够提供的设置蓄冷设备的空间等因素，经综合比较后确定采用全负荷蓄冷或部分负荷蓄冷。

【要点说明】对于用冷时间短，且在用电高峰时段需冷量相对较大的系统，可以采用全负荷蓄冷；一般工程建议采用部分负荷蓄冷空调系统，应考虑其在负荷较小时能够以全负荷蓄冷方式运行。

3.1.5 根据工程需要经技术经济比较后，蓄冷装置可采用下列类型：

1 水蓄冷装置；

2 盘管式蓄冰（内融冰、外融冰）装置；

3 封装式蓄冰装置；

4 冰片滑落式蓄冰装置；

5 冰晶式蓄冰装置。

【要点说明】蓄冷空调系统蓄冷装置可选用的类型。

3.1.6 蓄冷空调系统设计宜进行全年动态负荷计算和能耗分析。

【要点说明】对蓄冷空调系统，推荐进行全年动态负荷计算和能耗分析。以全年动态负荷逐时计算为基础，进行全年能耗计算和运行费用评估，可以为蓄冷空调系统的设计和决策提供可靠的依据。

3.1.7 对于改、扩建的蓄冷空调系统，应根据设备重量对放置部位的结构进行校核。

3.2 负荷计算

【概述】规定在设计时应对蓄冷空调系统一个蓄冷－释冷周期的冷负荷进行逐时计算。

3.2.1　应对蓄冷空调系统一个蓄冷－释冷周期的冷负荷进行逐时计算。蓄冷－释冷周期应根据空调系统冷负荷的特点、电网峰谷时段等因素经技术经济比较确定。

【要点说明】一般选择以一个设计日为空调系统的蓄冷－释冷周期；根据空调负荷的周期性变化规律，也可以更长的时间作为一个蓄冷－释冷周期。

3.2.2　负荷计算方法应符合现行国家标准《采暖通风与空气调节设计规范》(GB50019—2003)的有关规定；并应提供蓄冷－释冷周期内逐时负荷和总负荷。

【要点说明】对于蓄冷－释冷周期为一个设计日的系统，其逐时空调冷负荷的计算与常规空调系统相同，国家标准《采暖通风与空气调节设计规范》(GB50019—2003)中的有关规定计算逐时负荷和总负荷。对于蓄冷－释冷周期大于一个设计日的蓄冷空调系统，在进行蓄冷－释冷周期内逐时负荷计算时，其室外气象参数应以当地标准年气象数据为准，并选择平均温度最大的时间段，以该时间段内的室外逐时温度作为蓄冷－释冷周期内各天的室外计算逐时温度。

3.2.3　蓄冷－释冷周期内逐时负荷中，应计入水泵的发热量以及蓄冷槽和冷水管路的得热量。当采用低温送风空调系统时，应根据室内外参数计算是否产生附加的潜热冷负荷。

【要点说明】在常规空调制冷系统中被忽视的相对较小的得热量，其在最大小时负荷中有可能只占很小的比例，但在蓄冷空调系统的累计负荷中却可能占有很大的量。所以蓄冷空调系统的负荷计算还应该充分考虑各种附加得热量的影响。

当空调末端采用低温送风方式时，室内湿度一般较常规空调系统低，当室内设计干球温度不变时，将产生附加的渗透潜热冷负荷，计算空调冷负荷时应考虑。

在方案设计或初步设计阶段，无法对附加得热进行详细计算时，可以按设计蓄冷－释冷周期内总负荷的5%～10%估算总的附加得热。

3.2.4　间歇运行的蓄冷空调系统负荷计算时，应计算初始降温冷负荷。

【要点说明】在空调系统运行开始后的1～2h内，一般还要满足房间不使用时的得热量所形成的冷负荷。这样的负荷一般不会影响非蓄冷空调系统的负荷大小，但在蓄冷空调系统中应予以考虑。因此，对于间歇运行的蓄冷空调系统负荷计算时，应将开启空调系统前0.5～1.5h的冷负荷计入蓄冷系统负荷。

3.2.5　对于改建、扩建工程，蓄冷空调负荷宜采用实测和计算相结合的方法得出。

【要点说明】对于改建、扩建工程，蓄冷空调负荷宜采用实测和计算相结合的方法得出。

3.2.6　在方案设计和初步设计阶段，可采用冷负荷系数法或平均法对逐时冷负荷进行估算。

【要点说明】在蓄冷空调的方案设计阶段和初步设计阶段，蓄冷空调的负荷计算可采用系数法和平均法估算出设计周期内的逐时冷负荷。而在蓄冷空调系统的施工图设计阶段，负荷计算不应再采用估算得出。由于用计算机软件对逐时冷负荷进行计算方便准确，所以建议蓄冷空调系统各阶段均可采用计算机软件逐时冷负荷计算方法。

3.3　冷源系统设计

【概述】着重对以下几方面做出了详细规定：

(1)设计周期内的运行策略和设备容量的确定。包括系统设计周期内的运行策略的内容和确定原则，以及制冷机和蓄冷装置容量的原则等。

(2)制冷机和蓄冷方式的选择及应注意的问题。包括双工况制冷机和基载制冷机的要求、各种蓄冷方式的不同特点和设计时应注意的问题、蓄冷特性和释冷特性的要求等。

(3)载冷剂选择。包括载冷剂种类及其浓度要求；物理特性和传热特性对蓄冷空调系统的影响。

(4)管路系统的设计。包括直接和间接式系统的应用范围；换热器的防冻保护措施；载冷剂管路系统的辅助设备设置；开式系统或闭式系统的设计要求；管材和保温的要求；循环泵的要求等。

3.3.1 在设计阶段，应根据经济技术分析和冷负荷曲线，确定蓄冷－释冷周期内系统的逐时运行模式，以及对应的制冷机和蓄冷装置的状态。

【要点说明】明确系统设计周期内的运行策略的内容。

3.3.2 全部负荷蓄冷时的总蓄冷量，应按在设计工况下平、峰段的逐时空调冷负荷的叠加值确定。

【要点说明】明确全部负荷蓄冷的总蓄冷量的确定原则。

3.3.3 部分负荷蓄冷时的总蓄冷量，应根据工程的冷负荷曲线、电力峰谷时段划分、用电初装费、设备初投资费及其回收周期和设备占地面积等因素，通过经济技术分析确定。

【要点说明】明确部分负荷蓄冷的蓄冷量的确定原则。

3.3.4 蓄冷时段仍需供冷时，宜设置直接向空调系统供冷的基载制冷机；蓄冷时段所需冷量较少时，也可不设基载制冷机，由蓄冷系统同时蓄冷和供冷。

【要点说明】是否设基载制冷机的具体情况。

3.3.5 制冷机、蓄冷装置的容量应按下列原则确定：

1 制冷机、蓄冷装置的容量应保证在设计蓄冷时段内完成全部预定蓄冷量的储存；

2 蓄冰空调系统的制冷机应能适应制冷和制冰两种工况，其制冷量应根据生产厂商提供的性能资料，对不同工况分别计算；

3 基载制冷机容量应保证蓄冷时段空调系统需要的供冷量。

【要点说明】制冷机和蓄冷装置容量的确定原则。

3.3.6 冷源系统设计时，制冷机应根据蓄冷方式和蓄冷温度合理选择。对于双工况制冷机，应按制冰工况的制冷量选型，同时应满足按制冷工况运行时的要求。

【要点说明】蓄冷系统的双工况制冷机是在空调工况和制冰工况下运行，要兼顾这两种工况都能达到较高的能效比(COP)。

3.3.7 当地电力部门有其他限电政策时，所选蓄冷装置的最大小时释冷量应满足限电时段的最大小时冷负荷的要求。

【要点说明】为了满足限电要求，对蓄冷装置的释冷量做出具体规定。

3.3.8 冷源系统设计时，应对不同运行模式下蓄冷装置与制冷机的进、出介质温度进行校核。蓄冷时，应保证在蓄冷时段内储存充足的冷量；释冷时，应保证能取出足够的冷量，且释冷速率应能满足蓄冷空调系统的用冷需求。

【要点说明】在选定制冷机和蓄冷装置后，根据其设备性能参数，需要对制冷机和蓄冷装置逐时状态及对应进出口温度进行校核。

3.3.9 制冷机的逐时制冷量宜根据白天和夜间的室外温、湿度，选用不同的冷凝器入口温度进行计算。

【要点说明】对于双工况制冷机，冷凝温度每降低1℃，产冷量可提高1.5%，用于蓄冷空调系统的冷水机组，多数夜间用于蓄冷工况的运行。由于夜间室外干球和湿球温度均较白天有所下降，因此根据冷水机组夜间蓄冷运行时间长的实际情况，可将冷水机的冷凝器入口温度分别取值。

3.3.10 蓄冷空调系统的蓄冷方式应根据建筑物蓄冷周期和负荷曲线、蓄冷系统规模、蓄冷装置的蓄冷和释冷特性以及现场条件等因素，经技术、经济比较后确定；蓄冷装置的蓄冷和释冷特性应满足蓄冷空调系统的需求。

【要点说明】目前国内比较成熟的蓄冷方式有水蓄冷、盘管式蓄冰、装封式蓄冰。动态制冰（又称冰片滑落式或收冰式）蓄冰、冰晶式蓄冰及优态盐蓄冰方式目前应用较少。不同的蓄冷装置其蓄冷、释冷特性不同。各种常见蓄冷方式的特性及特点见表3.3.10。

表3.3.10 常见蓄冷方式的特性及特点

对比内容	水蓄冷系统	冰片滑落式系统	外融冰系统	内融冰系统	封装冰系统
制冷（冰）方式	静态	动态	静态	静态	静态
制冷机	标准单工况制冷机	分装式或组装式制冷机	直接蒸发式或双工况制冷机	双工况制冷机	双工况制冷机
蓄冷容积	0.048～0.169	0.024～0.027	0.03	0.019～0.023	0.019～0.023
蓄冷温度（℃）	4～6	-9～-4	-9～-4	-6～-3	-6～-3
释冷温度（℃）	4～7	1～2	1～3	2～6	2～6
蓄冷结构形式	开式	开式	开式	闭式	开式或闭式
特点	可选用标准制冷机并兼用消防水池	瞬时释冷时速率高	瞬时释冷时速率高	模块式槽形适合各种规模	槽体外形设置灵活
适用范围	空调	空调、食品加工	空调、工艺制冷	空调	空调

3.3.11 水蓄冷系统设计应符合下列规定：

1 建筑物中具有可利用的消防水池时，应尽可能考虑其兼做蓄冷水池；

2 蓄冷混凝土水池不宜小于$100m^3$；

3 确定蓄冷混凝土水池深度时，应考虑到水池中冷热掺混热损失，在条件允许时宜尽可能加深；

4 供回水温差不宜小于7℃，蓄冷容积不宜大于$0.048m^3/kWh$；

5 水蓄冷蓄水温度在4～7℃时，宜采用常规制冷机组；

6 蓄冷水槽宜采用温度分层法，也可采用多水槽法、隔膜法或迷宫与折流法；

7 采用分层法的蓄冷水槽，应合理设计水流分配器，使供回水于蓄冷和释冷循环中在槽内形成重力流，并保持一个合理稳定的斜温层；

8 蓄冷时，蓄冷水槽的进水温度应保持恒定；

9 水路设计时，应采用防止系统中水倒灌的措施；

10 蓄冷水槽宜远离振动设备，当与振源较近时，应对振源采取相应的减、隔振措施。

【要点说明】对水蓄冷系统设计做出具体规定。

3.3.12 水蓄冷系统的蓄冷、蓄热共用水池不应与消防水池合用。

【要点说明】对水蓄冷系统提出强制性条文。

3.3.13 盘管式蓄冰系统设计应符合下列规定：

1 应对各蓄冰单元内的冰层厚度或蓄冰量进行监控；

2 外融冰蓄冰槽应采用合理的蓄冷温度和控制措施，防止管簇间形成冰桥；对内融冰蓄冰槽，应防止膨胀容积部分形成冰帽；

3 当设置空气泵时，应设置除油过滤器，以避免压缩空气中的油液进入冰槽；空气泵的发热量应计入蓄冰槽的冷量损失；并应对钢制蓄冰槽和钢制盘管采取必要的防腐保护措施；

4 外融冰蓄冰槽的数量大于 2 个时，水侧宜采用并联连接。

【要点说明】对盘管式蓄冷系统设计做出具体规定。

3.3.14 封装式蓄冰系统设计应符合下列规定：

1 宜采用闭式蓄冰装置，膨胀水箱应能容纳冰水相变及载冷剂温度变化引起的体积膨胀量；当采用开式蓄冰装置时，应采取防止载冷剂溢流的措施；

2 封装冰容器配置应保证其膨胀和收缩不产生短路循环；

3 当配置矩形封装冰容器时，宜在槽内中间高度加装折流板。加装折流板的蓄冰槽，其进出口压差不应过大；

4 当配置球形封装冰容器时，可采用冰球隔网保护措施；其蓄冰槽的进出口应设集管或分配器；

5 蓄冷槽宜采用外保温；

6 出水温度控制宜采用旁通法，应设置三通阀门或联动的两通阀门进行控制。

【要点说明】对封冰式蓄冷系统设计做出具体规定。

3.3.15 冰片滑落式蓄冰系统设计应符合下列规定：

1 应合理设置制冰与脱冰循环周期；

2 蓄冰槽宜采用外保温；

3 应采取措施减少蓄冰槽内空穴的形成；

4 出水集管宜在槽底贴外壁设置，当其立管位于槽体内部时，应采取防止冰片划伤管道的遮护措施；

5 冷却塔应满足蒸发温度较高时制冷机的排热量。

【要点说明】对冰片滑落式蓄冷系统设计做出具体规定。

3.3.16 蓄冷装置保冷层的表面温度不应低于空气的露点温度，保冷设计应符合现行国家标准《采暖通风与空气调节设计规范》（GB50019—2003）、《设备及管道保冷设计导则》（GB/T15586）及《设备及管道保温设计导则》（GB/T8175）的规定。

【要点说明】保冷设计要保证冷量损失最大不超过每日蓄冷量的 5%。保冷需采用闭孔型材料。保冷设计时要考虑蓄冷槽底部、槽壁的绝热。

3.3.17 现场制作开式蓄冷槽时，材料可采用钢板、混凝土或玻璃钢，并应符合下列规定：

1 蓄冷槽必须满足系统承压要求，埋地蓄冷槽还应能承受土壤等荷载；

2 蓄冷槽应严密、无渗漏；

3 蓄冷槽及内部部件应做耐腐蚀处理；

4 蓄冷槽应进行槽体结构和保温结构的设计。

【要点说明】现场制作开式蓄冷槽提出具体规定。为确保建筑物安全，当采用外围护结构做蓄冷槽池壁时，需要事先与土建工程师进行商榷。

3.3.18 当开式系统的最高点高于蓄冷槽水位时，应采取措施以防止水泵停止时管路中发生倒空。

【要点说明】在外融冰系统和水蓄冷系统中，采用开式系统或闭式系统需根据系统供水温度、水泵能耗等因素确定；如果采用开式系统直接连接蓄冷槽与空调末端时，当水泵停止运转时要保证系统管路与设备不发生倒空。

3.3.19 空调水系统规模较小、工作压力较低时，可采用载冷剂作为冷媒直接进入空调系统供冷；否则宜采用间接连接的蓄冷空调系统。

【要点说明】对于以全空气为主的空调系统，推荐采用直接连接，采用此连接方式可降低设备的初投资和系统今后运行费用。当空调系统最大冷负荷大于700kW时，一般要采用间接连接。

3.3.20 采用间接连接的冰蓄冷系统中，换热器二次水侧应采取以下防冻保护措施：

1 载冷剂侧应设置关断阀和旁通阀；

2 当载冷剂侧温度低于2℃时，应开启二次侧水泵。

【要点说明】采用间接连接的冰蓄冷系统中，换热器二次水侧防冻保护的具体措施。蓄冷期如有空调负荷时，不能全部旁通。

3.3.21 冰蓄冷系统设计中，应明确所使用的载冷剂种类及浓度。载冷剂的选择应符合下列规定：

1 载冷剂的凝固点应低于制冷机制冰时的蒸发温度，沸点应高于系统最高温度；

2 载冷剂的物理化学性能应稳定；

3 载冷剂应比热大、密度小、黏度低、导热好；

4 载冷剂应无公害；

5 载冷剂中应添加防腐剂和防泡沫剂。

【要点说明】冰蓄冷系统设计中载冷剂选择的具体规定。

3.3.22 当采用乙烯乙二醇水溶液作为冰蓄冷系统的载冷剂时，应选用专门配方的工业级缓蚀性乙烯乙二醇水溶液，其配比浓度应根据蓄冰系统工作温度范围确定。

【要点说明】冰蓄冷空调系统中最常用的载冷剂为乙烯乙二醇水溶液。非缓蚀性乙烯乙二醇水溶液一般腐蚀性较强，因此不要采用。冰蓄冷系统经常采用的乙烯乙二醇水溶液浓度为25%～30%。

3.3.23 载冷剂管路系统的水力计算应根据选用的载冷剂物理特性进行；双工况制冷机的制冷量和换热器的传热量应根据选用的载冷剂的传热特性进行修正。

【要点说明】不同浓度的乙烯乙二醇水溶液，其密度、黏度、比热、传热系数等特性参数也不同，对管路系统的水力计算影响较大，不可以按常规的水管路进行水力计算。对制冷机的制冷量和板式换热器的传热系数也有影响。一般双工况主机制冷量下降约2%，板式换热器的传热系数下降约10%，所以在满足蓄冷温度的前提下，要尽可能降低溶液浓度。

3.3.24 载冷剂管路系统应设置存液箱、补液泵、膨胀箱等设备。膨胀箱宜采用闭式，溢流管应与溶液收集箱连接。

【要点说明】对载冷剂管路系统的设备提出具体要求。

3.3.25 **乙烯乙二醇的载冷剂管路系统不应选用内壁镀锌的管材及配件。**

【要点说明】对乙烯乙二醇的载冷剂管路系统的管材及配件提出具体要求。

3.3.26 载冷剂管路循环泵宜采用机械密封型。

【要点说明】对载冷剂管路循环泵提出具体要求。

3.3.27 载冷剂系统设计时，应使循环泵的性能参数与不同工况对应的需求相适应。

【要点说明】蓄冷空调系统在不同的运行模式和运行工况下，其载冷剂管路系统可能需要不同的流量和扬程，此时需采用变频、双级泵或其他措施，使循环泵的性能参数与不同工况的环路阻力损失和流量相适应。

3.3.28 应根据运行模式、控制策略合理设计系统配置和流程，蓄冷空调系统的基本流程应包括：

1 蓄冷装置与制冷机并联布置；

2 蓄冷装置与制冷机串联布置，制冷机位于上游；

3 蓄冷装置与制冷机串联布置，制冷机位于下游。

【要点说明】提出蓄冷空调系统的基本流程的内容。

3.3.29 多台蓄冰装置并联时，宜采用同程式配管；当采用异程式配管时，每个蓄冰槽进液管宜设平衡阀。

【要点说明】对蓄冰装置的配管做出具体规定。

3.4 末端空调系统

【概述】针对蓄冷空调系统中经常采用的大温差供水和低温送风技术进行了规定。低温送风系统采用的风机盘管和空调机组，进水温度和出风温度偏低，因此其设计指标不同于普通风机盘管，《规程》中对此分别做出了规定。低温送风系统风道中的送风温度较低，《规程》中对防止凝露发生的相关措施进行了规定。

3.4.1 蓄冷空调系统宜使用大温差供水及低温送风空调系统。

【要点说明】蓄冷空调系统采用低温送风有利于节省风机和水泵的输送能耗，但是，低温送风后，会造成室内相对湿度偏低，因此对于有特殊要求的工艺性空调不建议使用低温送风系统。

3.4.2 蓄冷空调系统的末端表冷器出风干球温度与冷媒进口温度之间的温差不宜小于3℃，出风温度宜采用4～10℃。

【要点说明】为了减少水泵和风机的输送能耗，从而设定这几个系统温度。

3.4.3 采用大温差低温供水的风机盘管机组，应符合现行国家标准《风机盘管机组》(GB/T19232)的规定，并应满足设计低温运行工况下的性能要求。

【要点说明】对大温差低温供、低温送风空调系统的风机盘管提出具体要求。低温送风系统采用的风机盘管,进水温度和出风温度偏低。因此,其设计指标不同于普通风机盘管。其表冷盘管迎风面风速一般采用 1.5 ~2.3m/s 的处理风速,低于普通用风机盘管。此外,其凝露条件更为恶劣。因此,低温送风系统推荐选用专门为低温送风设计的低温送风风机盘管,并满足国家现行标准的规定。

3.4.4 低温送风空调系统的空气处理机组,应符合现行国家标准《组合式空调机组》(GB/T14294)的规定,并应满足设计低温运行工况下的性能要求。

【要点说明】对低温送风空调系统的空气处理机组提出具体要求。

3.4.5 低温送风空调系统送风管道的保冷构造应有可靠的隔汽措施,送风管道的法兰、阀门及其他连接附件也应采取保冷措施,并应符合现行国家标准《采暖通风与空气调节设计规范》(GB50019—2003)的相关规定。

【要点说明】风道中送风温度更低,风管及其配件的保温要求相应要提高。

3.4.6 低温送风空调系统采用的风管,其漏风量应符合国家现行标准《通风管道技术规程》(JGJ141)的相关规定。

【要点说明】风管漏风会造成大量的能量损失,而且在泄漏点会造成凝露。因此,对低温送风空调系统采用的风管的漏风量做出具体规定。

3.4.7 低温送风空调系统在空调房间送冷风的初期,应采取逐渐降低送风温度的控制策略。

【要点说明】当房间内初始温、湿度较高时,较低的送风温度可能导致风口等部位发生结露,因此需要采取措施加以避免,如可通过逐渐调节末端空气处理设备的旁通水量或风量的方法。

3.4.8 低温送风空调系统应使送风口表面温度高于室内露点温度 1 ~2℃。

【要点说明】普通风口会造成吹风感,而且送风温度偏低也容易在风口造成凝露和吹雾现象,所以应该采用相应的措施加以避免,如采用高扩散诱导风口。

3.5 系统监测与控制

【概述】蓄冷空调系统的监控一般较常规空调系统复杂,对蓄冷空调工程的运行效果往往起关键性的作用。《规程》中主要对监测参数、控制内容以及各种运行模式下的控制策略做出了规定。

3.5.1 蓄冷空调系统应配置自动控制系统,并宜实现下列控制内容:

1 参数监测与设备状态显示;

2 载冷剂及空调供回水温度的控制;

3 空调负荷的预测、记忆;

4 各运行模式的控制和转换;

5 用电量、冷量的计量与管理;

6 自动保护与报警。

【要点说明】蓄冷空调的监测及自动控制系统需要根据蓄冷 - 释冷周期内系统状态、负荷状况和时段切换运行模式,采取相应的控制策略。

3.5.2 蓄冷空调系统中,宜对下列参数和设备状态进行监测:

1 制冷机的进、出口温度和流量;

2 蓄冷装置的进、出口温度和流量，蓄冷量和释冷量；

3 空调系统供、回水温度和流量；

4 各电动阀门的阀位；

5 变频泵的频率；

6 其他必须监测的设备状态参数；

7 室外空气温湿度。

【要点说明】蓄冷空调系统监测的参数和设备状态内容。

3.5.3 运行模式为制冷机蓄冷时，蓄冷工况的结束宜按下列方式确定：

1 依据设定的制冷机进口或出口温度或温度差，当低于该设定值时蓄冷工况结束；

2 依据监测的蓄冷装置蓄冷量；

3 依据设定的时间。

【要点说明】在电力低谷时段且无空调负荷，或设有基载制冷机承担非峰负荷的情况下，切换到制冷机蓄冷运行模式。蓄冷工况结束的控制由蓄冷装置的特性确定。

3.5.4 运行模式为制冷机蓄冷同时供冷时，可通过控制载冷剂侧三通调节阀或两个联动的两通调节阀，调节进入板式换热器载冷剂的流量，来保证空调水侧供水温度的恒定。

【要点说明】在电力非峰时段有空调负荷，且无基载制冷机的情况下，切换到制冷机蓄冷同时供冷运行模式。对该种运行模式的具体措施。

3.5.5 运行模式为制冷机单独供冷时，可根据设定的制冷机出口水温调整单台制冷机的制冷量，同时根据负荷变化进行制冷机启停台数控制。

【要点说明】在基载制冷机供冷，或电力平段，或蓄冷装置检修时，可以启动制冷机单独供冷运行模式。对该种运行模式的具体控制措施。

3.5.6 运行模式为蓄冷装置单独供冷时，应根据空调水侧供水温度，控制载冷剂侧三通调节阀或两个联动的两通调节阀，调行蓄冷装置的释冷量。

【要点说明】运行策略为全负荷蓄冷的电力高峰时段，可以启动蓄冷装置单独供冷的运行模式。对该种运行模式提出具体控制措施。

3.5.7 运行模式为制冷机与蓄冷装置联合供冷时，宜根据系统效率、运行费用及系统流程，采用下列控制方式：

1 制冷机优先：设定制冷机出口温度，使其满负荷运行或限定制冷量运行；当空调系统的负荷超出制冷机的制冷量时，调节蓄冷装置的流量，以实现供水温度的恒定。

2 蓄冷装置优先：设定蓄冷装置的进、出水流量，使其满负荷运行或限定释冷量运行；当空调系统的负荷超出释冷量时，按设定的出口温度开启并运行制冷机，以实现供水温度的恒定。

3 比例控制：根据蓄冷装置的剩余冷量和融冰率，按单位时段调节制冷机与蓄冷装置的投入比例，投入比例可以通过调节限定制冷机制冷量，或调节限定的蓄冷装置释冷量。

【要点说明】运行策略为部分负荷蓄冷的电力高峰时段，启动制冷机与蓄冷装置联合供冷的运行模式。对制冷机与蓄冷装置联合供冷的运行模式提出具体控制措施。制冷机优先的控制策略和控制方法简单，但建议采取有效方法充分利用蓄冷装置的蓄冷量。采取蓄冷装置优先的控制策略时，要防止蓄冷量过早地释放，以致空调负荷高峰时供水温度失控和供冷量失控，因此需要采取在负荷预测基础上限定制冷机制冷量的优化控制方法。比例控制方法是根据对系统的负荷预测和实际监测到的蓄冷装置的剩余冷量和融冰率，控制制冷机或蓄冷装置的限定值，调整制冷机与蓄冷装置的投入比例。

3.5.8 蓄冷－释冷周期内运行策略应根据周期内空调负荷与电价制定；全年运行策略应根据全年负荷、电价及运行费用变化情况进行相应调整。

【要点说明】对运行策略提出具体要求。

4 施工安装

【概述】主要针对蓄冷空调系统的施工安装时与常规空调系统不同之处进行了规定。包括一般规定、设备安装以及控制系统安装方面的内容。

4.1 一般规定

4.1.1 蓄冷空调工程施工前应有完备的设计施工图纸和有关技术文件，以及较完善的施工方案、施工组织设计，并已完成技术交底。

【要点说明】蓄冷空调工程施工前需准备的内容。

4.1.2 所有进场材料、产品的技术文件应齐全，产品合格证标志应清晰，外观检查应合格，并应按有关要求进行抽样检测。

【要点说明】对蓄冷空调系统的进场材料、产品提出具体要求。

4.1.3 设备及管道系统安装应符合现行国家标准《制冷设备、空气分离设备安装工程施工及验收规范》(GB50274)、《通风与空调工程施工质量验收规范》(GB50243)以及《建筑给水排水及采暖工程施工质量验收规范》(GB50242)的规定。

【要点说明】对设备及管道系统的安装做出具体规定。

4.2 设备安装

4.2.1 重大设备运输及吊装时，应制定安装方案并采取防护措施，保证施工安全。

【要点说明】对重大设备运输及吊装提出具体要求。

4.2.2 制冷机、蓄冷设备及其他设备安装前的准备工作应符合下列规定：

1 机组安装前应进行设备基础验收；

2 设备到场后，建设单位、监理单位、施工单位及生产厂家应联合进行设备开箱验收，并做好验收记录；

3 设备如暂时不能安装需临时存放时，应做好防潮、防磕碰等措施；制冷机组还应避免在高温、低温环境下存放时间过长；

4 设备安装应符合说明书及安装手册要求。

【要点说明】制冷机、蓄冷设备及其他设备安装前的准备工作的具体规定。

4.2.3 蓄冷装置的安装应符合下列规定：

1 盘管式蓄冷设备在运输及安装时，应保持水平；

2 封装式蓄冷设备安装时，冰球装罐时应防止冰球与钢铁、混凝土等物体相碰击或冰球之间的互相撞击，安装时严禁杂物进入罐内；

3 整装蓄冷设备在临时存放及运输过程中，与设备底面的接触面应平整；

4 整装蓄冷设备的基础应平整，倾斜度不应大于0.001；

5 设备安装应采用加垫片的方式进行找平；

6 整装蓄冷设备底部与基础之间应加设绝热保温措施；

7 系统冲洗时，不应经过蓄冷设备；

8 蓄冷装置安装完毕应做水压试验和气密性试验。

【要点说明】蓄冷装置的安装的具体规定。

4.2.4 现场制作开式蓄冷装置时应符合下列规定：

1 顶部应须留检修口；

2 槽内宜做集水坑；

3 排水泵可采用固定安装或移动安装方式；

4 应安装注水管，最低处应设置排污管，并在排污管上加设阀门。

【要点说明】现场制作开式蓄冷装置的具体规定。

4.2.5 闭式蓄冰槽应符合现行国家标准《钢制压力容器》(GB150)的规定。

【要点说明】对闭式蓄冰槽做出具体规定。

4.2.6 冰片滑落式蓄冷系统的散装机组现场安装时，布水器水平度误差不应大于0.001，蒸发板垂直误差不应大于0.001，各管道应按设备说明书连接。

【要点说明】对冰片滑落式蓄冷系统的散装机组现场安装提出具体要求。

4.2.7 大温差低温供水的风机盘管，应按照现行国家标准《风机盘管机组》(GB/T19232)在相应低温工况下逐项检验合格。

【要点说明】对大温差低温供水的风机盘管提出具体要求。

4.2.8 安装于低温送风系统的风管和风口，均应具有可以证明在设计送风温度下表面不会发生结露的检验报告。

【要点说明】对低温送风系统的风管和风口的安装提出具体要求。

4.3 控制系统的安装

4.3.1 承担蓄冷控制系统安装的承包方应根据设计单位提供的设计文件进行控制系统的深化设计，并应在系统安装前提供深化设计图纸。

4.3.2 蓄冷系统低温液体管路控制设备安装时，应防止传感器使用时结露，并做好测量电路和外部的隔离保温措施。

5 调试、检测及验收

【概述】包括一般规定、设备调试、自控系统的调试，以及系统调试和验收四部分。

5.1 一般规定

5.1.1 蓄冷空调系统调试及检测应在设备、管道、保温、配套电气等施工全部完成后进行。

【要点说明】蓄冷空调系统调试及检测的一般规定。

5.1.2 蓄冷空调系统调试及检测宜在夏季进行，联合调试宜在最热月或与设计室外参数相近的条件下进行。

【要点说明】系统调试需要有足够的负荷以消耗调试过程的制冷量，保证调试的正常进行，建议调试不要安排在冬季进行。如果冬季进行调试，要有可靠的防冻措施和足够的冷负荷消耗。

5.1.3 施工单位应负责系统调试,并提供书面报告。

【要点说明】系统调试由施工单位负责进行,监理单位组织各相关专业进行并做好记录,建设单位负责验收。

5.1.4 蓄冷空调系统的调试、检测及验收除按本规程执行外,还应符合国家现行有关标准的规定及设计文件的要求。

【要点说明】蓄冷空调系统的调试、检测及验收还应符合国家现行有关标准的规定及设计文件的要求。

5.1.5 检测、调试所采用的测试仪器仪表,应经国家技术质量监督部门标定,并提供相应测量范围、精度的标定证明。

【要点说明】对蓄冷系统检测、调试所采用的测试仪器仪表做出具体规定。

5.2 设备调试

5.2.1 蓄冷空调系统调试前,应进行制冷机、水泵、蓄冷装置、换热器、末端空调系统等单体设备的试运行和调试。

【要点说明】制冷机的调试一般以设备生产厂家技术人员为主,建设单位、监理单位、设计单位共同参与,做好调试记录并进行最终验收。蓄冰装置是冰蓄冷系统中的主要设备,调试的重点是保证蓄冰装置的制冰及融冰能力满足设计要求。

5.2.2 首次启动制冰循环前,应符合下列规定:

1 蓄冷空调系统使用载冷剂的性质及浓度应符合设计要求;

2 所有循环水泵试运行完毕;

3 所有操作和安全控制器的接线正确;

4 有足够的负荷消耗冰槽内所蓄的冰;

5 混凝土蓄冷槽在初次使用时,应使槽内水温逐渐降到设计工况。

【要点说明】为了避免槽内水的温度骤变引起槽体开裂产生渗漏水。因此,首次启动制冰循环前应符合一些规定。

5.3 控制系统的调试

5.3.1 控制系统的调试应在满足下列条件后进行:

1 蓄冷系统的设备全部安装完毕,线路敷设和接线均应符合设计图纸要求;

2 蓄冷系统的受控设备、子系统单体及自身系统的调试结束,设备或子系统的测试数据应符合设计和工艺要求;

3 系统的调试环境和工业卫生条件(温度、湿度、防静电、电磁干扰等)应符合设备的要求。

【要点说明】提出控制系统调试的前提条件。控制系统的调试一般在水系统和风系统静态调试后进行。主控设备要设置在防静电场所,现场控制设备和线路敷设要避开电磁干扰源,与干扰源线路垂直交叉或采取防干扰措施。环境温度:0 ~ 40℃;环境湿度:10% ~85%,并无结露现象。

5.3.2 控制系统设备的单体调试应符合下列规定:

1 设备的外观和安装状况应符合要求;

2 按照控制器的要求应已进行过运行可靠性测试；

3 控制器、输入输出组件和监控点元件的硬件、接线的位置与软件的地址、型号、状态等应完全一致；

4 应使用计算机或现场测试仪器，对控制器和现场控制设备以手动控制方式，按照设计要求对模拟量、数字量输入输出进行测试，并作记录。

【要点说明】控制系统设备的单体调试的具体规定。

5.3.3 蓄冷控制系统通过调试宜具备下列功能：

1 应具备与其他子系统进行通信的能力；

2 对蓄冷系统内各类设备的控制应安全、可靠；

3 应具备实时采集、记录和保存设备、关键点的运行数据的能力。

【要点说明】蓄冷控制系统通过调试宜具备的基本功能。

5.4 系统调试和验收

5.4.1 载冷剂兑制时，水的总硬度值应低于 100mg/L，氯化物和硫酸盐的含量宜分别小于 25mg/L。

【要点说明】蓄冷系统中的载冷剂多采用乙烯乙二醇水溶液，建议采用蒸馏水兑制，现场不具备条件的要满足规定水质要求。乙烯乙二醇水溶液兑制一般在乙烯乙二醇补水箱中进行，采用比重计进行相对密度检测。载冷剂的性能参数是保证冰蓄冷系统正常运行的重要环节，要严格地按照设计文件及厂家技术文件进行载冷剂的兑制及充灌。

5.4.2 载冷剂的充灌应在系统冲洗和试压完毕后进行，充灌前应保证管路及设备中的水及冲洗液排净，泄水阀应关闭，排气阀应开启。

【要点说明】采用乙烯乙二醇补水泵进行乙烯乙二醇水溶液的充灌，要使系统充满并达到设计工作压力。载冷剂充灌前管路系统需进行多次清洁，并检查过滤器无脏物为止。

5.4.3 载冷剂的浓度检测及调整时，应开启载冷剂循环泵，从不同的泄水点取液进行相对密度检测，并应根据浓度进行补液调整，系统中载冷剂的浓度应达到设计要求。

【要点说明】对载冷剂的浓度检测及调整提出具体要求。

5.4.4 盘管式蓄冰槽应保证其蓄冰量为零时的水量，应检查液位量符合设备要求。

【要点说明】对盘管式蓄冰槽提出具体要求。

5.4.5 蓄冷空调系统联合调试前，应对设计文件要求的各运行模式进行试运转。试运转一个蓄冷－释冷周期结束后，应做不少于两个蓄冷－释冷周期的工况测试。

【要点说明】蓄冷空调系统联合调试前的具体规定。

5.4.6 蓄冷－释冷周期的工况检测和验收应包括以下内容：

1 系统的运行模式；

2 制冷机、蓄冷装置、水泵、阀门等各设备的运行状态；

3 载冷剂及空调供、回水温度；

4 制冷机、水泵等设备的耗电量。

【要点说明】蓄冷－释冷周期的工况检测和验收的内容。

5.4.7 制冷机单独供冷工况调试和验收应符合下列规定：

1 系统连续运行应正常、平稳，水泵压力及电流不应出现大幅波动，系统运行噪声应符合设计要求；

2 冷冻水及冷却水系统压力、温度、流量应满足设计要求；

3 多台制冷机及冷却塔并联运行时，各制冷机及冷却塔的水流量与设计流量的偏差不应大于10%。

【要点说明】制冷机单独供冷工况调试和验收的具体规定。

5.4.8 制冷机蓄冷及蓄冷装置单独供冷运行模式的调试和验收应符合下列规定：

1 系统载冷剂的流量、压力、温度应与设计参数相符；

2 系统实际蓄冷量和释冷量应达到设计要求；

3 系统的蓄冷速率和释冷速率应满足设计要求；

4 系统在蓄冷、释冷过程中应运行正常、平稳，水泵压力及电流不应出现大幅波动，系统运行噪声应符合设计要求。

【要点说明】制冷机蓄冷及蓄冷装置单独供冷运行模式的调试和验收的具体规定。

5.4.9 蓄冷空调系统联合调试和验收应符合下列规定：

1 单体设备及主要部件联动应符合设计要求，动作协调、正确，无异常；

2 各运行模式下系统运行应正常、平稳，所有运行参数应满足设计要求；各运行模式转换时应动作灵敏、正确；

3 系统运行过程中管路不应有泄漏以及产生凝结水等现象；

4 系统各项保护措施应反应灵敏、动作可靠；

5 各自控计量检测元件及执行机构应工作正常，对系统各项参数的反馈及动作应正确、及时。

【要点说明】蓄冷空调系统联合调试和验收的具体规定。

6 蓄冷空调系统的运行管理

【概述】对蓄冷装置、制冷机、载冷剂管路、系统其他部位的定期维护做出了规定。从安全、经济运行的原则对蓄冷空调系统的运行管理中应采取的一些措施提出了要求。

6.0.1 蓄冷空调系统应经调试验收后方可正式投入运行。

【要点说明】对蓄冷空调系统正式投入运行的前提条件做出具体规定。

6.0.2 运行人员应经培训、考核合格，并应按规定取得相应级别的操作证后方可上岗操作。运行操作应按照安装单位和产品制造厂家提供的使用说明、操作规程以及设计文件的规定进行。

【要点说明】从运行人员和运行操作两方面，对蓄冷空调系统的运行管理提出具体要求。

6.0.3 使用单位应根据冷负荷特点、系统特性及电力供应状况等因素经技术经济比较后，制定合理的全年运行策略，并应制定相应的操作规程。在日常运行中，应根据日冷负荷变化的特点选择合理的运行模式。

【要点说明】对蓄冷空调系统的使用单位运行管理提出具体要求。

6.0.4 蓄冷空调系统应优先利用电网的低谷时段电力蓄冷，优化平价时段的运行方式。

【要点说明】对蓄冷空调系统的运行方式的优化提出具体要求。

6.0.5 在设有基载制冷机的蓄冷空调系统中，在用电低谷段时应优先利用基载制冷机直接供冷。在用电高峰时段，宜少开或停止制冷机的直接供冷。

【要点说明】当需要开启蓄冷空调系统中的蓄冷制冷机或基载制冷机时，因基载制冷机较蓄冷制冷机在相同供冷量时的制冷性能系数（COP）高，所以需要制冷机供冷要尽可能先开启基载制冷机，而尽量少开启蓄冷制冷机进行供冷。

6.0.6　应定期检修、保养制冷机，提高其制冷性能系数（COP）。

【要点说明】对制冷机的维护做出具体规定。

6.0.7　应定期检查和维修水、空气输送系统。

【要点说明】对水、空气输送系统的维护做出具体规定。

6.0.8　蓄冷装置的维护应符合下列规定：

1 应定期检查蓄冷装置内外紧固件是否牢固，槽体构架和支撑架是否腐蚀；

2 应定期检查蓄冷装置内部管束是否结垢和腐蚀，是否有微生物滋生等；

3 应定期对设置的高低液位报警装置进行检查、维护；

4 每个供冷季前应对蓄冷装置水位进行校准。

【要点说明】对蓄冷装置的维护做出具体规定。

6.0.9　表冷器、板式换热器、风机盘管机组、冷却塔、水过滤器及空气过滤器等应定期检查、清洗。

【要点说明】对蓄冷系统的表冷器、板式换热器、风机盘管机组、冷却塔、水过滤器及空气过滤器等其他部位的维护做出具体规定。

6.0.10　蓄冷空调系统的载冷剂应每年进行一次抽样测试分析，其浓度和碱度应满足要求。

【要点说明】对蓄冷空调系统的载冷剂提出具体要求。

6.0.11　盘管式蓄冰槽应保证无冰时的水量，液位应符合产品要求。检查液位量时，应将冰槽中的冰完全融化，检查视管中的液位，根据需要对冰槽进行加水或放水。

【要点说明】对盘管式蓄冰槽提出具体要求。

6.0.12　应定期检查和改善蓄冷装置等其他设备及各类输送管道的保温性能，并应按现行国家标准《设备及管道保温效果的测试与评价》（GB/T8174）执行。

【要点说明】对蓄冷装置等其他设备及各类输送管道的保温性能做出具体规定。

6.0.13　冷冻水和冷却水应定期进行处理，并应按现行国家标准《工业循环冷却水处理设计规范》（GB50050）执行。

【要点说明】对冷冻水和冷却水的处理做出具体规定。

6.0.14　自动控制设备及监测计量仪表应定期维修、校核。

【要点说明】对自动控制设备及监测计量仪表的维护做出具体规定。

6.0.15　应建立运行管理、维修等规章制度，以及运行日志和设备的技术档案。

【要点说明】从安全、经济运行的原则对蓄冷空调系统的运行管理中应采取的一些措施提出具体要求。

第六章 《城镇道路工程施工与质量验收规范》(CJJ1—2008)简介

国家住房和城乡建设部于二○○八年四月二日发布了行业标准《城镇道路工程施工与质量验收规范》的公告,批准《城镇道路工程施工与质量验收规范》为行业标准,编号为(CJJ1—2008)(以下简称08规范),自2008年9月1日起实施。原行业标准《市政道路工程质量检查评定标准》CJJ1—90)同时废止。本文着重从08规范的适用范围、特点及修订部分内容做简要介绍。同时对新旧规范做简单的对比。(为方便读者阅读,本文标题和规范标题保持一致。)

第一节 规范适用范围

1 本规范适用于城镇新建、改建、扩建的道路及广场、停车场等工程的施工和质量检验、验收,大、中型维修工程可参照执行。

2 原材料、半成品或成品的质量标准,应按国家现行的有关标准执行。

3 城镇道路工程施工及验收除应执行本规范外,尚应符合国家现行有关标准的规定。

第二节 新规范特点

1 新规范涵盖了国内当前城镇道路工程施工及验收方面的基本内容,达到规范城镇道路工程施工操作,统一检验标准的目的。

2 新规范将施工技术标准与质量验收内容合而为一,各节的施工技术与质量检验项目一一对应,实现对施工与验收的质量控制。

原标准只有质量检验和评定章节,共计7章30节119条。本次是将新编城镇道路工程施工技术要求和原《道路工程质量检验评定标准》(CJJ1—90)重新修订后合并,组成新的城镇道路工程施工技术要求和质量验收体系,实际上是重新建立一个标准体系,以此统一道路工程施工技术要求和质量验收的方法、程序和技术质量指标。

3 新规范借鉴了国内先进的技术标准,增加了新技术、新工艺、新材料、新检验方法的内容,有一定的前瞻性。

4 新规范突出了鲜明的城市道路的特色,将铺砌式面层、广场与停车场面层、人行道铺装、人行地道单独成章,便于广大施工技术人员查阅使用。

5 新规范加强了对进场材料、构配件的进场检查与复验(见证取样),突出了加强过程控制的指导思想。

第三节 新旧规范对比

1 新增了施工技术要求条款。

2 增加了部分章节,内容细化。

例如将原标准“面层”一章细分为“沥青混合料面层”、“沥青贯入式与沥青表面处治面层 ”、“水泥混凝土面层 ”、“铺砌式面层 ” 等四章。

针对城镇建设的发展补充完善了“特殊土路基”、“石灰、粉煤灰、钢渣稳定土类基层”、“水泥稳定土基层”、“人行地道结构 ”、“广场与停车场面层 ”、“铺砌式面层 ”、“冬雨期施工”、“隔离墩”、“隔离栅”、“护栏”、“声屏障”、“防眩板” 等章节。

3 修订了单位工程、分部工程(子分部工程)、分项工程、检验批的划分原则及工程质量验收要求。

原 CJJ1—90 标准将市政工程划分为工序、部位、单位工程。

将工序划分为路基、基层、面层、附属构筑物等;

部位是按照长度划分为若干个部位;

单位工程是市政道路工程中独立核算项目,分期单独核算的同一市政道路工程划分为若干个单位工程。

新规范规定修订为:单位工程、分部工程、分项工程和检验批。

4 路基路床的主要检验指标的规定。

(1)新标准取消了轻型击实标准,全部要求采用重型击实标准,提高了部分压实指标,增加灌砂法、灌水法两种压实度检测方法,进一步保障了道路施工质量。

(2)针对挖石方与填石方分别制定了相应标准。

主要考虑到挖石方多以爆破形成路床,因此以几个关键指标为主进行控制,对于路床的平整度以及横坡没有做规定,各地方可以结合自身道路工程地质情况做补充规定。

(3)为了更好地控制道路中线,统一补充了中线偏位,从路基直到道路面层。

(4)对于检查频率的规定由于原标准执行以来能够较好的控制质量,基本维持原标准不做调整。

(5)由于在城市,道路的排水沟与截水沟等构筑物也构成了道路附属结构的组成部分,其施工质量也影响道路整体的质量与观感,为此在道路附属构筑物中单独设节对其检验指标进行了规定,相比原标准增加了部分检测项目。

5 道路基层。

(1)道路基层质量验收标准中包含了六项内容,删除了块石基层,补充了水泥稳定类道路基层、沥青混合料(沥青碎石)基层的验收标准。

(2)几个主要指标的确定:

对于半刚性基层压实度的要求提高了,并就基层与底基层分别进行了规定,原标准为95%,新标准分别为97%与95%;

对于半刚性基层补充了强度指标,原标准无;

对于厚度指标正负号的说明;

平整度和纵断高程就基层与底基层分别进行了规定，补充了中线偏位的指标；

沥青表面处治增加沥青用量作为一般检测项目。

(3)对于柔性基层的弯沉值要求，视设计要求而定，因此在文字要求上有所区别，路床与沥青面层为必测项目。

(4)对于纵断高程和平整度的检验项目标准比原标准有所提高，通过提高基层的平整度提高整体道路平整度，避免到面层施工时为片面增加平整度而牺牲道路的压实度。

6　道路面层。

(1)主要指标标准提高。

沥青混合料面层压实度，对城市快速路、主干路不应小于96%；对次干路及以下道路不应小于95%。

面层厚度应符合设计规定，允许偏差为+10～-5mm。

同时将沥青混合料面层主控项目压实度、厚度检测频率提高，由每2 000m^2测1点改为每1 000m^2测1点。

(2)增加了中线偏位和抗滑要求。

为确保行车安全，保证路面具有一定的摩擦力，增加了路面抗滑性能检测项目：摩擦系数—摆式仪或横向力系数车、构造深度—砂铺法等。

(3)提高了道路平整度指标，原规范沥青混凝土面层平整度标准差σ值小于2.6cm，新规范区分不同道路等级快速路、主干路为小于1.5cm，次干路、支路为小于2.4cm。

(4)变更了井框与路面高差的检测方法，采用十字法量4点取最大值。

(5)增加了冷拌沥青混合料面层的质量要求，同时增加了功能层的质量要求，这项要求的提出对路面施工质量提供了重要的保障。

(6)水泥混凝土面层基本维持原标准，以弯拉强度作为主控指标，对于刻痕提出明确要求，列为主控项目，主要是从行车安全角度出发。提高了平整度的检测要求。

(7)本章取消了泥结碎石面层与级配砾石面层，因为全国多数城乡不采用这两种面层结构，如果当地需要可以制定地方标准以补充。

(8)原标准中测量为单独一章，并对测量的允许偏差进行了规定，考虑到测量是道路工程施工过程中的重要技术，并不构成独立的分项工程，因此在新规范第五章中对于施工测量提出了明确的要求，而没设分项工程的检验项目，但我们仍然要求各地方要认真执行本规范的对于施工测量的各项规定。

7　质量检验分为主控项目和一般项目两类，并提高了质量验收合格标准。

对于主控项目的确定原标准中有主要检查项目("Δ"项目)和非主要检查项目，主要检查项目("Δ"项目)共计14个。在本次修订时依据国标《建筑工程施工质量验收统一标准》(GB50300)规定，划分为"主控项目"和"一般项目"两项分类。

新规范划分主控项目的依据：

GB50300国标中2.0.9条对主控项目的编制是本次修订的重点，新规范对于影响道路结构质量与安全的项目列为主控项目，主要包括各层结构的压实度，弯沉，混凝土、砂浆强度，复合地基承载力，面层结构厚度，结构工程的断面尺寸以及对于结构质量有重大影响的主要原材料的质量检验等指标列为主控项目，主控项目的合格率要求达到100%。

质量验收合格标准的对比：

原标准规定："非主要检查项目的合格率均应达到70%，且不符合本标准要求的点其最大偏差应在允许偏差的1.5倍之内，在特殊情况下，如最大偏差超过1.5倍，但不影响下道工序施工，工程结构和使用功能，仍可评为合格"；新规范规定："一般项目的合格点率应达到80%及以上，且不合格点的最大偏差值不得大于规定允许偏差值的1.5倍"；后者明显比前者严格。

8 加强原材料的检验。

(1)新增加对路基填方材料的强度(CBR)值要求；

(2)基层材料：土、石灰、粉煤灰、砂砾、钢渣、水；增加了对基层材料的7d无侧限抗压强度检验；

(3)面层材料：沥青、水泥、混凝土、钢筋等。

9 新规范删除了部分施工结构、工艺及不利环保的施工材料。

材料：煤沥青，结构：泥结碎石面层等。

10 明确了强制性条文。

11 新增了部分检测项目，提高了部分检测项目的检测标准(在原标准的基础上略有提高)。

12 新增施工现场质量管理要求条款。

第四节 新规范部分主要内容

1 总 则

1.0.1 为加强城镇道路施工技术管理，规范施工要求，统一施工质量检验及验收标准，提高工程质量，制定本规范。

1.0 2 本规范适用于城镇新建、改建、扩建的道路及广场、停车场等工程的施工和质量检验、验收，大、中型维修工程可参照执行。

1.0.3 原材料、半成品或成品的质量标准，应按国家现行的有关标准执行。

1.0.4 城镇道路工程施工及验收除应执行本规范外，尚应符合国家现行有关标准的规定。

5 测 量

5.1 一般规定

5.1.1 施工测量开始前应完成下列准备工作：

1 建设单位组织设计、勘测单位向施工单位办理桩点交接手续。给出施工图控制网、点等级、起算数据，并形成文件。施工单位应进行现场踏勘、复核。

2 施工单位应组织学习设计文件及相应的技术标准，根据工程需要编制施工测量方案。

3 测量仪器、设备、工具等使用前应进行符合性检查，确认符合要求。严禁使用未经计量检定、校准及超过检定有效期或检定不合格的仪器、设备、工具。

5.1.2 施工单位开工前应对施工图规定的基准点、基准线和高程测量控制资料进行内业及外业复核。复核过程中，当发现不符或与相邻施工路段或桥梁的衔接有问题时，应向建设单位提出，进行查询，并取得准确结果。

5.1.3 开工前施工单位应在合同规定的时间期限内向建设单位提交测量复核书面报告。经监理工程师签认批准后，方可作为施工控制桩放线测量，建立施工控制网、线、点的依据。

5.1.4 施工测量用的控制桩应进行保护并校测。

5.1.5 测量记录应使用专用表格，记录应字迹清楚，严禁涂改。

5.1.6 施工中应建立施工测量的技术质量保证体系，建立健全测量复核制度。从事施工测量的作业人员应经专业培训，考核合格，持证上岗。

5.1.7 测量控制网应做好与相邻道路、桥梁控制网的联系。

5.1.8 施工测量除执行本规范规定外尚应符合国家现行有关标准的规定。

5.2 平面控制测量

5.2.1 平面测量，应按当地城市统一的坐标系统实施。当采用当地城市统一坐标系统确有困难时，小测区所采用的假设坐标系统应经上级建设行政主管、规划部门批准。

5.2.2 平面控制网的布设，应因地制宜、确保精度，满足施工实际需要，且方便应用。

5.2.3 国家有关标准规定的各种精度的三角点，一级、二级、三级导线点以及相应精度的 GPS(点)，根据施工需要均宜作为施工测量的首级控制。施工图提供的首级控制点(交桩点)点位中误差(相对起算点)不得大于 5cm。首级控制点应满足施工复核和施工控制需要，首级控制点应为 2 个以上，间距不宜大于 700m。控制点宜为控制道路施工图的相交道路交点、中线上点、折点及附近点、控制施工点等。

5.2.4 施工测量应做好起点、终点、转折点、道路相交点及其他重要设施的位置、方向的控制及校核。

5.2.5 三角测量应符合下列规定：

1 城镇道路工程施工首级控制(交桩点)、复核的小三角测量的主要技术指标，应符合表 5.2.5-1 的规定。

表 5.2.5-1 三角测量的主要技术指标

控制等级	平均边长(m)	测角中误差(″)	起始边边长相对中误差	最弱边边长相对中误差	测回数		三角形最大闭合差(″)
					DJ2	DJ6	
一级小三角	1 000	±5	≤1/40 000	≤1/20 000	2	4	±15
二级小三角	500	±10	≤1/20 000	≤1/10 000	1	2	±30

2 城镇道路工程施工控制网的三角测量的主要技术指标不得低于表 5.2.5-2 的规定精度。

表 5.2.5-2　施工控制三角测量的主要技术指标

控制等级	边长(m)	测角中误差(″)	锁的三角形个数	测回数 DJ6	三角形最大闭合差(″)	方位角闭合差(″)
施工控制	≤150	±20	≤13	1	±60	$\pm 40\sqrt{n}$

3　三角测量的网(锁)布设应符合下列要求:

(1)各等级的首级控制网,宜布设成近似等边三角形的网(锁),且其三角形的最大内角不应大于100°,最小内角不应小于30°,个别角受条件限制时可为25°。

(2)加密的控制网,可采用插网、线性锁或插点等。各等级的插点宜采用坚强图形布设。插点的内交会方向数不应少于4个或外交会方向数不应少于3个。

(3)三角网的布设,可采用线形锁。线形锁的布设,宜近于直伸现状。狭窄地区布设线形锁控制时,按传距角计算的图形强度的总合值,应以对数6位取值,并不应小于60。

5.2.6　导线测量应符合下列规定:

1　城镇道路工程施工首级控制(交桩点)测量、复核的主要技术指标,应符合表5.2.6-1的规定。

表 5.2.6-1　导线测量的主要技术指标

控制等级	导线长度(km)	平均边长(km)	测角中误差(″)	测距中误差(mm)	测距相对中误差	测回数		方位角闭合差(″)	相对闭合差
						DJ2	DJ6		
一级	4.0	0.5	±5	±15	≤1/30 000	2	4	$\pm 10\sqrt{n}$	≤1/15 000
二级	2.4	0.25	±8	±15	≤1/14 000	1	3	$\pm 16\sqrt{n}$	≤1/10 000
三级	1.2	0.1	±12	±15	≤1/7 000	1	2	$\pm 24\sqrt{n}$	≤1/5 000

注:n为测站数。

城镇道路工程施工控制网的导线测量、复核的主要技术指标,应符合表5.2.6-2规定。

表 5.2.6-2　施工控制导线测量的主要技术指标

控制等级	导线长度(m)	相对闭合差	边长(m)	测距中误差(mm)	测回数 DJ6	方位角闭合差(″)
施工控制	1 000	≤1/4 000	150	±20	1	$\pm 40\sqrt{n}$

3　当导线平均边长较短时,应控制导线的边数,但不应超过表5.2.6-1中相应等级导线平均长度和平均边长算得的边数;当导线长度小于表5.2.6-1中规定的长度的1/3时,导线全长的绝对闭合差不应大于13cm。

4　导线宜布设成直伸形状,相邻边长不宜相差过大。当附合导线长度超过规定时,应布设成结点网形。结点与结点、结点与高级点之间的导线长度,不应大于规定长度的70%。

5.2.7　边角测量的主要技术规定:

1　各等级边角组合网的设计应与三角网的规格取得一致，也应重视图形结构，各边边长宜近似相等，各三角形内角宜为30°～100°；个别角受条件限制时可为25°。

2　城镇道路的各等级边角组合网中边长测量的主要技术指标应符合表5.2.7的规定。

表5.2.7　边长测量的主要技术指标

控制等级	平均边长(m)	测距中误差(mm)	测距相对中误差
一级	1 000	±16	≤1/60 000
二级	500	±16	≤1/30 000

3　边角组合网的角度测量的主要技术指标的主要技术指标应符合本规范表5.2.5-1的有关规定。

4　对于由测边组成的中点多边形、大地四边形或扇形，应根据经各项改正后的边长观测值进行圆周角条件及组合条件的检核。

5.2.8　水平角观测的主要技术规定：

1　水平角观测所用的仪器使用前，应进行检验确认完好，各项技术性能、指标应符合规定的技术要求。

2　水平角观测应采用方向观测法。当方向数不多于3个时，可不归零。方向观测法的技术指标应符合表5.2.8的规定。

表5.2.8　方向观测法的技术指标

控制等级	仪器类型	测回数	光学测微器两次重合读数差(″)	半测回归零差(″)	一测回中2倍照准差变动范围(″)	同一方向值各测回较差(″)
一级及以下	DJ2	2	≤3①	≤12	≤18	≤12
	DJ6	4	—	≤18	—	≤24

注：①只用于光学经纬仪。

3　水平角观测结束后，应计算三角形闭合差、导线闭合差及测角中误差。

5.2.9　距离测量宜优先采用Ⅰ级或Ⅱ级电磁波测距仪(含全站仪)，并应符合下列规定：

1　当采用电磁波测距仪时，应符合下列要求：

(1)当测距长度小于等于1km时，仪器精度应分别为：

$$Ⅰ级：|m_D| \le 5\text{mm}$$

$$Ⅱ级：5\text{mm} < |m_D| \le 10\text{mm}$$

$$Ⅲ级：10\text{mm} < |m_D| \le 20\text{mm}$$

仪器标准精度计算应符合下式要求：

$$m_D = (a + b \cdot D) \quad (\text{mm}) \qquad (5.2.9)$$

式中　m_D——测距中误差，mm；

a——固定误差,mm;

b——比例误差系数,mm/km;

D——测距长度,km。

(2)测距边宜选在地面覆盖物相同、无强电磁场与强热源地段。仪器架设高度应距地面1.3m以上,应便于观测并避开强电磁干扰。

(3)操作仪器时,应符合仪器使用规定。

(4)测距边的水平距离应按规定进行计算、修正。

(5)电磁波测距仪测距的主要技术指标,应符合表5.2.9-1的规定。

表5.2.9-1　电磁波测距仪测距的主要技术指标

仪器等级	测回数	一测回读数较差(mm)	测回间较差(mm)	往返测或不同时间所测较差(mm)
一级	>2	≤5	≤7	$2(a+b\cdot D)$
二级	≥2	≤10	≤15	$2(a+b\cdot D)$

2　当采用普通钢尺测距时,应符合国家现行标准《城市测量规范》(CJJ8)的有关规定。普通钢尺测距的主要技术指标,应符合表5.2.9-2的规定。

表5.2.9-2　普通钢尺测距的主要技术指标

控制精度	边长丈量较差的相对误差	作业尺数	丈量总次数	尺段高差较差(mm)	估读数值至(mm)	温度读数值至(℃)	读尺次数	同尺各次或同段各尺的较差(mm)
一级	≤1/30 000	2	4	≤5	0.5	0.5	3	≤2
二级	≤1/20 000	1~2	2	≤10	0.5	0.5	3	≤2
	≤1/10 000	1~2	2	≤10	0.5	0.5	2	≤3

3　施工控制直线丈量测距的允许偏差应符合表5.2.9-3的规定。

表5.2.9-3　直线丈量测距(的)允许偏差

固定测桩间距离(m)	允许偏差△
<200	≤1/5 000
200~500	≤1/10 000
>500	≤1/20 000

5.2.10　内业计算应符合下列规定:

1　计算所用全部外业资料与起算数据,应经两人独立检核,确认无误后方可使用。

2　各级平面控制点的计算,可根据需要采用严密平差法或近似平差法,计算时应采用两人对算或验算方式。

3　使用电子计算机平差计算时,应对所用程序进行确认,对输入数据进行校对、检验。

4　经平差后的坐标值为控制的依据，对方位角、夹角和距离应按平差结果反算求得。

5.3　高程控制测量

5.3.1　高程控制应在当地城市建立的高程系统下进行。当小测区采用独立高程系统时，应经上级行政主管和规划部门批准。

高程控制测量应采用直接水准测量。城镇道路工程应按二、三等级水准测量方法建立首级工程控制。高程控制测量应起闭于设计施工图给定的城镇水准点。

5.3.2　水准测量的主要技术指标，应符合表5.3.2的规定。

表5.3.2　水准测量的主要技术指标

等级	每千米高差全中误差（mm）	路线长度（km）	水准仪型号	水准尺	观测次数		往返较差、闭合差或环线闭合差（mm）
					与已知点联测	附合或环线	
二等	≤2	—	DS1	铟瓦	往返各一次	往返各一次	$\pm 4\sqrt{L}$
三等	≤6	≤50	DS1	铟瓦	往返各一次	往一次	$\pm 12\sqrt{L}$
			DS3	双面		往返各一次	

注：1. 节点之间或节点与高级点之间，其线路的长度不得大于表中规定的0.7倍。

2. L为往返测段、附合或环线的水准路线长度（km）。

3. 三等水准测量可采用双仪高法单面尺施测；每站观测顺序为后－前－前－后。

5.3.3　水准测量所使用的仪器及水准尺的主要技术规定：

1　水准仪视准轴与水准管轴的夹角，DS1不得超过15″，DS3不得超过20″。

2　水准尺上的米间隔平均真长与名义长之差，对于铟瓦水准尺不得超过0.15mm，对于双面水准尺不得超过0.5mm。

3　当二级水准测量采用补偿式自动安平水准仪时，其补偿误差（$\Delta\alpha$）不得超过0.2″。

4　水准观测应按照操作规程、仪器使用说明书的规定进行。

5.3.4　水准观测的主要技术指标，应符合表5.3.4的规定。

表5.3.4　水准观测的主要技术指标

等级	水准仪型号	视线长度（m）	前后视距较差（m）	前后视距累计差（mm）	视线距地面最低高度（m）	基本分划、辅助分划或黑面、红面的读数较差（mm）	基本分划、辅助分划或黑面、红面的所测高差较差（mm）
二等	DS1	≤50	≤1	≤3	0.5	≤0.5	≤0.7
三等	DS1	≤100	≤3	≤6	0.3	≤1.0	≤1.5
	DS3	≤75				≤2.0	≤3.0

注：1. 二等水准视线长度小于20m时，其视线高度不应低于0.3m；

2. 三等水准采用变动仪器高度观测单面水准尺时，所测两次高差较差，应与黑面、红面所测高差之差的要求相同。

5.3.5　光电测距三角高程测量可代替四等水准测量。具体测量方法可按国家现行标准《城市测量规范》（CJJ8）的有关规定进行。

5.3.6　对高程控制网应进行平差计算，高程控制点高程应以平差后结果为准。

5.4 施工放线测量

5.4.1 施工中应根据施工方案布设施工中线与高程控制桩,并根据工序要求布设测桩。

5.4.2 测量作业前、后均应采用不同数据采集人核对的方法,分别核对从图纸上所采集的数据、实测数据的计算过程与计算结果,并应据以判定测量成果的有效性。

5.4.3 施工布桩、放线测量建立平面、高程控制网应依实地情况埋设牢固、通视良好。道路施工放线采用的经纬仪等级不应低于 DJ6 级。

以三级导线平面控制测量时,方位角闭合差不应大于 $\pm 24\sqrt{L}('')$。

以施工平面控制测量时,方位角闭合差不应大于 $\pm 40\sqrt{L}('')$,且应报建设单位验收、确认。

5.4.4 路基施工前应根据图纸、资料和现场情况,测标出路基施工中可能暴露、触及、损坏的地下管线等构筑物的位置。

5.4.5 施工准备阶段核对占地、拆迁范围时,应在现场测设道路施工范围边线。

5.4.6 当工程规模较大,测量桩在施工中可能被损坏时,应设辅助平面测量基线与高程控制桩。

5.4.7 施工中应及时完成中线桩的恢复与校测。

5.4.8 城镇道路高程控制应符合下列规定:

1 高程测量视线长宜控制在 50 ~ 80m;

2 水准测量应采用 DS3 及以上等级的水准仪施测;

3 水准测量闭合差不应大于 $\pm 12\sqrt{L}$mm(L 为相邻控制点间距,单位为 km)。

5.4.9 城镇道路控制测量应符合下列规定:

1 施工控制导线闭合差应符合本规范第 5.2.6 条的有关规定。

2 采用 DJ2 级仪器时,角度应至少测一测回;采用 DJ6 级仪器时,角度应至少测两测回。

3 距离应用普通钢尺往返测一测回,用电磁波测距仪可单程测定。

4 当采用全站仪时,应符合本规范第 5.2.9 条和第 5.3.4 条的有关规定。采用全站仪坐标定点,应使用不同方法进行坐标计算并进行已知点的复核,并均应有工作、复核记录,实施测量前应经监理签认。

5 放样测量直线丈量测距的偏差应符合本规范表 5.2.9-3 的规定。

6 施工放样点允许误差 M,相对于相邻控制点,按极坐标法放样,应符合表 5.4.9 的规定。

表 5.4.9 施工放样点的点位允许误差 M (单位:cm)

横向偏位要求	≤1	≤1.5	≤2	≤3	其他
点位放样允许误差	0.7	1	1.3	2	5
例	人行地道中线	筑砌片石、块石挡土墙	路面、基层中线	路床中线	一般桩位

道路中心桩间距宜为 10 ~ 20m。

5.4.10 平曲线和竖曲线桩的应在道路中线桩、边桩的测设中完成,并标出设计高程。当曲线长度小于等于 40m 时,桩间距宜小于等于 5m;当曲线长度大于 40m 时,桩间距宜小于等于10m。

5.4.11 交叉路口路面高程作业测量应按设计规定的高程方格网、等分圆网等，分层测定高程。

5.4.12 与路面有关的附属构筑物的外观控制测量应在控制方向按平面、高程控制需要设控制桩。

5.4.13 城镇道路工程完工后应进行竣工测量。竣工测量包括：中心线位置、标高、横断面图式、附属结构和地下管线的实际位置和标高。测量成果应在竣工图中标明。

5.4.14 施工测量的记录及成果均应在正式记录本上填写，并按规定整理测量资料。

5.4.15 工程验收的测量依据点应按程序报经建设单位验收、确认。

7 基 层

7.6 级配砂砾及级配砾石基层

7.6.1 级配砂砾及级配砾石可作为城市次干路及其以下道路基层。

7.6.2 级配砂砾及级配砾石应符合下列要求：

1 天然砂砾应质地坚硬，含泥量不应大于砂质量（粒径小于5mm）的10%，砾石颗粒中细长及扁平颗粒的含量不应超过20%。

2 级配砾石作次干路及其以下道路底基层时，级配中最大粒径宜小于53mm，作基层时最大粒径不应大于37.5mm。

3 级配砂砾及级配砾石的颗粒范围和技术指标宜符合表7.6.2的规定。

表7.6.2 级配砂砾及级配砾石的颗粒范围及技术指标

项目		通过质量百分率（%）		
		基层	底基层	
		砾石	砾石	砂砾
筛孔尺寸（mm）	53		100	100
	37.5	100	90～100	80～100
	31.5	90～100	81～94	
	19.0	73～88	63～81	
	9.5	49～69	45～66	40～100
	4.75	29～54	27～51	25～85
	2.36	17～37	16～35	
	0.6	8～20	8～20	8～45
	0.075	0～7②	0～7②	0～15
液限（%）		<28	<28	<28
塑性指数		<6（或9①）	<6（或9①）	<9

注：①示潮湿多雨地区塑性指数宜小于6，其他地区塑性指数宜小于9；
②示对于无塑性的混合料，粒径小于0.075mm的颗粒含量接近高限。

4 集料压碎值应符合本规范表7.7.1-2的规定。

7.6.3 摊铺应符合下列规定：

1 压实系数应通过试验段确定。每层摊铺虚厚不宜超过30cm。

2 砂砾应摊铺均匀一致，发生粗、细集料集中或离析现象时，应及时翻拌均匀。

3 摊铺长度至少为一个碾压段30～50m。

7.6.4 碾压成活应符合下列规定：

1 碾压前应洒水，洒水量应使全部砂砾湿润，且不导致其层下翻浆。

2 碾压过程中应保持砂砾湿润。

3 碾压时应自路边向路中倒轴碾压。采用12t以上压路机进行，初始碾速宜为25～30m/min，砂砾初步稳定后，碾速宜控制在30～40m/min，碾压至轮迹不应大于5mm，砂石表面应平整、坚实，无松散和粗、细集料集中等现象。

4 上层铺筑前，不得开放交通。

7.7 级配碎石及级配碎砾石基层

7.7.1 级配碎石及级配碎砾石材料应符合下列规定：

1 轧制碎石的材料可为各种类型的岩石(软质岩石除外)、砾石。轧制碎石的砾石粒径应为碎石最大粒径的3倍以上，碎石中不应有黏土块、植物根叶、腐殖质等有害物质。

2 碎石中针片状颗粒的总含量不应超过20%。

3 级配碎石及级配碎砾石颗粒范围和技术指标应符合表7.7.1-1的规定。

表7.7.1-1 级配碎石及级配碎砾石的颗粒范围和技术指标

项目		通过质量百分率(%)			
		基层		底基层③	
		次干路及以下道路	城市快速路、主干路	次干路及以下道路	城市快速路、主干路
筛孔尺寸(mm)	53	—	—	100	
	37.5	100	—	85～100	100
	31.5	90～100	100	69～88	83～100
	19.0	73～88	85～100	40～65	54～84
	9.5	49～69	52～74	19～43	29～59
	4.75	29～54	29～54	10～30	17～45
	2.36	17～37	17～37	8～25	11～35
	0.6	8～20	8～20	6～18	6～21
	0.075	0～7②	0～7②	0～10	0～10
液限(%)		<28	<28	<28	<28
塑性指数		<9①	<9①	<9①	<9①

注：1. 表中①示潮湿多雨地区塑性指数宜小于6，其他地区塑性指数宜小于9；

2. 表中②示对于无塑性的混合料，粒径小于0.075mm的颗粒含量接近高限；

3. 表中③示底基层所列为未筛分碎石颗粒组成范围。

4 级配碎石及级配碎砾石石料的压碎值应符合表7.7.1-2的规定。

5 碎石或碎砾石应为多棱角块体，软弱颗粒含量应小于5%；扁平细长碎石含量应小于20%。

7.7.2 摊铺应符合下列规定：

表 7.7.1-2 级配碎石及级配碎砾石压碎值

项目	压碎值	
	基层	底基层
城市快速路、主干路	<26%	<30%
次干路	<30%	<35%
次干路以下道路	<35%	<40%

1 宜采用机械摊铺符合级配要求的厂拌级配碎石或级配碎砾石。

2 压实系数应通过试验段确定，人工摊铺宜为 1.40～1.50；机械摊铺宜为 1.25～1.35。

3 摊铺碎石每层应按虚厚一次铺齐，颗粒分布应均匀，厚度一致，不得多次找补。

4 已摊平的碎石，碾压前应断绝交通，保持摊铺层清洁。

7.7.3 碾压除遵守本规范第 7.2 节的有关规定外，尚应符合下列规定：

1 碾压前和碾压中应适量洒水。

2 碾压中对有过碾现象的部位，应进行换填处理。

7.7.4 成活应符合下列规定：

1 碎石压实后及成活中应适量洒水。

2 视压实碎石的缝隙情况撒布嵌缝料。

3 宜采用 12t 以上的压路机碾压成活，碾压至缝隙嵌挤应密实，稳定坚实，表面平整，轮迹小于 5mm。

4 未铺装上层前，对已成活的碎石基层应保持养护不得开放交通。

7.8 检验标准

7.8.3 级配砂砾及级配砾石基层及底基层质量检验应符合下列规定。

主控项目

1 集料质量及级配应符合本规范第 7.6.2 条的有关规定。

检查数量：按砂石材料的进场批次，每批抽检 1 次。

检验方法：查检验报告。

2 基层（压实度）大于等于 97%、底基层压实度大于等于 95%。

检查数量：每压实层，每 1 000m^2 抽检 1 点。

检验方法：灌砂法或灌水法。

3 弯沉值，不应大于设计规定。

检查数量：设计规定时每车道、每 20m，测 1 点。

检验方法：弯沉仪检测。

一般项目

4 表面应平整、坚实，无松散和粗、细集料集中现象。

检查数量：全数检查。

检验方法：观察。

5　级配砂砾及级配碎石基层和底基层允许偏差应符合表 7.8.3 的有关规定。

表 7.8.3　级配砂砾及级配碎石基层和底基层允许偏差

<table>
<tr><th rowspan="2">项目</th><th rowspan="2" colspan="2">允许偏差</th><th colspan="3">检验频率</th><th rowspan="2">检验方法</th></tr>
<tr><th>范围</th><th colspan="2">点数</th></tr>
<tr><td>中线偏位(mm)</td><td colspan="2">≤20</td><td>100m</td><td colspan="2">1</td><td>用经纬仪测量</td></tr>
<tr><td rowspan="2">纵断高程(mm)</td><td>基层</td><td>±15</td><td>20m</td><td colspan="2">1</td><td>用水准仪测量</td></tr>
<tr><td>底基层</td><td>±20</td><td></td><td colspan="2"></td><td></td></tr>
<tr><td rowspan="3">平整度(mm)</td><td rowspan="2">基层</td><td rowspan="2">≤10</td><td rowspan="3">20m</td><td rowspan="3">路宽(m)</td><td><9</td><td>1</td><td rowspan="3">用 3m 直尺和塞尺连续量两尺,取较大值</td></tr>
<tr><td>9~15</td><td>2</td></tr>
<tr><td>底基层</td><td>≤15</td><td>>15</td><td>3</td></tr>
<tr><td>宽度(mm)</td><td colspan="2">不小于设计规定 + B</td><td>40m</td><td colspan="2">1</td><td>用钢尺量测</td></tr>
<tr><td rowspan="3">横坡</td><td rowspan="3" colspan="2">±0.3%且不反坡</td><td rowspan="3">20m</td><td rowspan="3">路宽(m)</td><td><9</td><td>2</td><td rowspan="3">用水准仪测量</td></tr>
<tr><td>9~15</td><td>4</td></tr>
<tr><td>>15</td><td>6</td></tr>
<tr><td rowspan="2">厚度(mm)</td><td>砂石</td><td>+20
-10</td><td rowspan="2">1 000m²</td><td rowspan="2" colspan="2">1</td><td rowspan="2">用钢尺量</td></tr>
<tr><td>碎石</td><td>+20
-10%层厚</td></tr>
</table>

级配碎石及级配碎砾石基层和底基层施工质量检验应符合下列规定。

主控项目

1　碎石与嵌缝料质量及级配应符合本规范第 7.7.1 条的有关规定。

检查数量:按不同材料进场批次,每批次抽检不应少于 1 次。

检验方法:查检验报告。

2　级配碎石压实度,基层不得小于 97%,底基层不应小于 95%。

检查数量:每 1 000m^2抽检 1 点。

检验方法:灌砂法或灌水法。

3　弯沉值,不应大于设计规定。

检查数量:设计规定时每车道、每 20m,测 1 点。

检验方法:弯沉仪检测。

一般项目

4　外观质量:表面应平整、坚实,无推移、松散、浮石现象。

检查数量:全数检查。

检验方法:观察。

级配碎石及级配碎砾石基层和底基层的偏差应符合本规范表 7.8.3 的有关规定。

6.3.3 人、机配合土方作业，必须设专人指挥。机械作业时，配合作业人员严禁处在机械作业和走行范围内。配合人员在机械走行范围内作业时，机械必须停止作业。

6.3.10 挖方施工应符合下列规定：

1 挖土时应自上向下分层开挖，严禁掏洞开挖。作业中断或作业后，开挖面应做成稳定边坡。

2 机械开挖作业时，必须避开构筑物、管线，在距管道边 1 m 范围内应采用人工开挖；在距直埋缆线 2m 范围内必须采用人工开挖。

3 严禁挖掘机等机械在电力架空线路下作业。

8.1.2 沥青混合料面层不得在雨、雪天气及环境最高温度低于 5℃时施工。

8.2.20 热拌沥青混合料路面应待摊铺层自然降温至表面温度低于 50℃后，方可开放交通。

10.7.6 在面层混凝土弯拉强度达到设计强度，且填缝完成前，不得开放交通。

11.1.9 铺砌面层完成后，必须封闭交通，并应湿润养护，当水泥砂浆达到设计强度后，方可开放交通。

17.3.8 当面层混凝土弯拉强度未达到 1MPa 或抗压强度未达到 5MPa 时，必须采取防止混凝土受冻的措施严禁混凝土受冻。

第五节 质量验收的程序、要求及内容

新规范明确了质量验收的程序：

3.0.14 单位工程完成后，施工单位应进行自检，并在自检合格的基础上，将竣工资料、自检结果报监理工程师，申请预验收。监理工程师应在预验合格后报建设单位申请正式验收。建设单位应依据相关规定及时组织相关单位进行工程竣工验收，并应在规定时间内报建设行政主管部门备案。

18.0.1 开工前，施工单位应会同建设单位、监理工程师确认构成建设项目的单位工程、分部工程、分项工程和检验批，作为施工质量检验、验收的基础，并应符合下列规定：

1 建设单位招标文件确定的每一个独立合同应为一个单位工程。当合同文件包含的工程内涵较多，或工程规模较大、或由若干独立设计组成时，宜按工程部位或工程量、每一独立设计将单位工程分成若干子单位工程。

2 单位（子单位）工程应按工程的结构部位或特点、功能、工程量划分分部工程。分部工程的规模较大或工程复杂时宜按材料种类、工艺特点、施工工法等，将分部工程划为若干子分部工程。

3 分部工程（子分部工程）可由一个或若干个分项工程组成，应按主要工种、材料、施工工艺等划分分项工程。

4 分项工程可由一个或若干检验批组成。检验批应根据施工、质量控制和专业验收需要划定。各地区应根据城镇道路建设实际需要，划定适应的检验批。

5 各分部（子分部）工程相应的分项工程、检验批应按表 18.0.1 的规定执行。本规

范未规定时，施工单位应在开工前会同建设单位、监理工程师共同研究确定。

18.0.2　施工中应按下列规定进行施工质量控制，并应进行过程检验、验收：

1　工程采用的主要材料、半成品、成品、构配件、器具和设备应按相关专业质量标准进行进场检验和使用前复验。现场验收和复验结果应经监理工程师检查认可。凡涉及结构安全和使用功能的，监理工程师应按规定进行平行检测或见证取样检测，并确认合格。

2　各分项工程应按本规范进行质量控制，各分项工程完成后应进行自检、交接检验，并形成文件，经监理工程师检查签认后，方可进行下分项工程施工。

18.0.3　工程施工质量应按下列要求进行验收：

1　工程施工质量应符合本规范和相关专业验收规范的规定。

2　工程施工应符合工程勘察、设计文件的要求。

3　参加工程施工质量验收的各方人员应具备规定的资格。

4　工程质量的验收均应在施工单位自行检查评定合格的基础上进行。

5　隐蔽工程在隐蔽前，应由施工单位通知监理工程师和相关单位人员进行隐蔽验收，确认合格，并形成隐蔽验收文件。

6　监理工程师应按规定对涉及结构安全的试块、试件和现场检测项目，进行平行检测、见证取样检测并确认合格。

7　检验批的质量应按主控项目和一般项目进行验收。

8　对涉及结构安全和使用功能的分部工程应进行抽样检测。

9　承担复验或检测的单位应为具有相应资质的独立第三方。

10　工程的外观质量应由验收人员通过现场检查共同确认。

18.0.4　隐蔽工程应由专业监理工程师负责验收。检验批及分项工程应由专业监理工程师组织施工单位项目专业质量（技术）负责人等进行验收。关键分项工程及重要部位应由建设单位项目负责人组织总监理工程师、施工单位项目负责人和技术质量负责人、设计单位专业设计人员等进行验收。分部工程应由总监理工程师组织施工单位项目负责人和技术质量负责人等进行验收。

18.0.5　检验批合格质量应符合下列规定：

1　主控项目的质量应经抽样检验合格。

2　一般项目的质量应经抽样检验合格；当采用计数检验时，除有专门要求外，一般项目的合格点率应达到80%及以上，且不合格点的最大偏差值不得大于规定允许偏差值的1.5倍。

3　具有完整的施工操作原始资料和质量检查记录。

18.0.6　分项工程质量验收合格应符合下列规定：

1　分项工程所含检验批均应符合合格质量的规定。

2　分项工程所含检验批的质量验收记录应完整。

18.0.7　分部工程质量验收合格应符合下列规定：

1　分部工程所含分项工程的质量均应验收合格。

2　质量控制资料应完整。

3　涉及结构安全和使用功能的质量应按规定验收合格。

4　外观质量验收应符合要求。

18.0.8　单位工程质量验收合格应符合下列规定：

1　单位工程所含分部工程的质量均应验收合格。

2　质量控制资料应完整。

3　单位工程所含分部工程验收资料应完整。

4　影响道路安全使用和周围环境的参数指标应符合设计规定。

5　外观质量验收应符合要求。

18.0.9　单位工程验收应符合下列要求：

1　施工单位应在自检合格基础上将竣工资料与自检结果，报监理工程师申请验收。

2　监理工程师应约请相关人员审核竣工资料进行预检，并据结果写出评估报告，报建设单位。

3　建设单位项目负责人应根据监理工程师的评估报告组织建设单位项目技术质量负责人、有关专业设计人员、总监理工程师和专业监理工程师、施工单位项目负责人参加工程验收。该工程的设施运行管理单位应派员参加工程验收。

18.0.10　工程竣工验收，应由建设单位组织验收组进行。验收组应由建设、勘察、设计、施工、监理、设施管理等单位的有关负责人组成，亦可邀请有关方面专家参加。验收组组长由建设单位担任。

工程竣工验收应在构成道路的各分项工程、分部工程、单位工程质量验收均合格后进行。当设计规定进行道路弯沉试验、荷载试验时，验收必须在试验完成后进行。道路工程竣工资料应于竣工验收前完成。

18.0.11　工程竣工验收应符合下列规定：

1　质量控制资料应符合本规范相关的规定。

检查数量：查全部工程。

检查方法：查质量验收、隐蔽验收、试验检验资料。

2　安全和主要使用功能应符合设计要求。

检查数量：查全部工程。

检查方法：查相关检测记录，并抽检。

3　观感质量检验应符合本规范要求。

检查数量：全部。

检查方法：目测并抽检。

18.0.12　竣工验收时，可对各单位工程的实体质量进行检查。

18.0.13　当参加验收各方对工程质量验收意见不一致时，应由政府行业行政主管部门或工程质量监督机构协调解决。

18.0.14　工程竣工验收合格后，建设单位应按规定将工程竣工验收报告和有关文件，报政府行政主管部门备案。

附录A　分项、分部、单位工程检验记录表

A.0.1　检验批的质量验收记录宜由施工项目专业质量检查员填写，监理工程师（建设单位项目专业技术负责人）组织项目专业质量检查员进行验收，并应按表A.0.1记录。

A.0.2 分项工程质量应由监理工程师(建设单位项目专业技术负责人)组织施工单位项目技术负责人等进行验收,并按表 A.0.2 记录。

A.0.3 分部(子分部)工程质量应由总监理工程师(建设单位项目专业技术负责人)组织施工项目经理和有关勘察、设计单位项目负责人进行验收,并按表 A.0.3-1 记录,分部工程检验汇总表由施工单位填写详见 A.0.3-2 记录。

A.0.4 单位(子单位)工程质量竣工验收记录由施工单位填写,验收结论由监理(建设)单位填写;综合验收结论由参加验收各方共同商定,建设单位填写。应对工程质量是否符合设计和规范要求及总体质量水平做出评价,并按表 A.0.4 记录。

A.0.1 检验批质量检验记录

编号________

<table>
<tr><td colspan="2">工程名称</td><td colspan="4"></td></tr>
<tr><td colspan="2">施工单位</td><td colspan="4"></td></tr>
<tr><td colspan="2">单位工程名称</td><td colspan="2"></td><td>分部工程名称</td><td></td></tr>
<tr><td colspan="2">分项工程名称</td><td colspan="2"></td><td>验收批数</td><td></td></tr>
<tr><td colspan="2">项目经理</td><td></td><td>项目技术负责人</td><td></td><td>制表人</td></tr>
<tr><td rowspan="2">序号</td><td rowspan="2">检验批部位、区段</td><td colspan="2">施工单位自检情况</td><td colspan="2" rowspan="2">监理(建设)单位验收情况验收意见</td></tr>
<tr><td>合格率(%)</td><td>检验结论</td></tr>
<tr><td>1</td><td></td><td></td><td></td><td colspan="2"></td></tr>
<tr><td>2</td><td></td><td></td><td></td><td colspan="2"></td></tr>
<tr><td>3</td><td></td><td></td><td></td><td colspan="2"></td></tr>
<tr><td>4</td><td></td><td></td><td></td><td colspan="2"></td></tr>
<tr><td>5</td><td></td><td></td><td></td><td colspan="2"></td></tr>
<tr><td>6</td><td></td><td></td><td></td><td colspan="2"></td></tr>
<tr><td>7</td><td></td><td></td><td></td><td colspan="2"></td></tr>
<tr><td>8</td><td></td><td></td><td></td><td colspan="2"></td></tr>
<tr><td>9</td><td></td><td></td><td></td><td colspan="2"></td></tr>
<tr><td colspan="2">平均合格率(%)</td><td colspan="4"></td></tr>
<tr><td>施工单位检查结果</td><td colspan="2">项目技术负责人

年 月 日</td><td>验收结论</td><td colspan="2">监理工程师:
(建设单位项目专业技术负责人)

年 月 日</td></tr>
</table>

A.0.2　分项工程质量检验记录

编号________

<table>
<tr><td colspan="2">工程名称</td><td colspan="13"></td></tr>
<tr><td colspan="2">施工单位</td><td colspan="13"></td></tr>
<tr><td colspan="2">单位工程名称</td><td colspan="3"></td><td colspan="5">分部工程名称</td><td colspan="5"></td></tr>
<tr><td colspan="2">分项工程名称</td><td colspan="3"></td><td colspan="5">验收部位</td><td colspan="5"></td></tr>
<tr><td colspan="2">工程数量</td><td></td><td colspan="2">项目经理</td><td colspan="5"></td><td colspan="2">技术
负责人</td><td colspan="3"></td></tr>
<tr><td colspan="2">制表人</td><td></td><td colspan="2">施工负责人</td><td colspan="5"></td><td colspan="2">质量检验员</td><td colspan="3"></td></tr>
<tr><td colspan="2">交方班组</td><td></td><td colspan="2">接方班组</td><td colspan="5"></td><td colspan="2">检验日期</td><td colspan="3"></td></tr>
<tr><td rowspan="2">序号</td><td rowspan="2">主控
项目</td><td rowspan="2">检验依据/允许偏差(规定值或±偏差值(mm)</td><td colspan="12"></td></tr>
<tr><td>1</td><td>2</td><td>3</td><td>4</td><td>5</td><td>6</td><td>7</td><td>8</td><td>9</td><td>应测
点数</td><td>合格
点数</td><td>合格率
(%)</td></tr>
<tr><td>1</td><td></td><td></td><td></td><td></td><td></td><td></td><td></td><td></td><td></td><td></td><td></td><td></td><td></td><td></td></tr>
<tr><td>2</td><td></td><td></td><td></td><td></td><td></td><td></td><td></td><td></td><td></td><td></td><td></td><td></td><td></td><td></td></tr>
<tr><td>3</td><td></td><td></td><td></td><td></td><td></td><td></td><td></td><td></td><td></td><td></td><td></td><td></td><td></td><td></td></tr>
<tr><td>4</td><td></td><td></td><td></td><td></td><td></td><td></td><td></td><td></td><td></td><td></td><td></td><td></td><td></td><td></td></tr>
<tr><td>5</td><td></td><td></td><td></td><td></td><td></td><td></td><td></td><td></td><td></td><td></td><td></td><td></td><td></td><td></td></tr>
<tr><td>6</td><td></td><td></td><td></td><td></td><td></td><td></td><td></td><td></td><td></td><td></td><td></td><td></td><td></td><td></td></tr>
<tr><td>7</td><td></td><td></td><td></td><td></td><td></td><td></td><td></td><td></td><td></td><td></td><td></td><td></td><td></td><td></td></tr>
<tr><td colspan="3">平均合格率(%)</td><td colspan="12"></td></tr>
<tr><td colspan="3">检验结论</td><td colspan="12"></td></tr>
<tr><td colspan="3">监理(建设)
单位意见</td><td colspan="12"></td></tr>
</table>

A.0.3-1　分部(子分项)工程检验记录

编号____________

<table>
<tr><td colspan="2">工程名称</td><td colspan="5"></td></tr>
<tr><td colspan="2">施工单位</td><td colspan="5"></td></tr>
<tr><td colspan="2">单位工程名称</td><td colspan="2"></td><td>分部工程名称</td><td colspan="2"></td></tr>
<tr><td colspan="2">项目经理</td><td></td><td>项目技术负责人</td><td></td><td>制表人</td><td></td></tr>
<tr><td colspan="2">施工负责人</td><td></td><td>质量检查员</td><td></td><td>日期</td><td></td></tr>
<tr><td>序号</td><td>分项工程名称</td><td colspan="2">检验批数</td><td>合格率(%)</td><td colspan="2">质量情况</td></tr>
<tr><td>1</td><td></td><td colspan="2"></td><td></td><td colspan="2"></td></tr>
<tr><td>2</td><td></td><td colspan="2"></td><td></td><td colspan="2"></td></tr>
<tr><td>3</td><td></td><td colspan="2"></td><td></td><td colspan="2"></td></tr>
<tr><td>4</td><td></td><td colspan="2"></td><td></td><td colspan="2"></td></tr>
<tr><td>5</td><td></td><td colspan="2"></td><td></td><td colspan="2"></td></tr>
<tr><td>6</td><td></td><td colspan="2"></td><td></td><td colspan="2"></td></tr>
<tr><td>7</td><td></td><td colspan="2"></td><td></td><td colspan="2"></td></tr>
<tr><td>8</td><td></td><td colspan="2"></td><td></td><td colspan="2"></td></tr>
<tr><td>9</td><td></td><td colspan="2"></td><td></td><td colspan="2"></td></tr>
<tr><td colspan="2">质量控制资料</td><td colspan="5"></td></tr>
<tr><td colspan="2">安全和功能检验
(检测)报告</td><td colspan="5"></td></tr>
<tr><td colspan="2">观感质量验收</td><td colspan="5"></td></tr>
<tr><td colspan="2">分部(子分项)工程
检验结果</td><td colspan="2"></td><td>平均合格率(%)</td><td colspan="2"></td></tr>
<tr><td rowspan="2">参加验收单位</td><td>施工单位</td><td colspan="5">项目经理　　　　年　月　日</td></tr>
<tr><td>监理(建设)单位</td><td colspan="5">总监理工程师:
(建设单位项目专业技术负责人)
年　月　日</td></tr>
</table>

A. 0. 3-2 单位工程分部工程检验汇总表

编号____________

工程名称					
施工单位					
单位工程名称					
项目经理		项目技术负责人		制表人	

序号	外观检查	质量情况
1		
2		
3		
4		
5		
6		
7		

序号	分部(子分部)工程名称	合格率(%)	质量情况
1			
2			
3			
4			
5			
6			
7			
8			
9			
10			
11			
12			
13			
14			
15			
16			

平均合格率(%)	
检验结果	

施工负责人	质量检查员	日期

A.0.4 **单位(子单位)工程质量竣工验收记录**

编号____________

<table>
<tr><td colspan="2">工程名称</td><td colspan="6"></td></tr>
<tr><td colspan="2">施工单位</td><td colspan="6"></td></tr>
<tr><td colspan="2">道路类型</td><td colspan="2"></td><td colspan="2">工程造价</td><td colspan="2"></td></tr>
<tr><td colspan="2">项目经理</td><td></td><td>项目技术负责人</td><td></td><td>制表人</td><td colspan="2"></td></tr>
<tr><td colspan="2">开工日期</td><td>年　月　日</td><td colspan="2">竣工日期</td><td colspan="3">年　月　日</td></tr>
<tr><td>序号</td><td colspan="2">项目</td><td colspan="3">验收记录</td><td colspan="2">验收结论</td></tr>
<tr><td>1</td><td colspan="2">分部工程</td><td colspan="3">共　部,经查　分部符合标准及设计要求　分部</td><td colspan="2"></td></tr>
<tr><td>2</td><td colspan="2">质量控制资料核查</td><td colspan="3">共　项,经审查符合要求　项,经核定符合规范要求　项</td><td colspan="2"></td></tr>
<tr><td>3</td><td colspan="2">安全和主要使用功能核查及抽查结果</td><td colspan="3">共核查　项,符合要求　项,共抽查　项,符合要求　项,经返工处理符合要求　项</td><td colspan="2"></td></tr>
<tr><td>4</td><td colspan="2">观感质量检验</td><td colspan="3">共抽查　项,符合要求　项,不符合要求　项</td><td colspan="2"></td></tr>
<tr><td>5</td><td colspan="7">综合验收结论</td></tr>
<tr><td rowspan="2">参加验收单位</td><td colspan="2">建设单位</td><td>施工单位</td><td colspan="2">监理单位</td><td colspan="2">设计单位</td></tr>
<tr><td colspan="2">(公章)
单位负责人
年　月　日</td><td>(公章)
单位(项目)负责人
年　月　日</td><td colspan="2">(公章)
总监理工程师
年　月　日</td><td colspan="2">(公章)
单位(项目)负责人
年　月　日</td></tr>
</table>

参 考 文 献

[1] 中国建筑科学研究院. GB50011—2001 建筑抗震设计规范. 2 版[S]. 北京:中国建筑工业出版社,2008.

[2] 中国建筑科学研究院. GB50011—2001 建筑抗震设计规范[S]. 北京:中国建筑工业出版社,2001.

[3] 北京市政建设集团有限公司,中国市政工程协会. CJJ1—2008 城镇道路工程施工及质量验收规范[S]. 北京:中国建筑工业出版社,2008.

[4] 北京市市政工程局. CJJ1—90 市政道路工程质量检验评定标准[S]. 北京:中国建筑工业出版社,1991.

第七章　建筑桩基础技术规范

建筑桩基础技术规范是指2008年4月20号由中华人民共和国住房和城乡建设部发布的《建筑桩基技术规范》(JGJ94—2008),自2008年10月1日起实施。代替原行业标准《建筑桩基技术规范》(JGJ94—94)。

第一节　概　述

一、桩基础新技术修订的主要内容

《建筑桩基技术规范》(JGJ94—2008)与原行业标准《建筑桩基技术规范》(JGJ94—94)相比,调整了以下内容:

(1)强调了概念设计。

(2)将原设计值改为特征值。

(3)突出"变刚度调平设计"。

(4)取消了群桩效应系数。

(5)增加了后注浆施工工艺。

(6)调整了群桩沉降系数。

(7)增加了单桩沉降计算。

(8)取消了原规范的可靠度分析方法。

二、桩基础新技术修订的主要原因

《建筑桩基技术规范》(JGJ94—2008)不仅调整了桩的承载力参数,而且增加了一些新的桩型。新修订规范的安全度水准较JGJ94—94规范有所提高。这是因为:

由于楼面均布活荷载标准值提高了33%,可变荷载组合值系数提高了17%,故桩的支承阻力安全度较JGJ94—94规范有所提高;由于基本组合的荷载分项系数由1.25提高至1.35,楼面均布活荷载值提高33%,以及钢筋和混凝土强度设计值略有降低,故桩身与承台结构安全度水准提高12%以上。

《建筑桩基技术规范》(JGJ94—2008),桩基础新技术的修订,取得很好的应用价值:

(1)使桩基础技术规范与地基规范取值方法统一,更便于地基基础工程的设计与施工。

(2)以单桩静载试验结果为主要依据,能够更好地反映桩型、土性的因素。

(3)在岩土工程的可靠度分析上,由于岩土的变异特性较为复杂,目前仍处于研究阶段。

第二节　内容介绍

一、桩基耐久性的规定

桩基结构的耐久性应根据设计使用年限、现行国家标准《混凝土结构设计规范》（GB50010）的环境类别规定以及水、土对钢、混凝土腐蚀性的评价进行设计。

（1）二类和三类环境中，设计使用年限为50年的桩基结构混凝土应符合表7-1的规定。

表7-1　二类和三类环境桩基结构混凝土耐久性的基本要求

环境类别		最大水灰比	最小水泥用量（kg/m^3）	最低混凝土强度等级	最大氯离子含量（%）	最大碱含量（kg/m^3）
二	a	0.60	250	C25	0.3	3.0
	b	0.55	275	C30	0.2	3.0
三		0.50	300	C30	0.1	3.0

注：1. 氯离子含量系指其与水泥用量的百分率。
2. 预应力构件混凝土中最大氯离子含量为0.06%，最小水泥用量为$300kg/m^3$；最低混凝土强度等级应按表中规定提高两个等级。
3. 当混凝土中加入活性掺合料或能提高耐久性的外加剂时，可适当降低最小水泥用量。
4. 当使用非碱活性骨料时，对混凝土中碱含量不作限制。
5. 当有可靠工程经验时，表中最低混凝土强度等级可降低一个等级。

（2）桩身裂缝控制等级及最大裂缝宽度应根据环境类别和水、土介质腐蚀性等级按表7-2规定选用。

表7-2　桩身的裂缝控制等级及最大裂缝宽度限值

环境类别		钢筋混凝土桩		预应力混凝土桩	
		裂缝控制等级	W_{lim}（mm）	裂缝控制等级	W_{lim}（mm）
二	a	三	0.2（0.3）	二	0
	b	三	0.2	二	0
三		三	0.2	一	0

注：1. 水、土为强、中腐蚀性时，抗拔桩裂缝控制等级应提高一级。
2. 二a类环境中，位于稳定地下水位以下的基桩，其最大裂缝宽度限值可采用括弧中的数值。

（3）四类、五类环境桩基结构耐久性设计可按国家现行标准《港口工程混凝土结构设计规范》（JTJ267）和《工业建筑防腐蚀设计规范》（GB50046）等执行。

（4）对三、四、五类环境桩基结构，受力钢筋宜采用环氧树脂涂层带肋钢筋。

二、水下混凝土的灌注

钢筋笼吊装完毕后，应安置导管或气泵管二次清孔，并应进行孔位、孔径、垂直度、孔深、沉渣厚度等检验，合格后应立即灌注混凝土。

(1)水下灌注的混凝土应符合下列规定：

①水下灌注混凝土必须具备良好的和易性，配合比应通过试验确定；坍落度宜为180～220mm；水泥用量不应少于360kg/m^3（当掺入粉煤灰时水泥用量可不受此限）。

②水下灌注混凝土的含砂率宜为40%～50%，并宜选用中粗砂；粗骨料的最大粒径应小于40mm，并应满足本规范第6.2.6条的要求。

③水下灌注混凝土宜掺外加剂。

(2)导管的构造和使用应符合下列规定：

①导管壁厚不宜小于3mm，直径宜为200～250mm；直径制作偏差不应超过2mm，导管的分节长度可视工艺要求确定，底管长度不宜小于4m，接头宜采用双螺纹方扣快速接头。

②导管使用前应试拼装、试压，试水压力可取为0.6～1.0MPa。

③每次灌注后应对导管内外进行清洗。

(3)使用的隔水栓应有良好的隔水性能，并应保证顺利排出；隔水栓宜采用球胆或与桩身混凝土强度等级相同的细石混凝土制作。

(4)灌注水下混凝土的质量控制应满足下列要求：

①开始灌注混凝土时，导管底部至孔底的距离宜为300～500mm。

②应有足够的混凝土储备量，导管一次埋入混凝土灌注面以下不应少于0.8m。

③导管埋入混凝土深度宜为2～6m。严禁将导管提出混凝土灌注面，并应控制提拔导管速度，应有专人测量导管埋深及管内外混凝土灌注面的高差，填写水下混凝土灌注记录。

④灌注水下混凝土必须连续施工，每根桩的灌注时间应按初盘混凝土的初凝时间控制，对灌注过程中的故障应记录备案。

⑤应控制最后一次灌注量，超灌高度宜为0.8～1.0m，凿除泛浆高度后必须保证暴露的桩顶混凝土强度达到设计等级。

三、长螺旋钻孔压灌桩

长螺旋钻孔压灌桩的要点如下：

(1)当需要穿越老黏土、厚层砂土、碎石土以及塑性指数大于25的黏土时，应进行试钻。

(2)钻机定位后，应进行复检，钻头与桩位点偏差不得大于20mm，开孔时下钻速度应缓慢；钻进过程中，不宜反转或提升钻杆。

(3)钻进过程中，当遇到卡钻、钻机摇晃、偏斜或发生异常声响时，应立即停钻，查明原因，采取相应措施后方可继续作业。

(4)根据桩身混凝土的设计强度等级，应通过试验确定混凝土配合比；混凝土坍落度宜为180～220mm；粗骨料可采用卵石或碎石，最大粒径不宜大于30mm；可掺加粉煤灰或外加剂。

(5)混凝土泵应根据桩径选型，混凝土输送泵管布置宜减少弯道，混凝土泵与钻机的距离不宜超过60m。

(6)桩身混凝土的泵送压灌应连续进行，当钻机移位时，混凝土泵料斗内的混凝土应连续搅拌，泵送混凝土时，料斗内混凝土的高度不得低于400mm。

(7)混凝土输送泵管宜保持水平，当长距离泵送时，泵管下面应垫实。

(8)当气温高于30℃时，宜在输送泵管上覆盖隔热材料，每隔一段时间应洒水降温。

(9)钻至设计标高后，应先泵入混凝土并停顿10~20s，再缓慢提升钻杆。提钻速度应根据土层情况确定，且应与混凝土泵送量相匹配，保证管内有一定高度的混凝土。

(10)在地下水位以下的砂土层中钻进时，钻杆底部活门应有防止进水的措施，压灌混凝土应连续进行。

(11)压灌桩的充盈系数宜为1.0~1.2。桩顶混凝土超灌高度不宜小于0.3~0.5m。

(12)成桩后，应及时清除钻杆及泵(软)管内残留混凝土。长时间停置时，应采用清水将钻杆、泵管、混凝土泵清洗干净。

(13)混凝土压灌结束后，应立即将钢筋笼插至设计深度。钢筋笼插设宜采用专用插筋器。

四、灌注桩后注浆

灌注桩后注浆工法可用于各类钻、挖、冲孔灌注桩及地下连续墙的沉渣(虚土)、泥皮和桩底、桩侧一定范围土体的加固。

(1)后注浆装置的设置应符合下列规定：

①后注浆导管应采用钢管，且应与钢筋笼加劲筋绑扎固定或焊接。

②桩端后注浆导管及注浆阀数量宜根据桩径大小设置。对于直径不大于1 200mm的桩，宜沿钢筋笼圆周对称设置2根；对于直径大于1 200mm而不大于2 500mm的桩，宜对称设置3根。

③对于桩长超过15m且承载力增幅要求较高者，宜采用桩端桩侧复式注浆。桩侧后注浆管阀设置数量应综合地层情况、桩长和承载力增幅要求等因素确定，可在离桩底5~15m以上、桩顶8m以下，每隔6~12m设置一道桩侧注浆阀，当有粗粒土时，宜将注浆阀设置于粗粒土层下部，对于干作业成孔灌注桩宜设于粗粒土层中部。

④对于非通长配筋桩，下部应有不少于2根与注浆管等长的主筋组成的钢筋笼通底。

⑤钢筋笼应沉放到底，不得悬吊，下笼受阻时不得撞笼、墩笼、扭笼。

(2)后注浆阀应具备下列性能：

①注浆阀应能承受1MPa以上静水压力，注浆阀外部保护层应能抵抗砂石等硬质物的刮撞而不致使管阀受损。

②注浆阀应具备逆止功能。

(3)浆液配比、终止注浆压力、流量、注浆量等参数设计应符合下列规定：

①浆液的水灰比应根据土的饱和度、渗透性确定，对于饱和土水灰比宜为0.45~0.65，对于非饱和土水灰比宜为0.7~0.9(松散碎石土、砂砾宜为0.5~0.6)；低水灰比浆液宜掺入减水剂。

②桩端注浆终止注浆压力应根据土层性质及注浆点深度确定，对于风化岩、非饱和黏性土及粉土，注浆压力宜为3~10MPa；对于饱和土层注浆压力宜为1.2~4MPa，软土宜取

低值，密实黏性土宜取高值。

③注浆流量不宜超过75L/min。

④单桩注浆量的设计应根据桩径、桩长、桩端桩侧土层性质、单桩承载力增幅及是否复式注浆等因素确定，可按式(7-1)估算：

$$G_c = \alpha_p d = \alpha_s n d \tag{7-1}$$

式中 G_c——注浆量，以水泥质量计，t；

α_p、α_s——桩端、桩侧注浆量经验系数 $\alpha_p = 1.5 \sim 1.8$，$\alpha_s = 0.5 \sim 0.7$，对于卵、砾石、中粗砂，取较高值；

n——桩侧注浆断面数；

d——基桩设计直径，m。

对独立单桩、桩距大于 $6d$ 的群桩和群桩初始注浆的数根基桩的注浆量应按上述估算值乘以1.2的系数。

⑤后注浆作业开始前，宜进行注浆试验，优化并最终确定注浆参数。

(4)后注浆作业起始时间、顺序和速率应符合下列规定：

①注浆作业宜于成桩2d后开始。

②注浆作业与成孔作业点的距离不宜小于8～10m。

③对于饱和土中的复式注浆顺序宜先桩侧后桩端；对于非饱和土宜先桩端后桩侧；多断面桩侧注浆应先上后下；桩侧桩端注浆间隔时间不宜少于2h。

④桩端注浆应对同一根桩的各注浆导管依次实施等量注浆。

⑤对于桩群注浆宜先外围、后内部。

(5)当满足下列条件之一时可终止注浆：

①注浆总量和注浆压力均达到设计要求。

②注浆总量已达到设计值的75%，且注浆压力超过设计值。

(6)当注浆压力长时间低于正常值或地面出现冒浆或周围桩孔串浆，应改为间歇注浆，间歇时间宜为30～60min，或调低浆液水灰比。

(7)后注浆施工过程中，应经常对后注浆的各项工艺参数进行检查，发现异常应采取相应处理措施。当注浆量等主要参数达不到设计值时，应根据工程具体情况采取相应措施。

(8)后注浆桩基工程质量检查和验收应符合下列要求：

①后注浆施工完成后应提供水泥材质检验报告、压力表检定证书、试注浆记录、设计工艺参数、后注浆作业记录、特殊情况处理记录等资料。

②在桩身混凝土强度达到设计要求的条件下，承载力检验应在后注浆20d后进行，浆液中掺入早强剂时可于注浆15d后进行。

五、锤击沉桩

沉桩前必须处理空中和地下障碍物，场地应平整，排水应畅通，并应满足打桩所需的地面承载力。

桩锤的选用应根据地质条件、桩型、桩的密集程度、单桩竖向承载力及现有施工条件等因素确定。

(1)桩打入时应符合下列规定：

①桩帽或送桩帽与桩周围的间隙应为5～10mm。

②锤与桩帽、桩帽与桩之间应加设硬木、麻袋、草垫等弹性衬垫。

③桩锤、桩帽或送桩帽应和桩身在同一中心线上。

④桩插入时的垂直度偏差不得超过0.5%。

(2)打桩顺序要求应符合下列规定：

①对于密集桩群，自中间向两个方向或四周对称施打。

②当一侧毗邻建筑物时，由毗邻建筑物处向另一方向施打。

③根据基础的设计标高，宜先深后浅。

④根据桩的规格，宜先大后小，先长后短。

(3)打入桩(预制混凝土方桩、预应力混凝土空心桩、钢桩)的桩位偏差，应符合表7-3的规定。斜桩倾斜度的偏差不得大于倾斜角正切值的15%(倾斜角系桩的纵向中心线与铅垂线间夹角)。

表7-3　打入桩桩位的允许偏差　　(单位:mm)

项目	允许偏差
带有基础梁的桩:(1)垂直基础梁的中心线 (2)沿基础梁的中心线	$100+0.01H$ $150+0.01H$
桩数为1～3根桩基中的桩	100
桩数为4～16根桩基中的桩	1/2桩径或边长
桩数大于16根桩基中的桩:(1)最外边的桩 (2)中间桩	1/3桩径或边长 1/2桩径或边长

注:H为施工现场地面标高与桩顶设计标高的距离。

(4)桩终止锤击的控制应符合下列规定：

①当桩端位于一般土层时，应以控制桩端设计标高为主，贯入度为辅。

②桩端达到坚硬、硬塑的黏性土、中密以上粉土、砂土、碎石类土及风化岩时，应以贯入度控制为主，桩端标高为辅。

③贯入度已达到设计要求而桩端标高未达到时，应继续锤击3阵，并按每阵10击的贯入度不应大于设计规定的数值确认，必要时，施工控制贯入度应通过试验确定。

(5)当遇到贯入度剧变，桩身突然发生倾斜、位移或有严重回弹、桩顶或桩身出现严重裂缝、破碎等情况时，应暂停打桩，并分析原因，采取相应措施。

(6)当采用射水法沉桩时，应符合下列规定：

①射水法沉桩宜用于砂土和碎石土。

②沉桩至最后1～2m时，应停止射水，并采用锤击至规定标高，终锤控制标准可按规范第7.4.6条有关规定执行。

(7)施打大面积密集桩群时，可采取下列辅助措施：

①对预钻孔沉桩，预钻孔孔径可比桩径(或方桩对角线)小50～100mm，深度可根据桩距和土的密实度、渗透性确定，宜为桩长的1/3～1/2；施工时应随钻随打；桩架宜具备

钻孔锤击双重性能。

②应设置袋装砂井或塑料排水板。袋装砂井直径宜为70～80mm，间距宜为1.0～1.5m，深度宜为10～12m；塑料排水板的深度、间距与袋装砂井相同。

③应设置隔离板桩或地下连续墙。

④可开挖地面防震沟，并可与其他措施结合使用。防震沟沟宽可取0.5～0.8m，深度按土质情况决定。

⑤应限制打桩速率。

⑥沉桩结束后，宜普遍实施一次复打。

⑦沉桩过程中应加强邻近建筑物、地下管线等的观测、监护。

(8)预应力混凝土管桩的总锤击数及最后1.0m沉桩锤击数应根据当地工程经验确定。

(9)锤击沉桩送桩应符合下列规定：

①送桩深度不宜大于2.0m。

②当桩顶打至接近地面需要送桩时，应测出桩的垂直度并检查桩顶质量，合格后应及时送桩。

③送桩的最后贯入度应参考相同条件下不送桩时的最后贯入度并修正。

④送桩后遗留的桩孔应立即回填或覆盖。

⑤当送桩深度超过2.0m且不大于6.0m时，打桩机应为三点支撑履带自行式或步履式柴油打桩机；桩帽和桩锤之间应用竖纹硬木或盘圆层叠的钢丝绳作"锤垫"，其厚度宜取150～200mm。

(10)送桩器及衬垫设置应符合下列规定：

①送桩器宜做成圆筒形，并应有足够的强度、刚度和耐打性。送桩器长度应满足送桩深度的要求，弯曲度不得大于1/1 000。

②送桩器上下两端面应平整，且与送桩器中心轴线相垂直。

③送桩器下端面应开孔，使空心桩内腔与外界连通。

④送桩器应与桩匹配。套筒式送桩器下端的套筒深度宜取250～350mm，套管内径应比桩外径大20～30mm，插销式送桩器下端的插销长度宜取200～300mm，杆销外径应比(管)桩内径小20～30mm。对于腔内存有余浆的管桩，不宜采用插销式送桩器。

⑤送桩作业时，送桩器与桩头之间应设置1～2层麻袋或硬纸板等衬垫。内填弹性衬垫压实后的厚度不宜小于60mm。

(11)施工现场应配备桩身垂直度观测仪器(长条水准尺或经纬仪)和观测人员，随时量测桩身的垂直度。

六、静压沉桩

采用静压沉桩时，场地地基承载力不应小于压桩机接地压强的1.2倍，且场地应平整。

静力压桩宜选择液压式和绳索式压桩工艺；宜根据单节桩的长度选用顶压式液压压桩机和抱压式液压压桩机。

(1)选择压桩机的参数应包括下列内容：

①压桩机型号、桩机质量(不含配重)、最大压桩力等。

②压桩机的外型尺寸及拖运尺寸。

③压桩机的最小边桩距及最大压桩力。

④长、短船型履靴的接地压强。

⑤夹持机构的型式。

⑥液压油缸的数量、直径,率定后的压力表读数与压桩力的对应关系。

⑦吊桩机构的性能及吊桩能力。

压桩机的每件配重必须用量具核实,并将其质量标记在该件配重的外露表面;液压式压桩机的最大压桩力应取压桩机的机架重量和配重之和乘以0.9。

当边桩空位不能满足中置式压桩机施压条件时,宜利用压边桩机构或选用前置式液压压桩机进行压桩,但此时应估计最大压桩能力减少造成的影响。

当设计要求或施工需要采用引孔法压桩时,应配备螺旋钻孔机,或在压桩机上配备专用的螺旋钻。当桩端持力层需进入较坚硬的岩层时,应配备可入岩的钻孔桩机或冲孔桩机。

最大压桩力不得小于设计的单桩竖向极限承载力标准值,必要时可由现场试验确定。

(2)静力压桩施工的质量控制应符合下列规定：

①第一节桩下压时垂直度偏差不应大于0.5%。

②宜将每根桩一次性连续压到底,且最后一节有效桩长不宜小于5m。

③抱压力不应大于桩身允许侧向压力的1.1倍。

(3)终压条件应符合下列规定：

①应根据现场试压桩的试验结果确定终压力标准。

②终压连续复压次数应根据桩长及地质条件等因素确定。对于入土深度大于或等于8m的桩,复压次数可为2~3次;对于入土深度小于8m的桩,复压次数可为3~5次。

③稳压压桩力不得小于终压力,稳定压桩的时间宜为5~10s。

(4)压桩顺序宜根据场地工程地质条件确定,并应符合下列规定：

①对于场地地层中局部含砂、碎石、卵石时,宜先对该区域进行压桩。

②当持力层埋深或桩的入土深度差别较大时,宜先施压长桩后施压短桩。

压桩过程中应测量桩身的垂直度。当桩身垂直度偏差大于1%的时,应找出原因并设法纠正;当桩尖进入较硬土层后,严禁用移动机架等方法强行纠偏。

(5)出现下列情况之一时,应暂停压桩作业,并分析原因,采用相应措施：

①压力表读数显示情况与勘察报告中的土层性质明显不符。

②桩难以穿越具有软弱下卧层的硬夹层。

③实际桩长与设计桩长相差较大。

④出现异常响声;压桩机械工作状态出现异常。

⑤桩身出现纵向裂缝和桩头混凝土出现剥落等异常现象。

⑥夹持机构打滑。

⑦压桩机下陷。

(6)静压送桩的质量控制应符合下列规定：

①测量桩的垂直度并检查桩头质量,合格后方可送桩,压、送作业应连续进行。

②送桩应采用专制钢质送桩器,不得将工程桩用作送桩器。

③当场地上多数桩的有效桩长 L 小于或等于 15m 或桩端持力层为风化软质岩,可能需要复压时,送桩深度不宜超过 1.5m。

④除满足本条上述 3 款规定外,当桩的垂直度偏差小于 1%,且桩的有效桩长大于 15m 时,静压桩送桩深度不宜超过 8m。

⑤送桩的最大压桩力不宜超过桩身允许抱压压桩力的 1.1 倍。

(7)引孔压桩法质量控制应符合下列规定:

①引孔宜采用螺旋钻干作业法;引孔的垂直度偏差不宜大于 0.5%。

②引孔作业和压桩作业应连续进行,间隔时间不宜大于 12h;在软土地基中不宜大于 3h。

③引孔中有积水时,宜采用开口型桩尖。

当桩较密集,或地基为饱和淤泥、淤泥质土及黏土时,应设置塑料排水板、袋装砂井消减超孔压或采取引孔等措施。在压桩施工过程中应对总桩数 10% 的桩设置上涌和水平偏位观测点,定时检测桩的上浮量及桩顶水平偏位值,若上涌和偏位值较大,应采取复压等措施。

对预制混凝土方桩、预应力混凝土空心桩、钢桩等压入桩的桩位偏差,应符合表 1-5(略)的规定。

第三篇　建筑工程新技术

第一章　主体结构

随着建筑业的飞速发展,新技术在主体结构中的应用越来越多。伴随着新技术的广泛使用,建筑专业技术人员需要汲取新知识,适应日新月异的发展需要。针对近些年来在主体结构中出现的新技术,如高处作业吊篮、混凝土及砂浆外加剂等,本章在此做一系统的介绍。

第一节　高处作业吊篮

近些年来,随着多、高层建筑的增多,外墙主体施工或装饰多采用高处作业吊篮。吊篮分为电动和手动两种。手动吊篮的上下动力来自于手扳葫芦,通过人力上下压动压把来完成操作;电动吊篮的上下动力来自于电动吊篮专用提升机。

一、吊篮工作时的一般要求

吊篮属于危险作业,关系到施工人员的生命安全,很容易出现安全事故。因此,对吊篮工作有以下要求:

(1)吊篮的工作环境温度为 -20 ~40℃。

(2)吊篮平台在工作处阵风风速不大于 10.8m/s(相当于 6 级风力)。

(3)吊篮的制造应按有关标准及设计图样进行,质量不合格的产品不准出厂和使用。

(4)吊篮出厂时必须附有下列技术文件:

①产品合格证。

②安装、使用和维修保养说明书。

③安装图、易损件图、电气原理图及接线图、液压系统图等。

(5)产品必须有清晰、醒目、耐久的标牌。标牌上应写明产品名称、主要技术性能、制造日期、出厂编号、制造厂等。

(6)吊篮操作人员必须是适合于高处作业并经过技术培训和考核合格的人员。

二、对吊篮平台的要求

吊篮平台是施工人员的工作场所,安全与否直接关系到工作人员的安危,因此对吊篮平台要求如下：

（1）吊篮平台的结构应能承受2倍的均布额定载荷，出厂前必须做负载试验，并应检查焊缝是否开裂和螺栓是否有松动现象。

（2）吊篮平台主要受力构件的焊缝必须进行质量检验，保证焊缝达到设计要求。

（3）吊篮平台的底板必须有防滑措施。

（4）吊篮平台与提升机构的连接必须牢固、可靠，不得有任何松动现象，并应经常检查。

（5）吊篮平台内应设有安全带和工具的挂钩装置。

（6）吊篮平台内最小通道宽度不小于400mm，底板有效面积不小于每人0.25m^2。

（7）吊篮平台上须装有固定式的安全护栏，靠建筑物一侧的高度不小于800mm，后侧及两边高度不小于1 100mm，护栏应能承受1 000N水平移动的集中载荷。

（8）吊篮平台安全护栏所有构件应光滑、无毛刺，安装后不应有歪斜、扭曲、变形及其他缺陷。

（9）沿吊篮平台底板四周应装有高度不小于100～150mm的挡板，挡板与底板间隙不得大于5mm。

（10）吊篮平台应有在建筑物表面滑动的导轮或配备缓冲装置，保证吊篮平台的稳定，以避免与墙面撞击。

（11）吊篮平台如果装有门，其门不得向外开，门上应装上电气联锁装置。

（12）吊篮平台正常运行操作装置应安装在吊篮平台上，并且要选用可点动和连续手按及不受气候影响的电气设备。

三、对提升机构的要求

提升机构是电动吊篮的主要动力装置。对提升机构的要求如下：

（1）卷扬式提升机构的卷筒必须有挡线盘，钢丝绳应整齐地缠绕在卷筒上，当吊篮平台提升高度达到最大行程时，挡线盘高出卷筒上的最后一层钢丝绳的高度至少为钢丝绳直径的2倍。

（2）卷扬式提升机构的卷筒最小名义直径D与钢丝绳名义直径d之比值D/d应不小于20。

爬升式提升机构的滑轮最小名义直径D与钢丝绳名义直径d之比值D/d应不小于12，当D/d等于12～18时应采用航空用钢丝绳。

（3）提升机构的传动禁止采用摩擦装置、离合器、皮带传动等。

（4）提升机构的传动零部件必须进行适当润滑。亦可采用自密封、自润滑，并应定期注入和更换润滑油。

（5）提升机构的所有传动外露部分必须装上机罩或类似的防护装置。

（6）提升机构的传动机构在电气失效时，应具备不超过两人就可操作的手驱动装置。

（7）提升机构上必须配备制动器，一般应有两套独立的制动器。每套均可使带有额定载荷的125%的吊篮平台停止运行并停住。

①主制动器：该制动器应能使吊篮平台在100mm范围内停住，采用常闭式制动器。

主制动器选用闸刀式或盘式，并整体安装在提升机构上或提升电机上，制动器的各部分位置均应便于检修和调整，并有防水保护。

②辅助制动器：辅助制动器一般应刚性安装在提升机构的机架或底座上，可用常闭式制动，也可用手动机械制动，该制动器主要是使用在提升机构采用手摇驱动情况下，能使吊篮平台在100mm范围内停住，其安装位置要便于操作、检修和调整，并有防水保护。

③卷扬式提升机构的卷筒若装在屋面小车上（动力装置位于屋面），也必须配备制动器。

（8）提升机构上下运行最大额定速度不得超过10m/min。

除提升机构外，吊篮还须配备行程限位、安全锁等，并必须经检验合格才能安装。行程限位是指吊篮必须装上下限位开关，以防止吊篮平台上升或下降到端点超出行程的范围。行程限位装置的安装方式须是以吊篮平台自身直接去触动；吊篮上必须装有安全锁，并在吊篮平台悬挂处增设一根与提升机构上使用的相同型号的安全钢丝绳。每根安全钢丝绳上必须有不能自动复位的安全锁。安全锁应能使吊篮平台在下滑速度大于25m/min时动作，并在不超过100mm的距离内停住。安全锁的动作要灵敏，工作要可靠，并需经严格的检验和试验，不合格的产品不准装配和出厂，安全锁必须在有效期内使用，超期必须由专业厂检测合格后方可使用。必要时吊篮上须有防倾斜装置、超载保护装置等。

四、吊篮钢丝绳

吊篮钢丝绳必须有产品性能合格证，吊篮使用的钢丝绳型式、规格和长度都应在说明书内写明，在任何情况下承重钢丝绳的实际直径不应小于6mm。不允许以连接两根或多根钢丝绳的方法去加长或修补。操作人员应随时对钢丝绳所有可见部分、钢丝绳与设备连接的部位、从固定端引出的钢丝绳及绳端固定装置进行检查。对于吊篮的钢丝绳，在使用以后每月至少检查2次，必须检查钢丝绳的整个工作长度，同时也必须仔细检查通过滑轮或卷筒、其他接触面以及正反缠绕的那些钢丝绳绳段。对于靠近末端接头处的钢丝绳，应当仔细检查。当设备已闲置或停用一个月以上时，其钢丝绳在设备使用以前要做全面的检查。

五、吊篮电气系统

电气系统中的主要元件均应安装在电器控制箱内，并集装在绝缘板上，必须保证与电器控制箱外壳绝缘。其电阻值不得小于0.5MΩ。吊篮的电源电缆应有保护措施，以防止意外的触碰，并应单独使用，且安装熔断保险开关。电器控制箱应有可靠的防水措施。吊篮的电器系统应有可靠的接零，所选用的电气元件必须灵敏可靠，应配备漏电保护器。吊篮上备用的便携式电动工具使用的额定电压值不得超过220V，并应有可靠的接零。

六、吊篮其他要求

吊篮平台上的作业人员必须配带安全带，安全带允许连接在吊篮平台上。吊篮平台上的作业人员必须严格遵守操作规程，严禁超载使用。当吊篮平台沿着外墙面移动需要由导引构件引导时，外墙面应设置这种构件。外墙构件应能使吊篮平台内的操作人员安全地靠近需要进行作业的部分,而不得使操作人员悬空俯身。为保障公众的安全,在吊篮作业区周围必须设立围栏或防护设施,并应附加醒目的标志。生产厂对使用单位有培训安装、操作和维护、保养人员的义务。

第二节 混凝土及砂浆外加剂

一、混凝土外加剂

(一)混凝土外加剂概述

混凝土外加剂的种类有许多,一般来说有普通减水剂及高效减水剂;引气剂及引气减水剂;缓凝剂、缓凝减水剂及缓凝高效减水剂;早强剂及早强减水剂;防冻剂;膨胀剂;泵送剂;防水剂;速凝剂等。

各类外加剂都有各自的特殊功能。综合起来,外加剂可以在以下方面发挥作用:

(1)能改善施工条件,减轻体力劳动,并有利于机械化施工,对保证及提高工程质量有积极的作用,能使现场条件下完成过去难以完成的质量要求高的工程。例如可掺加高效减水剂在工地条件下配制 C80 ~ C100 超高强混凝土,掺加减水剂可配制泵送混凝土等。

(2)减少养护时间,或预制厂缩短蒸养时间,可以提早拆模加速模板周转,还可以提早预应力钢筋混凝土钢筋放张、剪筋,总之可以加快施工进度。

(3)能提高或改善混凝土质量。许多外加剂可以提高混凝土的强度,增加耐久性、密实性,增强抗冻性、抗渗性,改善干燥收缩及流变性能,有些外加剂能提高钢筋的耐蚀性等。只要掺用得当是不会降低混凝土的性能的。

(4)采取一定措施的条件下,可适量地节约水泥也不影响混凝土的质量。

(5)可以节约能源。节约水泥就是节约了能源。而增加和易性使捣固、抹平工序易于进行,自然就使能源消耗减少,减少养护和蒸养时间也节省了能源。因此,外加剂对能源的节约可起到相当大的作用。

(二)普通减水剂及高效减水剂的施工

普通减水剂、高效减水剂进入工地(或混凝土搅拌站)的检验项目应包括 pH 值、密度(或细度)、混凝土减水率,符合要求方可入库、使用。减水剂掺量应根据供货单位的推荐掺量、气温高低、施工要求,通过试验确定。减水剂以溶液掺加时,溶液中的水量应从拌和水中扣除。液体减水剂宜与拌和水同时加入搅拌机内,粉剂减水剂宜与胶凝材料同时加入搅拌机内,需二次添加外加剂时,应通过试验确定,混凝土搅拌均匀方可出料。根据工程需要,减水剂可与其他外加剂复合使用,其掺量应根据试验确定。配制溶液时,如产生絮凝或沉淀等现象,应分别配制溶液并分别加入搅拌机内。掺普通减水剂、高效减水剂的混凝土采用自然养护时,应加强初期养护;采用蒸养时,混凝土应具有必要的结构强度才能升温,蒸养制度应通过试验确定。

(三)引气剂及引气减水剂的施工

进入工地(或混凝土搅拌站)的检验项目应包括 pH 值、密度(或细度)、含气量,引气减水剂应增测减水率,符合要求方可入库、使用。抗冻性要求高的混凝土,必须掺引气剂或引气减水剂,其掺量应根据混凝土的含气量要求,通过试验确定。掺引气剂及引气减水剂混凝土的含气量,不宜超过表1-1规定的含气量;对抗冻性要求高的混凝土,宜采用表1-1规定的含气量。

表1-1　掺引气剂及引气减水剂混凝土的含气量

粗骨料最大粒径(mm)	20(19)	25(22.4)	40(37.5)	50(45)	80(75)
混凝土含气量(%)	5.5	5.0	4.5	4.0	3.5

注:括号内数值为《建筑用卵石、碎石》(GB/T14685)中标准筛的尺寸。

引气剂及引气减水剂宜以溶液掺加,使用时加入拌和水中,溶液中的水量应从拌和水中扣除。引气剂及引气减水剂配制溶液时,必须充分溶解后方可使用。引气剂可与减水剂、早强剂、缓凝剂、防冻剂复合使用。配制溶液时,如产生絮凝或沉淀等现象,应分别配制溶液并分别加入搅拌机内。施工时,应严格控制混凝土的含气量。当材料、配合比或施工条件变化时,应相应增减引气剂或引气减水剂的掺量。检验掺引气剂及引气减水剂混凝土的含气量,应在搅拌机出料口进行取样,并应考虑混凝土在运输和振捣过程中含气量的损失。对含气量有设计要求的混凝土,施工中应每间隔一定时间进行现场检验。掺引气剂及引气减水剂的混凝土,必须采用机械搅拌,搅拌时间及搅拌量应通过试验确定。出料到浇筑的停放时间也不宜过长,采用插入式振捣时,振捣时间不宜超过20s。

(四)缓凝剂、缓凝减水剂及缓凝高效减水剂的施工

缓凝剂、缓凝减水剂及缓凝高效减水剂进入工地(或混凝土搅拌站)的检验项目应包括pH值、密度(或细度)、混凝土凝结时间,缓凝减水剂及缓凝高效减水剂应增测减水率,合格后方可入库、使用。缓凝剂、缓凝减水剂及缓凝高效减水剂的品种及掺量应根据环境温度、施工要求的混凝土凝结时间、运输距离、停放时间、强度等来确定。缓凝剂、缓凝减水剂及缓凝高效减水剂以溶液掺加时计量必须正确,使用时加入拌和水中,溶液中的水量应从拌和水中扣除。难溶和不溶物较多的应采用干掺法并延长混凝土搅拌时间30s。掺缓凝剂、缓凝减水剂及缓凝高效减水剂的混凝土浇筑、振捣后,应及时抹压并始终保持混凝土表面潮湿,终凝以后应浇水养护,当气温较低时,应加强保温保湿养护。

(五)早强剂及早强减水剂的施工

早强剂、早强减水剂进入工地(或混凝土搅拌站)的检验项目应包括密度(或细度),1d、3d抗压强度及对钢筋的锈蚀作用,早强减水剂应增测减水率,混凝土有饰面要求的还应观测硬化后混凝土表面是否析盐,符合要求,方可入库、使用。常用早强剂掺量应符合表1-2中的规定。

粉剂早强剂和早强减水剂直接掺入混凝土干料中应延长搅拌时间30s。常温及低温下使用早强剂或早强减水剂的混凝土采用自然养护时宜使用塑料薄膜覆盖或喷洒养护液。终凝后应立即浇水潮湿养护。最低气温低于0℃时除使用塑料薄膜外还应加盖保温材料。最低气温低于-5℃时应使用防冻剂。掺早强剂或早强减水剂的混凝土采用蒸汽养护时,其蒸养制度应通过试验确定。

表 1-2　常用早强剂掺量限值

混凝土种类	使用环境	早强剂名称	掺量限值 （水泥质量%）不大于
预应力混凝土	干燥	三乙醇胺 硫酸钠	0.05 1.0
钢筋混凝土	干燥	氯离子[Cl^-] 硫酸钠	0.6 2.0
钢筋混凝土	干燥	与缓凝减水剂复合的硫酸钠 三乙醇胺	3.0 0.05
	潮湿	硫酸钠 三乙醇胺	1.5 0.05
有饰面要求的混凝土		硫酸钠	0.8
素混凝土		氯离子[Cl^-]	1.8

注：预应力混凝土及潮湿环境中使用的钢筋混凝土中不得掺氯盐早强剂。

（六）防冻剂的施工

在日最低气温为 0 ~ −5℃，混凝土采用塑料薄膜和保温材料覆盖养护时，可采用早强剂或早强减水剂；在日最低气温为 −5 ~ −10℃、−10 ~ −15℃、−15 ~ −20℃，采取上款保温措施时，宜分别采用规定温度为 −5℃、−10℃、−15℃的防冻剂；防冻剂的规定温度为按《混凝土防冻剂》（JC475）规定的试验条件成型的试件，在恒负温条件下养护的温度。施工使用的最低气温可比规定温度低 5℃。防冻剂运到工地（或混凝土搅拌站）首先应检查是否有沉淀、结晶或结块。检验项目应包括密度（或细度），R_{-7}、R_{+8}抗压强度比，钢筋锈蚀试验，合格后方可入库、使用。

（1）掺防冻剂混凝土所用原材料，应符合下列要求：

①宜选用硅酸盐水泥、普通硅酸盐水泥。水泥存放期超过 3 个月时，使用前必须进行强度检验，合格后方可使用。

②粗、细骨料必须清洁，不得含有冰、雪等冻结物及易冻裂的物质。

③当骨料具有碱活性时，由防冻剂带入的碱含量，混凝土的总碱含量，应符合规定。

④储存液体防冻剂的设备应有保温措施。

（2）掺防冻剂的混凝土配合比，宜符合下列规定：

①含引气组分的防冻剂混凝土的砂率，比不掺外加剂混凝土的砂率可降低 2% ~ 3%。

②混凝土水灰比不宜超过 0.6，水泥用量不宜低于 300kg/m^3，重要承重结构、薄壁结

构的混凝土水泥用量可增加10%，大体积混凝土的最少水泥用量应根据实际情况而定。强度等级不大于C15的混凝土，其水灰比和最少水泥用量可不受此限制。

(3)掺防冻剂混凝土采用的原材料，应根据不同的气温，按下列方法进行加热：

①气温低于-5℃时，可用热水拌和混凝土；水温高于65℃时，热水应先与骨料拌和，再加入水泥。

②气温低于-10℃时，骨料可移入暖棚或采取加热措施。骨料冻结成块时须加热，加热温度不得高于65℃，并应避免酌烧，用蒸汽直接加热骨料带入的水分，应从拌和水中扣除。

(4)掺防冻剂混凝土搅拌时，应符合下列规定：

①严格控制防冻剂的掺量。

②严格控制水灰比，由骨料带入的水及防冻剂溶液中的水，应从拌和水中扣除。

③搅拌前，应用热水或蒸汽冲洗搅拌机，搅拌时间应比常温延长50%。

④掺防冻剂混凝土拌和物的出机温度，严寒地区不得低于15℃，寒冷地区不得低于10℃。入模温度，严寒地区不得低于10℃，寒冷地区不得低于5℃。

防冻剂与其他品种外加剂共同使用时，应先进行试验，满足要求方可使用。

(5)掺防冻剂混凝土的运输及浇筑除应满足不掺外加剂混凝土的要求外，还应符合下列规定：

①混凝土浇筑前，应清除模板和钢筋上的冰雪和污垢，不得用蒸汽直接融化冰雪，避免再度结冰。

②混凝土浇筑完毕应及时对其表面用塑料薄膜及保温材料覆盖。掺防冻剂的商品混凝土，应对混凝土搅拌运输车罐体包裹保温外套。

(6)掺防冻剂混凝土的养护，应符合下列规定：

①在负温条件下养护时，不得浇水，混凝土浇筑后，应立即用塑料薄膜及保温材料覆盖，严寒地区应加强保温措施。

②初期养护温度不得低于规定温度。

③当混凝土温度降到规定温度时，混凝土强度必须达到受冻临界强度；当最低温度不低于-10℃时，混凝土抗压强度不得小于3.5MPa；当最低温度不低于-15℃时，混凝土抗压强度不得小于4.0MPa；当最低温度不低于-20℃时，混凝土抗压强度不得小于5.0MPa。

④拆模后混凝土的表面温度与环境温度之差大于20℃时，应采用保温材料覆盖养护。

(七)掺膨胀剂混凝土的施工

(1)掺膨胀剂混凝土所采用的原材料应符合下列规定：

①膨胀剂：应符合《混凝土膨胀剂》(JC476)的规定；膨胀剂运到工地(或混凝土搅拌站)应进行限制膨胀率检测，合格后方可入库、使用。

②水泥：应符合现行通用水泥国家标准，不得使用硫铝酸盐水泥、铁铝酸盐水泥和高铝水泥。

(2)掺膨胀剂的混凝土的配合比设计应符合下列规定：

①胶凝材料最少用量(水泥、膨胀剂和掺合料的总量)应符合表 1-3 的规定。

表 1-3　胶凝材料最少用量

膨胀混凝土	胶凝材料最少用量(kg/m^3)
补偿收缩混凝土	300
填充用膨胀混凝土	350
自应力混凝土	500

②水胶比不宜大于 0.5。

③用于有抗渗要求的补偿收缩混凝土的水泥用量应不小于 $320kg/m^3$,当掺入掺合料时,其水泥用量不应小于 $280kg/m^3$。

④补偿收缩混凝土的膨胀剂掺量不宜大于 12%,不宜小于 6%;填充用膨胀混凝土的膨胀剂掺量不宜大于 15%,不宜小于 10%。

⑤以水泥和膨胀剂为胶凝材料的混凝土,设基准混凝土配合比中水泥用量为 m_{co}、膨胀剂取代水泥率为 K,膨胀剂用量 $m_E = m_{co} \times K$,水泥用量 $m_C = m_{co} - m_E$。

⑥以水泥、掺合料和膨胀剂为胶凝材料的混凝土,设膨胀剂取代胶凝材料率为 K,设基准混凝土配合比中水泥用量为 m_{c1} 和掺合料用量为 m_{F1},膨胀剂用量 $m_E = (m_{c1} + m_{F1}) \times K$,掺合料用量 $m_F = m_{F1}(1-K)$,水泥用量 $m_C = m_{c1}(1-K)$。

其他外加剂用量的确定方法:膨胀剂可与其他混凝土外加剂复合使用,应有较好的适应性,膨胀剂不宜与氯盐类外加剂复合使用,与防冻剂复合使用时应慎重,外加剂品种和掺量应通过试验确定。粉状膨胀剂应与混凝土其他原材料一起投入搅拌机,拌和时间应延长 30s。

(3)混凝土浇筑应符合下列规定:

①在计划浇筑区段内连续浇筑混凝土,不得中断。

②混凝土浇筑以阶梯式推进,浇筑间隔时间不得超过混凝土的初凝时间。

③混凝土不得漏振、欠振和过振。

④混凝土终凝前,应采用抹面机械或人工多次抹压。

(4)混凝土养护应符合下列规定:

①对于大体积混凝土和大面积板面混凝土,表面抹压后用塑料薄膜覆盖,混凝土硬化后,宜采用蓄水养护或用湿麻袋覆盖,保持混凝土表面潮湿,养护时间不应少于 14d。

②对于墙体等不易保水的结构,宜从顶部设水管喷淋,拆模时间不宜少于 3d,拆模后宜用湿麻袋紧贴墙体覆盖,并浇水养护,保持混凝土表面潮湿,养护时间不宜少于 14d。

③冬期施工时,混凝土浇筑后,应立即用塑料薄膜和保温材料覆盖,养护期不应少于 14d。对于墙体,带模板养护不应少于 7d。

(5)灌浆用膨胀砂浆施工应符合下列规定:

①灌浆用膨胀砂浆的水料(胶凝材料 + 砂)比应为 0.14 ~ 0.16,搅拌时间不宜少于 3min。

②膨胀砂浆不得使用机械振捣,宜用人工插捣排除气泡,每个部位应从一个方向

浇筑。

③浇筑完成后，应立即用湿麻袋等覆盖暴露部分，砂浆硬化后应立即浇水养护，养护期不宜少于7d。

④灌浆用膨胀砂浆浇筑和养护期间，最低气温低于5℃时，应采取保温保湿养护措施。

(6)混凝土的品质检查。掺膨胀剂的混凝土品质，应以抗压强度、限制膨胀率和限制干缩率的试验值为依据。有抗渗要求时，还应做抗渗试验。掺膨胀剂混凝土的抗压强度和抗渗检验，应按《普通混凝土力学性能试验方法标准》(GB/T50081)和《普通混凝土长期性能和耐久性能试验方法》(GBJ82)进行。

(八)泵送剂的施工

泵送剂运到工地(或混凝土搅拌站)的检验项目应包括pH值、密度(或细度)、坍落度增加值及坍落度损失，符合要求方可入库、使用。含有水不溶物的粉状泵送剂应与胶凝材料一起加入搅拌机中；水溶性粉状泵送剂宜用水溶解后或直接加入搅拌机中，应延长混凝土搅拌时间30s。液体泵送剂应与拌和水一起加入搅拌机中，溶液中的水应从拌和水中扣除。泵送剂的品种、掺量应按供货单位提供的推荐掺量和环境温度、泵送高度、泵送距离、运输距离等要求经混凝土试配后确定。

(1)配制泵送混凝土的砂、石应符合下列要求：

①粗骨料最大粒径不宜超过40mm；泵送高度超过50m时，碎石最大粒径不宜超过25mm，卵石最大粒径不宜超过30mm。

②骨料最大粒径与输送管内径之比，碎石不宜大于混凝土输送管内径的1/3，卵石不宜大于混凝土输送管内径的2/5。

③粗骨料应采用连续级配，针片状颗粒含量不宜大于10%。

④细骨料宜采用中砂，通过0.315mm筛孔的颗粒含量不宜小于15%，且不大于30%，通过0.160mm筛孔的颗粒含量不宜小于5%。

(2)掺泵送剂的泵送混凝土配合比设计应符合下列规定：

①应符合《普通混凝土配合比设计规程》(JGJ55)、《混凝土结构工程施工质量验收规范》(GB50204)及《粉煤灰混凝土应用技术规范》(GBJ146)等。

②泵送混凝土的胶凝材料总量不宜小于300kg/m^3。

③泵送混凝土的砂率宜为35%～45%。

④泵送混凝土的水胶比不宜大于0.6。

⑤泵送混凝土含气量不宜超过5%。

⑥泵送混凝土坍落度不宜小于100mm。

在不可预测情况下造成商品混凝土坍落度损失过大时，可采用后添加泵送剂的方法掺入混凝土搅拌运输车中，必须快速运转，搅拌均匀后，测定坍落度符合要求后方可使用。后添加的量应预先试验确定。

(九)防水剂的施工

防水剂进入工地(或混凝土搅拌站)的检验项目应包括pH值、密度(或细度)、钢筋锈蚀，符合要求方可入库、使用。防水混凝土施工应选择与防水剂适应性好的水泥。一般应优先选用普通硅酸盐水泥，有抗硫酸盐要求时，可选用火山灰质硅酸盐水泥，并经过试验确定。防水剂应按供货单位推荐掺量掺入，超量掺加时应经试验确定，符合要求方可使用。防水剂混凝土宜采用5～25mm连续级配石子，搅拌时间应较普通混凝土延长30s，应加强早期养护，潮湿养护不得少于7d。处于侵蚀介质中的防水剂混凝土，当耐腐蚀系数小于0.8时，应采取防腐蚀措施。防水剂混凝土结构表面温度不应超过100℃，否则必须采取隔断热源的保护措施。

（十）速凝剂的施工

速凝剂进入工地（或混凝土搅拌站）的检验项目应包括密度（或细度）、凝结时间、1d抗压强度，符合要求方可入库、使用。喷射混凝土施工应选用与水泥适应性好、凝结硬化快、回弹小、28d强度损失少、低掺量的速凝剂品种。速凝剂掺量一般为2%～8%，掺量可随速凝剂品种、施工温度和工程要求适当增减。喷射混凝土施工时，应采用新鲜的硅酸盐水泥、普通硅酸盐水泥、矿渣硅酸盐水泥，不得使用过期或受潮结块的水泥。喷射混凝土宜采用最大粒径不大于20mm的卵石或碎石，细度模数为2.8～3.5的中砂或粗砂。喷射混凝土的经验配合比为：水泥用量约400kg/m^3，砂率45%～60%，水灰比约0.4。喷射混凝土施工人员应注意劳动防护和人身安全。

二、砌筑砂浆增塑剂

（一）砂浆增塑剂

建筑砂浆是一种用量大、用途广泛的建筑材料，主要用于砌筑、抹面、灌缝及粘贴饰面材料等方面。建筑砂浆多以薄层使用，且又多是铺抹在多孔、吸水及不平的基底上，由于普通砂浆和易性较差、保水性差、黏结强度低，已不能满足建筑砂浆快速发展的需要。

砌筑砂浆增塑剂是指砂浆拌制过程中掺入的用以改善砂浆和易性的非石灰类外加剂。采用砂浆增塑剂改善砂浆性能是建筑砂浆发展的必然趋势。砂浆增塑剂不仅能显著改善和易性、提高砂浆强度，使砂浆层不掉砂、不开裂、不空鼓，而且还能节约水泥，降低成本。

（二）增塑剂水泥砂浆

增塑剂水泥砂浆是指由水泥、增塑剂、砂和水拌制而成的砌筑砂浆。其砌体性能类同于水泥石灰混合砂浆。

（三）增塑剂水泥砂浆配合比

砂浆的胶砂比应为1:5，增塑剂用量按生产厂提供的掺量，应采用外掺法加入，用水量应使砂浆稠度为70～80mm。

（四）增塑剂水泥砂浆搅拌

掺液体增塑剂的砂浆，应先将水泥、砂干拌30s混合均匀后，将混有增塑剂的水倒入干混料中继续搅拌；掺固体增塑剂的砂浆，应将水泥、砂和增塑剂干拌30s，待干粉料混合均匀后，将水倒入其中继续搅拌。从开始加水起计时，搅拌时间为210s。有特殊要求时，搅拌时间或搅拌方式也可按产品说明书的技术要求确定。

第二章　建筑节能

第一节　建筑保温隔热材料及技术

一、新型建筑保温隔热材料及节能技术

(一)硬质聚氨酯防水保温泡沫塑料

普通防水材料只能起防水作用,不能起保温、隔热作用。而硬质聚氨酯泡沫塑料是一种防水和保温两者都兼有的新型双全材料,已在国外得到推广应用。硬质聚氨酯防水保温泡沫塑料(简称 PU 硬泡)是由异氰酸酯和多元醇为基本原料聚合而成的结构致密的微孔泡沫体。PU 硬泡为双组分材料,一组分为组合聚醚(俗称 A 料、白料),另一组分为异氰酸酯(俗称 B 料、黑料)。

1. 特点

(1)导热性低。PU 硬泡的密度为 30 ~ 50kg/m^3,有机聚合物只占整个泡沫体积的 3% ~6%,因泡孔内气体对流和热辐射均很小,故起主导作用的是内气体的导热性,PU 硬泡采用的发泡剂是一氟三氯甲烷,特殊情况下使用二氟二氯甲烷,这类发泡剂是导热性最低的泡孔气体,所以 PU 硬泡具有极低的导热性。

(2)不透水性和不吸湿性。PU 硬泡是结构致密的微孔泡沫体,其闭孔率达 92% 以上,有自结皮性能,在泡沫体外表形成一层致密光滑的膜,因此具有良好的不透水性和水蒸气渗透阻。

(3)机械性能。表观密度小、强度高是 PU 硬泡的重要特性,这一特性对降低屋面等绝热工程荷载,降低工程造价具有重要意义。其机械强度取决于密度、泡孔结构、制造方法及使用环境温度等。PU 硬泡的密度为 35 ~ 45kg/m^3,其压缩强度为 0.2 ~ 0.3MPa,伸长率平均为 10% ~14%,完全可以满足普通建筑工程防水绝热层的设计、使用要求。

(4)耐化学、耐老化性能。PU 硬泡能与浓硫酸、浓硝酸、浓盐酸起化学反应,可被二氯甲烷、丙酮和醋酸溶解。但对苯、汽油及一般溶剂,稀浓度的酸、碱、盐溶液等化学介质都具有良好的化学稳定性,不会发生霉变相腐烂。在阳光、气候等外界因素作用下会逐渐老化,老化的速度非常缓慢。为了防止和延缓其老化速度,在使用过程中,PU 硬泡的表面都覆以可靠的保护层,这是至关重要的保护措施。

(5)耐温性能良好。PU 硬泡在 -50℃ 的低温情况下,体积收缩率小于 1%,会出现发脆和开裂现象;在 120℃ 时,体积和强度无明显变化;在 150℃ 高温条件下,聚合体不会发生降解。

(6)阻燃性能。PU 硬泡与所有的有机化合物一样都可以燃烧。改进其燃烧性能的方法是可在原料中添加一定量的阻燃剂,可离火自熄,大大改善其阻燃性能,阻燃效果可

以满足特定应用的要求。但添加阻燃剂会对硬泡的其他物理性能带来不利影响，如导热性、尺寸稳定性与黏结性等都会有明显的下降。

（7）黏结性及其他性能。PU 硬泡对金属、混凝土、砖石、木材、玻璃、纤维等基面都有很强的黏结性能，并具有无毒、无异味、绝缘、防震、吸声、耐油、使用寿命长的特性。

同时，PU 硬泡应用快速混合发泡技术，既可以浇注成预制板材或构件，又可现场发泡成型，工艺简单，设备较少，施工效率高，对基层无特殊要求，对环境污染小。

2. 适用范围

适用于各类新旧工业及民用建筑屋面防水保温工程；石油、天然气输送管道、油罐、贮槽保温工程；化工生产设备及管道防腐、保温、保冷工程；城市集中供热、煤气管道保温工程；冷库、冷风库保冷工程；车辆、船体隔热、保温等工程。

3. 技术性能指标

硬质聚氨酯防水保温泡沫塑料用于屋面防水隔热工程的物理性能见表 2-1。

表 2-1　PU 硬泡（喷涂型）的物理性能

项目	性能
密度（kg/m^3）	30～50（可调）
导热系数（W/(m·K)）	0.027
抗压强度（MPa）	0.2（可调）
闭孔率（%）	≥90
吸收率（%）	≥0.2
水蒸气透湿系数（g/(Pa·m·s)）	≥4.5×10^{-9}
断裂伸长率（%）	10～14
不透水性（0.5MPa，30min）	不透水
尺寸稳定性（%）	≥0.2
使用温度范围（℃）	－140～120
氧指数（%）	≤26
发泡时间（s）	2～10（可调）
固化时间（s）	10～15（可调）

（二）相变蓄能材料

随着经济的发展和社会的不断进步，全球对能源的需求也越来越大。在不断增大的总能耗中，建筑能耗占 11%～25%，因此建筑节能引起越来越多国家的重视。开发相变蓄能材料并将相变材料同围护结构相结合是实现建筑节能目标的有效途径。

1. 特点

物质的存在通常认为有三种形态，物质从一种形态变为另一种形态称为相变。相变过程一般是一个等温或近似等温的过程，相变过程伴有能量的吸收或释放，这部分能量称为相变潜热。相变潜热一般较大，以水为例：固－液相变溶解热为 335kJ/kg，而水的比热只要 4.2kJ/（kg·℃）。相变过程是伴随有较大能量吸收的等温或近似等温的过程，这是其具有广泛应用的原因和基础。

图 2-1(a)是相变过程升温过程的温度时间曲线,图 2-1(b)是一种相变材料潜热与混凝土、水等 5℃显热的比较。

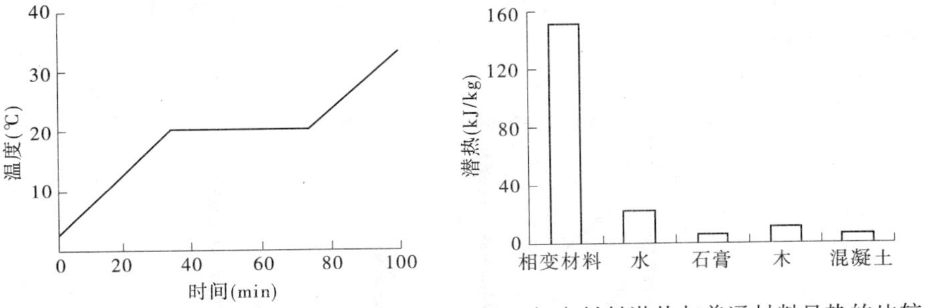

(a)相变过程升温过程的温度时间曲线　　(b)相变材料潜热与普通材料显热的比较

图 2-1　相变材料热特性

典型的固－液相变蓄热材料虽有不少优点,但是具有易发生相分层、过冷较严重、蓄热性能衰退和容器价格高的缺点。定形相变蓄热材料和固－固相变蓄热材料因相变时不会产生液态而不会发生泄露,具有过冷程度轻、无腐蚀、热效率高、寿命长的特点。

2. 定形相变材料

定形相变材料是由相变材料和高分子材料组成的混合蓄能材料,相变材料一般用石蜡作为芯材,高分子材料作为支撑和密封材料将石蜡包在其组成的一个个微空间中。因此,形变材料发生相变时,定形相变材料能保持一定形状,且不会有相变材料泄露。与普通固－液相变材料相比,它不需要封装器具,减小了封装成本和封装难度,避免了材料泄露的危险,增加了材料使用的安全性,减少了容器的传热热阻,有利于相变材料与传热流体间的换热。定形相变材料可以制成粒状、棒状和板状。

Inaba 教授等和叶宏研制了石蜡和高密度聚乙烯体系,法国的 Xavier Py 等以膨胀石墨作为支撑材料,制备了石蜡－膨胀石墨定形相变材料,他们分别研究了体系的热物理性能,主要目的是提高材料的导热系数,并研制了相变温度在 20～40℃的系列定形相变材料。图 2-2 是一种 20℃左右定形相变材料板的照片和微观电镜照片。

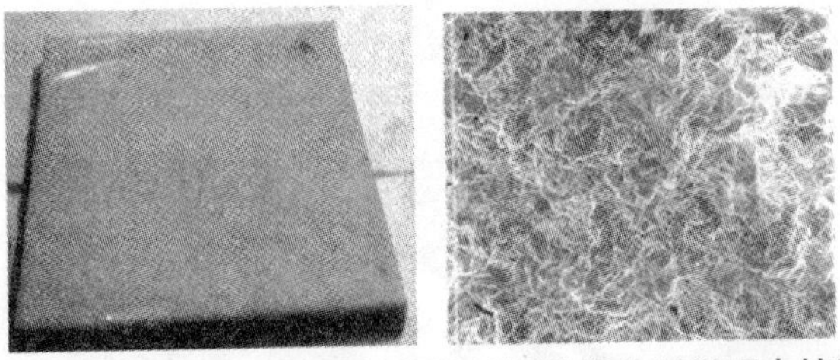

图 2-2　一种 20℃左右定形相变材料板的照片和微观电镜照片

清华大学近年来研究了定形相变材料导热系数与添加剂导热系数及添加剂表面特性的关系,选出试样导热系数改进最大的添加剂石墨,改变石墨的质量分数,研究导热系数与添加剂质量百分比的关系。

定形相变材料可与普通建筑材料如混凝土等混合,制成相变建筑构件,可以制备相变蓄热地板和相变墙板。

3. 案例

清华大学超低能耗示范楼采用定形相变材料地板以增大房间的蓄热能力。定形相变蓄能地板的应用原理示意图见图 2-3。白天可吸收太阳辐射热,夜间放出热量以提高室内温度,从而节省采暖能耗。

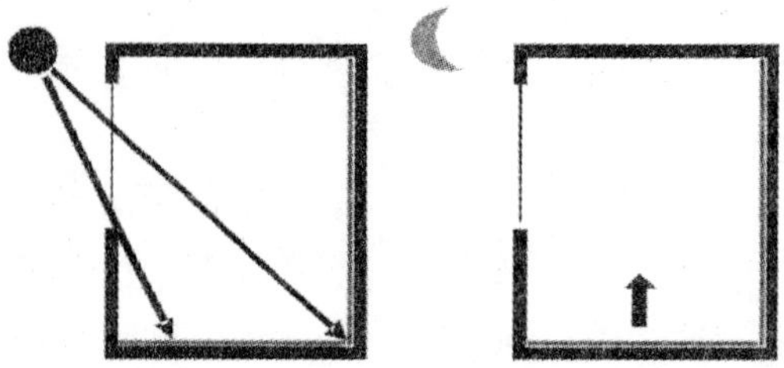

图 2-3　定形相变蓄能地板的应用原理示意图

1)地板封装和支撑材料的选用

因为定形相变材料强度较小,需要封装在地板中,为选择合适的地板封装材料,分别对使用木地板、瓷砖地板和金属地板的房间进行模拟计算。结果表明,金属地板传热能力强,吸热速度快,能降低最高室温,因此选用金属作为地板封装和支撑材料。

2)定形相变材料导热系数的选择

定形相变材料的导热系数一般较小,对地板传热的影响较大。为考察相变材料导热系数对地板传热的影响特点,分别对使用不同导热系数相变材料的房间进行模拟计算,结果表明,较大的导热系数利于太阳辐射的吸收,可降低白天最高室温。

3)相变材料相变温度的选择

相变材料的相变温度也是一个重要的传热影响因素,通过模拟计算表明,使用相变温度为 20℃左右的相变材料,房间昼夜温差小,效果最好。

选择相变温度为 20℃左右的定形相变材料,由金属作为支撑和封装材料。把定形相变材料颗粒加入水泥砂浆中制成混合材料,并注入高架金属活动地板。此地板中定形相变材料潜热为 80 ~ 90kJ/kg,其在地板中的质量含量为 40%。

超低能耗示范楼的二层和三层全部使用含有定形相变材料的蓄能高架活动地板。定形相变材料蓄能高架活动地板见图 2-4。

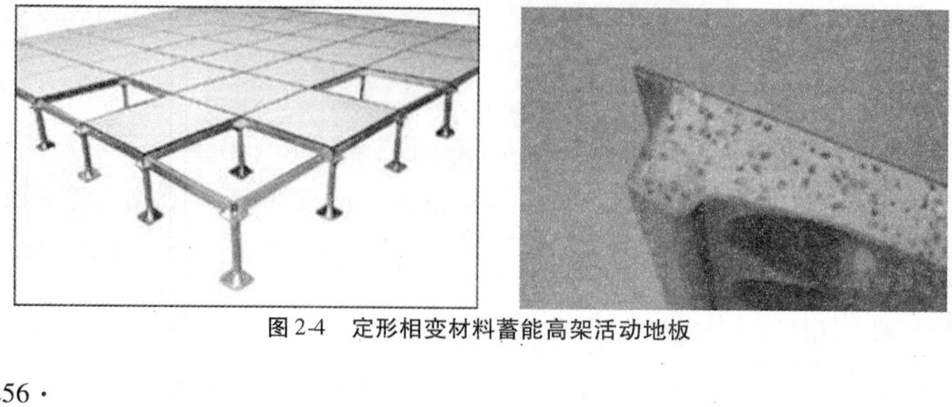

图 2-4　定形相变材料蓄能高架活动地板

（三）透明保温材料

为了减少室内热量对外散发，可采用种种保温层。传统的保温材料是不透明的，在减少室内热损失的同时，也阻止了太阳能进入室内。为了白天尽可能多地利用太阳能，夜晚尽可能少地损失室内热量，可以采用集热墙系统、双层玻璃窗、窗户上加保温窗帘、中空玻璃窗和充有惰性气体并贴有低辐射镀膜玻璃窗等系统，这都不同程度改善了太阳能的利用效率。但是集热墙和保温窗帘的构造复杂，需要人工管理或复杂的自动控制系统；充有惰性气体并贴有低辐射镀膜玻璃窗比传统的窗户性能优越，但价格昂贵，且总体而言冬季散失的热量仍多于得到的热量。

设想如果有一种材料，具有良好的保温性能，又有良好的太阳辐射透过性，可以为太阳能利用和节能建筑设计提供新的发展机会。20 世纪 70 年代提出透明保温材料（Transparent Insulation Material，TIM）的概念。

1. 透明保温材料分类

根据材料内部构造和太阳能辐射的方向变化特点，透明保温材料可以分为多层平行材料、垂直微孔材料、小气室结构和微泡沫塑料四种形式。透明保温材料种类见图 2-5。

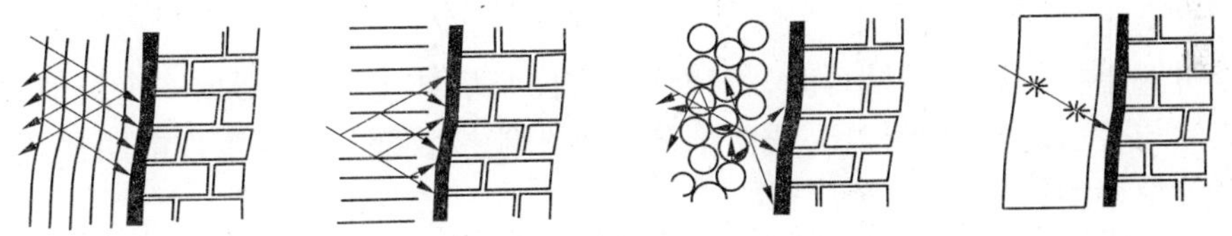

图 2-5　透明保温材料种类

（1）类型 A 是多层平行材料，如多层玻璃或多层透明薄膜构成的透明保温系统。

（2）类型 B 是垂直微孔材料，如蜂窝状或微细管状材料。这是最常用的透明保温材料，由聚碳酸酯（PC）或聚亚甲基醇（PMMA）制成。这两种材料的可见光透过率很高，而红外线透过率很低。通过一定的成型工艺，成为不规则的微细管。微细管直径很小（1 ~ 4mm），内部空气不能流动，而空气占其体积的 95% 以上，所以导热系数很小，$\lambda < 0.10$ W/（m · K）。蜂窝状、细管状及均匀透明保温材料见图 2-6。

（3）类型 C 称为小气室结构，由丙烯酸有机玻璃加工而成，内部有很多相互封闭的小气室。其保温性能好，但太阳能透射率低。

（4）类型 D 是一种均匀的微泡沫塑料。价格较低的是用无机硅黏合加工而成的板材，用有机硅材料加工的价格很高。它含有很多均匀的微孔，因而其导热系数 $\lambda < 0.02$W/（m · K）。

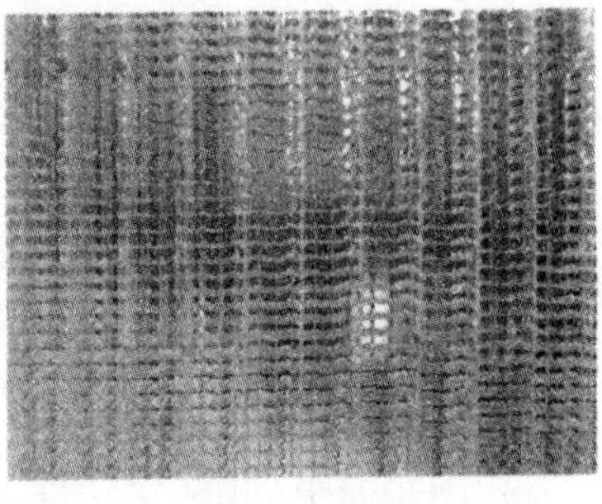

图 2-6　蜂窝状、细管状及均匀透明保温材料

2. 材料性能

衡量透明保温材料组成结构的性能主要考察两个参数：透过率 g（漫辐射条件下）和传热系数 K（W/（m^2 · K））。

透明保温材料使用时常和玻璃面层构成建筑构件，因此一般考察构件的总透过率 g 和传热系数 K。

当 $K<1.0$ 且 $g\geqslant 0.4$ 时可认为结构是透明保温材料结构。不同结构透明保温材料透过率、传热系数见表 2-2。

表 2-2　不同结构透明保温材料透过率、传热系数

材料层	透过率 g（漫辐射）	传热系数 K（W/（m^2 · K））
三层保温真空玻璃，内填氪气	0.41	0.75
100mm 厚塑料毛细管，1 层玻璃	0.67	0.90
100mm 厚蜂窝状塑料，1 层玻璃	0.71	0.90
24mm 厚气胀塑料颗粒，2 层玻璃，充空气	0.50	0.90
30mm 厚气胀塑料颗粒，2 层玻璃，充氪气	0.40	0.52
100mm 厚玻璃毛细管，2 层玻璃	0.59	0.97
20mm 厚气胀塑料颗粒，2 层玻璃，真空（10^4Pa）	0.60	0.50

将透明保温材料和外墙结合时，将微细管方向与墙体垂直，便形成一个类似普通集热墙的系统。与普通的集热墙相比，透明部分即太阳能接收部分的保温性能明显改善，因而整个系统效率得到相应提高。

与普通外墙保温系统相比，外墙系统总传热系数接近，一般 K 为 0.7W/（m^2 · K）。然而，由于一部分太阳能进入室内，整个冬季这种墙的得热会大于热散失，从而使墙体成为一个“供热构件”。传统保温材料与透明保温材料传热比较见图 2-7。

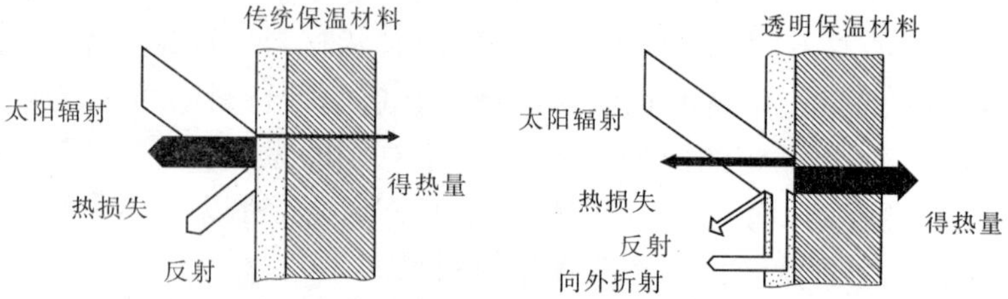

图 2-7　传统保温材料与透明保温材料传热比较

透明保温材料用于窗户时，安装在两层玻璃之间，不仅提高了玻璃面积的保温性能，使其传热系数小于 1.3W/（m^2 · K），而且可见光透过率保持在 50% ~70%，从而使得玻璃面积总得热大于热损失。透明保温材料用于窗户玻璃见图 2-8。

3. 案例

1）集热蓄热墙－铝合金

德国宇航员训练中心项目采用断热铝合金骨架透明保温构造，如图 2-9 所示。

2）无框架透明保温系统

为了简化透明保温系统构造，降低成本，采用粘贴透明保温系统。其与普通的“粘贴保温系统”的不同之处是：将普通（非透明）保温材料改为透明保温材料，将外表面的普通

图 2-8　透明保温材料用于窗户玻璃　（单位：mm）

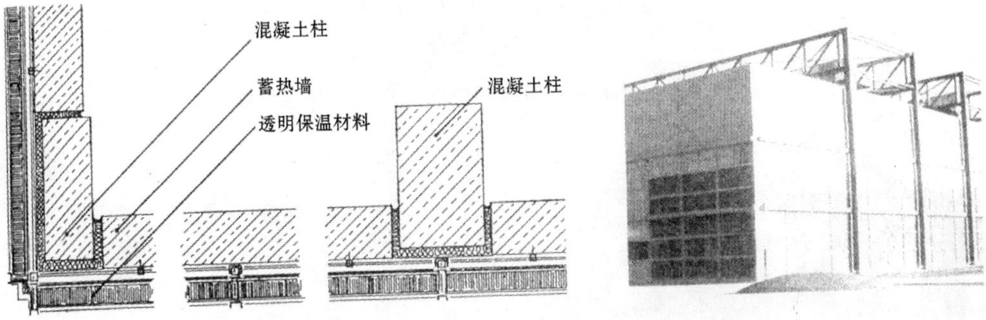

图 2-9　德国宇航员训练中心断热铝合金骨架透明保温构造

粉刷改为透明的保护层。透明保温粘贴系统见图 2-10。透明保温材料必须采用强度较高的 PC 泡沫塑料。外粉刷材料由微小的玻璃球体组成。粉刷层需要透明玻璃纤维加强其强度和稳定性。透明保温粘贴系统应用于示范建筑如图 2-11 所示。这种系统比较适合应用于间接得热系统、小面积或不规则面积及旧建筑改造。

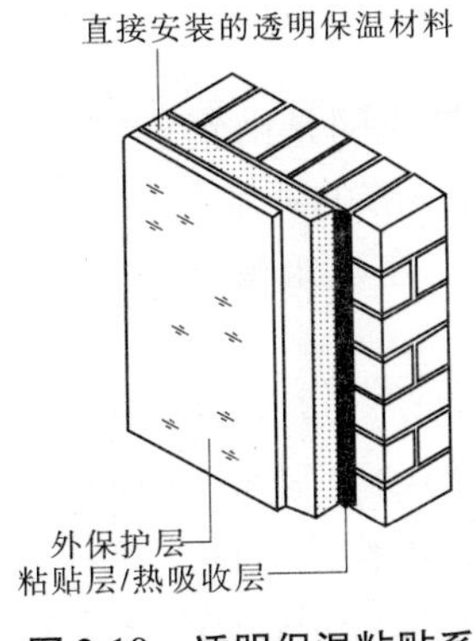

图 2-10　透明保温粘贴系统

图 2-11　透明保温粘贴系统应用于示范建筑

3）透明气胀塑料颗粒保温系统

太阳能集热墙和窗户上使用透明气胀塑料颗粒系统，透明保温构件有内外两层玻璃，中间充以透明气胀塑料颗粒，总厚度仅有 20mm，与普通中空玻璃厚度相近，因而系统支撑结构是由普通塑料窗或用生产塑料窗的材料制成的。玻璃构件可用于集热墙系统，也可用于直接得热系统。透明气胀塑料颗粒保温构成集热墙详图见图2-12。透明气胀塑料颗粒保温系统用于居住建筑和直接得热系统分别见图2-13、图2-14。

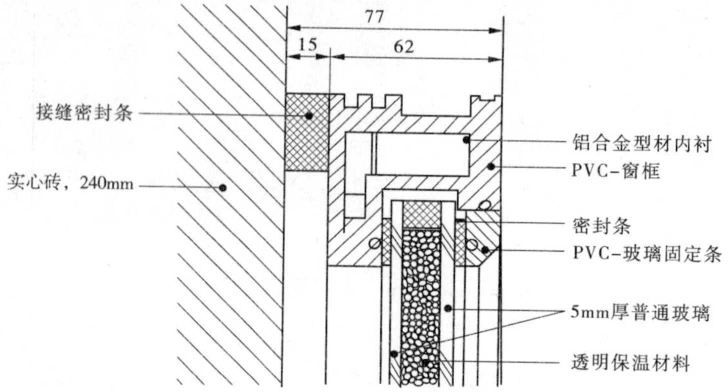

图2-12　透明气胀塑料颗粒保温构成集热墙详图

图2-13　透明气胀塑料颗粒保温系统用于居住建筑

图2-14　透明气胀塑料颗粒保温系统用于直接得热系统

二、新型节能墙体技术

(一)新型节能墙体——建筑模网混凝土技术

建筑模网混凝土技术是一项新型墙体施工技术。建筑模网是由钢板网(蛇皮网)、竖向加劲肋及水平折钩拉筋组成的三维空间网架结构,具有足够的强度和刚度,能够承受从顶端浇筑拌和物所形成的侧压力。这种结构可以让混凝土在建筑模网内部流动,使混凝土可以实现不振捣自密实,并可满足强度和刚度的要求。

1. 建筑模网

建筑模网是由两片固定于竖向加劲肋的钢板网与沿加劲肋间距100mm(用 ϕ4 低碳钢丝)或间距228mm(用 ϕ^{z}5 冷轧带肋钢筋)的水平折钩拉筋构成空间三维体系的网架结构,能结合保温要求,在钢板网与加劲肋之间放置聚苯板等保温层,形成外墙外保温体系。最后在建筑模网内浇筑混凝土,就构成带外保温的建筑模网混凝土。开敞式网架结构混凝土在其内部流动自如,使混凝土达到不振捣自密实的程度,并满足使用所要求的刚度和强度,同时巧妙地解决模网空间网架与外层保温层一体化的问题。建筑模网实物图见图2-15。标准型和带聚苯板保温层建筑模网构造图分别见图2-16(a)、(b)。

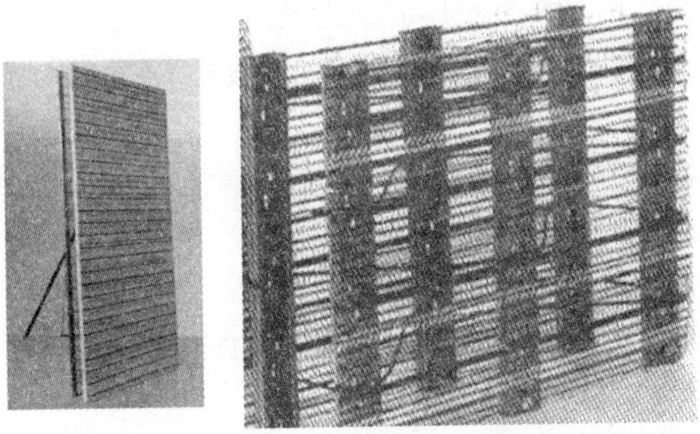

图 2-15　建筑模网实物图

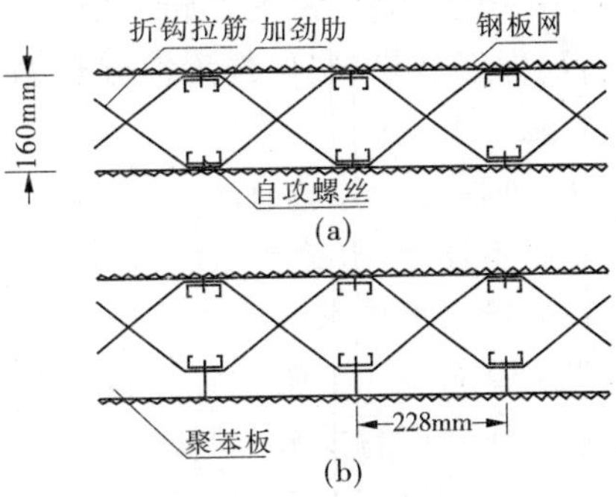

图 2-16　建筑模网构造图

建筑模网具有足够的强度和刚度,能够承受从顶端浇筑混凝土拌和物的冲击而保持尺寸准确、不变形,因此施工时不需要常规钢、木模板,直接向建筑模网内浇筑大流动性混凝土,建筑模网的开敞式网架结构可使大流动性混凝土在其内部实现免振捣、自密实,并满足结构要求。浇筑后不必拆掉模网,建筑模网能起到钢筋骨架作用,形成真正的钢筋混凝土墙体,因此可以将建筑模网混凝土结构认定为不用模板的模板混凝土结构。不用模板不仅节约模板费用,而且在施工过程中也省去模板工程。在现浇混凝土结构中,模板工程约占总造价的30%,占总用工量的50%,使用建筑模网,对提高工程质量、加快施工速度、提高劳动生产率、降低工程成本和实施文明施工都有十分重要的意义。

2. 四个效应

建筑模网改善混凝土的性能,主要表现为四个效应,即渗滤效应、环箍效应、限裂效应和消除由传统模板引起的容器效应。钢板网孔的渗滤作用,可使浇筑混凝土而掺入的多余水分迅速通过网孔排掉,减小水灰比,提高混凝土强度;建筑模网是一种开敞式空间网架结构,钢板网本身代替常规模板,随着混凝土中多余水分排除的同时,也能够排除混凝土拌和物所含的空气,提高混凝土的均匀性;建筑模网的空间网架结构构成环箍效应,使混凝土的抗压、抗剪强度及延性显著增强,在混凝土硬化后,钢板网与加劲肋、折钩拉筋一起,形成钢筋混凝土墙体;限裂效应使模网混凝土的收缩值小于普通混凝土的收缩值,能避免各种裂缝的产生。

3. 建筑模网的技术特点

(1)建筑模网属于新型墙体结构,不使用黏土砖,节约土地资源;同时,浇筑的混凝土中可掺加一定比例的工业废料或建筑垃圾等,有利于环境保护,并降低工程造价。

(2)施工简便,避免大量人工作业 ,模网采用机械化、工业化生产,现场拼装,且浇筑混凝土无须支模、拆模,旋工速度快,缩短施工周期,降低工程造价。

(3)模网混凝土具有特有的渗滤效应、环箍效应、限裂效应和消除由传统模板引起的容器效应,混凝土不经振捣,可实现自密实,避免其收缩而产生裂缝。

(4)具有良好的抗震性能。建筑模网为三维空间体系,有较强的抗剪强度和延性,整体性、抗震性好。

(5)适用于大开间薄壁剪力墙结构和异型柱剪力墙结构体系,为用户提供大尺度建筑空间,便于灵活分隔空间。

(6)采用建筑模网的建筑物墙体厚度减薄,可增加 8 ~ 10m^2 的使用面积。

(7)保温效果可靠,作为保温材料的聚苯板或岩棉板导热系数低、性能稳定,能达到建筑节能要求。

(8)外保温墙体具有承重、保温防水和装饰等多种功能。保温层与墙体连接牢固,保温层在墙体外侧,避免产生热桥。

4. 工程应用特点

建筑模网混凝土属于剪力墙结构,建筑模网混凝土技术可以应用于墙体和楼板,实际工程中充分体现的技术特点如下:

(1)实现住宅向产业化发展。由生产厂家按设计图纸将模网构件分解,生产出模网和连接件,运到施工现场进行拼接安装,避免大量人工作业,体现模网生产的工厂化、机械化,也符合国家对住宅产业化发展的要求。

(2)施工简单、无噪声、速度快。由于模网质量较轻(每平方米质量仅 10kg),搬运不需要重型起重机械,施工简单;安装固定后,不用像普通混凝土工程一样支模板,可直接进行混凝土浇筑,且混凝土不用振捣,可实现自密实,降低施工过程中噪声污染;混凝土硬化后不需要拆除模网,施工速度快,现场整洁。

(3)大水灰比施工技术。基于建筑模网的渗滤效应和粉煤灰的保水性,突破以往为获得高强度混凝土而必须使用高效减水剂而达到降低水灰比的传统概念,可以实现通过钢板网即能排出多余水分而又保持水泥水化必要的水分,满足施工要求的工作性。

(4)承重与节能墙体一体化施工技术。建筑模网技术采用外保温方式,外保温层在工厂预埋在建筑模网构件中,通过现场浇筑可使承重墙体制作一次性完成。

(5)降低成本,减小墙体厚度,提高得房率。建筑模网除节约人工成本外,模网工程中所使用的混凝土掺加 30% 的粉煤灰,可降低混凝土成本 25% 左右,从而大大缩减整体工程造价,有利于环境保护。同时,采用建筑模网的墙体强度高,其截面尺寸较砌体结构小,减少占地面积,又比砌体结构的建筑增加约 4% 的使用面积,从而提高得房率。

新型建筑模网施工技术,不仅带来建筑施工上的变革,也为建筑师提供了一种新的可供选择的经济、安全、可靠的结构体系,其结构整体性好,布置灵活;工程进度快、造价低,是普通黏土砖的理想替代产品。

5. 案例

大连栾金村 43 号楼首次采用模网混凝土结构,于 1999 年 6 月竣工并投入使用;2000 年国家康居示范小区——大连锦绣园示范小区共 6 栋民用大开间住宅相继竣工并投入使用。建筑模网施工现场见图 2-17,栾金村 43 号住宅楼见图 2-18。

(二)蒸压轻质加气混凝土板(ALC、NALC)

1. 材料组成和适用范围

蒸压轻质加气混凝土板(Autoclaved Lightweight Concrete, ALC),是以粉煤灰(或硅砂)、水泥、石灰为主原料,由经过防锈处理的钢筋增强,经过高温、高压、蒸汽养护而成的多气孔混凝土成型板材(其中板材需经过处理的钢筋增强),既可作墙体材料,又可作屋面板,是一种性能优越的新型建材。混凝土是建筑不可缺少的材料,其缺点是自重大,ALC 板是弥补这个缺点的新建筑材料,同时其隔声和绝热性能在有效解除噪声的同时也

图 2-17　建筑模网施工现场

图 2-18　栾金村 43 号住宅楼

能起到冬暖夏凉的作用，因此广泛应用于建筑物的内、外墙，楼板，屋面板，防火板及装饰板，尤其适合钢结构建筑物。蒸压轻质加气混凝土板见图 2-19。

蒸压加气混凝土产品有蒸压加气混凝土隔墙板、蒸压加气混凝土外墙板、蒸压加气混凝土屋面板、蒸压加气混凝土防火板等。成品 NALC 板见图 2-20。

图 2-19　蒸压轻质加气混凝土板

图 2-20　成品 NALC 板

2. 产品特性

(1)保温隔热(导热系数 0.13W/(m·K))：其保温、隔热性是玻璃的 6 倍、黏土的 3 倍、普通混凝土的 10 倍。

(2)轻质(比重 500kg/m^3)：为普通混凝土的 1/4、黏土砖的 1/3，比水还轻，和木材相当；高强：立方体抗压强度≥4MPa。特别是在钢结构工程中采用蒸压加气混凝土板作围护结构就更能发挥其自重轻、强度高、延性好、抗震能力强的优越性。

(3)耐火、阻燃(150mm 厚墙板 4 小时耐火)：蒸压加气混凝土为无机物，不会燃烧，而且在高温下也不会产生有害气体；同时，蒸压加气混凝土导热系数很小，这使得热迁移慢，能有效抵制火灾，并保护其结构不受火灾影响。

(4)可加工：可锯、可钻、可磨、可钉，更容易体现设计意图。

(5)吸声、隔声：以其厚度不同可降低 30～50dB 噪声。

(6)耐久性好：蒸压加气混凝土板是一种硅酸盐材料，不存在老化问题，也不易风化，是一种耐久的建筑材料，其正常使用寿命完全可以和各类永久性建筑物的寿命相匹配。

(7)绿色环保材料：蒸压加气混凝土板没有放射性，也没有有害物质溢出。

3. 产品优越性

(1)经济：能增加使用面积，降低造价，缩短建设工期，减少暖气、空调成本，达到节能效果。

（2）施工方便：蒸压加气混凝土产品尺寸准确、质量轻，可大大减少人力物力投入。板材在安装时多采用干式施工法，工艺简便、效率高，可有效缩短建设工期。

（3）环保：在生产过程中，没有污染和危险废物产生；使用时，也绝没有放射性物质和有害气体产生，即使在高温下和火灾中；各个独立的微气泡，使蒸压加气混凝土产品具有一定的抗渗性，可防止水和气体的渗透。NALC 板施工现场见图 2-21。

4. 案例

马钢光明新村 2 号楼，共 17 层，共高 59.6m，150mm 厚 NALC 板外墙，100mm 厚 NALC 板内墙，见图 2-22。

图 2-21　NALC 板施工现场

图 2-22　马钢光明新村 2 号楼

第二节　建筑节能门窗及技术

一、新型节能玻璃

玻璃作为透明材料被广泛应用于建筑行业，不仅是良好的透明材料，也是一种良好的热导性材料，透过玻璃的热传导会损失很大部分能量。在世界性能源危机的今天，节能已成为一种趋势，减少通过玻璃的能量损失越来越被建筑师和建筑使用者所重视，从而出现各种新型的节能玻璃产品。

（一）玻璃节能指标的主要参数

1. 传热系数 K

传热系数 K 表示在稳态传热条件下热量通过玻璃单位面积、单位温差、单位时间内传递的热量。K 值越大，隔绝热量性能就越差。

2. 太阳能参数

（1）太阳光直接透射率：太阳光以正常入射角透过玻璃的能量占整个太阳光入射能的百分比。

（2）太阳能总的透过率：太阳光直接透过玻璃进入室内的能量与太阳光被玻璃吸收转化为热能后二次进入室内的能量之和占整个太阳光入射能的百分比。

（3）太阳光直接反射率：太阳光被所有表面（单层玻璃两个面、中空玻璃有四个面）反射的能量占整个太阳光入射能的百分比。

3. 遮阳系数 S_C

遮阳系数 S_C 是以3mm无色透明玻璃的总太阳能透过率视为1时（3mm无色透明玻璃的总太阳能透过率是0.87），其他玻璃与其形成的相对值，即玻璃的总太阳能透过率除以0.87。

（二）镀膜玻璃

1. 热反射镀膜玻璃

热反射镀膜玻璃又称阳光控制镀膜玻璃，在玻璃表面镀上金属或金属氧化物膜，对波长范围350～1 800nm的太阳光具有一定控制作用，以降低玻璃的遮阳系数，限制太阳辐射直接通过。

1）分类及适用范围

阳光控制镀膜玻璃有在线、离线镀膜之分，可单片应用或复合成中空玻璃和真空玻璃。

在线镀膜——当玻璃在锡槽成形过程中，用热分解的方法在玻璃表面镀上一层硅质薄膜，此玻璃的膜层较为牢固不易脱落，能够进行各种热处理和后加工。

离线镀膜——在高质量的透明或本体着色浮法玻璃上通过磁控溅射的方法镀上一层或几层均匀的金属或金属氧化物薄膜，由此形成各种视觉效果和具有不同光学及热学性能特点的镀膜玻璃。

阳光控制镀膜玻璃有较好的控制太阳能通过的能力，较适合在全年阳光照射量较大的夏热冬暖地区的各类建筑上应用。

2）规格及主要技术参数

阳光控制镀膜玻璃常用规格见表2-3，光学性能参数见表2-4。

表2-3　阳光控制镀膜玻璃常用规格

类型	最大尺度（mm×mm）	最小尺度（mm×mm）	厚度（mm）
在线镀膜	3 300×4 500	500×700	5、6、8
离线镀膜	2 440×3 660	300×800	3～12

表2-4　6mm阳光控制镀膜玻璃光学性能参数（离线）

牌号	可见光（%）		遮阳系数 S_C	传热系数 K （W/（m^2·K））
	透射率	反射率		
SCSS0108	8	43	0.23	4.3
SCSS0114	14	33	0.30	4.5
SCSC0150	50	7	0.55	5.7
SCTS0140	40	19	0.46	5.1

3）设计选用要点

阳光控制镀膜玻璃的特点是有效限制太阳直接辐射的入射量，遮阳效果明显，可节省通风和空调能耗，但是在限制阳光辐射的同时会减少室内采光，在阻挡太阳光辐射的同时会吸收热能。对于夏热冬暖地区，应选择遮阳系数小的玻璃，阳光控制镀膜玻璃较适合于夏热冬暖地区，可最大限度地减少空调能耗。

2. 低辐射镀膜玻璃

低辐射镀膜玻璃又称低辐射玻璃，是一种对波长范围 4.5～25nm 的远红外线有较高反射比的镀膜玻璃，同时其表面辐射率低，可见光透过率适中。

1）分类及适用范围

低辐射镀膜玻璃按生产工艺可分为离线低辐射镀膜玻璃和在线低辐射镀膜玻璃。其中离线低辐射镀膜玻璃可按照镀膜层不同分为单银高透型、遮阳型及双银低辐射镀膜玻璃。

在线高温热解沉积法——在浮法玻璃冷却工艺工程中完成，液体金属或金属粉末直接喷射到热玻璃表面上，随着玻璃的冷却，金属膜层成为玻璃的一部分。

离线真空磁控溅射法——在真空环境中，通入适量的工艺气体（惰性气体 Ar 或反应气体 O_2、N_2），并保持真空度稳定，将靶材 Ag、Si 等嵌入阴极，并在与阴极垂直的水平方向置入磁场，从而构成磁控靶。以磁控靶为阴极，加上直流或交流电源，在高电压的作用下，工艺气体发生电离，形成等离子体。电子在电磁场的共同作用下，产生更多的正离子和电子；正离子达到一定能量后撞击阴极靶材，溅射出的靶材沉积在玻璃基片上形成薄膜。各种工艺的低辐射镀膜玻璃的具体特点见表 2-5。

表 2-5　各种工艺的低辐射镀膜玻璃的特点

<table>
<tr><th colspan="2">低辐射玻璃品种</th><th>特点</th></tr>
<tr><td colspan="2">在线低辐射镀膜玻璃</td><td>在线工艺生产的低辐射镀膜玻璃可以热弯、钢化，不必在中空复合状态下使用，可单独使用并长期储存及运输</td></tr>
<tr><td colspan="2">离线低辐射镀膜玻璃</td><td>离线工艺生产的低辐射镀膜玻璃必须复合成中空玻璃或夹层玻璃使用，在未进行复合或夹层前不宜长期储存及运输</td></tr>
<tr><td rowspan="3">离线低辐射镀膜玻璃</td><td>单银高透型</td><td>传热系数低、反射远红外热辐射和太阳透过率较高，从而有效地降低采暖能耗</td></tr>
<tr><td>遮阳型</td><td>具有多种反射颜色和适中的透光率，使其具有丰富的装饰效果和室外视线遮蔽效果</td></tr>
<tr><td>双银</td><td>具有较高的透光率和极低的太阳能透过率，其综合节能效果高于普通低辐射镀膜玻璃</td></tr>
</table>

2）规格及主要技术参数

低辐射镀膜玻璃常用规格见表 2-6。

表 2-6　低辐射镀膜玻璃常用规格

类型	最大尺度(mm×mm)	最小尺度(mm×mm)	厚度(mm)
在线镀膜	3 300×4 500	300×800	3~12
离线镀膜	2 540×4 200	300×700	3~12

低辐射玻璃的光学性能应满足《玻璃幕墙光学性能》(GB/T18091—2000)对其光学性能参数做出的限定。在线单片低辐射镀膜玻璃光学性能参数限定见表 2-7。普通玻璃与低辐射镀膜玻璃光学性能参数对比见表 2-8。

表 2-7　在线单片低辐射镀膜玻璃光学性能参数限定

玻璃种类		可见光		太阳能透射率	遮阳系数 S_C
		透射率	反射率		
低辐射镀膜玻璃	无色透明	≥0.70	0.07~0.18	0.48~0.77	0.56~0.81
	浅灰色	≥0.56	≤0.11	0.44~0.68	≤0.51
	浅蓝色	≥0.50	≤0.23	0.40~0.49	≤0.57
	绿色	≥0.30	≤0.30	0.28~0.40	0.31~0.44
	蓝绿色	≥0.40	≤0.30	0.30~0.35	0.34~0.40

表 2-8　普通玻璃与低辐射镀膜玻璃光学性能参数对比

玻璃种类	玻璃厚度(mm)	可见光(%)		遮阳系数 S_C	传热系数 K (W/(m^2·K))
		透射率	反射率		
普通玻璃	3	90	8	1.00	5.8
	6	88	8	0.95	5.7
低辐射镀膜玻璃	3	82	11	0.83	3.6
	6	82	10	0.81	3.6

3)设计选用要点

低辐射镀膜玻璃有较低的 K 值,保温性能好,在保证可见光透过率的同时,可反射太阳中的热辐射,有选择地降低遮阳系数 S_C。设计选用时需要注意以下事项:

(1)北方严寒地区,宜采用单银高透型低辐射镀膜玻璃,其遮阳系数应当尽量取大值,以保证冬季的日照。

(2)夏热冬冷地区,宜选用遮阳型低辐射镀膜玻璃。

(3)夏热冬暖地区,宜选用遮阳系数较小的玻璃。

(4)双银低辐射镀膜玻璃受气候限制较小,可适用于我国大部分地区。

(三)中空玻璃

中空玻璃由两片或多片玻璃合成而成,其周边用金属框形成隔层空间(标准空气厚度为6～12mm)，四周边部密封，内部充入干燥空气或惰性气体而制成。其中干燥、不对流的气体层可以阻断热传导的通道，从而有效地降低其传热系数，以达到节能目的。

1. 分类及适用范围

中空玻璃可采用多种玻璃原片，从而构成不同物理性能的中空玻璃，如普通中空玻璃、低辐射镀膜中空玻璃、阳光控制低辐射中空玻璃三种，可根据建筑实际需要选用。

2. 规格及主要技术参数

1)规格

常用中空玻璃的规格见表2-9。

表2-9　常用中空玻璃规格

玻璃厚度(mm)	间隔厚度(mm)	最大面积(m^2)
3	6	2.4
	9～12	2.4
4	6	2.86
	9～10	3.17
	12～20	3.17
5	6	4.00
	9～10	4.80
	12～20	5.10
6	6	5.88
	9～10	8.54
	12～20	9.00
10	6	8.54
	9～10	15.00
	12～20	15.90
12	12～20	15.90

2)主要技术参数

反映中空玻璃性能的主要技术参数有传热系数K、遮阳系数S_C、计权隔声量R_W和露点。其性能差别与间隔的层数、玻璃基片的种类和厚度、气体间层的种类和厚度有关。表2-10列出了常用中空玻璃热工技术参数。

表 2-10 常用中空玻璃热工技术参数

玻璃名称	玻璃结构	可见光(%)		遮阳系数 S_C	传热系数 K (W/(m^2·K))
		透过率	反射率		
普通中空玻璃	6+6A+6	80	15	0.83	3.2
	6+12A+6	80	15	0.83	2.8
	6+12A(氩)+6	80	15	0.83	2.6
高透型低辐射镀膜中空玻璃(3#)	6+12A+6YLE0181	72	11	0.69	1.8
高透型低辐射镀膜中空玻璃(2#)	6YME0185+12A+6	76	11	0.61	1.7
遮阳型低辐射中空玻璃(3#)	6+12A+6YLE0170	63	23	0.60	1.7
遮阳型低辐射中空玻璃(2#)	6YCE0173+12A+6C	65	11	0.57	1.8
双银低辐射中空玻璃(2#)	6YDE0160+12A+6C	54	16	0.39	1.63

注:z#表示膜层位于中空玻璃的第 z#面。

3.设计选用要点

中空玻璃的 K 值较普通玻璃低,当采用低辐射镀膜玻璃或采用惰性气体间隔时,可进一步降低中空玻璃的 K 值,起到更好的保温作用。如低辐射镀膜中空玻璃具有更低的传热系数 K 值和更大的遮阳系数选择范围(0.25~0.71)。

设计选用时需要注意以下事项:

(1)普通透明中空玻璃表面由于没有镀膜,遮阳系数改善不大,夏季其节能效果有限。

(2)《建筑玻璃应用技术规程》(JGJ113—2003)中玻璃热工设计准则:对于夏热冬暖地区,应选择遮阳系数小的玻璃;对于严寒和寒冷地区,应选择传热系数小的玻璃。不同气候区应选用不同的中空玻璃品种以达到最佳节能效果。表 2-11、表 2-12 分别给出了中空玻璃的保温性能和隔热性能的参考值。

(3)低辐射镀膜中空玻璃膜面位置的选择:中空玻璃共有四个表面,由室外向室内,分别为1#面、2#面、3#面、4#面,见图 2-23。一般来说,北方严寒、寒冷地区低辐射镀膜面置于第 3#面,南方炎热地区低辐射镀膜面置于第 2#面,因为一般置于第 3#面比置于第 2#面的遮阳系数大 40%以上。同时,需要注意不同低辐射镀膜面

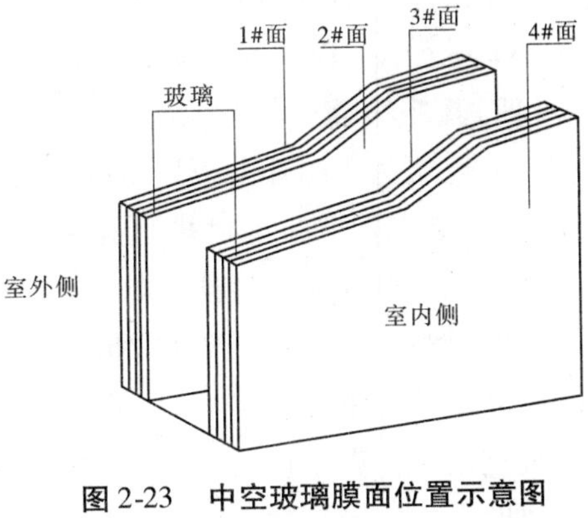

图 2-23 中空玻璃膜面位置示意图

置于不同面时呈现出不同外观，所以应综合考虑建筑外观效果和节能特性。

表 2-11　中空玻璃保温性能及相应适用地区参考表

传热系数 K (W/(m^2·K))	可用材料或构造			较适用地区
	玻璃	间隔层	气体	
$K \leqslant 1.80$	离线低辐射镀膜玻璃	单层 12mm	空气	严寒、寒冷、夏热冬冷、夏热冬暖
	在线低辐射镀膜玻璃	单层 12mm	氩气	
$1.80 < K \leqslant 2.50$	离线低辐射镀膜玻璃	单层≥9mm	空气	严寒、寒冷、夏热冬冷、夏热冬暖
	在线低辐射镀膜玻璃	单层≥9mm	空气	
	阳光控制镀膜玻璃	单层 12mm	空气	
$2.50 < K \leqslant 2.90$	阳光控制镀膜玻璃	单层≥9mm	空气	严寒、夏热冬冷、夏热冬暖
	不限	单层≥9mm	氩气	
	不限	单层 12mm	空气	
$K > 2.90$	不限	单层	空气	严寒、夏热冬冷、夏热冬暖

表 2-12　中空玻璃隔热性能及相应适用地区参考表

遮阳系数 S_C	可采用玻璃品种	较适用地区
$S_C \leqslant 0.25$	阳光控制镀膜玻璃、具有遮阳功能的低辐射镀膜玻璃	夏热冬暖、夏热冬冷
$0.25 < S_C \leqslant 0.40$	阳光控制镀膜玻璃、具有遮阳功能的低辐射镀膜玻璃	夏热冬暖、夏热冬冷、寒冷
$0.40 < S_C \leqslant 0.60$	着色玻璃、阳光控制镀膜玻璃、具有遮阳功能的低辐射镀膜玻璃	夏热冬冷、寒冷、严寒
$0.60 < S_C \leqslant 0.80$	着色玻璃、阳光控制镀膜玻璃、低辐射镀膜玻璃	寒冷、严寒

(4)《玻璃幕墙工程技术规范》(JGJ102—2003)规定：玻璃幕墙采用中空玻璃时，中空玻璃气体层厚度不应小于 9mm。

(5)由于中空玻璃使用密封胶密封，故不宜长期在 70℃以上环境温度中使用。

(四)真空玻璃

真空玻璃是在两片平板玻璃间采用适当分布的微粒支柱作间隔，然后将其四周密闭起来，间隔抽成真空并密封排气孔，两片玻璃之间的间隙为 0.1 ~ 0.2mm 的复合玻璃产品。其保温隔热和隔声性能较好，是一种新型的节能型保温隔热玻璃。真空玻璃和中空玻璃剖面示意图分别见图 2-24 和图 2-25。

1. 分类及适用范围

真空玻璃根据采用的玻璃原片不同主要分为普通真空玻璃、单面低辐射真空玻璃、双面低辐射真空玻璃三种。根据产品性能不同，可应用于建筑幕墙和门窗。

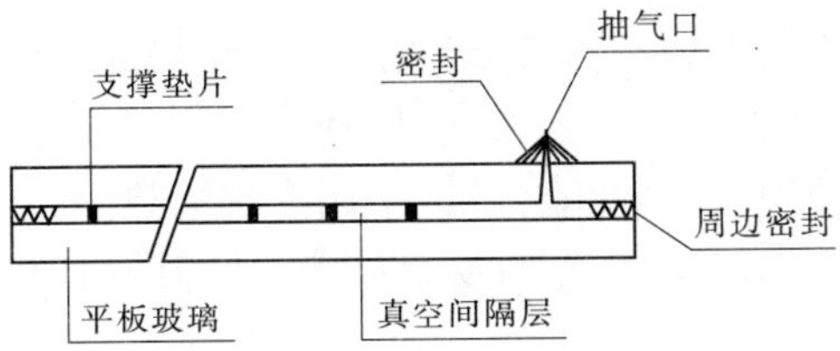

图 2-24　真空玻璃剖面示意图

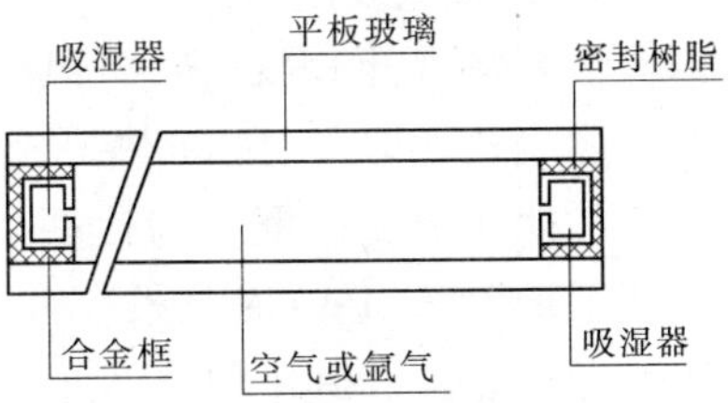

图 2-25　中空玻璃剖面示意图

2. 规格及主要技术参数

1) 规格

一般真空玻璃的玻璃原片厚度为 3～8mm，总厚度最薄只有 6mm 左右，真空层的层数一般为 1～2 层。

2) 主要技术参数

反映真空玻璃性能的主要技术参数与中空玻璃类似，有传热系数 K、遮阳系数 S_C、计权隔声量 R_W 和露点。其性能差别与真空的层数、玻璃基片的种类和厚度有关。表2-13列出了常用真空玻璃保温隔热性能。

表 2-13　常用真空玻璃保温隔热性能

玻璃类型	组合形式(厚度)(mm)	传热系数 K(W/(m^2·K))
低辐射真空复合中空玻璃	4C＋0.12V＋4L＋12A＋4C	1.02
低辐射真空玻璃	4C＋0.12V＋4L	1.1

注:4C——4mm 浮法玻璃;4L——4mm 低辐射镀膜玻璃;0.12V——0.12mm 真空层;12A——12mm 中空层。

3. 设计选用要点

真空玻璃采用适当分布的微粒支柱作间隔，间隔层只有 0.1～0.2mm，空腔内抽真空无气体，真空度达到 0.1Pa 以上，总厚度最薄只有 6mm 左右。由于真空玻璃中间的真空层的特殊结构，设计选用时需要注意以下事项：

(1) 光学性能选用要点可参照镀膜玻璃和中空玻璃。

(2) 真空玻璃最小厚度为 6mm 左右，采取一定技术措施后可与普通单层玻璃门窗型材组合使用，若能使用专用门窗框则最优。

(3) 真空玻璃板之间的支撑物的设计是制造真空玻璃的关键因素，其与玻璃板的接触面积过大时会增加热导率，同时影响玻璃的透明度；过小时由于大气压容易造成玻璃板破损。

支撑物形状多采用圆柱状，此外还有方状、椭圆状、线状、格子状等。材料可以是不锈钢、碳化钨钢、铬钢、铝合金、镍、钼、钽、陶瓷等，目前主要采用能够塑性变形的支撑物。

二、新型建筑门窗框

(一) 断热铝合金

1980 年以后，塑料窗在世界上得到迅速发展。其特点是保温隔热性能突出，节能效果好，容易挤塑形成复杂断面。但强度、刚度、耐冲击力和抗风压能力较差，为改善塑料窗的结构强度，往往在型材的空腔内添加钢衬，这样会增加窗框传热系数，同时由于断面粗大，窗框会比较大,对光线遮挡就多。塑钢型材还不耐燃烧,存在光、热老化问题。

铝合金窗强度、刚度较高,抗风压性能佳,较易形成复杂断面,耐燃烧、耐潮湿性能良好。但保温隔热性能差,无断热措施的铝合金窗框的传热系数为 4.5W/(m²·K)左右,远远高于其他非金属窗框。为提高金属窗框的保温隔热性能,可以采用多种断热阻技术,主要包括用聚酰胺(PA)尼龙条穿入后液压复合,用聚氨酯发泡材料灌注后跳开和用聚氨基甲乙酰黏结复合。其中以穿入尼龙条方法优点较多。

(二)玻璃钢

采取隔断措施的金属窗框由于断面形状和隔热材料强度的限制,断面中的隔热材料宽度不会太大,其断热铝合金窗框的传热系数很难达到 2.0W/(m²·K)以下。随着科学的发展,更高强度的有机或无机复合材料如玻璃钢被用于窗框型材的制作,很好地克服了窗框中隔热与强度的矛盾。

玻璃钢门窗又称玻璃纤维增强塑料门窗(FRP),是采用玻璃纤维作为增强材料对玻璃进行增强后经模具加热固化成型,作为门窗型材制成的成品门窗。FRP 门窗的保温、隔声及气密性均与塑料型门窗较为相似。不同材料窗框的传热系数见表 2-14。

表 2-14　不同材料窗框的传热系数

窗框材料	铝合金	断热铝合金	PVC 塑钢	木材	玻璃钢
窗框传热系数 K (W/(m²·K))	4.2~4.8	2.4~3.2	2.0~2.8	1.5~2.0	1.4~1.8

三、百叶中空玻璃(中空玻璃内置百叶)

百叶中空玻璃是将百叶窗帘置于中空玻璃内,使百叶中空玻璃具有遮阳性能,并可提高中空玻璃的保温、隔热、隔声性能,改善室内光环境。

百叶中空玻璃是将百叶安装在中空玻璃内,并通过磁力控制闭合装置和升降装置来完成百叶在中空玻璃内的升降、翻叶等功能动作,结构合理,操作简便。

中空玻璃内置百叶具有以下特点:可实现百叶的升降、翻转,结构合理,操作简便;具有良好的遮阳性能、提高了中空玻璃保温性能、改善了室内光环境;可广泛应用于节能型建筑门窗。

(一)控制百叶中空玻璃的方式

目前市场上控制百叶中空玻璃的方式有三种:电机传动,磁性无接触传动,机械传动。

1. 电机传动

电机传动的特点是安装方便,控制方式简单,但因电机及变速传动系统都装在玻璃内,无法维修,任何一个地方出一点问题都会导致整个窗帘报废。

2. 磁性无接触传动

这种方式将动力源装在玻璃外,通过磁性的不接触传动控制密封在中空玻璃内的窗帘。特点是控制方式灵活,窗帘结构简单,但需在中空玻璃外加装外驱动装置。

3. 机械传动

机械传动的特点是可直接传动控制窗帘，但传动密封装置较复杂。相比而言，磁性无接触传动最经久耐用。

（二）百叶中空玻璃的性能

1. 遮阳性能

百叶装入中空玻璃内可以随意调节百叶片的角度，达到自然采光、完全遮阳等功能。百叶中空玻璃的遮阳系数 $S_C=0.18\sim0.90$。百叶垂直状态时满足《公共建筑节能设计标准》（GB50189—2005）中有遮阳系数要求的所有地区使用。

当百叶垂直状态时遮阳系数 $S_C=0.18$；当百叶水平状态时遮阳系数 $S_C=0.83$；当百叶收起状态时遮阳系数 $S_C=0.90$。百叶水平和收起状态时的遮阳系数为玻璃的遮阳系数，但当百叶垂直状态时遮阳系数 $S_C=0.18$，太阳能直接透射比为0.16，说明当百叶垂直状态时室内还有一定程度的可见光，能有效地阻挡夏季南方强烈的太阳辐射，避免阳光直射到室内，改善室内的光环境，从而降低室内温度，减少建筑空调能耗。全透光、半透光、全避光百叶中空玻璃分别见图2-26～图2-28。

图2-26　全透光

图2-27　半透光

图2-28　全避光

2. 节能性

由于中空玻璃的 K 值（传热系数）比单层玻璃低，普通中空玻璃 K 值为2.8W/($m^2\cdot K$)，单层玻璃为6.0W/($m^2\cdot K$)，百叶中空玻璃最佳状态 K 值为1.8W/($m^2\cdot K$)。

在夏天，百叶片可以阻挡阳光照射，降低室内温度；冬天，调整百叶角度采光采暖，可以提高室内温度。所以，无论采用空调还是采暖，使用百叶中空玻璃都能使能源消耗大幅降低。

中空玻璃百叶窗是优质双层钢化玻璃、双面夹胶玻璃、双面 Low－E 玻璃等内加日本进口铝制百叶片制造而成的。国家专业权威机构的检测结果显示，上海欧泰克百叶中空玻璃的 K 值（热传导系数）最低可达到1.8W/($m^2\cdot K$)以下，而普通中空玻璃的 K 值为3.0W/($m^2\cdot K$)，单层玻璃的 K 值一般为5.8W/($m^2\cdot K$)。

3. 安全性

由于采用双层钢化玻璃结构，抗风力及外击力较高，高层或沿海建筑采用中空玻璃最为适宜。另外，因为百叶中空玻璃替代以往传统的布窗帘，所以可大大降低火灾隐患。

四、高性能组合玻璃幕墙

建筑幕墙是建筑物各部件中将现代建筑技术与艺术结合得最完美的典范。进入21世纪，围绕着如何合理利用资源、保护生态环境和建筑的可持续发展的主题，人们对现代建筑幕墙的功能也赋予了更新和更高的要求。在充分发挥幕墙特性的基础上，应用现代高新技术，将建筑幕墙的功能逐步引向建筑生态、节能和智能化方向发展，从而出现更多的高性能组合幕墙。

(一)双层通风玻璃幕墙

新型双层通风玻璃幕墙对改善和提高玻璃幕墙的保温、隔热和隔声性能，生态环保功能及节省能源消耗等方面具有很大的突破，故又称为智能玻璃幕墙、呼吸式玻璃幕墙和热通道玻璃幕墙。

1. 双层通风玻璃幕墙的组成

双层通风玻璃幕墙由内、外两层玻璃幕墙所组成，其间形成一个空气夹层。外层的玻璃幕墙用做防风雨抵制气候变化的屏障，可采用有框玻璃幕墙或点支式玻璃幕墙；而内层的玻璃幕墙一般采用明框玻璃幕墙，根据功能需要可开设活动窗或检修门，便于维修和清洁，以此作为第二道隔声墙及室内玻璃饰面层。双层通风玻璃幕墙一般采用透明白片玻璃，所展示出的透光性和通透感的外观效果是非常具有特色的。

在内外两层幕墙之间形成了一个相对封闭的空气夹层，空气可以从下部进风口进入这个夹层空间，又从上部排风口离开。这一夹层空间实际上处于空气流动状态，空气中的热量在夹层空间内不断流动、交换。

2. 双层通风玻璃幕墙的构造类型

由于双层通风玻璃幕墙功能分区明确，因此幕墙在节点构造技术的处理更具有针对性。内、外层幕墙间的夹层空间宽度常为150～300mm，也有将宽度设计为500～600mm的，便于日后检修及清洗。

双层通风玻璃幕墙按通风形式的不同，又分为开敞式外通风幕墙和封闭式内通风幕墙两种形式。两种类型通风幕墙见图2-29。

1)开敞式外通风幕墙——外循环双层皮幕墙

这种形式的幕墙内层为中空玻璃幕墙，可以开窗或开设检修门；其外层采用单层玻璃，并在每层上下均设有进出风口。为提高玻璃幕墙的节能效果，一般在夹层空间内设置遮阳百叶。在外幕墙设置的进出风口是可以开启和关闭的。夏季开启外幕墙的上下风口，进行自然通风换气，以减少太阳辐射热的影响，节约能源，并具有隔热作用；冬季关闭外幕墙的上、下风口，具有自然保温作用。开敞式外通风幕墙是目前应用最广泛的双层通风玻璃幕墙形式。开敞式外通风幕墙构造见图2-30。

2)封闭式内通风幕墙——内循环双层皮幕墙

封闭式内通风幕墙的内层采用单层玻璃幕墙或单层铝合金门窗，外层通常为封闭的双层中空玻璃幕墙。夹层空间内的空气从地板下的风道进入，上升至楼板下吊顶内的风道排走。这一空气流动循环过程均在室内进行。

由于进风口进的是室内空气，夹层空间内的空气温度与室内基本相同，这就大大节省

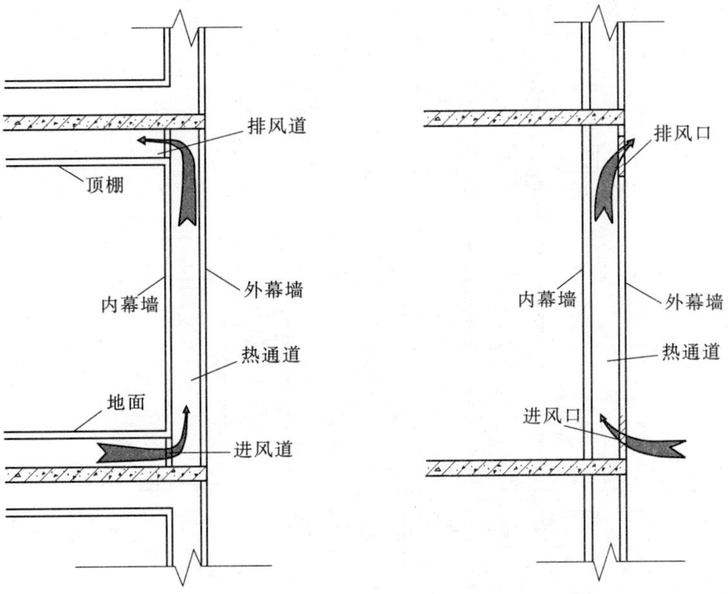

(a)封闭式内通风幕墙　　　　(b)开敞式外通风幕墙

图 2-29　两种类型通风幕墙

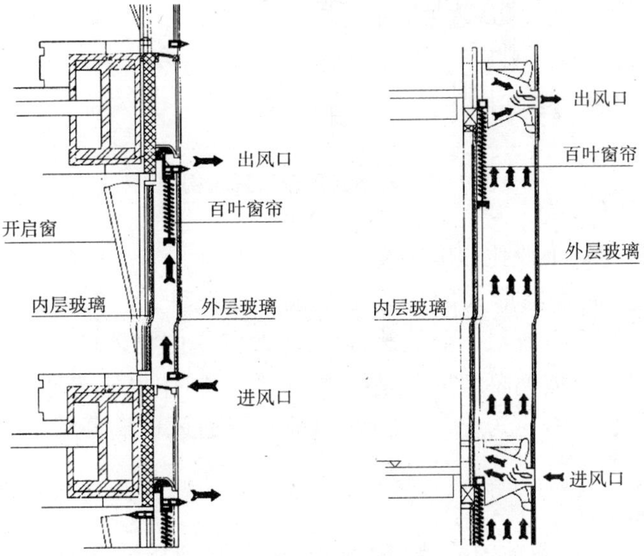

图 2-30　开敞式外通风幕墙构造

了采暖和制冷的能源消耗。这种形式在采暖地区更为有利。封闭式通风玻璃幕墙的循环要靠机械系统，故对通风设备有较高要求。为提高节能效果，夹层空间内一般设置电动百叶和电动卷帘。封闭式内通风幕墙构造见图 2-31。

3. 双层通风玻璃幕墙的特点

整个玻璃幕墙构件均由加工厂制作成型，并在每个单元式构件内安装银灰色多孔铝

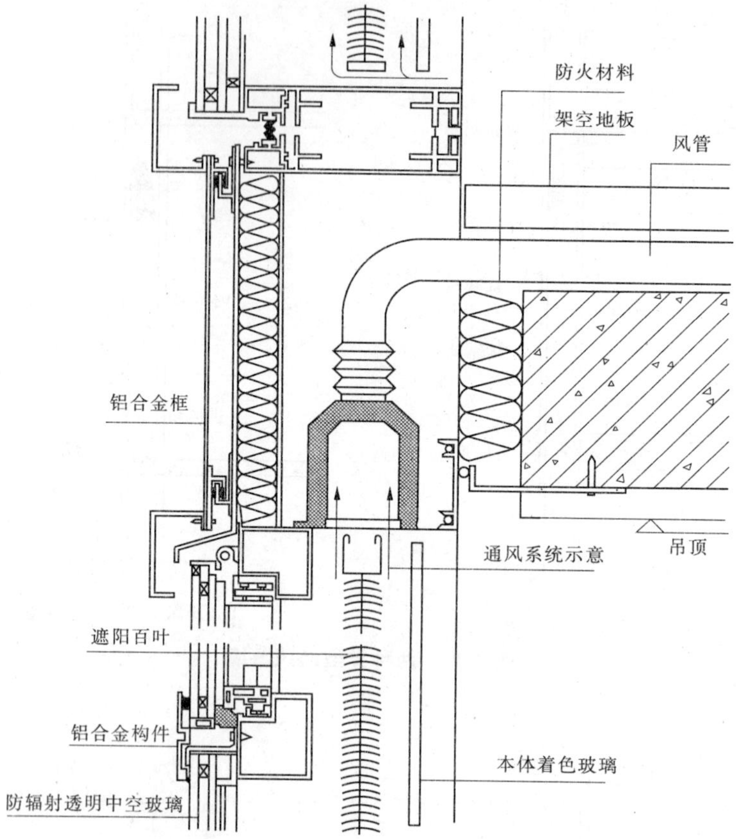

图 2-31　封闭式内通风幕墙构造

合金遮光百叶窗帘，建筑工业化程度很高。

采用双层通风玻璃幕墙最大的好处是节能。据统计，比单层玻璃幕墙采暖时节能 40% ~60%。其次，其隔声效果十分显著，可大大改善室内物理环境。

总体而言，双层通风玻璃幕墙造价是昂贵的，加工制作也比普通玻璃幕墙复杂得多，同时建筑面积要损失 2.5% ~3.5%。因此，目前双层通风玻璃幕墙新技术在建筑中的运用仍受到限制。

（二）光电玻璃幕墙

光电玻璃幕墙是将普通玻璃幕墙（屋顶）与光电原理相结合的一种技术含量很高的新型建筑幕墙。通过在玻璃幕墙中安装由太阳能电池组成的光电板，只要有光照，有能见度，光电板就能将光能转化为电能。利用太阳能来发电不仅能提供大楼自身的照明和空调用电，多余的电能还能并入市政电网进行调配。

1. 光电板的组成

光电幕墙（屋顶）的基本单元为光电板，而光电板是由若干光电池（即太阳能电池）进行串、并联组合而成的。结合幕墙设计，将光电板安装在玻璃幕墙建筑物相应的结构上就构成光电幕墙（屋顶）。

光电板的上层与下层均为4mm厚透明玻璃,中间夹一层光电池,上下两层与中间层一般用镀膜树脂(EVA)热固而成。光电电池被夹在高度透明,经加固处理的玻璃之中,在其背面是接线盒和导线,分别与电源插头相连。光电板玻璃分透明和不透明两种,设计时可根据具体情况进行排列布置。如不透明的光电板适合于安装在建筑物的屋顶上或楼层的非透明部位,由于其外层玻璃为透明玻璃,仍可与主楼玻璃幕墙相协调;而透明的光电板则与普通玻璃幕墙在外观上并没有多大差别。光电板构造示意见图2-32。

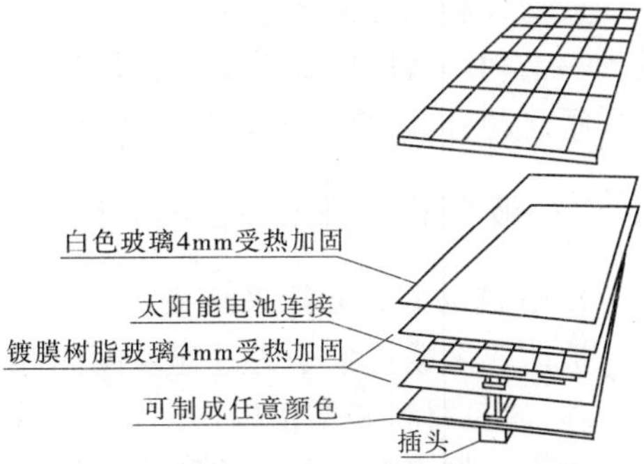

图2-32　光电板构造示意图

2. 光电幕墙构造技术

光电玻璃幕墙的金属骨架(铝合金立柱与横梁)均采用热阻断铝型材。光电板一般朝南、倾斜布置,因而接受太阳光辐射比较均匀,并要求周围无高大建筑物遮挡阳光。较理想的安装角度:国内南方地区一般按当地纬度再增加10°~15°;北方地区则按当地纬度再增加5°~10°。同时,要考虑方便光电板的安装与更换。光电玻璃幕墙构造见图2-33。

光电幕墙和光电屋顶作为一种特殊的建筑高新技术,初装成本高,只有通过大规模推广应用才能降低成本。

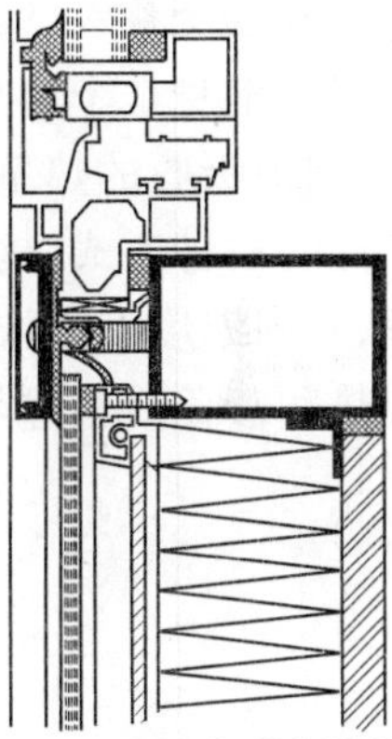
图2-33　光电玻璃幕墙构造

第三节　太阳能采暖技术

充分利用可再生能源,减少建筑能耗,改善建筑环境已成为当今世界一大潮流。太阳能是人们熟知的一种取之不尽、用之不竭、无污染且价廉的可再生能源;同时,太阳能也是一种低能流密度且仅能间歇利用的能源。在建筑中利用太阳能进行采暖,可以提高和改善冬季室内热环境的质量,节约常规能源,保护生态环境,是一项利国利民、促进人类居住区可持续发展的绿色技术。

在建筑中利用太阳能的方式,根据运行过程是否需要机械动力,一般可分为主动式和被动式两种。主动式利用太阳能系统需要机械动力驱动,才能达到采暖和制冷目的。图2-34为主动式利用太阳能系统示意图。系统集热和蓄热相互分开,太阳能在集热器中转化为热能,随着流体工质(一般是水或空气)流动而从集热器被送到蓄热器,再从蓄热器通过管道与散热设备输送到室内。工质流动的动力由泵或风机提供。

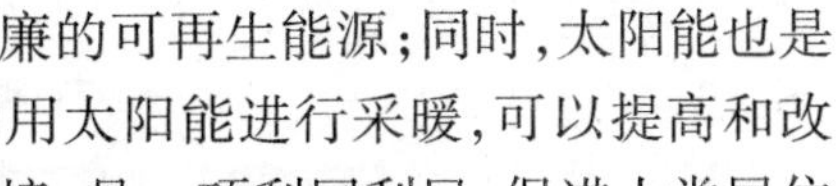

图2-34　主动式利用太阳能系统示意图

被动式利用太阳能系统太阳能向室内的传递不借助于机械动力，而是使建筑物本身成为一个利用太阳能的系统，使其在冬季能集取、保持、储存、分布太阳能，从而解决建筑物采暖问题；同时夏季能遮蔽太阳辐射，散逸室内热量，从而使建筑物降温。

一、被动式太阳能采暖技术

（一）被动式太阳能采暖技术

被动式采暖技术是通过建筑朝向和周围环境的合理分布、内部空间和外部形体的巧妙处理、建筑材料和结构构造的恰当选择，使其在冬季能集取、保持、储存、分布太阳能，从而解决建筑物采暖问题。按照房间得热方式的不同，被动式太阳能采暖系统主要有直接受益式、集热蓄热墙式、附加日光间式、屋顶池式四种形式。

1. 直接受益式

房间本身是个集热蓄热体，白天太阳光透过南向玻璃窗进入室内，地面、墙体吸收热量；夜间被吸收的热量释放出来，维持室温。这是冬季采暖的全过程。直接受益式是应用最广泛的一种方式，构造简单，易于安装和日常维护；与建筑功能密切配合，便于建筑立面处理；室内温度上升快，但是室内温度波动较大。建筑朝向南偏东西 30°以内，有利于冬季集热和避免夏季过热。直接受益式多种形式见图 2-35 ~ 图 2-37。

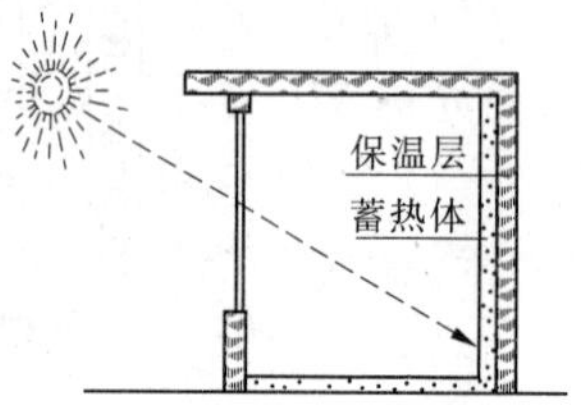

图 2-35　直接受益式基本形式

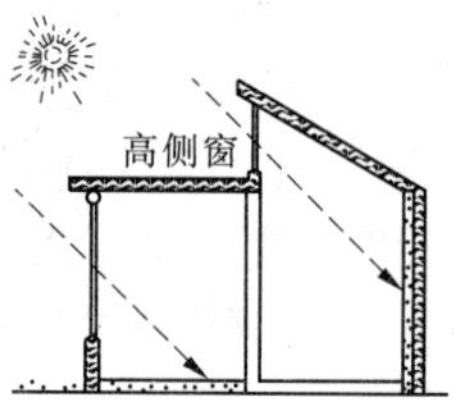

图 2-36　利用高侧窗直接受益

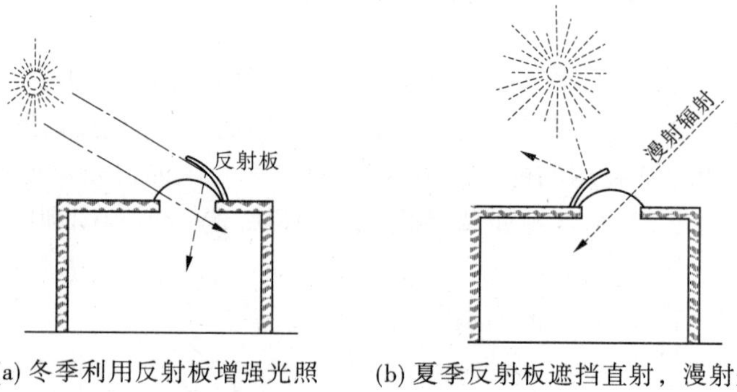

(a) 冬季利用反射板增强光照　(b) 夏季反射板遮挡直射，漫射采光

图 2-37　利用天窗直接受益

2. 集热蓄热墙式

集热蓄热墙式属于间接受益式太阳能采暖系统，向阳侧设置带玻璃罩的储热墙体，墙体可选择砖、混凝土、石、土、水等储热性能好的材料。墙体吸收太阳辐射后向室内辐射

热量,同时加热墙内表面空气,通过对流使室内升温。集热蓄热墙的基本形式见图2-38。如果墙体上下开有通风口,玻璃与墙体之间加热的空气可以和室内冷空气形成对流循环,促使室温上升。集热蓄热墙式多种形式见图2-39。

该形式与直接受益式相结合,既可充分利用南墙集热,又可与建筑结构相结合,并且室内昼夜温度波动较小。墙体外表面涂成深色、墙体与玻璃之间的夹层

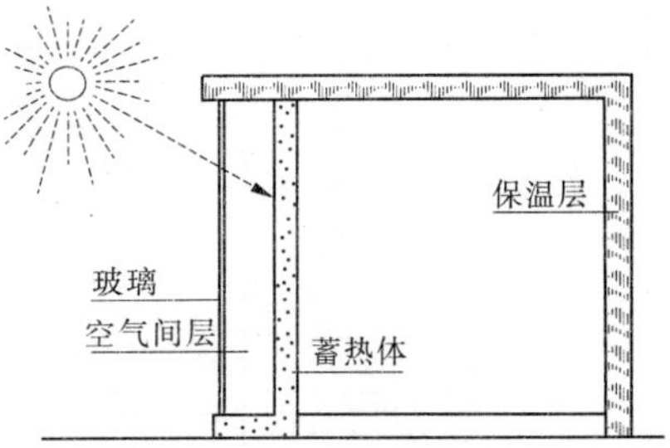

图2-38 集热蓄热墙式基本形式

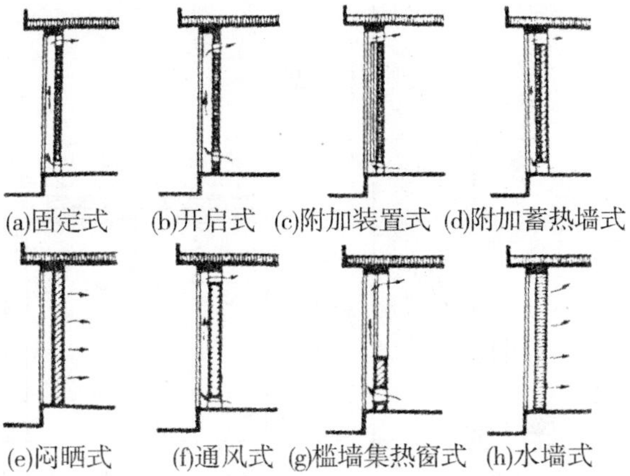

图2-39 集热蓄热墙式多种形式

安装波形钢板或透明热阻材料(TIM),均可通过系统集热。

3. 附加阳光间式

在向阳侧设透光玻璃构成阳光间接受日光照射,是直接受益式和集热蓄热墙式的组合。阳光间可以结合南廊、入口门厅、休息厅、封闭阳台设置,可作为生活、休闲空间或种植植物。附加阳光间式基本形式见图2-40。

附加阳光间式具有集热面积大、升温快的特点,与相邻内侧房间组织方式多样,中间可设砖石墙、落地门窗或带槛墙的门窗。阳光间内中午易过热,应该通过门窗或通风窗合理组织气流,将热空气及时导入室内。开设内外通风窗有效改善冬夏季工况如图2-41所示。

4. 屋顶池式

屋顶上放置有吸热和储热功能的贮水塑料袋或相变材料,其上设可开闭的盖板,冬夏兼顾。冬季白天打开盖板水袋吸热,夜晚盖上盖板,水袋释放的热量以辐射和对流形式传到室内。夏季工况与冬季相反。冬季白天和夜间工况分别见图2-42和图2-43。屋顶池式系统盖板热阻要大,贮水容器密闭性要好,使用相变材料热效率可提高。

该形式适合于冬季不太寒冷且纬度低地区。原因在于纬度高地区太阳高度角太小,水平面上集热效率低,而且严寒地区冬季水易冻结。

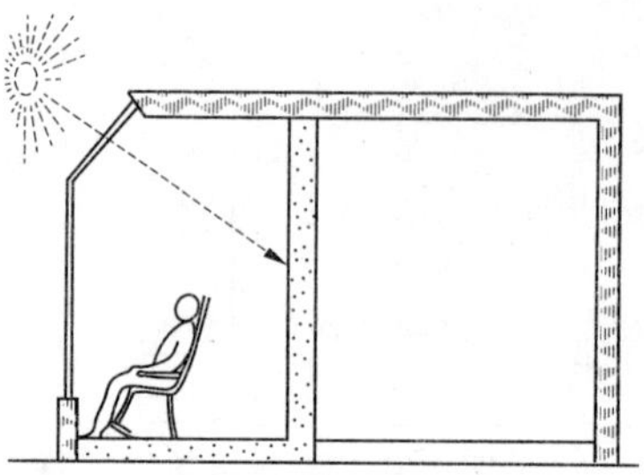

图 2-40　附加阳光间式基本形式

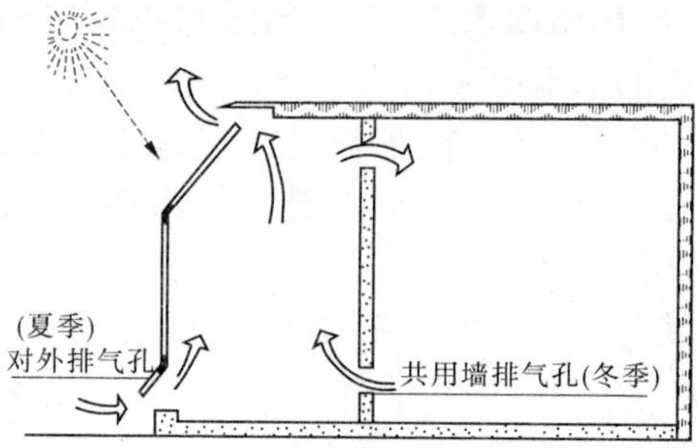

图 2-41　开设内外通风窗有效改善冬夏季工况

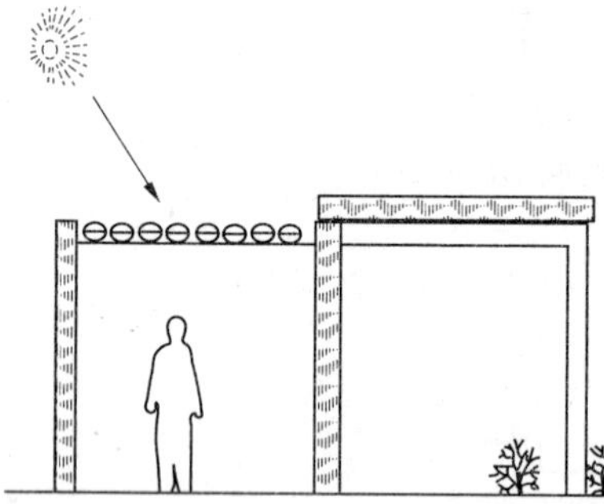

图 2-42　屋顶池式系统冬季白天工况

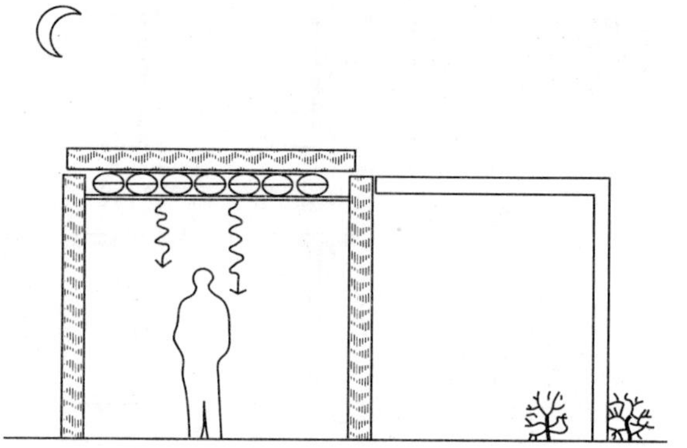

图 2-43　屋顶池式系统冬季夜间工况

(二)多种被动式太阳能采暖系统的比较

表 2-15 列出了多种被动式采暖系统的优缺点,以方便选用。

表 2-15　多种被动式太阳能采暖系统的比较

系统	优点	缺点
直接受益式	景观好、费用低、效率高、形式很灵活;有利于自然采光;适合学校、小型办公室	易引起眩光;可能发生过热现象;温度波动大
集热蓄热墙式	热舒适程度高、温度波动小;易于旧建筑改造、费用适中;大采暖负荷效果好;与直接受益式结合限制照度级效果很好,适合学校、住宅、医院	玻璃窗较少,不便观景和自然采光;阴天时效果不好
附加阳光间式	作为起居空间具有很强的舒适性和很好的景观性;适合居住用房、休息室、饭店	维护费用较高;对夏季降温要求很高;效率低

(三)被动式太阳能采暖实例

德国雷根斯堡住宅顺应周边环境面向花园,南侧倾斜的玻璃屋顶一直延伸到地面,形成南向阳台和温室。不但能够对太阳能直接利用,而且创造联系内外环境的过渡空间。常用房间位于北部绝热性能好的较封闭的服务空间和南面能直接利用太阳能的缓冲区之间,厚重的楼地板和温室底部的砾石都能在白天储存热量,夜晚释放热量。雷根斯堡住宅见图 2-44，雷根斯堡住宅热量流动示意图见图 2-45。

图 2-44　雷根斯堡住宅

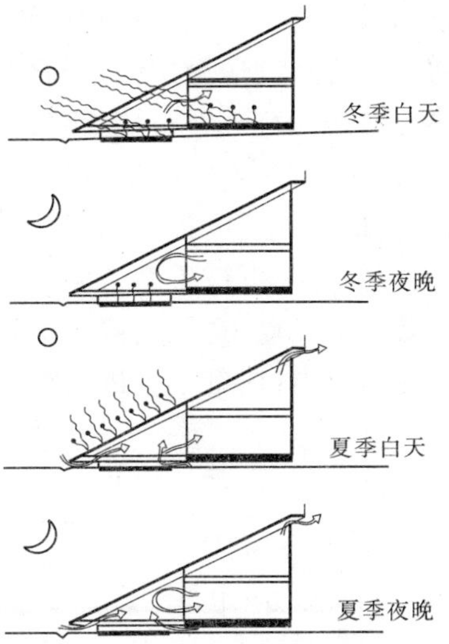

图 2-45　雷根斯堡住宅热量流动示意图

自 2002 年起世界银行向我国提供了 75 万美元的赠款，实施农村卫生院被动式太阳能采暖建筑全球环境基金项目。该项目在青海、甘肃和山西的国家级贫困县共建成 29 个被动式太阳能采暖乡镇卫生院，旨在改善卫生院条件，减少对环境的污染。山西省榆社县东汇乡卫生院附加阳光间和集热蓄热墙式系统分别见图 2-46(a)、(b)。

(a)

(b)

图 2-46　山西省榆社县东汇乡卫生院附加阳光间和集热蓄热墙式系统

二、太阳墙采暖新风技术

(一)太阳墙系统的组成和工作原理

太阳墙采暖新风系统属于主动式太阳能利用系统，该系统由集热和气流输送两部分组成，房间是储热器。集热系统包括垂直墙板、遮雨板和支撑框架。气流输送系统包括风机和管道。

太阳墙板材覆于建筑外墙的外侧，上面有小孔，与墙体的间距由计算确定，一般在 200mm 左右，形成的空腔与建筑内部通风系统的管道相连，管道中设置风机，用于抽取空腔内的空气。太阳墙系统工作原理如图 2-47 所示。

冲压成型的太阳墙板在太阳辐射作用下升到较高温度，同时太阳墙与墙体之间的空气间层在风机作用下形成负压,室外冷空气在负压作用下通过太阳能墙板上的孔洞进入空气间层,同时被加热,在上升过程中再不断被太阳墙板加热,到达太阳墙板顶部的热空气被风机通过管道系统送至房间。与传统意义上的集热蓄热墙方式不同的是,太阳墙对空气的加热主要是在空气通过墙板表面的孔洞时,而不是空气在间层中上升阶段。太阳墙板外表面为深色(吸收太阳辐射热),内表面为浅色(减少热损失)。在冬季天气晴朗时,太阳墙可以把空气温度提高30℃左右。夜晚墙体向外散失的热量被空腔内的空气吸收,在风扇运转的情况下被重新带回室内。这样既保持了新风量,又补充了热量,使墙体起到热交换器作用。夏季,风扇停止运转,室外热空气可从太阳墙板底部及孔洞进入,从上部和周围孔洞流出,热量不会进入室内,因此不需特别设置排气装置。太阳墙系统示意图见图2-48。

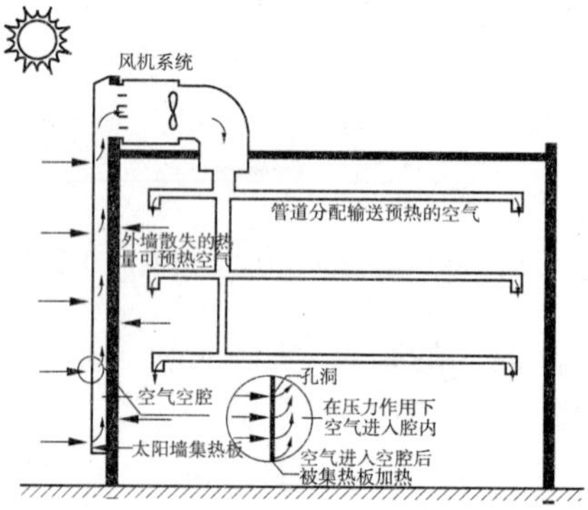

图2-47 太阳墙系统工作原理

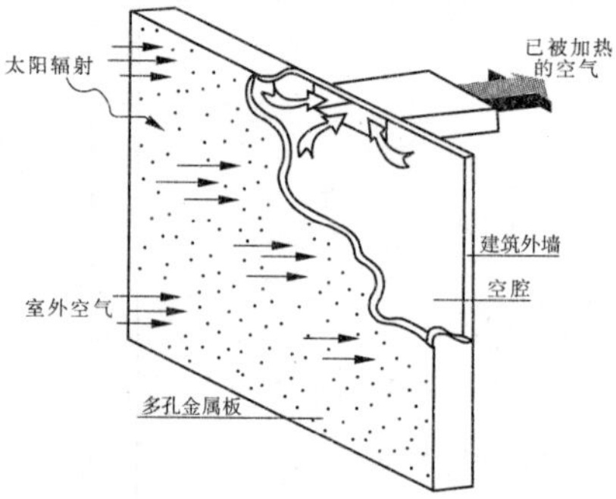

图2-48 太阳墙系统示意图

太阳墙板材由1~2mm厚的镀锌钢板或铝板构成,外侧涂层具有强烈吸收太阳热、阻挡紫外线的良好功能,一般是黑色或深棕色,为了建筑美观或色彩协调,其他颜色也可使用,主要集热板用深色,装饰遮板或顶部的饰带用补充色。为空气流动及加热需要,板材上打有孔洞,孔洞大小、间距和数量应根据建筑物的使用功能与特点、所在地区纬度、太阳能资源辐射热量进行计算和试验确定,能平衡通过孔洞流入的空气量和被送入距离最近的风扇的空气量,以保证气流持续、稳定、均匀及空气通过孔洞获得最多热量。板材由钢框架支撑,用自攻螺栓固定在建筑外墙上。附于砖结构、钢结构外墙的太阳墙分别见图2-49和图2-50。太阳墙两种类型断面见图2-51。

风扇个数需要根据建筑面积计算确定。风扇由建筑内供电系统或屋顶安装的太阳能光电板提供电能,根据气温智能或人工控制运转。屋面通风管道要做好保温和防水。

太阳能理想的安装方位是南向和南偏东西20°以内,也可考虑安装在东西墙面上。坡屋顶也是设置太阳墙的理想位置,可以方便地与屋顶送风系统联系起来。

(二)太阳墙系统的特点

太阳墙使用多孔波形金属板集热,并与风机结合,与传统的被动式玻璃集热的做法相比,具有特殊的优势和特点。

1. 热效率高

研究表明,与依靠玻璃来收集热量的太阳能集热器相比,该种太阳能集热系统效率更高。因为玻璃会反射掉大约15%的入射光,削弱能量吸收;而用多孔金属板能捕获可利

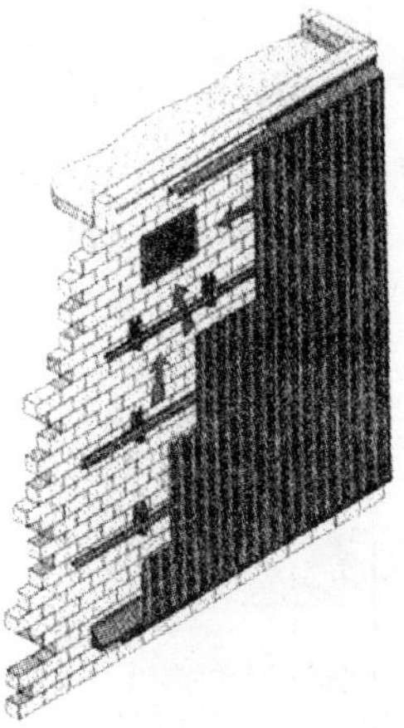

图 2-49 附于砖结构外墙的太阳墙

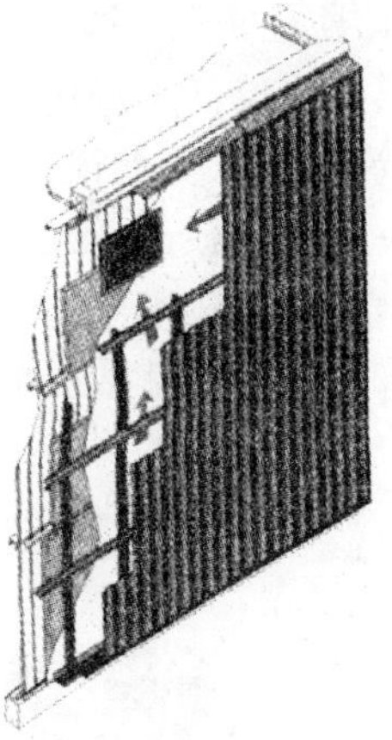

图 2-50 附于钢结构外墙的太阳墙

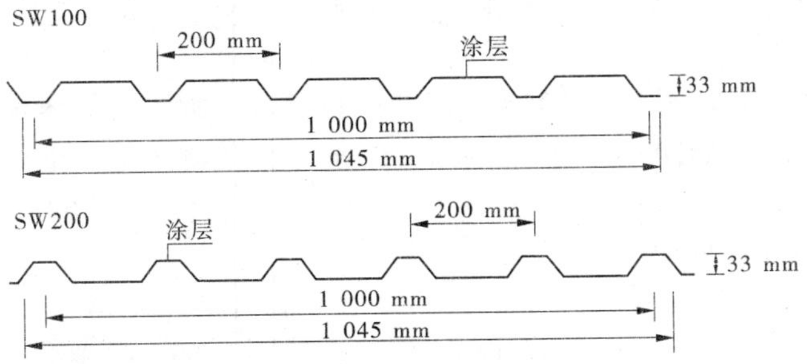

图 2-51 太阳墙两种类型断面

用太阳能的 80% ,每年每平方米的太阳墙能得到 2GJ 的热量。

2. 良好的新风系统

对于很多密闭良好的建筑来说,冬季获取新风和保持室内适宜温度很难兼得。而太阳墙可以把预热的新鲜空气通过通风系统送入室内,合理通风与采暖有机结合,通风换气不受外界环境影响,有效提高了室内空气质量,保持室内环境舒适,有利于使用者身体健康。

3. 经济效益好

系统使用金属薄板集热,与建筑外墙合二为一,造价低。与传统燃料相比,每平方米集热墙每年减少采暖费用 10 ~ 30 美元。同时还能减少建筑运行费用、降低对环境的污染,经济效益良好。太阳墙集热器回收成本的周期在旧建筑改造工程中为 6 ~ 7 年,而在新建筑中仅为 3 年或更短时间,而且使用中不需要维护。

4. 应用范围广

由于太阳墙设计方便,作为外墙,美观耐用,所以应用广泛,可用于任何需要辅助采暖、通风或补充新鲜空气的建筑。系统安装简便,能安在任何不燃墙体的外侧及墙体现有开口的周围,便于旧建筑改造。

(三)太阳墙系统应用实例

位于美国科罗拉多州丹佛市的联邦特快专递配送中心,因工作需要有大量卡车穿梭其中,所以建筑对通风要求很高。在选择太阳能集热系统时,中心在南墙上安装了465m^2铝质太阳墙板,太阳墙所提供的预热空气通过3个风机进入200m长的管道,再分配到建筑各个房间。系统每年可节省大约7万m^3天然气,节约资金12 000美元。美国丹佛市联邦特快专递配送中心见图2-52。

图2-52　美国丹佛市联邦特快专递配送中心

加拿大多伦多市ECG汽车修理厂的设备需要大量新鲜空气来驱散修理汽车时产生的烟气。修理厂采用太阳墙通风加热系统,在获得所需新鲜空气的同时也节省费用。系统每年可节省大约1.1万m^3天然气,运行第一年就节省5 000~6 000美元。加拿大多伦多市ECG汽车修理厂见图2-53。

图2-53　加拿大多伦多市ECG汽车修理厂

目前世界上最高的太阳墙是加拿大多伦多温莎公寓,见图2-54。

图2-54　加拿大多伦多温莎公寓

第四节　建筑采暖与空调节能新技术

一、新型采暖与空调技术

(一)蓄冷空调系统

1. 蓄冷技术的发展历程

蓄冷技术在空调领域的应用,从世界范围来看,大致经历了三个阶段:

从20世纪30年代至60年代,是以削减空调制冷设备容量为主要目标,以小冷机带动大负荷的水蓄冷阶段。采用人工制冷的蓄冷空调大约出现在1930年前后,最初用于影剧院、教堂、乳品加工厂等短时间降温、周期性使用的场所,着眼于减少制冷机容量和制冷设备的购置费用。但随着设备制造业的不断发展,制冷机成本显著降低,节省购置费用已逐渐失去吸引力。相反,蓄冷装置的成本与电耗方面的不利因素却突出起来,以致该项技术的应用陷入了相当长一段停滞期。

从20世纪70年代至80年代,是以转移尖峰用电时段空调用电负荷为主要目标的冰蓄冷阶段。70年代以来,世界范围内的能源危机促使蓄冷技术迅速发展。在那时,主要在一些只在用电高峰时段使用空调的建筑物,如办公楼、大型商场内推广使用冰蓄冷技术。对于单纯的冰蓄冷工艺,由于蓄冷过程需降低蒸发温度,因而降低了制冷效率及增加了制冷时的电耗。所以,虽然表面上运行费降低了(由于实行峰谷电价差与其他优惠措施),但实际电能消耗却增加了,而且总投资也高,偿还期一般在5年以上。

从20世纪80年代末至90年代中期,除转移尖峰用电时段的空调负荷目标外,又增加了利用冰蓄冷的"高品位冷能",以提高空调制冷系统整体能效和降低制冷系统整体投资及建筑造价、改善室内空气品质和热舒适性为目标,进入大温差、低温送风与冰蓄冷空调相结合的发展阶段。蓄冷空调的应用范围,除上述建筑外,又扩大到实验楼、研究中心、工厂、学校、医院等各类建筑,以及区域供冷系统。目前,这类蓄冷空调系统增加的初投资一般可在2~3年收回,少数工程已做到跟常规空调系统投资持平而且运行更节能。

由此可见,同一蓄冷技术,在不同的发展阶段,有着不同的目的与要求,同时也包含着不同的技术内涵,所涉及的技术深度与广度也有本质的差异。

冰蓄冷空调技术在我国的出现最早是在20世纪90年代初期。进入21世纪后,冰蓄冷技术的发展速度明显加快。截至2005年6月,我国已建成和在建的水蓄冷与冰蓄冷空调系统共计400余项,有影响的一批大型国家重点工程相继选用,国家鼓励政策取得了初步成效,冰蓄冷空调的技术研发和工程应用也积累了一定的经验。但是总体来看,冰蓄冷空调技术在我国的发展还比较缓慢,已建成的大部分冰蓄冷空调工程为单纯的冰蓄冷工艺,不但使冷源建设总投资增加,而且空调的实际用电量也要比常规空调系统高。

虽然我国十分注意发展低温送风技术,已经在十多个冰蓄冷空调工程中采用了大温差和低温送风系统,但主要设备如蓄冰装置、VAV变风量末端装置和低温送风口等还需依赖进口,价格昂贵,初投资高,阻碍了这一技术在我国的推广应用。解决这个问题的重要出路是自主开发与低温送风技术进行优化组合的高效蓄冰设备、新型节能空调设备和系统技术，以改善冰蓄冷空调系统的整体能效，降低工程的整体造价，改善室内空气品质，提升热舒适水平。

2. 特点和适用范围

蓄冷空调系统是夏季在夜间用电低谷时开动制冷机，将冷量储存在蓄冰槽内，第二天白天再将冷量从蓄冰槽中取出供用户使用的一种蓄冷中央空调系统，它是解决电力供求矛盾、平衡电力负荷、有效节约能源的一项重要技术措施。

蓄冷方法有显热蓄冷和相变潜热蓄冷两大类。在蓄冷空调中的水蓄冷空调是显热蓄冷，冰蓄冷空调和优态盐水合物（PCM）是相变潜热蓄冷。

蓄冷是实现用电负荷“移峰填谷”，改善能源使用状况、减少环境污染，促进能源、经济和环境协调发展的实用系统节能技术，具有较高的社会效益与经济效益。蓄冷空调系统的主要特点是电力移峰及节省运行费用。

蓄冷空调适用于商业、民用、工业等各种功能的建筑物中。蓄冷空调技术运行费用比常规空调低，但一次性投资较大，需要政策扶持。大力推广蓄冷空调技术是转移高峰电力、开发低谷用电、优化资源配置、保护生态环境的重要措施，符合我国能源政策。

3. 工作原理

常规空调系统基本原理及负荷图分别见图 2-55（a）、（b）。蓄冷空调系统基本原理示意图见图 2-56。

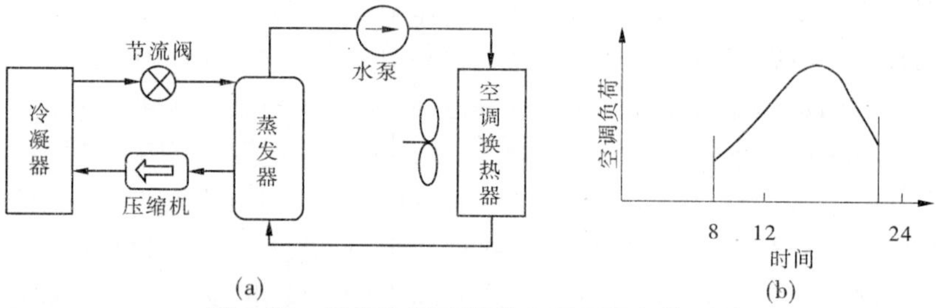

图 2-55　常规空调系统基本原理及负荷图

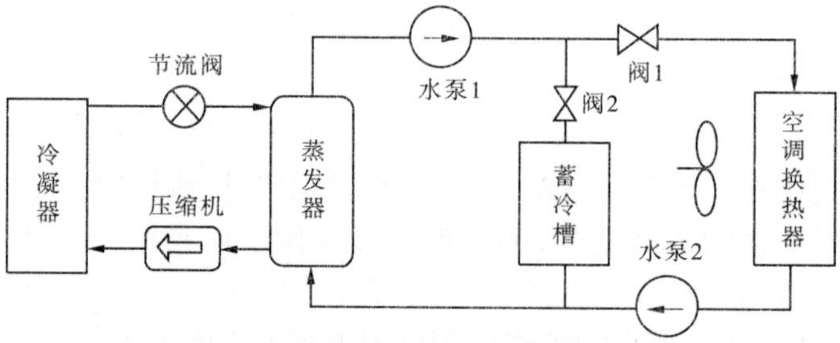

图 2-56　蓄冷空调系统基本原理示意图

常规空调系统由制冷循环和供冷循环两个子系统组成，制冷循环子系统包括压缩机、冷凝器、节流阀和蒸发器等，制冷循环回路内流动的是制冷工质；供冷循环系统包括蒸发器、循环水泵和空调换热器（空调盘管风机），供冷管网内载冷剂是被冷却过的水。

蓄冷空调系统是在常规空调系统的供冷循环系统中增添一个既与蒸发器并联也与空调换热器并联的蓄冷槽，并增添一个水泵和两个阀门。

(二)各种蓄冷空调方式

目前,用于空调的蓄冷方式较多,按储能方式可分为显热蓄冷和潜热蓄冷两大类;按蓄冷介质主要分为水蓄冷、冰蓄冷和共晶盐蓄冷三种方式。

1. 水蓄冷

水蓄冷就是利用水的显热进行冷量储存。具体来讲,就是利用4~7℃的低温水进行蓄冷,这种蓄冷方式的优点是投资省,技术要求低,维护费用少,可以使用常规空调制冷机组,而且冬季可以用于蓄热,适宜于既可蓄冷又可蓄热的空调热泵机组。但由于水的蓄冷密度低(水的比热为4.18kJ/(kg·℃)),只能利用8℃温差,故系统有占地面积大、冷损耗大、防水保温麻烦等缺点。

空调水蓄冷系统的设计,应异于常规空调系统的设计,就是说应该尽可能提高空调回水温度,以充分利用蓄冷水槽的体积。蓄冷水槽所需体积受蓄冷水和回水之间保持分层程度的影响。水蓄冷技术适用于现有常规制冷系统的扩容或改造,可以在不增加或少增加制冷机组容量的情况下提高供冷能力。另外,水蓄冷系统可利用消防水池、蓄水设施或建筑物地下室作为蓄冷容器,从而进一步降低系统的初投资,提高系统的经济性。

水蓄冷空调系统的主要缺点是蓄冷槽容积大、占地面积大,这在人口密集、土地利用率高的大城市是一个问题,是水蓄冷空调系统使用受到制约的主要原因。

2. 冰蓄冷

冰蓄冷是利用冰的相变潜热进行冷量的储存。由于0℃时冰的蓄冷密度达334 kJ/kg,故储存同样多的冷量,冰蓄冷所需的体积比水蓄冷小得多。

用冰蓄冷的空调系统,水温稳定,不易波动,这是因为蓄冷槽在融冰放冷时为一恒温相变过程。冰蓄冷槽的跑冷损失减小。由于蓄冷槽的温度低于周围空气温度,因此蓄冷槽的蓄冷量会散失到周围环境中去,即产生冷损失,其值与蓄冷槽的表面积,蓄冷槽表面与周围空气温度差,蓄冷槽隔热构料的种类、厚度、结构以及蓄冷时间的长短有关。冰蓄冷槽冷损失是水蓄冷槽冷损失的20%左右。综合考虑各种因素的影响,冰蓄冷槽的跑冷量为其蓄冷量的1%~3%,而水蓄冷槽为5%~10%,这与冰蓄冷槽容积小而使其表面积减小有关。

常规空调系统和水蓄冷空调系统冷冻水供水温度为7℃,因此空调系统送风温度为4~7℃。而冰蓄冷空调系统蓄冷槽内水温可降到0℃,因而空调系统送风温度可达4~7℃。与常规空调系统相比,提供相同的冷量,送风空气量减少40%左右。当空调系统采用蓄冰和低温送风相结合的方式后,由于输送冷水温度降低,系统的管网和盘管、整个风道系统以及水泵、冷却塔等辅机在材料、尺寸和容量方面的要求均为水蓄冷和共晶盐蓄冷系统,因而可节约系统设备投资。在安装过程中,施工量和材料消耗量也相应减少。同时,由于减小了管网和空气分配系统的体积,所以建筑物可用空间有所增大。在运行时,风扇和水泵设备容量的减少,导致耗电量降低。所以,在空调工程中,选用蓄冰和低温送风系统相结合的蓄冷、供冷方式在初投资方面是可以和常规空调系统相竞争的,且在分时计费的电价结构下,其运行费用要低得多。因此,蓄冰和低温送风系统相结合已成为建筑空调技术的发展方向。

由上可知,冰蓄冷具有如下优点:蓄冷密度大,蓄冷温度几乎恒定,体积只有水蓄冷的几十分之一，便于储存，对蓄冷槽要求较低，占用空间小，便于做成标准化、系列化的标准设备。同时，冰蓄冷槽可就地制造，为广泛应用创造有利条件。

冰蓄冷空调系统的缺点是：制冷机组的蒸发温度降低（要达到 -5 ~ -10℃），使压缩机性能系数（COP 值）减小；空调系统设备与管路比水蓄冷空调系统复杂；用冰蓄冷低温送风会导致空气中水分凝结、送到空调区空气量不足和空气倒灌现象。

对于常规空调系统改造为蓄冷空调系统，若用冰蓄冷困难较大，原因在于制冷主机的工况变化太大，空调末端设备（风机盘管）也不适应，保温层厚度不符合要求。冰蓄冷方式与水蓄冷方式的性能比较见表 2-16。

表 2-16　冰蓄冷方式与水蓄冷方式的性能比较

项目	水蓄冷	冰蓄冷
蓄冷温度（℃）	4 ~ 6	-3 ~ -9
冷水温度（℃）	5 ~ 7	1 ~ 4
蓄冷槽容量（m^3/kWh）	0.089 ~ 0.169	0.019 ~ 0.023
制冷机型式	任选	往复式、螺杆式、离心式
制冷机电耗（电功率 kW/制冷量 kW）	0.17 ~ 0.24	0.244 ~ 0.4
制冷机 COP 值	4.17 ~ 5.9	2.5 ~ 4.1
蓄冷槽容积	较大	较小
蓄冷槽冷损失	较大	较小
蓄冷槽制作	现场制作	定型、商品化或现场制作
冷冻水系统	多为开式系统，水泵能耗大	多为闭式系统，水泵能耗小
设计与运行操作	技术难度低，运行费用低	技术难度高，运行费用高
对旧建筑适应性	差	好
蓄冷槽用于冬季供热	可兼用	差
投资	较低	较高

3. 共晶盐蓄冷

共晶盐蓄冷（也称为优态盐蓄冷）是利用固 - 液相变特性蓄冷的另一种形式。蓄冷介质主要是由无机盐、水、成核剂和稳定剂组成的混合物，目前应用较广泛的是相变温度 8 ~ 9℃的共晶盐蓄冷材料，其相变潜热约为 95kJ/kg。在蓄冷系统中，这些蓄冷介质大多装在板状、球状或其他形状的密封件里，再放置于蓄冷槽中，目前国外已开发出多种结冰温度的共晶盐蓄冷材料，这些共晶盐的结冰温度分别为 5℃、8.3℃。对用于蓄冷介质的共晶盐，要求具有溶解或凝固温度为 5 ~ 8℃、溶解潜热大、导热系数高、比重大和无毒、无腐蚀性等特性。一般来讲，共晶盐蓄冷槽的体积比冰蓄冷槽大，比水蓄冷槽小。其主要优点在于它的相变温度较高，可以克服冰蓄冷要求很低的蒸发温度的弱点，并可以使用普通的空调冷水机组，虽然其相变限度较高，但由于蓄能密度低、设备占地面积大、对设备要求较高，所以推广应用受到一定限制。水蓄冷、冰蓄冷、共晶盐蓄冷三种蓄冷方式的性能比较见表 2-17。

表 2-17　三种蓄冷方式的性能比较

项目	水蓄冷	冰蓄冷	共晶盐蓄冷
蓄冷槽体积(m^3)	8～10	1(参考基准)	2～3
蓄冷温度(℃)	5～7	0	5～9
机组效率	1(参考基准)	0.6～0.7	0.92～0.95
冷量损失	一般	大	小
是否需不冻液	否	需	否
泵、风机性能	1(参考基准)	0.7	1.05
投资比较	0.6	1(参考基准)	1.3～2.0

(三)蓄冷系统的分类

蓄冷系统的分类较多，蓄冷方法各异，蓄冷介质和蓄冷设备也不相同。按蓄冷装置结构形式不同分为盘管式、板式、球式、冰晶式和冰片滑落式等几种形式。各种蓄冷系统见图 2-57。

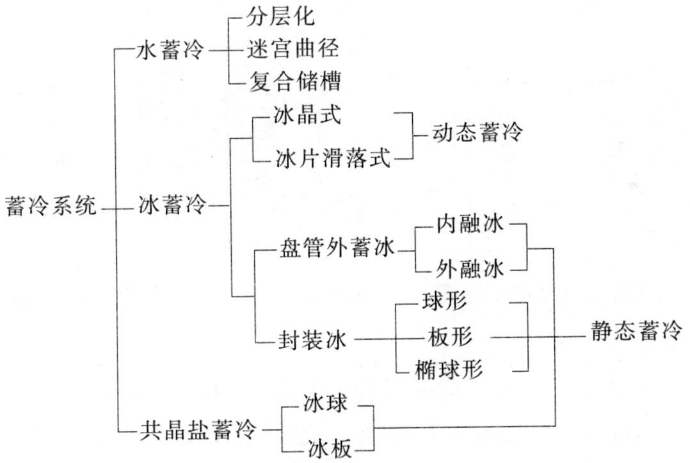

图 2-57　各种蓄冷系统

1. 水蓄冷系统

水蓄冷是利用冷冻水储存在储槽内的显热进行蓄冷，即夜间制出 4～7℃的低温水供白天空调用，该温度适合于大多数常规冷水机组直接制取冷水。水蓄冷的容量和效率取决于储槽的供、回水温差，以及供、回水温度有效的分层间隔。实际应用中，供、回水温差为 8℃左右，为防止储槽内冷水与温水相混合，引起冷量损失，可在储槽内采取 3 种措施：分层化、迷宫曲径和复合储槽。因水的比热远小于冰的溶解热，故水蓄冷的蓄冷密度低，需要体积庞大的蓄水池，且冷损耗大，保温及防水处理麻烦。但水蓄冷具有投资省、技术要求低、维修费用少等优点。

2. 盘管外蓄冰系统

盘管外蓄冰是空调系统中常用的一种蓄冰方式,即冰直接冻结在蒸发盘管上,盘管伸入蓄冰槽内构成结冰时的主干管,而融冰方式有盘管外融冰和盘管内融冰两种。蓄冷装置充冷时,制冷剂或乙二醇水溶液在盘管内循环,吸收储槽中水的热量,直至盘管外形成冰层。盘管外蓄冷过程中,开始时管外冰层很薄,其传热过程很快。随着冰层厚度的增加,冰的导热热阻增大,结冰速度将逐渐降低,到蓄冰后期基本上处于饱和状态,这时控制系统将自动停止蓄冰过程,以保护制冷机组安全运行。

1)盘管外融冰

图2-58所示为盘管外融冰结构示意图。盘管一般为钢制蛇形盘管,储槽为矩形钢制或混凝土结构。盘管外融冰是由温度较高的回水或载冷剂直接进入结满冰的盘管外储槽内循环流动,使盘管外表面的冰层逐渐融化。由于空调回水可与冰直接接触,因而融冰速率高,释冷温度为1~2℃,充冷温度为-4~-9℃。为防止盘管外结冰不均匀,在储槽内设置水流扰动装置,用压缩空气鼓泡,加强水流扰动,使换热均匀。

2)盘管内融冰

图2-59为盘管内融冰结构示意图。盘管有蛇形管、圆筒形管和U形管等,盘管材料一般为钢或塑料。储槽为钢制、玻璃钢或钢筋混凝土结构。

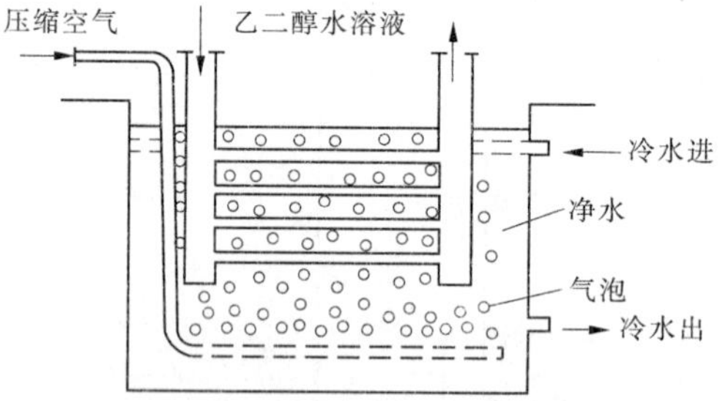

图2-58 盘管外融冰结构示意图

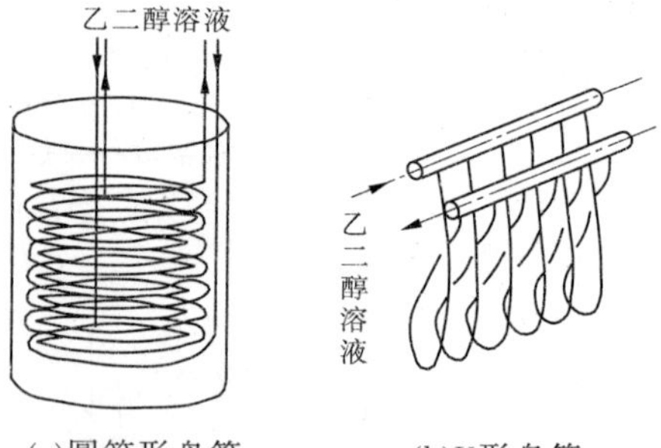

(a)圆筒形盘管 (b)U形盘管

图2-59 盘管内融冰结构示意图

3. 封装冰蓄冷系统

封装冰蓄冷系统是将封闭在一定形状的塑料容器内的水制成冰的过程。按容器形状可分为球形、板形和表面有多处凹窝的椭球形,充注于容器内的是水或凝固热较高的溶液。容器沉浸在充满乙二醇溶液的储槽内,容器中的水随着乙二醇溶液的温度变化而结冰或融冰。封装冰蓄冷的蓄冷温度为-3~-6℃,释冷温度为1~3℃,储槽多为钢制且密闭式。图2-60所示为封装冰蓄冷结构示意图。

4. 共晶盐蓄冷系统

共晶盐是一种相变材料,其相变温度为5~8℃,它是由一种或多种无机盐、水、成核剂和稳定剂组成的混合物,将其充注在球形或长方形的高密度聚乙烯塑料容器中,并整齐堆放在载冷剂(或冷冻水)循环通过的储槽内,储槽一般为敞开式钢板或钢筋混凝土槽。随着循环水温的变化,共晶盐的结冰或融冰过程与封装冰相似。其蓄冷温度一般为4~6℃,释冷温度为9~10℃,可使用常规制冷机组制冷蓄冷,机组性能系数高。图2-61为共晶盐蓄冷结构示意图。

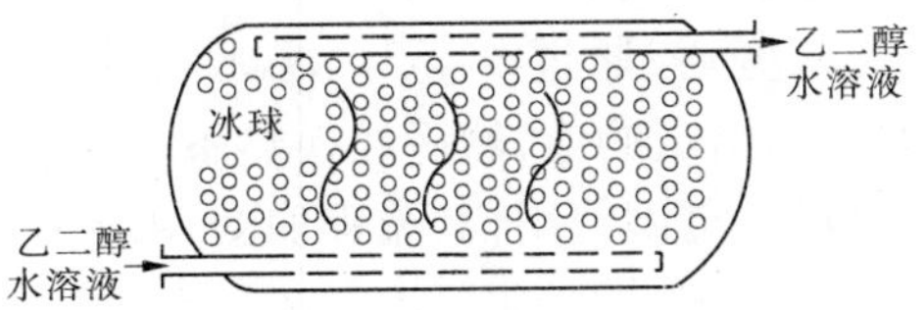

图 2-60　封装冰蓄冷结构示意图

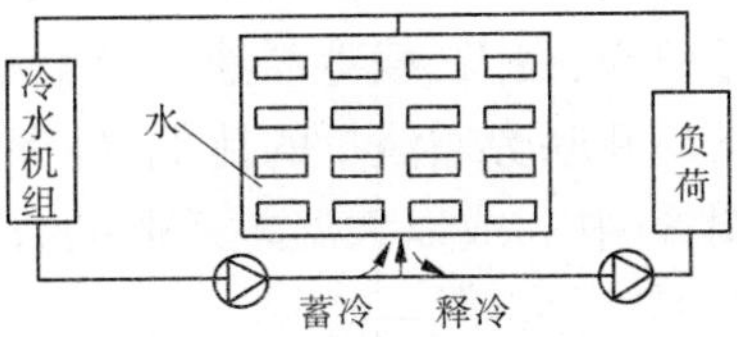

图 2-61　共晶盐蓄冷结构示意图

5. 冰片滑落式动态蓄冷系统

冰片滑落式动态蓄冷系统由蓄冰槽和位于其上方的若干片平行板状蒸发器组成。循环水泵不断将水从蒸发器上方喷洒而下，在蒸发器表面结成薄冰。待冰达到一定厚度后，制冷设备的四通阀切换，原来的蒸发器变为冷凝器，由压缩机来的高温制冷剂进入其中，使冰片脱落滑入蓄冰槽内。该系统蓄冷温度为 -4 ~ -9℃，释冷温度为 1 ~ 2℃，该蓄冷方式融冰速率高。冰片滑落式动态蓄冷系统如图 2-62 所示。

6. 冰晶式动态蓄冷系统

冰晶式动态蓄冷系统是水泵从蓄冷槽底部将低浓度乙二醇水溶液抽出送至特制的蒸发器，当乙二醇水溶液在管壁上产生冰晶时，搅拌机将冰晶刮下，与乙二醇溶液混合成冰泥泵送至蓄冰槽，冰晶悬浮于蓄冰槽上部，与乙二醇溶液分离。蓄冷时蒸发器温度为 -3℃，储槽一般为钢制，其蓄冰率约为 50%。冰晶式动态蓄冷系统如图 2-63 所示。

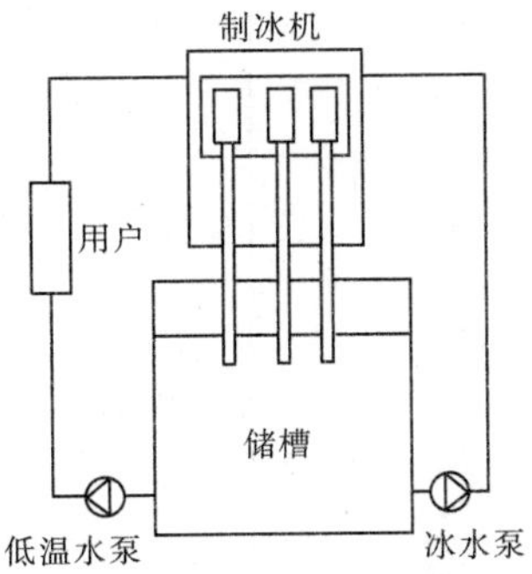

图 2-62　冰片滑落式动态蓄冷系统

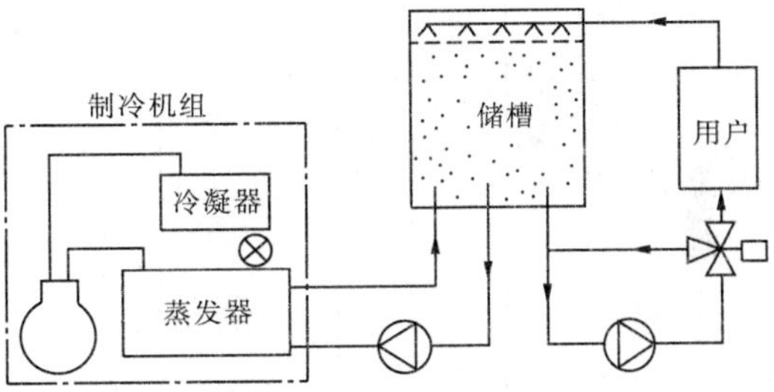

图 2-63　冰晶式动态蓄冷系统

（四）蓄冷系统的工作原理

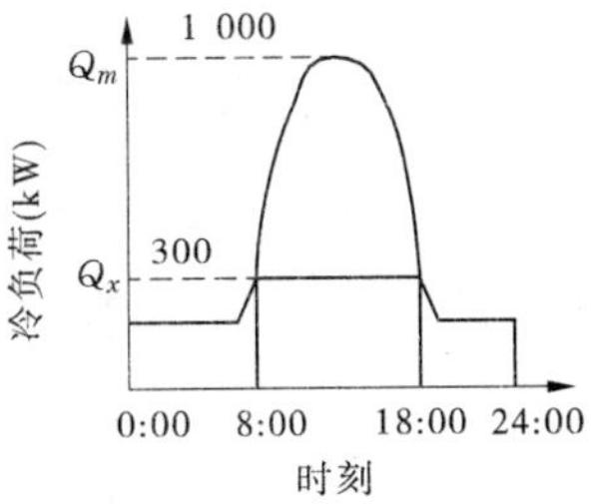

图 2-64　冷负荷需求曲线

众所周知，建筑物空调的负荷分布是很不均匀的。以办公楼、写字楼为例，其 24h 冷负荷需求曲线如图 2-64 所示，图中纵坐标轴为该大楼的冷负荷需求，很明显在白天 8:00 ~ 18:00 为空调开机时间，其他时间为空调关机时间。采用常规空调时，制冷机的选择必须满足峰值负荷的要求，即 $Q_m = 1\ 000$kW，而采用蓄冷系统则可充分利用夜间时间，由原来 10h 工作时间延长到 24h，制冷机组装机容量也相应降到 $Q_x = 300$kW。

现以盘管式蓄冷系统为例，阐明蓄冷空调系统的工作原理。其蓄冷过程为：夜间，乙二醇载冷剂通过冷水机组和蓄冰筒与旁通构成蓄冷循环,此时溶液出水温度为 -3.3℃;经盘管将冷量转移给冰筒内的水,使水结冰,回水温度为0℃,其流程如图2-65所示。融冰放冷过程为:白天,载冷剂液体经蓄冰筒及并联旁通,通过设定出水温度调节阀控制蓄冰筒流量与并联旁通流量的比例,确保出水温度为给定的值,然后经换热系统将冷量并入常规空调管网内,或以大温差送风的方式,直接送入空调使用,其流程如图2-66所示。

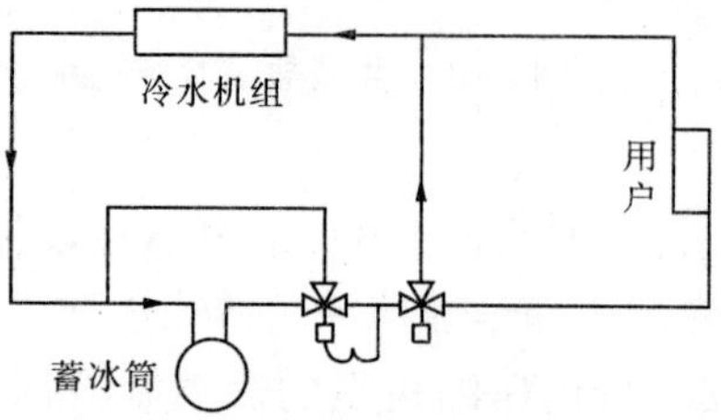

图2-65　夜间制冷蓄冷过程

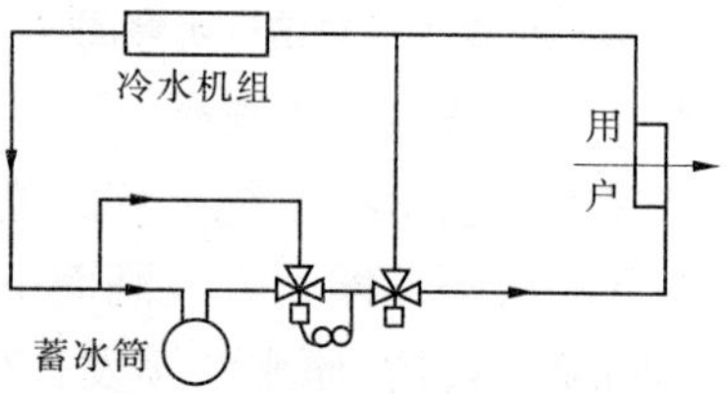

图2-66　白天融冰放冷过程

第三章　建筑装饰装修

第一节　石材干挂施工新工艺——胶挂法

一、胶挂法与常规干挂法的比较

在石材工程施工中，干挂法与湿贴作业相比，有着无法比拟的优势，它能缩短工期、减轻建筑物的自重、提高抗震性，更重要的是它能有效防止灌浆中的泛碱变色对石材的渗透污染，提高装饰观感质量和效果。根据施工用料不同，现在常用的干挂法施工有两种：一种是金属挂件的干挂施工，另一种是用石材干挂胶的胶粘法施工。这两种工艺方法在施工中各有优缺点：金属挂件要求专业性强，施工难度大，但连接可靠；胶粘法施工相对简单，但胶粘效果受胶的影响大，在控制进度和质量方面不易保证，由于胶粘点隐蔽，一旦黏结缺陷未被发现，将造成安全隐患。

胶挂法施工工艺应用于内外墙工程，效果良好。它有如下优点：

(1)工程造价相对较低。

(2)操作方便，用常用的手提切割机即能操作，避免了金属连接件的打孔和对石材切槽标准要求高的缺点。

(3)板材固定调整方法简易，胶粘法要用快干胶固定，而快干胶的硬化速度不易掌握，一旦失败，可能会损坏石材而重新施工。而胶挂法靠连接件的进出控制平整和垂直，就可以避免上述失误。连接件用的干挂胶固结时间长，能随时调整。

(4)对石材的施工质量起到了双重保险，一旦其中一项失效，仍有另外一种连接固定，安全放心。

二、胶挂法施工工艺的全过程

胶挂法施工见图3-1。

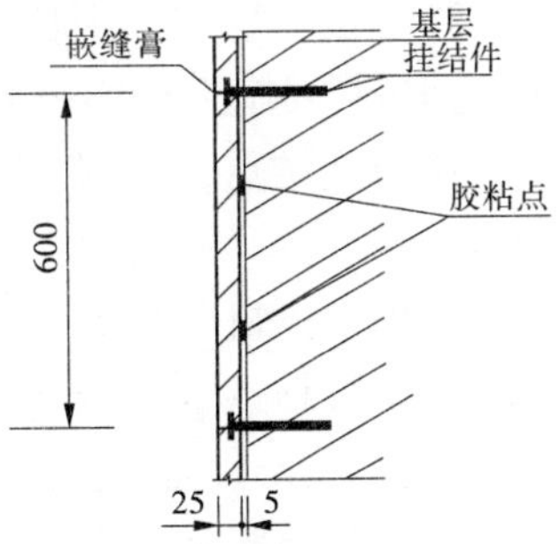

图3-1　胶挂法施工示意图

(一)材料要求

(1)石材：根据设计要求确定石材的品种、颜色、花纹和尺寸规格，并检查其抗折、抗压、抗拉强度，以及吸水率，耐冻，酸碱度等性能，工程一般采用25mm厚火烧花岗石板材。

(2)胶粘剂。

(3)嵌缝膏。

(4)不锈钢挂结件(见图3-2)。

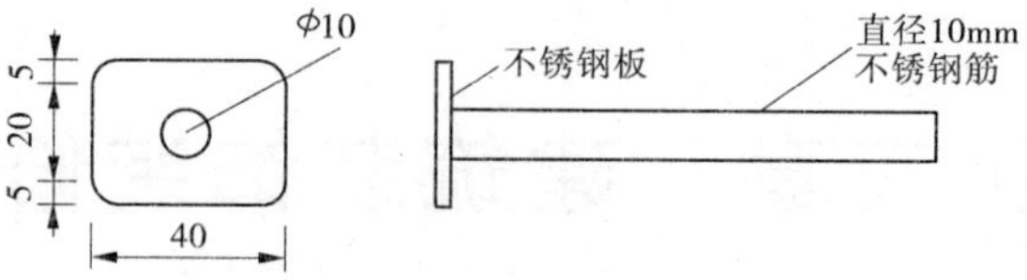

图 3-2　不锈钢挂结件示意图

(二)施工机具

手提切割机、冲击钻、台式切割机、空压机(带吹风嘴)、嵌缝枪、凿子、米尺、靠尺、钢丝刷、墙线、墨斗、小白线、笤帚、油灰刀等。

(三)施工工艺流程

脚手架搭设→排板放线→冲击钻打孔连接安装胶粘黏结件→花岗石板材胶挂施工→嵌缝→清理→拆除脚手架→竣工清理。

(四)施工顺序

(1)石材准备:选择颜色花纹一致的石材安装在同一面,石材切槽见图 3-3,背面胶粘点用钢丝刷清理并用水冲刷。

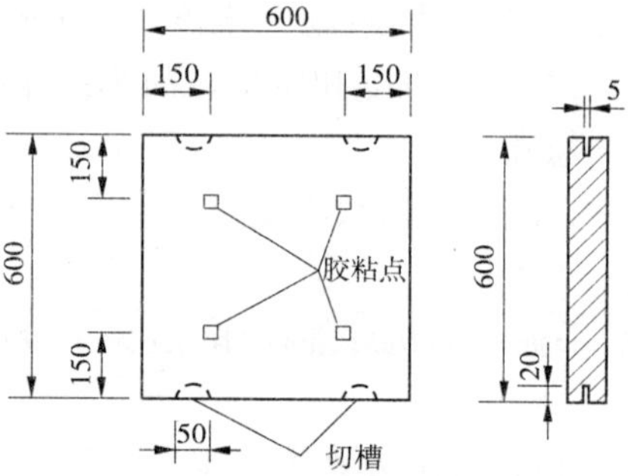

图 3-3　花岗岩石胶粘点及切槽示意图

(2)基层准备:清理结构表面,同时进行吊直找方,按规矩弹出垂直方格线和水平方格线。根据图线和实际弹出石材的位置、分块线及胶粘点和挂结点的打孔点位置。一般采用 4 个胶粘点,每个点胶粘面积不小于 $20cm^2$。

(3)支设一层饰面板托架,把预先加工好的支托按线支在将要安装的底层面板下面,并固定牢固,要求上表面平整。

(4)在挂结点位置基层上按位置打孔。用 $\phi10$ 钻头在基层上打孔,深度不小于 10 cm。

(5)用空压机吹嘴吹净孔内粉尘。

(6)在胶粘点上清理基层。

(7)将 A、B 大力胶按 1:1比例配置搅拌均匀。

(8)在基层胶粘点上打胶,向挂结件的孔内灌胶。

(9)安装一层花岗石板材,同时加装第一排挂结件,利用挂结件与墙孔洞的摩擦力固定第一层石材并进行平整垂直度的调整。

(10)重复以上施工工序,完成整个工程的石材安装。

(11)缝内嵌密封油膏。

(12)清理被污染的饰面石材板。

(13)完成并拆除脚手架。

(五)施工注意事项

(1)石材与基层的连接靠干挂胶,清理好胶粘点基层和保证胶粘面积及胶粘质量非常重要。

(2)打孔定位一定要准确。

(3)石材表面的平整度和垂直度靠不锈钢挂结件来调整,要每隔三层石材检查其平整度和垂直度。

(4)嵌缝一定要均匀密实, 防止水的渗漏对胶及挂结件造成长期侵蚀。

第二节　瓷质幕墙装饰新工艺——粘贴法

一、粘贴式幕墙新工艺的引入

瓷质幕墙工程在装饰施工中一直沿用灌浆固定法(俗称挂贴法)和扣件固定法(俗称干挂法)。但鉴于干挂法施工工艺程序多而复杂,施工进度缓慢,且造价相对较高,而挂贴法又因在石材表面产生不规则的花斑而大大削减饰面的装饰效果,人们感到这两种传统工艺落后。

随着建筑科技的发展,"四新技术"在建筑行业中的广泛应用,在瓷质(人工石材或天然石材)幕墙工程中,采用粘贴式幕墙新工艺,无论在工程质量、饰面观感、施工进度和工程造价上,均收到理想效果。经工程实践证明,粘贴式幕墙新工艺可完全取代传统的挂贴法和干挂法工艺,很值得在建筑装饰工程中大力推广。

二、粘贴瓷质幕墙的工艺

根据瓷质幕墙设计,在选定了大型瓷砖、玻化石或天然石材后,粘贴幕墙的操作施工主要分为两大部分:一为建筑结构的墙、柱基面处理,二为瓷砖(人工石材或天然石材)的粘贴。

(一)墙、柱基面处理

(1)墙、柱基面的界面处理:对由新型墙体材料砌筑的墙面,必须洒水湿润,要求墙体湿水深度达2.0cm。对于混凝土的梁、柱面,在清除污尘后,洒水湿润。

(2)需在湿润的墙、柱表面用掺加108胶的水泥胶浆或专用的界面剂涂刷,形成结合界面。

(二)墙、柱表面抹水泥砂浆找平层20mm

(1)粘贴大型瓷砖、玻化石等人工石材瓷质幕墙。

①水泥砂浆配合比:水泥(32.5R):改性聚丙烯短纤维:细砂=1:0.003:2.50。

②抹找平层20mm厚,施工时分两道施抹,每道10mm,其平整度要求用2.0m靠尺检查,凹陷不得大于2.0mm。

③水泥砂浆找平层终凝后,注意淋水养护。

(2)对于相对较大型的天然石材(花岗岩或大理石)粘贴的瓷质幕墙或常规尺寸天然石材的墙高超过10m的墙、柱,除要求按上述工艺要求做好界面处理和找平层抹灰外,尚应用射钉固定加挂铁丝直径1.2mm、网眼0.12m×0.12m的镀锌铁丝网以加强水泥砂浆找平层,射钉间距不得大于500mm,铁丝网搭接应平整、连续,搭接长度为50~100mm。

(三)瓷砖(人工石材或天然石材)的粘贴

(1)瓷砖的选择,尺寸检测分类和清洁:按装饰设计要求,选定瓷砖的颜色、规格和材质品种后,对瓷砖的规格尺寸进行检测,检测尺寸误差在1.0mm以内的为一类,按类把砖清洁干净,分类排砖粘贴,以确保幕墙的缝线对齐、美观。

瓷砖基面应干净,无油污、蜡质及其他碎屑物。对于有油污的基面,应用10%水碱液刷洗,再用清水洗干净。

(2)先做标准点样板,实行以样板带路全面铺开的粘贴施工。

在水泥砂浆找平层上,按瓷砖规格分段画弹水平线和垂直线,由经过粘贴技术培训的熟练工人进行标准点样板的粘贴,并经质检人员检测其尺寸及垂直度、平整度,合格后方可按样板全面铺开。

(3)涂刷胶浆,粘贴瓷质幕墙:瓷砖(人工石材或天然石材)的粘贴,要求一排一排从下往上做,因此做好平直的底托是全面铺开粘贴时施工质量好坏的关键。

瓷砖胶浆的调配,应严格按产品说明进行。刮刷胶浆要用6mm齿型刮板,分别刮于瓷砖的粘胶面与墙、柱水泥砂浆找平层上,要求刮浆饱满,不得漏刮。

把刮好胶浆的瓷砖,按弹画的垂直线和平顺线粘贴于墙、柱上,形成瓷质饰面幕墙。

(4)对于尺寸过大的天然石材板块的粘贴,粘贴的难度较大,粘贴质量会有波动。为确保幕墙使用的安全,建议在天然石材上增装后切底式锚栓或高强化学黏结锚栓。

(四)填缝工艺

瓷砖粘贴后,一般在24h便已固结,此时便可进行幕墙砖缝的填缝工作,建议选用与瓷砖胶材质相匹配的品牌填缝剂,按规范标准要求,填缝密实饱满。

(五)饰面清理

对于因施工不慎而溅上瓷砖胶浆或填缝胶的瓷砖(人工石材或天然石材)表面,在尚未干固前,应抹擦干净。

三、粘贴施工应注意的几个问题

(1)新型墙体材料由于生产材质和生产工艺上的差异,其使用性能各有特点,故建议在全面铺开粘贴幕墙施工前,应做实物粘贴试验,验证粘贴工艺对新型墙材的适用性,并根据试验结果来调整瓷砖粘贴的操作工艺。

(2)瓷砖胶浆的调配,一次不宜过多,调配浆液时,应严格按选用产品说明进行操作,每次调配浆量应视粘贴瓷砖深度而定,以免浆液干固而失效,切忌将已干固的胶浆加水混合再用。

(3)天气干燥时,在墙、柱面上每次刮浆面积应视瓷砖尺寸大小而定,不宜过大,如遇雨天,环境过于潮湿时,不宜粘贴施工。

(4)粘贴瓷砖时,要求在墙、柱面和瓷砖刮胶面满刮胶浆覆盖面达100%,以确保瓷砖粘贴紧固、不空鼓。

(5)由于粘贴幕墙是新技术工艺,要求由有工程质量保证体系和经专业技术培训的掌握操作技能的技术工人队伍的专业公司负责施工,不得肢解为单工序分包。

第三节　石材内植埋栓干挂新技术

一、概述

石材内植埋栓结构使同基材形成一个整体,增强了拉拔力和剪切力,区别于目前市场内置分体结构挂件,是一种新型、安全、高效、环保的新工艺及施工方法。

石材内植埋栓干挂技术是按照设计要求将石材切割成准备干挂的标准板材后,可以在工厂或施工现场进行内植白钢埋栓。内植白钢埋栓是在准备安装石板的四角,在石板背后上下,用专门的T形钻头开出4个T形槽,将专用的($\phi10$)椭圆形白钢埋栓横向置入T形槽内,然后用干挂胶填平、填满T形槽,此时内植锚栓完成埋植干挂要求。胶泥达到强度后即可安装。由于石材上内植的锚栓位置是准确的,同时又可以计算出型钢安装螺孔的准确位置,所以不管是横向骨架还是竖向骨架都能安装。在安装型钢骨架前就可以在型钢骨架上钻出安装孔,型钢骨架安装完成后,就可以通过专用连接件按照位置安装石材。

二、石材内植埋栓干挂新技术的优点

(1)内植白钢埋栓新技术有利于节省石材资源,因为用专用T形钻头非常平稳地钻出T形槽,其开槽前端厚度在3mm以内均匀一致,所以采用此技术不需要较厚的石材,而且可以挂较薄(8~20mm)的瓷砖及石材,有利于设计者选择不同材料设计出不同的方案。

(2)内植埋栓新技术使用专用的白钢埋栓非常坚固地固定在石材内部,4个锚栓同时受石材的荷载,准确地限定石材的安装位置。经过试验证明,当有3个埋栓失去作用,仅1个埋栓受力时,石材也不会脱落,为防止石材脱落提供了安全保证。

(3)内植埋栓技术便于工厂化集中加工植入锚栓,适宜批量生产,避免了外界环境气候温度对开槽填胶安装的影响,在施工现场无须手持云石锯切沟开槽,操作者仅用扳子、焊枪、连接件就可以安装石材了。因此,既保证了安装质量,又给操作者创造了一个安静、安全的工作环境。

(4)由于内植埋栓技术实现了工厂化室内加工生产目的,避免了因天气温差对石材安装的影响,即使在寒冷的冬季也不影响安装。

(5)由于内植埋栓技术保证了石材位置的准确,安装时与型钢横竖骨架预先钻的螺栓孔位置基本保持一致,再辅以可调节连接件,保证了石材一次安装就位成功。安装作业人员用电焊焊接挂件,也可以用螺丝连接,防止了因原安装留下的质量隐患和安全隐患。

(6)采用内植埋栓技术,由于定位准确,性能稳定,横竖骨架都能连接,适应于安装各种瓷砖、石材、石线的复杂装饰造型,对于今后的维护和更换更加方便。

(7)内植埋栓技术的白钢埋栓以及连接件,规格品种统一,使用方便,便于采购保管。通过测算,使用内植锚栓技术使整体安装成本降低,既可以植入锚固挂又可以新式旧挂,提前了工期,节省了资源,创造了环保施工现场。目前,内植白钢埋栓技术、连接件等均获得了国家专利。同时,内植白钢锚栓技术的各种受力状态的试验结果符合设计要求。

目前,本产品及工艺与老式产品和安装工艺相比,采用埋植技术,抗震性能好,实现了流水作业工厂化施工,提高了工程质量,节约了资源,解决了瓷砖石材安装后经常脱落的技术难题。

第四节　贴金施工工艺

贴金的施工工艺流程为:基层处理→打金垫→贴金→盖金→扫金→盖金漆。

一、基层处理

清理干净基层后用砂纸抛磨基层以清除所有薄木条或突出部分,用腻子填充所有孔或缺陷。待腻子表面干燥时,再次用砂纸抛磨并用彩色清漆涂盖,使其密实、平整,砂磨光滑。第一层清漆的颜色可以根据自己想要的效果而定:黄色用于贴较亮的金箔,土色用于古典效果。

二、打金垫或做金脚

打金垫或做金脚首先是刷广漆,选取优质广漆,一般做金脚的广漆配比以生漆 1∶坯油0.5~0.6 为宜,用特制的小漆刷蘸取广漆仔细地将要贴金的基层板面、木作器等处涂广漆。涂漆时,要防止基层板面、木作器低凹处涂漆过多而起皱皮。

待涂漆完成后,用生宣纸或毛边纸(要薄一点,吸水性要好),把表面的漆液吸去,如果用的是胶水,那么一定要用生宣纸来吸去胶水。把生宣纸贴在涂过漆液的表面,同时用纯棉布(要质地柔软的)包裹棉花拍打,使宣纸充分接触表面,然后用镊子把宣纸揭去,用新的一张宣纸再吸。一般反复3~4 遍就可以了。若被贴的建筑装饰表面是不规则的,如欧式的柱子、雕像等,可将宣纸卷成笔状,像美术商店卖的擦笔,把笔头用刀削成不同的形状(尖的,圆的),那么有些凹进去的地方也不是问题了。一般金脚以做两遍为宜,但也有做三遍的,其目的是使漆膜肉头丰满饱和。

三、贴金

在最后一遍金脚做好后,在其九成干时,将金箔精心敷于金脚,具体做法是:将金箔用镊子撕成或剪成需要的尺寸,以专用镊子夹起金箔,轻轻粘贴于金胶油上,再以棉花揉压平伏。如遇花活,可用金肘子(用柔软羊毛制成的羊毛刷子,也可用大羊毛笔剪成平头形)肘金,即在花活的线脚凹陷处,细心地将金箔粘贴密实。贴金时,金脚的干燥程度是一个关键问题:金脚过老,则金箔与金脚局部或全部粘贴不牢;金脚过嫩,则表干内不干。贴金箔时,操作要轻快细致,因金箔薄而嫩,容易破碎损坏,必须细心操作。如发现有漏贴之处,要立即补金。

贴金的质量好坏，除金脚的丰满度外，还取决于金脚的老嫩。因此，在施工中要认真观察金脚的干燥程度，因为生漆的干燥是一个复杂的过程，需要不断地从实践中积累和总结经验。

四、盖金

贴金干后，在上面涂刷广漆一道，称为盖金，盖金用的广漆，最好选用漆色金黄的黄皮漆，或者是漆色较浅、肉头厚、底板好的毛坝漆、严州漆等。盖金用的漆刷，应选用毛细而软的小号漆刷，涂刷方法与广漆施工相同。

五、扫金

完成以上的工艺后，贴金施工基本上已完成，但现在的贴金是由一小块一小块金箔组成的，有一道道细小的痕迹，所以完整的贴金还需要完成扫金。扫金是在广漆上涂上金粉的一种施工工艺。扫金适用于大面积施工，可成为一个整体，也就是说，从施工第一步走，直接用扫金完成也是可以的，但扫金的用金量较大，所以一般是先贴金箔，然后对贴金的痕迹用扫金的工艺完成。

扫金工艺操作程序：第一步是刷广漆，这一步与前面的操作是相同的；待广漆九成干时便可以开始扫金，扫金是将金箔用特制的金筒子揉成金粉，然后用羊毛笔将金粉扫于广漆表面，厚薄要均匀一致，再用棉花揉压，使金粉与广漆黏结牢固，再将浮金粉扫净回收即可。

六、盖金漆

扫金完成后，通刷一遍清油——金箔上着油，也称盖金漆。

第四章　安装工程新技术

第一节　新型电缆

一、赛德合金电缆

赛德合金(Stabiloy)是目前唯一一种技术成熟、安全环保,可替代铜电缆的合金电缆,是先进、成熟的产品。同样的电气性能前提下,赛德合金电缆(含专用连接端子)的直接采购价格比铜电缆价格低约20%。由于赛德合金电缆具有良好的机械性能,质量仅为铜缆的一半,因此使用赛德合金电缆可直接降低施工单位的安装成本。与铜缆相比,赛德合金电缆拥有更高的耐腐蚀性能,能够耐受各种形式的腐蚀;拥有更好的抗氧化性能;工作温度范围更大,达到 -40 ~90℃;比铜缆拥有更长的使用寿命。

(一)赛德合金的机械性能

(1)弯曲性能。由于独特的合金配方、加工工艺,赛德合金电缆的柔韧性能大幅提高,比铜电缆高25%。一般铜缆的弯曲半径为10 ~20倍外径,而赛德合金电缆的弯曲半径仅为7倍外径。

(2)不易弯曲反弹。赛德合金电缆弯曲后反弹小,其反弹性能比铜电缆低40%。这种特性对安装很有利,在一些狭小的安装空间,工人不会因无法躲避而被弯曲反弹的电缆打伤。

(3)自重承载力强。赛德合金改善了纯铝的抗拉强度,赛德合金电缆可支撑13 000ft[1]长度的自重,铜电缆只能支撑9 000ft长度的自重。这种优势在大跨度的建筑(如体育场馆)配线时体现得尤为突出。

(4)抗蠕变性。赛德合金的特殊合金配方与热处理工艺大大减少了金属在受热和压力下的蠕变倾向,抗蠕变性能与压紧性能比铜缆提高了300%。

(5)与锡间无电化学反应,无腐蚀。

(二)赛德合金的安装及应用

(1)安装O - Z铝套管只需要3 ~4min,而黄铜套管由许多配件组装而成,安装复杂。O - Z铝接头的费用也低于黄铜接头。

(2)O - Z Gedney提供的套管可用于电缆与配电柜的连接。

(3)与钢丝铠装铜缆相比,铝带铠装更易剥离。铠装为自锁型。

(4)除非电缆被埋在地下或水泥中,否则不需要PVC外套。

(5)可连接铜铝电缆。

---

[1] 1ft =0.304 8m。

（三）赛德合金的安全性能

（1）加铝同时带来了与赛德合金电缆相匹配的德国生产的 CLAUK 系列铝合金接线端子。加铝电缆及接线端子完全符合 GB12706—2002、IEC60502（电力电缆及附件标准），GB/T9327.4—1988、IEC61238—1（连接接头标准）。

（2）在北美，赛德合金通过了权威测试实验室按照长期运行（大于 30 年）所制定的 100 次冷水急冷连接头热循环测试标准（ANSI C119.4）。

（3）在中国上海电缆研究所，赛德合金通过了按照长期运行（大于 30 年）所制定的 IEC 1 000 次连接头热循环测试标准（GB/T9327.4—1988、IEC61238—1）。

（4）赛德合金电缆的安全性能、电气性能、机械性能均能满足 IEC、CSA 等国际标准以及中国国家标准（GB）的要求。赛德合金的供应中心、技术中心、制造中心都取得了 ISO9000 认证。

二、柔性防火电缆

（一）柔性防火电缆的结构

柔性防火电缆的结构如图 4-1 所示。

（1）电缆导体：由多股铜线胶合而成，具有良好的弯曲特性。

（2）绝缘层：采用耐高温、不燃烧的无机绝缘材质。

（3）铜护套：铜质材料，经特殊加工，有良好的弯曲特性，并作为接地线。

（4）外护层：采用低烟无毒的塑性材质，有良好的防腐蚀特性。

（二）柔性防火电缆的型号

柔性防火电缆的型号如图 4-2 所示。

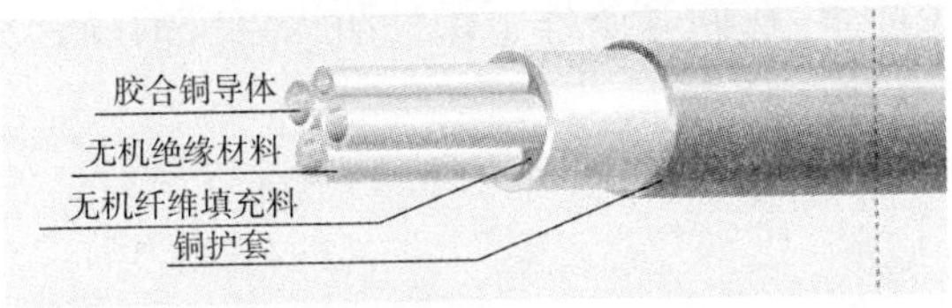

图 4-1　柔性防火电缆的结构

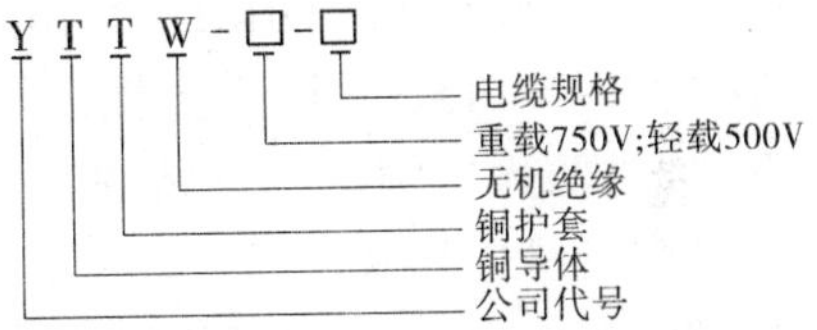

图 4-2　柔性防火电缆的型号

例如，YTTW－500－4＊95 表示 4 芯轻载，4 根 $95mm^2$ 截面的柔性防火电缆；YTTW－750－3＊120＋1＊70 表示 3＋1 芯重载，3 根 $120mm^2$ 加 1 根 $70mm^2$ 截面的柔性防火电缆。

（三）柔性防火电缆的耐火特性

（1）按 GB12666.6：A 类在火焰温度 950℃ 中燃烧，相间及相与外护套之间施加 750V 电压，历时 90min 绝缘不损坏；B 类在火焰温度 750～800℃ 中燃烧，相间及相与外护套之间施加 750V 电压，历时 90min 绝缘不损坏。

（2）按 BS6387—1994 标准，柔性防火电缆能满足以下要求：A 级 650℃，3h；B 级 750℃，3h；C 级 950℃，3h；S 级 950℃，20min，绝缘不损坏。

（四）柔性防火电缆的优点

（1）防火性能优异，耐火等级不仅满足国际 GB12666.6 A 类 950℃，90min，还可满足英国 BS6387—1994 中规定 A 级 650℃,3h,B 级 750℃,3h,C 级 950℃,3h 要求,同时,在燃烧中还能耐受水喷与机械撞击。

(2)连续长度长,不管是单芯还是多芯电缆,其长度能满足供电长度需要,极限长度可达 2 000m。

(3)截面大,单芯电缆截面可达 1 000mm^2,多芯电缆截面可达 240mm^2。

(4)具有柔性,电缆可以盘在电缆盘上,其弯曲半径≥20D,D 为电缆外径。

(5)燃烧时无烟无毒,绝缘采用无机材料(不燃烧体),燃烧时不会产生任何有害气体,更不会发生 2 次污染,称得上是环保绿色产品。

(6)电缆不仅截面流量大,而且具有较大的过载能力。根据布线要求,通常电缆表面温度≤70℃,当布线不可触摸,也不与可燃建筑材料相接触时,电缆护套温度可达 105℃。过载时防火电缆允许的工作温度可达 250℃。

(7)耐腐蚀,有机绝缘耐火电缆有时需穿塑料管或铁管,塑料很容易老化变脆,铁管易锈蚀,防火电缆是铜护套不需穿管,铜护套耐腐蚀性好。

(8)当无电磁干扰,防火电缆与信号、控制等电线电缆在同一竖井中敷设时,防火电缆在铜护套的屏蔽下,不会对信号、控制电线电缆传输的信息产生干扰。

(9)安全性好,防火电缆可在火焰中正常供电,启动灭火设备,减少火灾损失。同时,对人身安全也特别可靠,其铜护套是良导体,是最好的接地线,且连续到电缆全长,大大提高了接地保护的灵敏度与可靠性。

(10)使用寿命长,无机绝缘材料,耐高温,且不易老化,寿命比有机绝缘电缆提高许多倍,在正常工作状态下,其寿命可以等同于建筑物。

(11)柔性防火电缆的运输和安装包括安装配件近似于普通电缆,较简单。

(12)经济性好,由于制作工艺先进,安装简单,在同等条件下柔性防火电缆的综合费用比矿物绝缘电缆的费用明显降低。

(五)柔性防火电缆的电气特性

(1)额定绝缘电压:0.6/1kV。

(2)额定工作电压:轻载 500V,重载 750V。

(3)额定电流:单芯 25 ~ 1 800A,多芯 16 ~ 500A。

(4)绝缘电阻:绝缘电阻≥1 000MΩ。

(5)工频耐压:500V 等级电缆和 750V 等级电缆分别施加 2 000V 和 2 500V 电压历时 15min,施加在芯线与芯线、芯线与铜护套之间,不应发生击穿。

(六)柔性防火电缆的安装

(1)柔性防火电缆的长度不受限制且具有柔性,系统全部线路均为防火电缆。

(2)柔性防火电缆的安装方式基本上等同于普通有机绝缘电缆安装。

(3)电缆的支持与固定。

①水平吊架允许跨距:电缆外径≤20mm,允许跨距 400mm;电缆外径 >20mm,允许跨距 800mm。

②垂直支架允许跨距:电缆外径≤20mm,允许跨距 1 500mm;电缆外径 >20mm,允许跨距 1 000mm。

③在电缆桥架中敷设,固定电缆的允许跨距可参照①、②项。

④电缆的弯曲半径为 $20D$,D 为电缆外径。

⑤单芯电缆的固定不应采用磁性闭合的高导磁材质构件,例如用铁丝捆扎等,可以用非磁性材料固定,或磁性不闭合磁质构件固定。

⑥单芯电缆的固定构件的机械强度,应验算短路电动力条件。固定间距应避免交流震动及其噪声。

⑦分割电缆铜护套严禁用钢锯及易产生金属屑或毛刺的工具。

⑧电缆开剥接头处严禁有金属屑及毛刺嵌入无机绝缘材料中。

⑨柔性防火电缆的安装应符合《民用建筑电线电缆防火设计规程》(DGJ08—93—2002)以及《电力工程电缆设计规范》(GB50217—2007)。

第二节 密集型铝合金覆铜母线槽

CCX3－Ⅱ密集型铝合金覆铜母线槽集输配电于一体,是低压成套开关设备和控制设备的重要组成部分。产品的分接装置采用了自主研发的专利技术,在插接过程中,铜插脚直接插入对应相序的铜插脚片内,降低了接触电阻,避免了铜、铝材质的直接过渡,减小了温升;铜插脚与铜插脚片直接配合插拔,避免了铝导体因硬度低在插拔过程中受损的状况,提高了机械寿命。采用硼铝合金技术制成的导体具有良好的导电性和延展性,并降低了生产成本。产品的外壳采用整体式"法拉第"笼结构,具有强度高,抗锈蚀性、散热性和接地性好等特点,其弱磁性铝质侧板可削减大电流母线相间的涡流现象,降低母线导体因涡流而引起的发热现象;整个外壳构成了整体式接地系统,可保证母线槽系统的安全运行。

CCX3－Ⅱ密集型铝合金覆铜母线槽的主要技术性能指标:

(1)温升极限的验证(见表4-1)。

表4-1 温升极限的验证

序号	测试点	A相温升(K)	B相温升(K)	C相温升(K)
1	连接外部绝缘导线用端子	47	50	48
2	母线间固定连接处	53	55	52
3	母线间固定连接处	54	56	53
4	母线间固定连接处	50	54	51
5	母线间固定连接处	51	54	52
金属表面		17		

(2)介电性能的验证:无击穿或放电现象。

(3)保护导体短路强度试验:保护导体的机械部件和绝缘件无损伤及可察觉的变形。

(4)电气间隙与爬电距离的验证(见表4-2)。

表 4-2　电气间隙与爬电距离的验证

检验项目		短路强度试验(mm)		结构强度试验(mm)	
		试验前	试验后	试验前	试验后
电气间隙	带电导体相间	15.3	15.3	15.3	15.3
	带电导体与外壳间	18.6	18.6	18.6	18.6
爬电距离	带电导体相间	17.2	17.2	17.2	17.2
	带电导体与外壳间	19.7	19.7	19.7	19.7

CCX3 - Ⅱ密集型铝合金覆铜母线槽采用了硼铝合金技术,提高了铝导体的导电性和延展性,具有一定创新性。母排采用了后置锡表面处理工艺,具有设计先进、外形紧凑、动热稳定性好、安全可靠、使用寿命长、成本较低、安装方便等特点。分接装置采用了自主研发的专利技术,降低了接触电阻,减少了温升,提高了机械寿命。

第三节　钢丝网骨架塑料复合管

一、概述

钢丝网骨架塑料复合管是以高强度钢丝左右螺旋缠绕成型的网状骨架为增强体,以高密度聚乙烯(HDPE)为基体,并用高性能的黏结树脂层将钢丝骨架内外层高密度聚乙烯紧密地连接在一起。该黏结树脂是一种高性能黏结材料,属于 HDPE 改性材料,与 HDPE 在加热的条件下能完全融为一体,同时其极性键与钢有极强的黏结性能。由于黏结树脂的使用,成功地解决了钢、HDPE 间无连接因子的问题,具有优良的复合效果。具体特性如下。

(一)耐冲击性和尺寸稳定性

钢的弹性模量通常是高密度聚乙烯弹性模量的 200 倍左右,由于钢骨架的加强作用,钢骨架塑料复合管的刚性、耐冲击性及尺寸稳定性优于任何一种塑料管材。同时,钢丝网骨架本身的结构特征又使复合管在轴向保留了适度的柔性,该管材具有刚柔并济的特点,不仅运输和安装方便,而且能够有效承受土层沉降或滑移、地表车辆等造成的纵向载荷,运行可靠性良好。

(二)可示踪性

钢丝网骨架塑料复合管中金属网的存在,决定了复合管具有先天的可示踪性,不必另外埋设跟踪或保护标记,即可用磁性金属探测器进行寻踪,能有效避免挖掘破坏,为安全运行及抢险和维护提供了极大的便利条件。

(三)耐腐蚀性能和耐磨损性能

钢骨架塑料复合管选用的进口高密度聚乙烯是一种结晶性非极性材料,化学性质非常稳定,耐多种化学介质的侵蚀,无电化学腐蚀。

(四)内壁光滑,输送阻力小

钢丝网骨架塑料复合管采用内定型工艺,其内表面比钢管内壁更光滑,绝对粗糙度为0.01mm,而钢管内表面的绝对粗糙度为0.2mm,同等条件下的输送量比钢管高约30%。同时,管材内壁光滑耐磨,输送阻力小,不结垢、不结蜡,长期运行节能效果明显。

二、钢丝网骨架塑料复合管的特点及其应用领域

(1)具有超过普通纯塑料管的强度、刚性、抗冲击性,类似于钢管的低线膨胀系数和抗蠕变性等特点。

(2)双面防腐。具有与塑料管相同的防腐性能,且使用温度和耐腐蚀性能高,导热系数低。

(3)内壁光滑,不结垢,管道水头损失比钢管低30%。

(4)可通过调整钢丝直径、塑料层的厚度等,制造不同压力等级的管材。

(5)管材整体按使用寿命50年设计。

(6)结构优良。管材的增强骨架与内外层塑料互相包容成一个整体,无内外层塑料与增强体剥离之忧。

(7)质量轻,安装方便。管道连接采用电热熔接头,抗轴向拉伸能力强,连接技术成熟可靠,管件品种、规格开发齐全,可与其他各种管道、阀门、设备连接。

(8)克服了塑料管的快速应力开裂现象。由于钢、塑两种材料的结构是复合而成的,所以不会发生塑料管难以克服的快速应力。

第四节　温湿度独立控制空调技术

一、常规空调技术存在的问题

从人体的热舒适与健康出发,要求对室内温度、湿度进行全面控制。夏季人体舒适区为25℃,相对湿度60%,此时露点温度为16.6℃。空调排热排湿的任务可以看成是从25℃的环境中向外界排热,在16.6℃的露点温度的环境下向外界排湿。目前,空调方式的排热排湿都是通过空气冷却器对空气进行冷却和冷凝除湿,再将冷却干燥的空气送入室内,实现排热排湿的目的。常规温湿度混合处理的空调方式存在下述问题。

(一)能源浪费

使用一套系统同时制冷和除湿,为了满足用冷凝方法排除室内余湿,冷源的温度需要低于室内空气的露点温度,考虑传热温差与介质输送温差,实现16.6℃的露点温度需要约7℃的冷源温度,这是现有空调系统采用5~7℃的冷冻水、房间空调器中直接蒸发器的冷媒蒸发温度也多在5℃的原因。在空调系统中,占总负荷1/2以上的显热负荷部分,本可以采用高温冷源排走的热量却与除湿一起共用5~7℃的低温冷源进行处理,造成能量利用品位上的浪费。而且,经过冷凝除湿后的空气虽然湿度(含湿量)满足要求,但温度过低,有时还需要再热,造成了能源的进一步浪费与损失。

（二）难以适应热湿比的变化

通过冷凝方式对空气进行冷却和除湿，其吸收的显热与潜热比只能在一定的范围内变化，而建筑物实际需要的热湿比却在较大的范围内变化。一般是牺牲对湿度的控制，通过仅满足室内温度的要求来妥协，造成室内相对湿度过高或过低的现象。过高的结果是不舒适，进而降低室温设定值，通过降低室温来改善热舒适，造成能耗不必要的增加；相对湿度过低也将导致由于与室外的焓差增加使处理室外新风的能耗增加。

（三）造成室内空气品质下降

大多数空调依靠空气通过冷表面对空气进行降温除湿，这就导致冷表面成为潮湿表面甚至产生积水，空调停机后，这样的潮湿表面就成为霉菌繁殖的理想场所。空调系统繁殖和传播霉菌成为空调可能引起健康问题的主要原因。另外，目前我国大多数城市的主要污染物仍是可吸入颗粒物，因此有效过滤空调系统引入的室外空气是维持室内健康环境的重要问题。然而，过滤器内必然是粉尘聚集处，如果再漂溅过一些冷凝水，则也成为各种微生物繁殖的理想场所。频繁清洗过滤器既不现实，也不是根本的解决方案。

（四）传统的室内末端装置有局限性

为排除足够的余热余湿同时又不使送风温度过低，就要求有较大的循环通风量。例如，每平方米建筑面积如果有 80W 显热需要排除，房间设定温度为 25℃，当送风温度为 15℃时，所要求循环风量为 $24m^3/(h \cdot m^2)$，这就往往造成室内很大的空气流动，使居住者产生不适的吹风感。为减少这种吹风感，就要通过改进送风口的位置和形式来改善室内气流组织。这往往要在室内布置风道，从而降低室内净高或加大楼层间距。很大的通风量还极容易引起空气噪声，并且很难有效消除。在冬季，为了避免吹风感，即使安装了空调系统，也往往不使用热风，而是通过另一套的暖气系统（如采暖散热器）供热。这样就导致室内重复安装两套环境控制系统，分别供冬夏使用。

（五）输配能耗的问题

为了完成室内环境控制的任务就需要由输配系统带走余热、余湿、CO_2、气味等。在中央空调系统中，风机、水泵消耗了 40% ~70% 的整个空调系统的电耗。在常规中央空调系统中，多采用全空气系统的形式。所有的冷量全部用空气来传送，导致输配效率很低。相对而言，$1m^3$ 水所输送的热量和 3 $840m^3$ 空气所输送的热量是相当的。

此外，随着能源问题的日益严重，以低品位热能作为夏季空调动力成为迫切需要。目前，北方地区大量的热电联产集中供热系统在夏季由于无热负荷而无法运行，使得电力负荷出现高峰的夏季热电联产发电设施停机，或者按纯发电模式低效运行。如果可以利用这部分热量驱动空调，既省下空调电耗，又可使热电联产电厂正常运行，增加发电能力。这样既可减缓夏季供电压力，又能提高能源利用率，是热电联产系统继续发展的关键。由于空调负荷在一天内变化显著，与热电联产电厂提供热能并不能很好匹配，如何实现有效蓄能以协调二者的矛盾也是热能使用当中存在的问题。

综上所述，空调的广泛需求、人居环境健康的需要和能源系统平衡的要求，对目前空调方式提出了挑战。新的空调应该具备的特点为：减少室内送风量、高效换热末端、采用低品位能源、设置冷热蓄能系统。

二、温湿度独立控制空调技术的特点

温湿度独立控制空调系统中，采用温度与湿度两套独立的空调控制系统，分别控制、调节室内的温度与湿度，从而避免了常规空调系统中热、湿联合处理所带来的损失。由于温度、湿度采用独立的控制系统，可以满足不同区域和同一区域不同房间热湿比不断变化的要求，克服了常规空调系统中难以同时满足温湿度参数的要求，避免了室内湿度过高（或过低）的现象。

温湿度独立控制空调系统的基本组成为处理显热的系统与处理潜热的系统，两个系统独立调节，分别控制室内的温度与湿度。处理显热的系统包括高温冷源、余热消除末端装置，采用水作为输送媒介。由于除湿的任务由处理潜热的系统承担，因而显热系统的冷水供水温度不再是常规冷凝除湿空调系统中的7℃，而是提高到18℃左右，从而为天然冷源的使用提供了条件。即使采用机械制冷方式，制冷机的性能系数也有大幅度的提高。余热消除末端装置可以采用毛细管网换热器、辐射板、干式风机盘管等多种形式，由于供水的温度高于室内空气的露点温度，因而不存在结露的危险。处理潜热的系统，同时去除室内 CO_2、异味等，以保证室内空气质量。此系统由新风处理机组、送风末端装置组成，采用新风作为能量输送的媒介。在处理潜热的系统中，由于不一定需要处理温度，因而湿度的处理可能有多种方法，如冷凝除湿、吸附除湿等。

在温湿度独立控制空调系统中，采用新风来承担排除室内余湿、CO_2 和室内异味的任务，以保证室内空气质量。一般来说，这些排湿、排有害气体的负荷仅随室内人员数量而变化，因此可采用变风量方式，根据室内空气的湿度或 CO_2 的浓度调节风量。由于仅为了满足新风和湿度的要求，如果人均风量 $40m^3/h$，每人 $5m^2$ 面积，则换气频率只有 2 ~ 3 次/h，远小于变风量系统的风量。这部分空气可通过置换送风的方式从下侧或地面送出，也可采用个性化送风方式直接将新风送入人体活动区。室内的显热则通过另外的系统来排除（或补充）。这时只需要排除显热就可以用较高温度的冷源通过辐射、对流等多种方式实现。当室内温度设定为25℃时，采用屋顶或垂直表面辐射方式，即使平均冷水温度为20℃，每平方米辐射表面仍可排除显热40W，已基本可满足多数类型建筑排除围护结构和室内设备发热量的要求。由于水温一直高于室内露点温度，因此不存在结露的危险和排凝水的要求。

温湿度独立控制空调系统实现了室内温度和湿度的分别控制，尤其实现了新风量随人员数量的同步增减，从而避免了变风量系统冬季人员增加，热负荷降低，新风量也随之降低的问题。与目前的风机盘管加新风方式比较，免去了凝水盘和凝水排除系统，彻底消除了实际工程中经常出现问题的这一隐患，同时由于不再存在潮湿表面，根除了滋生霉菌的温床，可有效改善室内空气品质。由于室内相对湿度可一直维持在60%以下，较高的室温（26℃）就可以达到热舒适要求。这就避免了由于相对湿度太高，只得把室温降低（甚至到20℃），以维持舒适度要求的问题。既降低了运行能耗，又减少了由于室内外温差过大造成的热冲击对健康的危害。

三、结论

与目前普遍使用的风机盘管加新风方式或全空气方式相比，温湿度独立控制系统的特点可总结如下：

（1）适应室内热湿比的变化。温湿度独立控制系统分别控制房间的温度和湿度，能够根据建筑热湿比随时间与使用情况的变化，全面控制室内环境，并根据室内人员数量调节新风量，因此可获得更好的室内环境控制效果和空气质量。

（2）末端方式不同。可采用辐射式末端或者干式风机盘管吸收或提供显热，采用置换通风等方式送出干燥的新风去除显热，冬夏共用同样的末端装置。处理显热的系统只需要18℃的冷水，这可通过多种低成本和节能的方式提供，降低了运行能耗。

（3）可以利用低品位能源，即使采用普通空调机组系统能效也会大大提高。这个特点有利于能源的广泛选择利用，特别有利于开发利用低品位的再生能源，如太阳能、地能、热电厂余热回收等，对节能减排降耗意义重大。

（4）舒适度大大提高。没有强风感、没有噪声、不传播细菌，是一种健康绿色的空调方式。

四、毛细管网换热器是温湿度独立控制空调技术的基石

毛细管网是一种集配式结构，具有换热均匀、水力损失小、换热面积大、换热效果好的特点，因此毛细管网是一种高效换热器。毛细管网由PP－R原料制造，因此又具备了耐高温、耐高压、耐腐蚀的特色，用途广泛。毛细管网与散热层和保温层的结合使用进一步提高换热效率，合称为毛细管网换热器，是理想的高效换热器。毛细管网换热器的优点如下：

（1）高效节能。毛细管网换热器能够有效利用低品位能源、能够大大提高空调系统的能效。建设部评估委员会专家认为："毛细管网换热器与地源热泵或空气源热泵结合，加上合理的控制组成一个节能系统，节能可达70%；如果再配合太阳能和冷热蓄能系统，节能可达90%左右。"

（2）高舒适度。毛细管网换热器没有强风感、没有吹风危险、没有噪声、不传播细菌、温差小、轻柔安静。

（3）安装方便。毛细管网换热器薄（4.3mm）而柔软、荷载小（满水后不足900g/m^2），便于与装饰层结合使用，可以方便地安装在地面、墙面或顶棚，对装饰影响最小。产品一般免维修、免清洗。

（4）绿色环保。采用PP－R原料制造，可靠使用50年以上，可回收利用，不会对环境造成污染。

五、正确应用毛细管网需要解决的问题

（一）防止冷辐射表面凝露

这是人们在使用毛细管网制冷时首先要考虑的问题。实际上，掌握了温湿度独立控制空调技术原理后就知道这个问题很容易解决了，有多种可靠的技术可以选择，关键在于以下两点：

（1）采用高温冷源。供水温度保证冷辐射表面在室温设计温度以下满足制冷要求，同时在室内露点温度以上不发生凝露。

(2)利用新风除湿。新风系统往往是高档建筑必备的,利用新风控制室内露点始终低于冷辐射表面的温度。

系统的组成与控制:高温冷源、毛细管网换热器、新风机组、除湿机组、温度－露点探测器、执行器。当有了露点信号的时候,通过提高循环介质的温度、加大新风量、降低新风温度等手段都可以避免凝露。

(二)防止毛细管阻塞

(1)建议采用独立的小型循环系统,与大系统连接时通过板式换热器隔开。

(2)循环系统全部采用耐腐蚀的管道及阀部件,如塑料管、铜镀镍阀部件和连接件等。金属氧化物沉积会阻塞管道,游离的金属离子会对塑料管材老化产生影响。

(3)对系统的补充水进行过滤,防止大型颗粒物阻塞管道。如果系统始终在冷水状态下运行,不必考虑水质的软化问题。

(4)系统中需要加防冻液或除氧剂,或采取真空脱气措施。原因是塑料管是透氧的,采取以上措施可以防止管道内滋生微生物形成生物黏泥。

(三)漏水修复

毛细管网由 PP－R 原料制造,干管漏水可以热熔修复,毛细管漏水可断开,通过热熔手段焊死。毛细管网一般安装在装饰层下面,漏水点寻找及恢复比较方便,但是还是建议加强成品保护及警告措施,尽量避免破坏。

(四)与装饰面层结合

毛细管网与装饰面层结合时可以随面层形状随意安装,但是要与装饰层结合紧密,避免产生空气隔层影响换热。面层抹灰时应该注意有一定的厚度及使用聚合物砂浆,防止开裂。

毛细管网换热器结构具有换热面积大、流量分配均匀、水流阻力小、散热效果好的优点,还能够耐高温、耐高压、耐腐蚀,是一种理想的高效换热器,用途十分广泛。毛细管网换热器的突出的优点是能够有效利用低品位的能源,尤其是可再生能源(如太阳能,以及土壤、地下水、空气、污水、地表水、发电厂废水等所蕴含的能量),还可以提高空调系统的能效,做到节能减排、环保,并提高建筑物的品质。毛细管网换热器与地源热泵或空气源热泵结合,加上合理控制,组成一个节能系统,节能可达 70%;如果再配套太阳能和冷热蓄能系统,节能可达 90% 左右。毛细管网换热器与“节能减排降耗、提升建筑品质”关系密切,具有巨大的推广应用前景。

第五章　市政工程技术

第一节　改性沥青路面

一、改性沥青的分类

（一）概念

改性沥青，也包括改性沥青混合料，按照我国《公路沥青路面施工技术规范》（JTJ032—94）及《公路改性沥青路面施工技术规范》（JTJ036—98）的定义，是指“掺加橡胶、树脂、高分子聚合物、磨细的橡胶粉或其他填料等外加剂（改性剂），或采取对沥青轻度氧化加工等措施，使沥青或沥青混合料的性能得以改善而成的沥青结合料”。改性剂是指“在沥青或沥青混合料中加入的天然的或人工的有机或无机材料，可熔融、分散在沥青中改善或提高沥青路面性能（与沥青发生反应或裹覆在骨料表面上）的材料”。

（二）分类

常用的道路改性沥青有热塑性橡胶类改性沥青、橡胶类改性沥青、热塑性树脂类改性沥青、掺加天然沥青改性等。

（1）热塑性橡胶类：即热塑性弹性体，主要是苯乙烯类嵌段共聚物，如苯乙烯－丁二烯－苯乙烯（SBS）、苯乙烯－异戊二烯－苯乙烯（SIS）、苯乙烯－聚乙烯/丁基－聚乙烯（SE/BS）等嵌段共聚物，由于其兼具橡胶和树脂两类改性沥青的结构与性质，故也称为橡胶树脂类。SBS 由于具有良好的弹性（变形的自恢复及裂缝的自愈性），故已成为目前世界上最为普遍使用的道路沥青改性剂。

（2）橡胶类：如天然橡胶（NR）、丁苯橡胶（SBR）、氯丁橡胶（CR）、丁二烯橡胶（BR）、异戊二烯（IR）、乙丙橡胶（EPDM）、丙烯腈丁二烯共聚物（ABR）、异丁烯异戊二烯共聚物（IIR）、苯乙烯异戊二烯橡胶（SIR）等，还有硅橡胶（SR）、氟橡胶（FR）等。其中，SBR 是世界上应用最广泛的改性剂之一，尤其是 SBR 胶乳形式的使用越来越广泛。氯丁橡胶（CR）具有极性，常掺入煤沥青中使用，已成为煤沥青的改性剂。

（3）树脂类：热塑性树脂，如乙烯－乙酸乙烯酯共聚物（EVA）、聚乙烯（PE）、无规聚丙烯（APP）、聚氯乙烯（PVC）、聚苯乙烯（PS）、聚酰胺等，还包括乙烯乙基丙烯酸共聚物（EEA）、聚丙烯（PP）、丙烯腈丁二烯苯乙烯共聚物（NBR）等；热固性树脂也可作为改性剂使用，如环氧树脂（EP）等。EVA 由于其乙酸乙烯的含量及熔融指数 MI 的不同，分为许多牌号，不同品种的 EVA 改性沥青的性能有较大的差别。无规聚丙烯 APP 由于价格低廉，用于改性沥青油毡较多，其缺点是与石料的黏结力较小。

二、改性沥青的适用标准

Ⅰ类 SBS 类热塑性橡胶类聚合物改性沥青。Ⅰ－A 型及Ⅰ－B 型适用于寒冷地区，

Ⅰ－C 型用于较热地区，Ⅰ－D 用于炎热地区及重交通量路段。

Ⅱ类 SBR 橡胶类聚合物改性沥青。Ⅱ－A 型用于寒冷地区，Ⅱ－B 型和Ⅱ－C 型用于较热地区。

Ⅲ类聚合物改性沥青。如乙烯－乙酸乙烯酯（EVA）、聚乙烯（PE）改性沥青，适用于较热和炎热地区。通常要求软化点温度比最高月使用温度的最大日空气温度要高 20℃左右。

第二节　沥青玛琋脂碎石混合料路面

沥青玛琋脂碎石混合料（SMA）是一种新型沥青混合料，以其优良的抗车辙和抗滑性能而闻名。第一条 SMA 路面诞生于 20 世纪 60 年代的德国。

SMA 是 Stone Matrix Asphalt 的简称，是一种由沥青、纤维稳定剂、矿粉及少量的细骨料组成的沥青玛琋脂填充间断级配的粗骨料骨架间隙而组成的沥青混合物。它的最基本的组成是碎石骨架和沥青玛琋脂结合料两大部分。相当于沥青碎石混合料的空隙中用丰富的沥青玛琋脂填充的情况。

一、SMA 的特点

SMA 表面层的主要功能特点如下所述。

（一）抗滑性能（安全性）

除骨料品种影响外，SMA 的构造深度取决于粗骨料尺寸和玛琋脂的填充程度，骨料尺寸越大，构造深度也越大。为了保证抗滑性能，要特别注意防止玛琋脂过量和通车后逐步泛油使构造深度丧失。

（二）平整度

平整度分横向和纵向，横向平整度包括车辙。

SMA 的高温稳定性使路面稳定，具有良好的平整度和行车舒适性（纵向平整度与基层强度有关）。三轴试验表明，非改性沥青的 SMA 的抗变形能力是普通沥青混凝土的 1.5～4 倍。

（三）噪声

SMA 的噪声减小幅度与对比物的材料结构有关，与采用开槽和拉毛提高抗滑性能后的热压式沥青混凝土相比，SMA 的噪声要小得多；与构造深度小的沥青混凝土相比，噪声的减小有一定限度，如果表面撒砂，噪声还可能增大。

（四）表面耐久性

实践证明，SMA 耐久性、耐磨损性非常好，不会发生松散，抵抗温度和交通裂缝性能好。SMA 优异的耐久性源于沥青玛琋脂的不透水性，玛琋脂内部空隙小，沥青结合料的变形小。

（五）能见度

SMA 可减小车灯光反射，减小水雾，提高路面能见度。

SMA 的优点，首先是具有良好的表面功能，抗滑、车辙小、平整度高、噪声小、能见度好;其次是增强了路面的变形能力,不透水,使用寿命长,维修养护工作量少,同时它可以减薄表面层的厚度,易于施工和重建,维修重建对交通的影响小。

二、SMA对材料的要求

(一)沥青结合料

SMA混合料中沥青结合料的质量必须满足沥青玛𤥆脂的需要,一般要求采用稠度较大(较硬)一些的沥青。参照有关资料,北京市附近的华北地区,一般公路常用100号沥青,高速公路用AH-90号沥青,SMA路面宜使用AH-70号沥青。

SMA路面对沥青结合料的要求比普通的沥青混凝土要高,但是否一定需要用改性沥青,应该根据各地具体情况、经济条件区别对待。从总的发展趋势来看,使用改性沥青是一个方向。

(二)粗骨料

从SMA的成型机理可知,SMA之所以有较高的高温稳定性,是基于含量甚多的粗骨料之间的嵌挤作用。骨料嵌挤作用的大小在很大程度上取决于骨料石质的坚韧性、骨料的颗粒形状和棱角性。因此,粗骨料必须使用坚韧的、粗糙的、有棱角的优质石料,必须严格限制骨料的扁平颗粒含量;所使用的碎石不能用颚板式轧石机破碎,要用锤击式或者锥式碎石机破碎。花岗岩、石英岩、砂岩等酸性岩石往往具有这些性质,但是它们与沥青的黏附性很差,必须采取掺加石灰、水泥及抗剥离剂等措施。但是,当SMA采用聚合物改性沥青时,即使是酸性岩石,黏附性往往也能达到要求,这时可不掺加抗剥离剂。

《城镇道路工程施工与质量验收规范》(CJJ1—2008)规定:

(1)粗骨料应符合工程设计规定的级配范围。

(2)骨料对沥青的黏附性,城市快速路、主干路应大于或等于4级;次干路及以下道路应大于或等于3级。骨料具有一定的破碎面颗粒含量,具有1个破碎面的宜大于90%,具有2个及2个以上破碎面的宜大于80%。

(三)细骨料

细骨料在SMA中只占很小比例,往往不超过10%,然而细骨料对SMA的影响也不小。

机制砂是采用坚硬的岩石反复破碎制成的,所以它具有良好的棱角性和嵌挤性,对提高混合料的高温稳定性有好处。

天然砂经过亿万年的风化、搬运,一般比较坚硬,尤其是海砂,大部分是石英颗粒,所以天然砂作为细骨料,有较好的耐久性。但是天然砂与沥青的黏附性往往较差,而且砂的颗粒基本上是球形颗粒,所以对高温抗车辙能力极为不利。

石屑由于是破碎石料时的下脚料,基本上是石料中较为薄弱的部分先变成石屑剥落下来,所以石屑中扁平颗粒含量特别大,而且强度较差,因而规范中对石屑的使用是有所限制的。但是,因为石屑是破碎得到的,使用表面特别粗糙,对提高马歇尔稳定度及车辙试验的动稳定度效果非常明显,对SMA就更加重要。所以,当缺乏机制砂时,可考虑使用质量好的石屑代替天然砂使用。由于石屑颗粒较软、易磨损,对保持构造深度也有好处。

《城镇道路工程施工与质量验收规范》(CJJ1—2008)规定:

(1)细骨料应洁净、干燥、无风化、无杂质。

(2)热拌密级配沥青混合料中天然砂的用量不宜超过骨料总量的20%,SMA和OGFC不宜使用天然砂。

(四)填料

矿粉在沥青混合料中的作用至关重要,沥青只有吸附在矿粉的表面形成薄膜,才能对其他粗、细骨料产生黏附作用,所以沥青矿粉混合料才是真正的沥青结合料。在SMA中,矿粉用量比普通沥青混凝土要多1倍左右,矿粉的质量尤为重要,采用石灰石矿粉的亲水系数都小于1,与沥青有良好的黏附性。除磨细的石灰石粉外,有时还采用水泥、消石灰、粉煤灰代替矿粉。玄武岩与沥青的黏附性比石灰石粉差得多,不宜用做SMA的填料。

《城镇道路工程施工与质量验收规范》(CJJ1—2008)规定:矿粉应用石灰岩等憎水性石料磨制。城市快速路与主干路的沥青面层不宜采用粉煤灰作填料。当次干路及以下道路用粉煤灰作填料时,其用量不应超过填料总量的50%,粉煤灰的烧失量应小于12%。

第三节　改性沥青及SMA路面的施工与质量管理

一、改性沥青及SMA路面的施工温度

《城镇道路工程施工与质量验收规范》(CJJ1—2008)规定:

(1)聚合物改性沥青混合料搅拌及施工温度应根据实践经验经试验确定,通常宜较普通沥青混合料温度高10~20℃。

(2)SMA混合料的施工温度应经试验确定。

由于改性沥青的黏度的增大,保证较高的施工温度成了施工最关键的技术。如果温度不够,混合料不可能拌和均匀,摊铺无法平整,碾压不可能达到压实度,施工质量就无法保证。SMA混合料由于需要加入较多数量的冷矿粉,则拌和温度需要更高一些。

为了保证施工温度,应该注意以下各个环节:

(1)改性沥青制作温度应该满足改性剂充分融化及分散均匀的需要。改性沥青宜随配随用,不得长时间存放,对现场制作的改性沥青必须不间断地搅拌,以防止改性剂离析。改性沥青的温度应该满足沥青泵送及喷嘴均匀喷出的需要。在满足施工的前提下,沥青的加热温度尽可能不要太高。通常情况下,改性沥青的加热温度需控制在170~180℃以下,才不用过分担心沥青的老化影响。

(2)改性沥青及SMA混合料的搅拌时间应比普通沥青混合料的搅拌时间适当延长。搅拌好的混合料贮存时间:改性沥青混合料不得超过24h,SMA混合料应当日使用。

(3)改性沥青及SMA混合料在运输过程中都必须加盖篷布,防止混合料表面结硬。

(4)混合料的摊铺、碾压要一气呵成,在尽可能高的温度下进行,所有施工工序必须在混合料温度下降至100℃以前全部结束。

(5)改性沥青及SMA混合料路面不得在低于10℃的寒冷气候下施工。

二、改性沥青及SMA混合料的摊铺和碾压

(一)改性沥青及SMA混合料的摊铺

改性沥青混合料黏度较高,摊铺温度高,摊铺阻力要比普通混合料大。当下层洒布黏层油时,一般的轮胎式摊铺机将可能顶不动运料车,产生打滑现象,所以对改性沥青一般需要使用履带式摊铺机摊铺,而且摊铺机的摊铺宽度也不能像普通混合料那样伸长太多。

为了保证路面的平整度,要按照规范要求做到缓慢、均匀、连续不间断地摊铺,摊铺过程中不得随意变换速度或中途停顿。

改性沥青混合料的温度降低将会使混合料的摊铺作业发生困难,这种情况很有可能发生在运料车跟不上、摊铺机不得不停等料的过程中,如果等料时间过长,混合料温度迅速降低(特别是在大风天气下),表面会结成硬壳,继续摊铺时冷却的混合料和硬壳不能打碎,只能跟着往前推着走,这将严重影响继续摊铺。如果摊铺时遇到这种情况,必须将硬壳除去才行。所以,在摊铺的过程中,如果不能连续供料,摊铺机应该将剩余的混合料都摊铺完,抬起摊铺机,做好临时接头,将混合料压实,避免出现冷却结硬的情况。

改性沥青及SMA混合料在摊铺过程中,如果突然遇到降雨,必须立即停止摊铺,将已经摊铺的混合料迅速碾压,如果碾压成型有困难,必须坚决铲除。为此,事先要注意天气预报,减少不必要的损失。

改性沥青及SMA混合料大部分使用在表面层,表面层的摊铺对路面的平整度影响极大。摊铺机必须有良好的自动找平功能。

(二)改性沥青及SMA混合料的碾压

改性沥青混合料的压实工艺除提高碾压温度外,与普通沥青混合料没有太大区别,对压实机具也没有特别要求。改性沥青及SMA混合料一般都在表面层使用,厚度比较薄,混合料稳定性下降较快,尤其要注意不能在温度下降以后才碾压。工程上一般掌握的碾压成型的最低温度为130℃。

对于SMA路面,压实工艺特别简单,但也有特别要求:

(1)SMA混合料宜采用振动压路机或钢筒式压路机。采用振动压路机时,为避免粗骨料压碎、有棱角、嵌挤、泛油等问题的发生,“高频率、低振幅”碾压非常重要,同时遍数不要太多。

(2)SMA混合料不宜采用轮胎压路机碾压。轮胎压路机的搓揉将使玛琋脂上浮,造成构造深度降低,甚至泛油。

(3)碾压SMA必须密切注意压实度的变化。目前,任何压实度的监测方法都是事后检测,还无法指导压实过程。只能通过严格控制碾压遍数的方法来控制压实度。对SMA结构,过碾压是个大忌。一般情况下,初压用10t钢碾紧跟在摊铺机后面压1~2遍,复压用钢碾静压3~4遍,或振动压路机振动碾压2~3遍,最后用较宽的钢碾终压一遍成活。

(4)由于SMA的结构组成特点,粗骨料的用量大到70%以上,高温状态下主要靠粗骨料的嵌挤作用,混合料在摊铺机铺筑后本身已经有相当大的压实度,一般有85%以上,压路机可以碾压下去的程度小,所以初压的痕迹也是极小的。级配良好的SMA在碾压过程中,应该不会看出有任何推拥现象。

三、改性沥青及SMA路面接缝

改性沥青及SMA路面接缝的处理比普通混合料困难一些。改性沥青及SMA层大都是做在表面层，横向接缝做得好与不好，对平整度影响很大。为了提高平整度，一般采用切割成垂直面的方法，不过改性沥青混合料的切割比较困难，要在改性沥青SMA层每天施工完工后，稍稍停一停，在尚未冷却之前就切割好，并利用水将切缝处冲刷干净，第二天，涂刷黏层油，即可接下去铺新混合料。在所有的接缝施工过程中，都必须利用3m直尺对平整度进行检查，防止接头不好影响全路的平整度。改性沥青及SMA路面的面层允许偏差如表5-1所示。

表5-1　改性沥青及SMA路面的面层允许偏差

<table>
<tr><th colspan="2" rowspan="2">项目</th><th colspan="2" rowspan="2">允许偏差(%)</th><th colspan="4">检验频率</th><th rowspan="2">检验方法</th></tr>
<tr><th>范围</th><th colspan="3">点数</th></tr>
<tr><td colspan="2">纵断高程(mm)</td><td colspan="2">±15</td><td>20m</td><td colspan="3">1</td><td>用水准仪测量</td></tr>
<tr><td colspan="2">中线偏差(mm)</td><td colspan="2">≤20</td><td>100m</td><td colspan="3">1</td><td>用经纬仪测量</td></tr>
<tr><td rowspan="6">平整度(mm)</td><td rowspan="3">标准差σ值</td><td>快速路、主干路</td><td>≤1.5</td><td rowspan="3">100m</td><td rowspan="6">路宽(m)</td><td><9</td><td>1</td><td rowspan="6">用测平仪检测，见注①
用3m直尺和塞尺连续量取两尺，取最大值</td></tr>
<tr><td rowspan="2">次干路、支路</td><td rowspan="2">≤2.4</td><td>9~15</td><td>2</td></tr>
<tr><td>>15</td><td>3</td></tr>
<tr><td rowspan="3">最大间隙</td><td rowspan="3">次干路、支路</td><td rowspan="3">≤5</td><td rowspan="3">20m</td><td><9</td><td>2</td></tr>
<tr><td>9~15</td><td>4</td></tr>
<tr><td>>15</td><td>6</td></tr>
<tr><td colspan="2">宽度(mm)</td><td colspan="2">不小于设计值</td><td>40m</td><td colspan="3">1</td><td>用钢尺量</td></tr>
<tr><td colspan="2" rowspan="3">横坡</td><td colspan="2" rowspan="3">±0.3且不反坡</td><td rowspan="3">20m</td><td rowspan="3">路宽(m)</td><td><9</td><td>2</td><td rowspan="3">用水准仪测量</td></tr>
<tr><td>9~15</td><td>4</td></tr>
<tr><td>>15</td><td>6</td></tr>
<tr><td colspan="2">井框与路面高差(mm)</td><td colspan="2">≤5</td><td>每座</td><td colspan="3">1</td><td>十字法，用直尺、塞尺量取最大值</td></tr>
<tr><td rowspan="4">抗滑</td><td rowspan="2">摩擦系数</td><td colspan="2" rowspan="2">符合设计要求</td><td rowspan="2">200m</td><td colspan="3">1</td><td>摆式仪</td></tr>
<tr><td colspan="3">全线连续</td><td>横向力系数车</td></tr>
<tr><td rowspan="2">构造深度</td><td colspan="2" rowspan="2">符合设计要求</td><td rowspan="2">200m</td><td colspan="3" rowspan="2">1</td><td>砂铺法</td></tr>
<tr><td>激光构造深度仪</td></tr>
</table>

注：①测平仪为全线每车道连续检测每100m计算标准差σ；无测平仪时可采用3m直尺检测；表中检验频率点数为测线数。

②平整度、抗滑性也可采用自动检测设备进行检测。

③底基层表面、底面层应按设计规定用量洒泼透层油、黏层油。

④中面层、底面层仅进行中线偏位、平整度、宽度、横坡的检测。

⑤十字法检查井框与路面高差，每座检查井均应检查。十字法检查中，以平行于道路中线、过检查井盖中心的直线作基线，另一条线与基线垂直，构成检查用十字线。

第四节 乳化沥青及稀浆封层技术

一、乳化沥青

(一)乳化沥青的概念

乳化沥青与稀浆封层是沥青的冷态使用技术。乳化沥青是由两种互不相溶的物质——沥青和水组成的混合物。就是将沥青热融,经过机械的作用,沥青以细小的微滴状态分散于含有乳化剂的水溶液中,形成水包油状的沥青乳液,这种乳液在常温下呈液状。乳液包括油包水型和水包油型两种。当连续相为水、不连续相为油时,即为水包油型,反之为油包水型。乳液的颗粒尺寸大小是比较重要的参数,因为粒径变得越单一、分散,乳液的黏度越好,破乳率和黏结性也越合适。然而这也限制了乳液中的沥青含量,并且能够影响养护速度。在一般情况下,通过 VSS 发现颗粒直径在 1 ~ 5μm 时具有最好的总体特性。

沥青的组成和化学特性都很复杂。具有较高的极性(偏光性)和较高的芳香族沥青通常较容易乳化。使用添加剂可以用来提高乳化作用,一般来讲,高针入度的沥青比低针入度的沥青容易乳化。

乳化沥青中化学制品的选择依赖于道路的洒布情况,阴离子乳化剂和阳离子乳化剂都依赖于盐的碳氢化合物的长链,这可能是石油中发现的合成脂肪酸类的转生物、多脂肪酸或木材纸浆中的木质素的混合物。

一般乳液是通过设备和配方来控制掺量的。采用合适的乳化剂、正确控制乳化剂效果的乳液配方,对于生产出满足需要的乳液是至关重要的。

(二)乳化沥青的优点和经济性

1. 节能

稀释沥青中的煤油或汽油含量可以达到 50%,而乳化沥青中则只含 0 ~ 2%。所以,这是一项在白色燃料生产利用方面具有重要价值的节约行为,仅仅依靠增加轻制油溶剂来降低沥青的黏度标准,沥青就能够被浇灌和洒布,并希望使用后的轻制油能够挥发进入大气中。事实上,如果轻制油不能够挥发,那么沥青就太软了,在交通荷载作用下,道路表面就可能泛油或变形。

现将乳液和具有同样固体的轻制油进行比较,结果如下:

轻制油(轻制沥青):加工 1L 摊铺用的轻制沥青大约需要 700kJ 能量,再加上切削器等增加的能量,即 40 000 kJ/L,生产这样 1L 60% 的轻制沥青乳液的整个能量需求是:

$$700 + 4.4 \times 40\,000 = 176\,700(\text{kJ})$$

乳化沥青:生产 1L 乳化沥青需要 576kJ 能量,生产 1L 乳化沥青的乳化剂能量为 584 kJ,这样生产 1L 乳化沥青的总能量为 1 160kJ。

由此可以看出,大部分能量是被燃料消耗掉了的。

2. 多用途性

乳化沥青有许多种应用方法,应用时要选择合适的方法,因为它们有一个非常广的应用范围。同样的乳液既能够作大面积的封层洒布，也能够用来进行小范围的坑槽修补工作。因为它们能够长期储存在贮罐中，在偏远地区应用时，利用滚筒洒布应用起来非常容易。

3. 使用方便

乳液的专业化洒布需要专业化设备，如洒布机。然而，小面积的乳液应用可直接采用手工浇灌和手工洒布，如小面积的坑槽补工作、裂缝填缝料等，小数量的冷拌混合料只需要基本设备就行。例如，一只带挡板的洒水壶和一个铁锹就能够进行小面积的封层和裂缝修补，采用灌入式坑槽修补方法填充路面坑洞等应用简单易行。

（三）乳化沥青的分类和检验标准

1. 乳化沥青的分类

按照《乳化沥青路面施工及验收规程》（CJJ42—1991）的分类如表 5-2 所示。

表 5-2　乳化沥青分类

项目	种类	用途
贯入洒布用	PC－1　PA－1	表面处治及贯入洒布用
	PC－2　PA－2	透层油用
	PC－3　PA－3	黏层油用
拌和用	BC－1　BA－1	拌制粗粒式沥青混合料用
	BC－2　BA－2	拌制中粒式及细粒式沥青混合料用
	BC－3　BA－3	拌制砂粒式沥青混合料及稀浆封层用

注：PC、PA、BC、BA 分别表示洒布型阳离子、洒布型阴离子、拌和型阳离子、拌和型阴离子乳化沥青。

2. 乳化沥青检验标准

乳化沥青的质量应符合《城镇道路工程施工与质量验收规范》（CJJ1—2008）规定。

在高温条件下宜用黏度较大的乳化沥青，寒冷条件下宜用黏度较小的乳化沥青。

乳化沥青的破乳速度是指乳液与规定级配的矿料拌和后，从矿料表面被乳液薄膜裹覆的均匀情况，判断乳液的拌和效果，以鉴别乳液是属于快裂、中裂或慢裂类型。

3. 乳化沥青在道路工程中的应用

乳化沥青在城镇道路中，较多应用在下述工程中。

1）乳化沥青表面处治面层

乳化沥青表面处治是铺筑厚度小于 3cm 的一种薄层面层，其厚度一般在 1.0～3.0cm。表面处治在城镇道路适用于旧沥青面层上加铺罩面层或磨耗层。由于表面处治厚度较薄，在计算路面厚度时，其强度一般不计算在内。

2）乳化沥青贯入式面层

乳化沥青贯入式面层宜作城市次干路以下道路面层使用。其主石料层厚度应根据碎石的粒径确定，厚度不宜超过 10cm，是在初步压实主骨料上喷洒乳液后，再分层撒铺嵌封料、喷洒乳液，逐层压实的面层。

3）乳化沥青混合料面层

沥青混合料是由矿料与沥青结合料拌和而成的混合料的总称。按制造工艺分为热拌沥青混合料、冷拌沥青混合料、再生沥青混合料等。乳化沥青混合料是冷拌沥青混合料的一种。

4)透层、黏层与封层

透层是为使沥青面层与非沥青材料基层结合良好,在沥青路面的级配砂砾、级配碎石基层及水泥、石灰、粉煤灰等无机结合料稳定土或粒料的半刚性基层上浇洒乳化沥青而形成的透入基层表面的薄层。透层油对于在非沥青材料基层上铺筑沥青面层是必需的,也是乳化沥青最重要的用途之一。

黏层的作用是使上下沥青层、新铺沥青层与原有沥青路面或水泥混凝土路面及沥青混合料与构造物完全黏结成一整体。

下列情况时应浇洒黏层乳化沥青:双层或三层式沥青混合料路面在铺筑上层沥青面层前,其下面的沥青层已被污染,但当连续摊铺并且未受到污染时可省去黏层;旧沥青路面上加铺沥青层;水泥混凝土路面上铺筑沥青面层;与新铺沥青混合料接触的路缘石、雨水口、检查井等的侧面。

封层为封闭沥青面层的表面空隙,防止水分侵入面层或基层而铺筑的沥青混合料薄层。铺筑在面层表面的称为上封层,铺筑在面层下的称为下封层。

5)乳化沥青混合料面层

乳化沥青混合料宜采用密级配。乳化沥青混合料宜采用场拌,施工时应采取防止混合料离析的措施。当采用阳离子乳化沥青搅拌时,宜先用水湿润骨料。混合料的搅拌时间应通过试拌确定。机械搅拌时间不宜超过30s,人工搅拌时间不宜超过60s。已拌好的混合料应立即运至现场摊铺,并在乳液破乳前结束。在搅拌与摊铺过程中已破乳的混合料,应予以废弃。乳化沥青混合料摊铺后宜采用6t压路机初压初步稳定,当乳化沥青开始破乳,混合料由褐色转变成黑色时,应改用12~15t轮胎压路机复压,将水分挤出后暂停碾压,待水分基本蒸发后继续碾压至轮迹小于5mm,表面平整,压实度符合要求为止。乳化沥青混合料的上封层应在混合料压实成型,且水分完全蒸发后施工。

4. 乳化沥青混合料面层质量检验规定

1)主控项目

主控项目包括面层所用乳化沥青的品种、性能,骨料的规格、质量。

乳化沥青混合料的压实度不应小于95%。检查数量:每1 000m^2测1点。检验方法:检查配合比设计资料、复测。

面层厚度应符合设计规定,允许偏差为-5~15mm。检查数量:每1 000m^2测1点。检验方法:钻孔或刨挖,用钢尺量。

2)一般项目

表面应平整、坚实,接缝紧密,不应有明显轮迹、粗细骨料集中、堆挤、裂缝、脱落等现象。检查数量:全数检查。检验方法:观察。

乳化沥青混合料面层允许偏差应符合表5-3的规定。

表 5-3　乳化沥青混合料面层允许偏差

<table>
<tr><th colspan="2" rowspan="2">项目</th><th rowspan="2">允许偏差（%）</th><th colspan="4">检验频率</th><th rowspan="2">检验方法</th></tr>
<tr><th>范围</th><th colspan="3">点数</th></tr>
<tr><td colspan="2">纵断高程（mm）</td><td>±20</td><td>20m</td><td colspan="3">1</td><td>用水准仪测量</td></tr>
<tr><td colspan="2">中线偏位（mm）</td><td>≤20</td><td>100m</td><td colspan="3">1</td><td>用经纬仪测量</td></tr>
<tr><td colspan="2" rowspan="3">平整度（mm）</td><td rowspan="3">≤10</td><td rowspan="3">20m</td><td rowspan="3">路宽（m）</td><td><9</td><td>1</td><td rowspan="3">用 3m 直尺和塞尺连续量取两尺，取最大值</td></tr>
<tr><td>9～15</td><td>2</td></tr>
<tr><td>>15</td><td>3</td></tr>
<tr><td colspan="2" rowspan="3">横坡</td><td rowspan="3">±0.3 且不反坡</td><td rowspan="3">20m</td><td rowspan="3">路宽（m）</td><td><9</td><td>2</td><td rowspan="3">用水准仪测量</td></tr>
<tr><td>9～15</td><td>4</td></tr>
<tr><td>>15</td><td>6</td></tr>
<tr><td colspan="2">宽度（mm）</td><td>不小于设计值</td><td>40m</td><td colspan="3">1</td><td>用钢尺量</td></tr>
<tr><td colspan="2">井框与路面高差（mm）</td><td>≤5</td><td>每座</td><td colspan="3">1</td><td>十字法，用直尺、塞尺量，取最大值</td></tr>
<tr><td rowspan="4">抗滑</td><td rowspan="2">摩擦系数</td><td rowspan="2">符合设计要求</td><td rowspan="2">200m</td><td colspan="3">1</td><td>摆式仪</td></tr>
<tr><td colspan="3">全线连续</td><td>横向力系数车</td></tr>
<tr><td rowspan="2">构造深度</td><td rowspan="2">符合设计要求</td><td rowspan="2">200m</td><td colspan="3" rowspan="2">1</td><td>砂铺法</td></tr>
<tr><td>激光构造深度仪</td></tr>
</table>

二、乳化沥青稀浆封层

（一）乳化沥青稀浆封层的概念

稀浆封层的工艺原理是采用机械设备将乳化沥青、粗细骨料、填料、水和添加剂等按照设计配比拌和成稀浆混合料均匀地摊铺到原路面上形成的薄层，经裹复、破乳、析水、蒸发和固化等过程与原路面牢固地结合在一起，形成密实、坚固、耐磨和道路表面封层，具有防水、防滑、耐磨耗和填充作用，可以大大提高路面使用性能。

稀浆封层按照是否掺加了聚合物改性剂分为普通稀浆封层和改性稀浆封层；按照矿料级配的不同，稀浆封层可分为细封层、中封层和粗封层，分别以 ES－1、ES－2、ES－3 表示；按照开放交通的快慢，稀浆封层可分为快开放交通型稀浆封层和慢开放交通型稀浆封层。

(二)乳化沥青稀浆封层施工

1. 稀浆封层对原路面的要求

(1)具有足够的强度和刚度。原路面及其基层是承重层,应能承受荷载的作用,在重复荷载作用下,不会产生残余变形,也不允许产生剪切和弯拉破坏。其要求可参照城市道路或公路设计规范、城市道路或公路养护规范。

(2)具有良好的整体稳定性。稀浆封层几乎不具有结构抗应变能力,因此对原路面必须提出整体稳定性和热稳定性的要求才能保证路面质量。

(3)表面平整、密实、清洁。稀浆封层只起到调整表明平整度的作用,当原路面表面不太平整时,由于稀浆封层本身的厚度和施工方法所限,不能通过稀浆封层达到相当高的平整度要求。同样,原路表面必须密实、清洁,是关系到稀浆封层是否与原路面黏结在一起的重要因素。

2. 稀浆封层施工

(1)施工程序:原路面检测→修补原路面病害→封闭管制交通→清扫路面→放样放线→摊铺→修补修边→早期养护→开放交通。

(2)施工质量控制。施工前必须提供材料的试验报告,在确认符合要求后方可使用。

施工前必须提供混合料的试验报告,在确认材料没有发生变化和符合要求后方可施工。当乳化沥青的蒸发残留物含量和矿料含水量发生变化时,应调整配合比使之符合要求,并按调整后的配合比施工。

施工中应对稀浆混合料性能进行抽样检测。

稀浆封层施工外观质量应符合下列要求:表面平整,密实,无松散,无轮迹;纵、横缝衔接平顺,外观色泽均匀一致;与其他构造物衔接平顺,无污染;摊铺范围以外无流出的稀浆混合料;表面粗糙,无光滑现象。

第五节　新型排水管材及接口施工技术

一、预应力钢套筒混凝土管应用技术

(一)概述

预应力钢套筒混凝土管(简称 PCCP)是一种钢筒与混凝土制作的复合管,管芯为混凝土,在其外壁或中部埋入厚 1.5mm 钢筒,在管芯上施加环向预应力,采用机械张拉缠绕高强钢丝,并在其外部喷水泥砂浆保护层。该管的特点是由于钢套筒的作用,抗渗能力非常强。管子的接口采用钢制承插口,尺寸较准确,并设橡胶止水圈(单胶圈或双胶圈),因而止水效果好,安装方便。预应力钢套筒混凝土管的管径一般为 600 ~ 3 600mm,工作压力为 0.4 ~ 2.0MPa,其中管径 1 200mm 以下一般为内衬式,管径 1 400mm 以上通常为埋置式。

(二)预应力钢套筒混凝土管技术的特性

预应力钢套筒混凝土管充分发挥了钢材和混凝土的特性,二者完美结合,具有以下特性:

(1)设计方法先进、安全。它用综合分析法将各种内压和外部荷载组合在一起进行设计。考虑了管壁的弹性和非弹性变形，安全地限制了混凝土的抗拉和抗压应力，安全可靠。

(2)能承受高的内压和外部荷载。因为PCCP使用了经水压检验的钢套筒，解决了一般混凝土管存在的漏水问题，所以它可以承受很高的工作压力，最高可达5.0MPa；由于PCCP在设计上可以充分使用混凝土的抗压性能，所以较其他管材可承受更大的外荷载。

(3)接头密封好。PCCP接头采用钢制承插口，承口与插口工作面直径配合间隙为0~0.6mm。插口是带有凹槽的特制异型钢，密封圈放置在凹槽内，这种结合紧密的接口形式确保了接口具有较好的水密性。

(4)双胶圈接口性能良好。双胶圈接口形式不仅同样保证了极好的密封性，还可以使管子在安装时即可检验接口安装合格与否。

(5)对地基适应能力及抗震性能好。PCCP的刚性接头与柔性接口有一定的柔性，使其能转一定的角度，所以适应地基变化(如不均匀沉降或地震)的性能较其他管材好。

(6)较高的通水能力。PCCP内表面非常光滑，不易形成瘤节，表面不结垢，使得管线在运行服务期内能保持很高的通水能力。

(7)耐腐蚀性能好。由于构成PCCP的所有钢材均被良好、密实的混凝土所包围，经防腐处理的承插口安装后其外露部位又用砂浆灌注封口，混凝土或者砂浆提供的高碱性环境使得构成PCCP内部的钢材钝化，从而防止其腐蚀。

(8)可通过焊接部分接头以抵抗推力。当施工现场不方便做混凝土支墩时，PCCP可通过现场将转角处一定数量管道的钢质接口焊接起来，以抵抗推力。

(9)管道运行经济安全。PCCP独特的复合结构和接头形式使得这种管材不会出现管身、接头漏水，更不会出现爆管、断管等现象。输水管线在长期运行中管路损失极小，输水成本低。

(10)造价低、寿命长、社会综合效益好。PCCP的耗钢比钢管节省70%，运输方便，且钢质接头使得运输安装过程中无损耗。安装时沟槽开挖度窄，接口工作坑较浅，安装方便，综合造价低，在满足抗渗性能的前提下，其单位构成造价与钢管相比有较大的节省。国外的运行经验证明，PCCP的寿命可达50年以上，社会综合效益好。

(三)应力钢套筒混凝土管技术指标和质量验收要求

质量验收要求应符合中华人民共和国国家标准《给排水管道工程施工及验收规范》(GB50268—97)和中华人民共和国行业标准《市政排水管渠工程质量检验评定标准》(CJJ3—90)的规定。

(四)施工技术的主要内容和基本施工程序

1.施工技术的主要内容

施工技术的主要内容包括预应力钢套筒混凝土管管材制造、管材安装技术、接口和密封技术。

2.预应力钢套筒混凝土管管材制造工艺

预应力钢套筒混凝土管管材制造工艺主要有承插口制作、钢筒制作、水压试验、管芯成型、管芯养护、脱模、绕丝、喷浆等工序。

3. 管道安装技术

管道安装对接一般采用内拉加外拉法，依靠管道内部的内拉法和管道顶部的外拉法逐渐将两节管道对接在一起。

1）内拉法

在已安装完成的管道内部架设一斜梁（斜梁垂直长度略大于管道内径，斜梁上端焊接一钢板，钢板厚度略小于管道安装后的最小允许间隙，以能插入前后两节管道顶端间缝内为宜。斜梁下端位于已安装的后一节管道内），在待安装的管道外端口架设横梁，用钢丝绳和手拉葫芦将两梁连接，逐渐收短手拉葫芦主链，靠前节管道与地面摩擦力制约，拉近待安装的管道，最终将两节管道对接。

2）外拉法

在管道外部，用钢丝绳分别将已安装好的管道和待安装的管道兜身，并在管道顶部用手拉葫芦和钢丝绳连接，逐渐收短手拉葫芦主链，靠前节管道与地面摩擦力制约，拉近待安装的管道，最终将两节管道对接。

4. 接口和密封技术

橡胶密封圈安装前对其进行外观检查，将合格的橡胶密封圈涂抹植物油，并轻轻拉套到 PCCP 插口凹槽内，在橡胶圈下插入管道制造商推荐的工具，沿管道插口的周边环向移动一周调匀橡胶圈，橡胶圈不允许扭曲、翻转。

管道打压试验合格后，需对外部管道接头用水泥砂浆灌浆，内部管道接头的缝隙用水泥砂浆勾嵌。管道外部接头灌浆采用接头包带包裹，并用钢片将包带箍紧在管道上。配制的灌浆和勾嵌缝隙的水泥砂浆应无收缩性或具有微小膨胀性，且无沁水、离析现象。砂浆应具有稠奶油的稠度，能从管顶缠带开口处灌入，并绕接头全程流动，从另一端溢出。管道内部接头的缝隙应在每个工作日结束前完成勾嵌。

5. 基本施工程序

基本施工程序为：施工准备→沟槽开挖→管基施工管道运输、验收、堆放→管道吊入沟槽→橡胶密封圈安装→管道安装→管道接头打压→管道接头灌浆→回填土。

（五）适用范围

预应力钢套筒混凝土管技术可以应用于市政供水、排水和火电厂的循环水、补给水、水利引水管道工程。

（六）已应用的典型工程

目前，预应力钢套筒混凝土管技术在市政供水、排水工程已大量应用。如山西省万家寨引黄工程输水工程，多处穿越地下管线、桥梁、公路等各类建筑物，工程采用大口径 PCCP 长距离进行施工。郑州市五龙口污水处理厂中水工程也采用的是 PCCP 管材，效果较好。

二、玻璃纤维增强塑料夹砂管应用技术

（一）概述

玻璃纤维增强塑料夹砂管（简称玻璃钢夹砂管，RPMP），是以玻璃纤维及其制品为增强材料，以不饱和聚酯树脂等为基体材料，以石英砂及碳酸等无机非金属颗粒材料为填料

作为主要原料，采用定长缠绕工艺、离心浇铸工艺和连续缠绕工艺制成的管材。公称直径为200～2 500mm，压力为0.4～2.5MPa，管材刚度为3 750～10 000N/m²，分地下或地面使用的玻璃纤维增强塑料夹砂管两种。

玻璃钢夹砂管是目前国内正广泛推广使用的一种柔性复合型管材，在化工、饮用水输送和排污等领域应用广泛，安装方式多种多样，但采用双橡胶圈承插式连接，并配合专用试压螺栓独立进行接口水密性试验的创新施工方式，可有效保证管道接口安装质量。

（二）玻璃纤维增强塑料夹砂管技术的特性

1. RPMP管质量轻、强度高

玻璃钢夹砂管RPMP和钢套筒混凝土管PCCP及钢管SP几何尺寸、质量及强度对比如表5-4所示。

表5-4　各种管材几何尺寸、质量及强度对比

项目	RPMP管	PCCP管	SP管
比重(g/cm^3)	1.8	2.6	7.2
环向拉伸强度(MPa)	160	8	420
弯曲模量(GPa)	22	15	200
环向比强度(MPa)	89	3	58
公称直径(mm)	2 000	2 200	2 200
管道节长(m)	12	5	6
壁厚(mm)	31	170	16
单位长度质量(kg/m)	407	3 340	863

注：由于玻璃钢管内表面特别光滑，水力特性优于传统管材，在实际工程应用中，当玻璃钢管选用2 000mm直径时，传统管材就必须选用不小于2 200mm的直径。

由表5-4可知，玻璃钢夹砂管质量轻、强度高，RPMP管壁厚约为PCCP管的1/5；单位长度质量约为PCCP管的1/8，为SP管的1/2；环向比强度是PCCP管的30倍。

2. RPMP水力特性优良，输送流体能力强

RPMP管和PCCP管及SP管水力学参数对比见表5-5。

由表5-5可知，RPMP管内表面非常光滑，曼宁流动系数为0.009，远小于PCCP管的0.013和SP管的0.012，在相同输水能力下（日流量600 000m³/d），当RPMP管直径采用2 000mm时，PCCP管直径采用2 295mm、SP管直径采用2 228mm，即在相同输水能力下，玻璃钢管直径可比传统管材小2～3级；当管材直径相同时，PCCP管的输水能力只有RPMP管的69%，SP管的输水能力只有RPMP管的76%。因此，RPMP管水力特性优良，输送流体能力强。

表 5-5 各种管材水力学参数对比

项目		RPMP 管	PCCP 管	SP 管
曼宁流动系数		0.009	0.013	0.012
Hazen-Williams 系数		150	110	120
流量相同	日流量(m^3/d)	600 000	600 000	600 000
	沿程阻力损失系数	0.001	0.001	0.001
	管材公称直径(mm)	2 000	2 295	2 228
管径相同	日流量(m^3/d)	600 000	415 000	455 000
	沿程阻力损失系数	0.001	0.001	0.001
	管材公称直径(mm)	2 000	2 000	2 000

3. RPMP 管防腐性能特优

RPMP 管可抵抗酸、碱、盐等腐蚀性介质的侵蚀,无需做任何防腐处理,是一种典型的优良防腐管材,防腐性特优是 RPMP 管的典型特点。

4. RPMP 管运输安装方便快捷,安装工程造价明显低于传统管材

RPMP 管和 PCCP 管及 SP 管运输安装工程造价对比见表 5-6。

表 5-6 各种管材运输安装工程造价对比

项目	RPMP 管	PCCP 管	SP 管
公称直径(mm)	2 000	2 200	2 200
管材节长(m)	12	5	6
单位长度管材质量(kg/m)	407	3 340	863
运输车辆规格(t)	10	20	10
每米管材运费比率	100	240	100
管材安装起重设备(t)	25	80	25
管材安装速度(连接)(m/d)	180	75	72
每米管材安装费比率	100	480	250

由表 5-6 可知,RPMP 管管材质量极轻,管道节长一般为 12m,接头少,运输安装时无需重型机械设备,管线配套设备如阀门、法兰等直径小、成本低,土石方少、管节长,运输安装方便快捷,RPMP 管管材安装(连接)速度是 PCCP 管的 2.4 倍,是 SP 管的 2.5 倍,PCCP 管安装时一般需要做混凝土底座基础,SP 管接口需要焊接及防腐处理,因此 RPMP 管安装工期一般比传统管材可缩短约 40%,安装工程造价明显低于传统管材。

5. RPMP 管生产速度快,生产周期极短

RPMP 管生产速度高于传统管材,RPMP 管生产脱模后仅需 4h 固化处理即可投入使用,而根据标准要求 PCCP 管需要 28d 的后期养护处理,SP 管内外均需做防腐处理。因此,RPMP 管生产速度比传统管材快,生产周期极短。

6. RPMP 管安全可靠、寿命长、无需维护

RPMP 管强度高、无毒、无锈、无味、不滋生微生物，水力特性稳定可靠，对水质不会造成二次污染，安全可靠；RPMP 管使用寿命不低于 50 年，寿命期性能稳定，无需维护，PCCP 管和 SP 管设计寿命 30 年，而且管线运行一段时间后，管材内表面会结垢，流体阻力系数增加，SP 管要进行防腐等维护处理。

7. RPMP 管管道配件种类齐全

RPMP 管管材和传统管材连接方式多种多样，RPMP 管配件一般采用手工成型工艺制作，安全系数高，管件制作工艺灵活多变。管件可在工厂内加工也可在施工现场加工，法兰、三通、四通、弯头、变径、盲板等管件可加工成标准件，也可根据工程需要加工成非标准件。管材可根据需要任意切割，任意连接。

8. RPMP 管管材综合效益远高于传统管材

考虑到管线寿命及寿命期运行费用，RPMP 管管材综合效益远高于传统管材。

（三）RPMP 管技术指标和质量验收要求

质量验收要求应符合中华人民共和国国家标准《给水排水管道工程施工及验收规范》（GB50268—97）和中华人民共和国行业标准《市政排水管渠工程质量检验评定标准》（CJJ3—90）、《埋地给水排水玻璃纤维增强热固性树脂夹砂管管道工程施工及验收规程》（CECS129—2001）的规定。

（1）管道基础及安装允许偏差按表 5-7 执行。

表 5-7　管道基础及安装允许偏差

<table>
<tr><th>序号</th><th colspan="3">项目</th><th>允许偏差（mm）</th></tr>
<tr><td rowspan="2">1</td><td rowspan="2">垫层</td><td colspan="2">中线每侧宽度</td><td>不小于设计规定</td></tr>
<tr><td colspan="2">高程</td><td>0
－15</td></tr>
<tr><td rowspan="2">2</td><td rowspan="2">管道基础</td><td colspan="2">厚度</td><td>不小于设计规定</td></tr>
<tr><td colspan="2">支承角侧边高程</td><td>不小于设计规定</td></tr>
<tr><td rowspan="3">3</td><td rowspan="3">管道安装</td><td colspan="2">轴线位置</td><td>30</td></tr>
<tr><td rowspan="2">管道内底高程</td><td>$D \leq 1\,000$</td><td>±20</td></tr>
<tr><td>$D > 1\,000$</td><td>±30</td></tr>
</table>

注：D 为管道内径（mm）。

（2）安装后管道初始和长期径向挠曲值不得超过表 5-8 的规定。

表 5-8　管道允许径向挠曲值

原土级别		1	2	3	4	5
公称管径 ≥300mm	平均初始值（%）	3.0	3.0	2.5	2.0	2.0
	平均长期值（%）	5.0	5.0	5.0	5.0	5.0

（四）施工技术的主要内容和基本施工程序

1. 施工技术的主要内容

施工技术的主要内容如下：

(1) 管道安装技术。

(2) 接口和密封技术。

(3) 管道支撑技术。

(4) 系统严密性及冲洗消毒。

2. 管道安装技术

RPMP 管间连接时，承口端试压螺栓必须安装到位，管道的承口、插口与橡胶圈接触的表面应平整光滑、无划痕、无气孔，确保橡胶圈与凹槽、管壁均匀贴合；管道就位时，将插口对承口找正，试压孔朝上，套帆布绳，调整起吊机械，将插口端推入承口。

第一节管与第二节管安装要准确，管道承口朝来水方向。插口端与承口变径处在轴向应有一定间隙，公称直径为 300～1 500mm 管的间隙应控制在 5～15mm，接口的允许转角应由生产厂家提供。安装后，检查插口推入承口的位置是否符合要求，用探尺插入承插口间隙中检查橡胶圈位置是否正确。经检查确认接口安装符合要求后，用砂袋固定管道。在土壤或地下水对橡胶圈有腐蚀地段，在回填土前应用沥青胶泥、沥青麻丝或沥青锯末等材料封闭橡胶圈接口。

3. 接口和密封技术

根据管径选择相应橡胶圈，将管道承插口及橡胶圈清理洁净。上橡胶圈时，使橡胶圈弯成心形或花形放在承口槽内就位，并用手压实，确保各个部位不翘不扭。橡胶圈润滑剂应由配套厂商提供，不得使用石油制成的润滑剂。

4. 管道支撑技术

管道在弯头、变径、三通及阀门等处应按设计要求设置混凝土固定支墩，经过池塘、河道等地段按要求设置混凝土抗浮墩，各支墩混凝土强度达到设计强度后方可进行管道系统试压。止推墩的受力一边应支承在原状土层上，并保证支墩和土体紧密接触，否则土壤应分层夯实或以 C15 素混凝土填实。

5. 系统严密性及冲洗消毒

管道安装后必须尽早进行水压试验，每次试验长度不宜超过 1km，对中间设有附件管段分段长度不宜大于 500m，系统中不同材质管道应分别进行试压。可利用 RPMP 管与 SP 管及其管件，或其他设备连接处的安装柔性玻璃钢夹砂管盘承法兰短管接口进行分段试压。试验管段不得采用闸阀作堵板，不得有消火栓、安全阀等附件。试压泵和压力表设置在试验管段最低点。在管道连接前安装好试压专用螺栓，管道安装后螺栓连接手动试压泵，向接口内灌水，将水从试压螺杆内小孔灌入两个橡胶圈与管壁形成的密闭空间，同时打开设在最高点的排气阀，然后缓慢分级加压，先将水压逐步升高到工作压力，检查接口有无渗漏，如无渗漏再提高到试验压力，试验压力为工作压力的 1.5 倍，观察 10min，压力保持不变，且外观检查无渗漏为合格。试压合格后将密闭空间内的水排干，然后封闭试压孔泄水孔。

管道水压试验后，竣工验收前应进行冲洗消毒。可利用上游水源或安装临时水泵，以不小于 1m/s 的水流速度连续冲洗管道，应冲洗到出水口处的浊度、色度与入水口相当为止。

6. 基本施工程序

基本施工程序为：测量放样→沟槽开挖→基础处理→管道敷设及装配→接口严密性试验→固定支墩→管道回填→系统严密性试验→系统冲洗消毒。

（五）适用范围

玻璃钢夹砂管是目前国内外正在推广使用的一种新型柔性非金属复合材料管材，该产品可以地上或地下敷设，适用于城市饮用水、电厂循环水、海水、发电厂循环水、农用灌溉用水、城市污水和雨水、远距离压力或重力给排水输送系统等工程中。特别适用于长距离、高压力、地震多发区引、输、配水管工程和排水管工程使用。

（六）已应用的典型工程

经过日本神户和土耳其大地震震后检验证明，只有玻璃钢夹砂管完好无损。目前，玻璃钢夹砂管已在昆明市大观河水体置换输水管道工程、盘龙江二期截污管道工程、江滨路配水管网工程、安宁车木和引水工程输水管安装工程、昭通渔洞引水供水工程、原水管工程、郑州市电厂路中水工程等工程使用。

第六节　非开挖埋管技术

一、概述

非开挖埋管技术，顾名思义是指无需开挖沟槽埋设管道的施工方法。它是利用岩土钻掘手段，在路面不挖沟、不破坏大面积地表的情况下，敷设、修复和更换地下管线的施工技术。

（一）非开挖埋管技术的发展状况及特点

1. 非开挖埋管技术的发展状况

非开挖埋管技术起源于 20 世纪 70 年代的美国，用于石油及天然气管道敷设，后迅速传到欧洲和日本等发达国家，获得空前成功。我国从 90 年代开始引进该项技术。随着我国经济建设进入了持续、快速的发展期，城市基础设施建设的投入明显加大，城市中各种管道的敷设量大幅增长。且人们对居住的城市环境的要求也日益提高，重复开挖路面的“拉链路”早已为人们所深恶痛绝，非开挖埋管技术也逐渐被施工单位所接受。随着国外先进设备和技术的相继引进，非开挖埋管技术得到迅速推广和应用，成为一种潜力巨大的市政工程施工的新技术。

2. 非开挖埋管技术与传统方法相比的特点

非开挖埋管技术与传统方法相比，具有以下特点：

（1）引入了管线轨迹的测量和控制。

（2）大大提高了铺管能力（长度可达 2 000m，直径可达 4m 以上）。

（3）快速高效。与传统的开挖埋管相比，具有施工周期短、综合施工成本低、社会效益显著、节省大量投资和时间等优点。符合我国确立的建设资源节约型社会的要求。

（4）增强了在复杂地层条件下施工的能力。非开挖埋管技术不需要开挖面层就能穿越地面构筑物和地下管线及公路、铁路、河道。

(5)使管道的原位修复成为可能。

(6)绿色、环保。在市政工程中采用非开挖埋管技术需敷设大量给水、排水、煤气、电力、通信等管道工程时，对城区的交通、噪声、粉尘的危害和影响大大降低，符合环境友好型社会战略目标的要求，是真正绿色、环保、高效、节能的新型埋管技术。

(二)非开挖埋管技术分类

按施工原理不同，非开挖埋管技术一般分为盾构施工法、水平导(定)向钻进法、顶管法、夯管法、冲击矛敷设法、微型隧道法等。其中，盾构施工法、定向钻进法、顶管法等三种方法应用较广泛。目前，在市政排水工程中较多采用的是顶管法，管径一般为600～4 000mm。盾构施工法适用于地铁、隧道及大管径排水工程，管径宜大于4m；定向钻进法则大量应用在敷设小管径管线，即敷设直径小于500mm的各类管线(钢管、混凝土管、塑料管)，多用于给水、燃气、电信和电力等工程及小管径排水工程。

二、顶管法施工技术

顶管法施工是在地下作业井(坑，下同)内，借助顶进设备的顶力将管子逐渐向预定的方向顶进，同时将阻挡管道向前顶进的土壤从管内用人工或机械挖出。这种方法比开挖沟槽挖土可以减少大量土方并节约施工用地，特别是在穿越建筑物和构筑物或者因为条件所限无法进行降水开槽施工时，采用此法更为有利。顶管法所用的管材通常采用各种圆形预制管道，如钢管、普通钢筋混凝土管或特制的钢筋混凝土管，以及其他各种合金管道和非合金管道，也可采用方形、矩形等其他非圆形的预制或现浇的钢筋混凝土管沟。管径一般为600～4 000mm。

(一)顶管施工技术的主要内容和基本施工程序

1.顶管施工技术的主要内容

顶管施工技术的主要内容包括：

(1)作业井设置。

(2)顶管法的基本构成，包括后背(又称后座)修筑与导轨敷设、顶进设备(顶管掘进机械)布置、工作管、中继间(环)、吸泥(出泥)准备、其他辅助设备安装等。

(3)顶管法顶力计算。

(4)降水与排水。

(5)顶管法综合施工技术，包括作业井的施工(开挖、沉井等)及作业井的防水技术、穿墙管和顶进设备(顶管掘进机械)穿墙出洞技术、触变泥浆减阻技术及防止泥水流入作业井和压注的触变泥浆流失的技术、顶进与纠偏技术、管道接口技术、陀螺仪激光导向技术、局部气压与冲泥技术等。

2.顶管施工技术的基本施工程序

首先，按照设计的井位确定顶进段落，在顶进段的两端各建立一个作业井，在工作井(作业井的一种类型)中安装后背墙、千斤顶、导轨等设施。然后，将带有工具管(或者顶管机头)的首节管，缓缓吊入工作井底部的导轨上，当管道高程、中心位置调整准确后，开启千斤顶使工具管的刃角切入土层，此时，工人可以进入工作面挖掘刃角切入土层的泥土，并随时将弃土通过运土设备从顶进坑吊运至地面(机械顶管开启机头、千斤顶后，被挖掘物质通过泥浆循环系统用泵或螺旋输送机排出)。当完成这一开挖过程后,再次开启千斤顶,则被顶进管道即可缓缓前进。随着顶进管段的加长,所需顶力应逐渐加大,为了减小顶力,在管道的外围可注入润滑剂或在管道中间设置中继间,以使顶力始终控制在单位长度所需的顶力范围内。

(二)顶管施工的分类

目前,顶管施工技术按施工工艺分为两类:敞开式顶管施工技术和封闭式顶管施工技术。一般来说,敞开式顶管施工适用于顶距较短、口径较小、地质条件简单的管道工程。封闭式顶管施工则可以对顶距较长、顶管口径较大、地质条件复杂的管道工程进行施工。

1.敞开式顶管施工技术

1)手掘式工具管顶管

手掘式工具管顶管即常说的人工顶管,是最早发展起来的一种顶管施工工艺。人工顶管工人可以直接进入工作面挖掘,施工人员可随时观察土层与工作面的稳定状态,遇到障碍物、偏差易采取应变措施及时处理。在土质比较稳定的情况下,首节管可以不带全面的管帽,直接由首节管作为工具管进行顶管施工。由于它采取了一定的辅助措施后就可以进行,具有施工操作简便、易掌握、设备少、施工成本低、施工进度快等优点,所以目前仍具有一定的应用价值。人工顶管的缺点是效率低,人工操作质量较难控制,必须将地下水水位降低至管基以下0.5m时方可施工。另外,由于它设备简单,入行门槛较低,施工场地小,造成许多施工经验少、技术水平低的小施工队伍甚至临时拼凑几个人也可以施工,质量、安全监控困难,造成施工质量不能保证,容易出安全事故,并且由于无序施工,在施工中时常会发生损坏其他地下设施的事故,给工程所在区域市政工程的运行带来安全隐患。由此,一些大城市对该施工工艺控制较严,甚至在城市建成区禁止人工顶管。

2)挤压式工具管顶管技术

将工作面用胸板隔开,而胸板上留有一喇叭口形的锥筒,当顶进时将土体挤入喇叭口内,土体被压缩后从喇叭口吐出条形土柱,由运土工具吊运至地面。该法适用于大中口径的管道,对潮湿、可压缩的黏性土、砂性土比较适宜。该法设备简单、安全、避免了人工挖土的工序,比手掘式工具管顶管提高效率1~2倍。

3)机械式开挖工具管顶管技术

在工具管的前方装有钻进式的刀盘,由电动机驱动(刀盘径向转动的叫径向切削机头,纵向转动的叫纵向切削机头),被挖下的土体由皮带运输机运出。这种机头适用于无地下水干扰、土质稳定的黏性或砂性土层。

4)挤密土层式工具管顶管技术

锥形或者管帽形的工具管安装在被顶管道的前方,顶进时借助千斤顶的顶力,将开支管子直接挤入土层中,顶进时管周围的土层被挤密实。这种顶管方式引起的地面变形较大,仅适用于潮湿黏土、砂土、砂黏性土,顶距较短的小口径钢管、铸铁管,且对地面变形要求不甚严格的地段。

2.封闭式顶管施工技术

1)水利切削式机头机械顶管

水利切削式机头机械顶管是一种利用机头前方的高压水枪冲刷土体而进行顶管的施

工技术。水利切削式机头由三段组成，首段位于机头的前方，该段设有一密封舱，舱内装有高压水枪、刃角、格栅、泥浆吸口、输泥管等。前段与中段之间设一对水平铰，通过上下纠偏油缸的伸缩，可使工具管上、下转动；中段与后段之间设一垂直铰，通过左右油缸的伸缩，可使工具管左右转动，因此该工具管使用时，上下纠偏与左右纠偏是分开的，彼此互不干扰，且纠角明确。坐落在首段上的铰链可以拆卸，便于更换不同类型的首段，以适应不同土层顶管的要求。此技术可适用于管径 1 200 ~3 000mm 饱和软土层的顶管施工。

2）土压平衡式机头机械顶管

土压平衡式机头的工作原理是利用全遥控的技术指挥顶管机前进，顶管机最前方的机械刀盘切削泥土，附加液压千斤顶在装有遥控装置的顶管掘进机的后方施加巨大推力，使掘进机及紧随其后的管道穿越土层，达到预先设计的位置上。由于挖掘发生在顶管机的前方，被挖掘物质通过螺旋输送机排出，使工人们远离危险的环境，加上用土压自动平衡的技术来防止地表隆起和沉降，减少了对地面建筑和附属物的破坏。

它在机头前方设有密封舱，舱内装有刀盘、压力传感器、螺旋输送机、观测孔等装置，工作人员在密封舱外借助观测孔、压力传感器和仪表，操作电控开关控制刀盘切削和顶进速度。所谓土压平衡就是在刀盘切削下来的泥土中注入流动性和不透水性的“作泥材料”，然后在刀盘强制转动、搅拌下，使切削下来的土变成流动性的、不透水的特殊土体，使之充满密封舱，并保持一定的压力来平衡开挖面的土压力。

3）泥水平衡式机头机械顶管

泥水平衡式机头的工作原理和土压平衡式机头的工作原理近似。不同的是采用水力切削泥土，被挖掘物质通过泥浆循环系统用泵排出，采用泥水压自动平衡的技术来防止地表隆起和沉降。

泥水平衡式机头和土压平衡式机头一样，在机头前方设有密封舱、刀盘、压力传感器、螺旋输送机等设备。所不同的是，泥水平衡式机头是在密封舱内采用护壁泥浆来平衡开挖面的土压力，采用压力平衡自控装置实施顶进作业。泥水平衡式顶管适用于控制地面变形小于 3cm，工作面位于地下水位以下，渗透系数大于 10^{-3}cm/s 的黏性土、砂性土、粉砂质土的作业条件。

另外，根据管道行进方式不同，顶管法施工又可分为对顶法、对拉法、顶拉法、中继法、后顶法、牵引法、深覆土减摩顶进法等。根据超越的障碍物不同又分为直接顶进施工法和套管顶管法。在穿越道路和河堤等一般情况下可采用直接顶进施工法，在穿越对顶管后地面沉降和变形控制要求较高的情况下如重要铁路等则采用套管顶管法，即采用顶管法先将套管顶过铁路，而穿越管则铺筑于套管内。

（三）顶管作业井（坑）施工技术

顶管施工虽不需要开挖地面，但作业井（坑）是必须开挖的。顶管工程的作业井分工作井（坑）和接收井（坑）两种。工作井（坑）是安放所有顶进设备的场所，也是顶管机头或工具管的始发地，同时又是承受主顶油缸反作用力的构筑物。接收井（坑）则是接收机头或工具管的场所。因此，作业井（坑）必须尺寸足够大，并且坚固、可靠。作业井（坑）按其构筑方法可分为钢筋混凝土沉井、地下连续墙井、钢板桩井、混凝土砌块井或钢瓦楞板拼装井等。比较常见的是钢筋混凝土沉井。

1. 钢筋混凝土沉井

钢筋混凝土沉井是在经过整平或处理的地基上制作的无盖、无底的钢筋混凝土结构物，采取不同的方式取出井内的土体，主要靠其本身重量克服井壁与土的摩阻力和刃脚下的阻力下沉到设计标高。经封底后形成的地下空间可作为顶管工程作业井(坑)使用。

2. 钢筋混凝土沉井的特点

(1)钢筋混凝土沉井制作场地较为灵活，可以就地制作。

(2)钢筋混凝土沉井结构刚度大，井壁能承受井外的水土压力，取土时无须像地下连续墙或板桩那样加设支护。

(3)与敞口基坑开挖相比，钢筋混凝土沉井的挖土量较少，深度越深，其优越性越明显。

(4)钢筋混凝土沉井不仅可以作为临时作业井，管道通水后又可作为检查井使用。其混凝土质量比在泥浆下浇筑的地下连续墙更可靠。

(5)顶管机头进出洞口可以在沉井壁上事先预留。

(6)钢筋混凝土沉井下沉时，对周围土体会有扰动，因此对在井周破坏棱体范围内的构筑物、管线须采取有效措施，并进行必要的保护和监测。

(7)钢筋混凝土沉井预留洞口在浇筑混凝土时进行预留。由于顶管过程中需要对管道壁外侧进行注浆，预留洞口应在顶进过程中用止水胶圈进行密封，因此洞口预留尺寸不能过大。值得注意的是，沉井预留洞口在下沉过程中不可能完全按照人的主观意识分毫不差地沉到设计位置，往往因为地质情况的复杂性，预留洞口高程及中线位置很难和设计完全吻合。这个因素应该在施工中予以充分考虑。

(四)顶管方法的选择

顶管方法的选择应根据管道所处的土层性质、管径、地下水水位、附近地上与地下的建筑物及构筑物和各种设施等地下工程项目的特点、设计要求、技术标准、有关规程、工程环境的实际情况，以及施工的力量和经济效益综合平衡采用不同的顶管施工方法。

(五)顶管法的技术指标和质量验收要求

1. 顶管法的技术指标、质量验收要求

顶管法的技术指标、质量验收要求应符合中华人民共和国国家标准《给水排水管道工程施工及验收规范》(GB50268—97)和中华人民共和国行业标准《市政排水管渠工程质量检验评定标准》(CJJ3—90)以及《顶管施工技术及验收规范》(试行)的规定。顶管允许偏差见表5-9。

表5-9　顶管允许偏差

项目		允许偏差(mm)
轴线位置		50
管内底高程	$D<1\ 500$	30 -40
	$D\geq 1\ 500$	40 -50
相邻管间错口	钢管道	≤2
	钢筋混凝土管道	15%壁厚且不大于20
对顶时两端错口		50

注：D为管道内径(mm)。

2. 沉井施工技术指标、质量验收要求

沉井施工技术指标、质量验收要求应符合中华人民共和国国家标准《给水排水构筑物施工及验收规范》(GBJ141—90)的规定。沉井制作允许偏差见表5-10。

表5-10　沉井制作允许偏差

项目		允许偏差(mm)
平面尺寸	长、宽	±0.5%且不大于100
	曲线部分半径	±0.5%且不大于50
	两对角线差	对角线长的1%
井壁厚度		±15

(六)已应用的典型工程

近几十年,顶管施工技术日臻成熟,特别是中继接力顶进技术的出现使顶管法已发展成为可长距离顶进的施工方法,使顶管技术在长距离穿越江河、湖泊及地面交通工程等的地下管线的敷设工程中逐渐得到普遍应用。比较典型的工程有西气东输跨越黄河的顶管工程和上海穿越黄浦江的顶管工程。在中南地区,郑州市市政工程总公司经过多年努力,从1998年起先后开发研制了D1 400～D3 000mm封闭式机械切削土压平衡式、泥水平衡式顶管设备和施工技术,先后在郑州市王新庄污水处理厂D2 600～D3 000mm进厂干管工程、燕凤路污水工程、107国道污水工程以及马头岗污水处理厂进厂干管工程等工程中成功应用,效果较好。特别是在马头岗污水处理厂进厂干管顶管施工中,在不影响107国道通行的情况下采用土压平衡式、泥水平衡式顶管埋设了D2 800mm污水干管。顶管平均顶距229m,单向最大顶距437m,管道平均埋深12m,最大埋深19m。施工区域地下水水位仅2m,且管道路径大部分处于流砂层中。工程成功穿越了连霍高速、沙花干沟、贾鲁支河等障碍。其中,穿越连霍高速立交桥时,管外皮距离立交桥摩擦桩最小距离仅为5m。施工过程中对107国道、连霍高速立交桥及沿线建筑物未造成任何损害,顶管施工效果良好。

三、盾构施工技术

盾构施工法是在地面下暗挖隧洞、埋设管道的一种施工方法,是非开挖埋管技术的一个重要组成部分。它使用盾构机在地下掘进,在防止软基开挖面崩塌或保持开挖面稳定的同时,在机内安全地进行隧洞开挖和衬砌作业,从而形成管道或隧道。它特别适用于在软土地层中构筑地铁、隧道及大管径排水工程,管径宜大于4m。

(一)盾构施工法技术的发展状况

盾构机问世至今已有近180年的历史,其始于英国,发展于日本、德国。近30年来,通过对土压平衡式、泥水式盾构机的关键技术,如盾构机的有效密封、确保开挖面的稳定、控制地表隆起及塌陷在规定范围之内、刀具的使用寿命以及在密封条件下的刀具更换、一些恶劣地质如高水压条件的处理技术等方面的探索和研究解决,使盾构机有了很快的发展。国外主要生产厂家有日本三菱重工及川崎重工、日立造船,德国海伦克内希特公司等。盾构机尤其是土压平衡式和泥水式盾构机在日本由于经济的快速发展及实际工程的需要发展很快。德国的盾构机技术也有独到之处，尤其是在地下施工过程中，保证密封的前提以及高达0.3MPa气压的情况下更换刀盘上的刀具，从而提高盾构机的一次掘进长度。德国还开发了在密封条件下，从大直径刀盘内侧常压空间内更换被磨损的刀具。

(二)施工技术的主要内容和基本施工程序

1.盾构法施工技术特点

经过100多年的应用与发展，盾构法已能适用于任何水文地质条件下的施工，无论是松软的、坚硬的、有地下水的、无地下水的暗挖隧道工程都可用盾构法。盾构法施工之所以被广泛采用，除城市地下工程发展的客观需要外，还由于该法本身具有以下突出的优越性：

(1)自动化程度高。节省人力、施工速度快、一次成洞，施工效率高，质量控制可靠。

(2)施工安全。在盾构设备掩护下，不稳定土层中也可安全进行土层开挖与支护工作。

(3)对气候和环境因素要求较低。施工时几乎不受气候影响，与地面工程及交通互不影响，尤其是在城区建筑物密集和交通繁忙地段，该法更有优越性。

(4)震动和噪声小。可严格控制地表沉陷，对施工区域环境影响小，减少对地面建筑物的影响，对施工地区附近的居民几乎没有干扰，在水下开挖时不影响水面交通。

(5)在管道管线较长、埋深较深、管道直径较大的情况下，用盾构机施工更为经济合理。

2.盾构法施工作业的主要技术内容

盾构法施工作业的主要技术内容包括：

(1)盾构分类及选型。

(2)盾构技术参数设计。

(3)盾构施工技术。

(4)管片的制作、铺装、防水和注浆技术。

(5)盾构施工的地表沉陷及地层移动控制技术。

3.盾构法施工作业的基本施工程序

盾构法施工作业的基本施工程序与封闭式机械顶管相近。施工过程需先在隧洞某段的一端开挖竖井或基坑，将盾构机吊入安装，盾构机从竖井或基坑的墙壁开孔处开始掘进并沿设计洞线推进直至到达洞线中的另一竖井或隧洞的端点。其中，盾构机是盾构法施工中的主要施工机械。盾构机由壳体、推进系统、拼装系统、出土系统组成。

4.盾构法施工作业的基本工作原理

盾构机的基本工作原理就是一个圆柱体的钢组件沿管道线轴线边向前推进边对土壤进行挖掘。该圆柱体组件的壳体即护盾，它对挖掘出的还未衬砌的管道段起着临时支撑的作用，承受周围土层的压力，有时还承受地下水压力以及将地下水挡在外面。挖掘、排土、衬砌等作业均在护盾的掩护下进行。

盾构机施工主要由稳定开挖面、挖掘及排土、衬砌包括壁后灌浆三大要素组成。其中，开挖面的稳定方法是其工作原理的主要方面，也是区别于硬岩掘进机或比硬岩掘进机更为复杂的主要方面。大多数硬岩岩体稳定性较好，不存在开挖面稳定问题。

（三）盾构法施工的分类

盾构机根据其适用的土质及工作方式的不同主要分为压缩空气式、泥水式、土压平衡式等不同类型。泥水式盾构机是通过加压泥水或泥浆（通常为膨润土悬浮液）来稳定开挖面，其刀盘后面有一个密封隔板，与开挖面之间形成泥水室，里面充满了泥浆，开挖土料与泥浆混合后由泥浆泵输送到洞外分离厂，经分离后泥浆重复使用；土压平衡式盾构机是把土料（必要时添加泡沫等对土壤进行改良）作为稳定开挖面的介质，刀盘后隔板与开挖面之间形成泥土室，刀盘旋转开挖使泥土料增加，再由螺旋输料器旋转将土料运出，泥土室内土压可由刀盘旋转开挖速度和螺旋输出料器出土量（旋转速度）进行调节。

（四）盾构法施工的选型

盾构型式选择应根据盾构推进沿线的工程地质和水文地质条件，地上与地下建筑物、构筑物情况，运土条件及地表沉降要求等具体情况经综合考虑后确定，并应确保开挖面的土体稳定。

（五）技术指标、质量验收要求

盾构法的技术指标、质量验收要求应符合中华人民共和国国家标准《给水排水管道工程施工及验收规范》（GB50268—97）和中华人民共和国行业标准《市政排水管渠工程质量检验评定标准》（CJJ3—90）的规定。盾构法施工的给水排水管道允许偏差见表5-11。

表5-11　盾构法施工的给水排水管道允许偏差

项目		允许偏差（mm）
轴线位置		150
圆环变形		8‰
初期衬砌相邻环高差		≤20
高程	排水管道	15 -150
	套管或管廊	±100

注：圆环变形等于圆环水平及垂直直径差值与标准内径的比值。

（六）已应用的典型工程

近年来，我国城市地铁隧道、污水隧道及给水排水管线隧道的修建越来越广泛地采用盾构法。著名的南水北调中线工程穿越黄河工程也采用了盾构法施工。典型的盾构隧道工程有上海地铁盾构隧道、深圳地铁盾构隧道、广州地铁盾构隧道、南京地铁盾构隧道、北京地铁五号线盾构隧道、北京清河污水盾构隧道等。

四、定向钻进铺管技术

（一）定向钻进铺管技术的发展状况及特点

1. 定向钻进铺管技术（HDD）发展状况

定向钻进铺管技术（HDD）是近年发展起来的将石油工业的定向钻进技术和传统的管线施工方法相结合的一项施工新技术，属于非开挖地下管线施工技术的一种。它按照设计的钻孔轨迹，采用回转切削水射流式挤压方式成孔，由地面导向仪接收钻头附近发出的电磁信号来实现钻孔轨迹控制，即人工用手持仪器来随钻导向的钻进方法，先钻进形成导向孔，随后在钻杆端部换较大直径钻头进行扩孔，在扩孔的同时将待铺管线拉入钻孔，完成铺管施工。该方法宜用来敷设小直径管线，即敷设直径小于500mm的各类管线（钢管、混凝土管、塑料管）。

在10年前，HDD在西方就成为了一项重要的技术。早期，这项技术只是应用于穿越河流敷设管线，而在这些地方，明挖敷设显然是不切合实际的。随着这项技术的进一步发展，HDD成为了众多市政管线敷设工程的选择，铺管直径已从几厘米发展到1m以上。现在，HDD通常被用于穿越公路、机场跑道，以及地下管线，甚至穿越地下建筑。使用HDD可以在不阻断交通的情况下，在繁忙的商业区与工业区施工，从而减少由于阻断交通对这些地区生产力的影响。

HDD被介绍到中国仅仅几年时间。现在中国已经成为世界上发展最快的HDD市场。在开始的几年中，Vermeer（威猛）以及一些其他的国外钻机制造商主导了国内市场。近年来，一些国内的制造商也已经取得了一定的成功，国产钻机的出现使这项技术在愈来愈多的市政管道敷设工程上应用。

2. 定向钻进铺管技术（HDD）的特点

定向钻进铺管技术与顶管法和盾构法非开挖埋管技术相比，具有以下施工优点：

（1）导向仪导向，快速、高效、准确。

（2）钻孔方向易控制，施工场地要求简单。

（3）导向探测与管线探测相结合，有效调整钻头，避开管线，适合复杂地层条件下施工。特别是不能开挖的管线敷设环境，如穿越高速公路、铁路、建筑物、河流、古迹保护区、农作物和植被保护区等，以及城市主干道、闹市区，更显优势。

（二）施工技术的主要内容和基本施工程序

1. 定向钻进铺管技术的主要内容

定向钻进铺管技术的主要内容包括：

（1）定向钻进铺管技术的基本构成。

（2）地层勘探及地下管线探测。

（3）钻机钻进轨迹的规划与设计。

（4）钻具设备的选择。

（5）定向钻进铺管综合施工技术，包括激光、电磁、超声波、GPS等探测定位引导技术。

（6）成孔与泥浆护壁技术。

2. 基本施工程序

（1）通过地层勘探及地下管线探测了解有关地层和地下水及有关地下已有管线和其他埋设物的位置情况，为选择钻进方法和配制钻液以及设计钻进轨迹提供依据。

（2）根据勘探情况规划钻孔轨迹，利用导向仪导向控制钻头按照预定方向绕过地下障碍物直达目的地。

（3）钻头换装适当尺寸和特殊类型的固程扩孔器，使之能够在拉回钻杆的同时将钻孔扩大至所需直径，并将需要铺装的管线同时返程牵回钻孔入口处。在钻进过程中，特制的混合机提供的钻孔混合液不断从钻头的钻口喷出，用以润滑钻头、钻杆和保护钻道，以提高整个工程的工作效率。

（三）铺管技术施工工艺流程

1. 施工准备

进场后需调查该管道施工范围内有无其他地下管线，若有则需做出标记，以防止在拉进过程中对原管线造成损害。根据设计单位交付的设计资料，对所有导线点和水准点进行测量，根据结果进行管线的放样、确定水准点的引点等工作。

2. 钻孔

首先将探测棒插入导向头内，导向头后端与钢管连接，然后用顶管机给钢管施加压力，推进导向头，将导向头打入地下；导向仪可随时接收导向头的方位与深度，顶管机可根据此信息及时旋转导向头，使导向头可向前、上、下、左、右运动，随时改变深度和方向，在地下形成一个直径为100mm的圆孔通道，孔道中心线即为所需铺设管道的中心线。

3. 成孔

在孔洞形成后，将导向头卸下，装上比孔洞大一号的钻头进行扩孔。然后将钻头往回拖拉至初始位置，卸下该钻头，换上更大的钻头，来回几次操作直至达到设计的孔径。为了防止塌孔，在水中加入TERRA等稀释粉，用水泵注水通过钢管至钻头，该粉具有固化洞壁、润滑钻杆等作用。

4. 牵引管道

钻孔完成后，将管材连接成需要长度，将管材两端封闭，一端与钻头相连，将其一次性拖入已形成的孔洞中，即完成整个埋管工程。

（四）技术指标、质量验收要求

和前两种非开挖施工技术相比，水平定向钻进铺管技术不需开挖较稳固的工作井和接收井，从而实现了完全的非开挖施工。由于铺设的管线有较深的覆土，管道在地下的质量难以用常规的方法进行检查确认，故采用定向钻孔法铺设管道工程的质量控制有其特殊性。可参照福建省工程建设地方标准《水平定向钻进管线铺设工程技术规范》（DBJ13—102—2008）。但管道完成后，给水排水管道应按中华人民共和国国家标准《给水排水管道工程施工及验收规范》（GB50268—97）进行水压或闭水试验。其他管线应按相应标准进行验收。

（五）水平定向钻进铺管技术适用范围

水平定向钻进铺管技术主要适用于穿越河流、公路、铁路、建筑物等障碍物铺设的各种管线（包括电力电缆、电信电缆、热力管道、燃气管道、给水排水管道等）。铺管直径、长度和材料范围较宽，适合1 000mm以下管径，主要有PE管铺设和钢管铺设。

（六）已应用的典型工程

近几年，水平定向钻进铺管技术已广泛应用于各种市政管线施工中。特别是各种小口径市政管线跨越正在通行的道路时，一般都应用该技术。郑州燃气工程建设有限公司在郑州市环城快速路天然气输配管网工程中应用美国威猛水平定向钻机，利用地下定位系统配合计算机自动导航监视系统铺设天然气管道，准确率达100%，该工程获得2003年度国家市政行业质量最高奖——国家市政工程金杯示范工程。

（七）施工时应注意的事项

虽然水平定向钻进铺管技术经过多年发展，已经相对成熟，成功案例也较多，但由于城市建成区地下管线复杂，管线管材不一，埋设时间久远，以及埋设资料的缺失等诸多因素，地层勘探及地下管线探测仍存在盲点。在水平定向钻进铺管的过程中钻破自来水、天然气等已有管线的事故屡有发生，因此在定向钻进铺管施工时应慎之又慎，将施工准备工作尽可能做充分。

第七节　土工合成材料应用技术

一、土工合成材料的概念及分类概述

（一）概念

土工合成材料是工程建设中使用的合成材料的总称。它是以人工合成的聚合物（如塑料、化纤、合成橡胶等）为原料，制成各种类型的产品，置于岩土或其他工程结构的内部、表面或各种结构层之间，发挥反滤、隔离、加筋、防护等用途，对岩土或其他结构具有加强和保护功能的一种新型工程材料。

（二）分类

土工合成材料可分为土工织物、土工膜、土工特种材料和土工复合材料等四大类型。

土工织物包括织造和非织造（无纺）两类，其中织造土工织物又分机织（含编织）和针织两种，非织造（无纺）土工织物分针刺、热黏结、化学黏结等。

土工膜一般分为沥青土工膜和聚合物土工膜两大类。为了适应工程应用中不同强度变形的需要，两类中又各有不加筋（单一或混合材料）和加筋或组合的类型。

土工特种材料包括土工格栅、土工带、土工格室、土工网、土工膜袋、土工网垫、土工织物膨润土垫（GCL）、聚苯乙烯板块（EPS）等。

土工复合材料是由上述各种材料复合而成的，如复合土工膜、复合土工织物、复合防排水材料（排水带、排水管、排水防水材料）等。

二、土工织物应用技术

土工织物又称土工布，是一种透水性的平面土工合成材料，它是由合成纤维通过针刺或编织而成的透水性土工合成材料。成品为布状，一般宽度为 4 ~ 6m，长度为 50 ~ 100m。土工织物的制造过程是首先把聚合物原料加工成丝、短纤维、纱或条带，然后再制成平面结构的土工织物。

土工织物突出的优点是质量轻，整体连续性好（可做成较大面积的整体），施工方便，抗拉强度较高，渗透性好，耐高温、抗冷冻、耐老化、耐腐蚀和抗微生物侵蚀性好，具有优秀的过滤、隔离、加固防护作用。缺点是未经特殊处理，抗紫外线能力低，如暴露在外，受紫外线直接照射容易老化，但如不直接暴露，则抗老化及耐久性能仍较高。

（一）常用的土工织物

土工织物按制造方法分为织造（有纺）土工织物（布）和非织造（无纺）土工织物（布）

以及经编复合土工织物(布)等。

1. 非织造(无纺)土工布

非织造(无纺)土工布是由短纤维或长丝按定向或随机排列制成薄絮垫,再经过机械加工而成的。按照联结纤维的方法不同,可分为化学(黏结剂)联结、热力联结和机械联结三种联结方式。相互缠结固着使织物规格化,让织物柔软、丰满、厚实、硬挺,以达到不同的厚度,满足使用要求。无纺土工布具有很好的织物间隙、附着性,由于纤维柔软,具有一定的抗撕裂能力和很好的变形适应能力,同时其表面柔软、多间隙,有很高的摩擦系数,能够增加土粒等的附着能力,可以防止细小颗粒通过,阻止了颗粒物的流失又可以排除多余水分,因此具有很强的平面排水能力。根据用丝的长短分为长丝无纺土工布和短丝无纺土工布。它们都能起到很好的过滤、隔离、加筋、防护等功效,是一种应用广泛的土工合成材料。长丝的抗拉强度高于短丝,可根据具体要求选择使用。

2. 织造(有纺)土工布

织造(有纺)土工布由至少两组平行的纱线(或扁丝)组成,一组沿织机的纵(织物行进的方向)向纱线称经纱,另一组横向布置称为纬纱。采用不同的编织方法和工艺将经纱与纬纱交织在一起织成布状,可根据不同的使用范围编织成不同的厚度与密实度。一般有纺土工布较薄,纵、横向都具有相当强的抗拉强度(经度大于纬度),具有很好的稳定性能。有纺土工布根据编织工艺和使用经纬的不同分为加筋土工布和不加筋土工布两大类,加筋土工布的径向抗拉强度远远大于普通土工布。有纺土工布一般应用于土工工程项目中的加筋增强,主要功能是加固增强,具有平面隔离与保护功能,但不具备平面排水功能,可根据具体的使用目的选用。

3. 经编复合土工织物(布)

经编复合土工织物(布)是以玻璃纤维(或合成纤维)为增强材料,通过与短纤针刺无纺布复合而成的新型土工材料。经编复合土工布不同于一般机织布,其最大特点是经线与纬线的交叉点不弯曲,各自处于平直状态。用捆绑线将两者捆扎牢固,可全面较均匀同步承受外力,分布应力,施加的外力撕裂材料的瞬时,纱线会沿初裂口拥集,增加抗撕裂强度。

经编复合时利用经编捆绑线在经、纬纱与短纤针刺土工布的纤维层间反复穿行,使三者编结为一体,因而经编复合土工布既具有高抗拉强度、低延伸率的特点,又兼有针刺非织造布的性能。因此,经编复合土工布三维整体法向及水平向均有较好的聚水、异水的作用,是一种可用于加筋增强、隔离防护的材料。因其固体基质和气孔均呈连续相、成为多孔隙的过滤效应,是一种多功能的土工复合材料。它是当今国际上高水平的应用土工复合的基材。

经编复合土工布具有高抗拉强度、低延伸率、纵横向变形均匀、抗撕裂强度高、耐磨性能优良、透水性高、反滤性强等特性。

经编复合土工布主要有加筋、排水、反滤、防护、隔离等功能。

经编复合土工布主要应用于如下方面:

(1)堤坝加筋排水,反滤,均化基底应力,防止地基变形及垫层淤堵,加速固结排水,提高地基强度的稳定。

(2)加强边坡填土,提高稳定性。

(3)隧道、水池、水位变更、土体流失、暗管排水等。

(二)土工布的应用特性

(1)目前用于土工布生产的合成纤维主要为锦纶、涤纶、丙纶、乙纶,它们都具有很强的抗埋性、耐腐性。

(2)土工布为透水材料,所以具有很好的反滤隔离功能。

(3)无纺土工布由于结构蓬松,具有很好的排水性能 。

(4)土工布有很强的抗穿刺能力,所以具有很好的保护性能。

(5)土工布有很高的摩擦系数与抗拉强度,具有土工加筋性能。

(三)土工布施工工艺及注意事项

(1)用人工滚铺,布面要平整,并适当留有变形余量。

(2)长丝或短丝土工布的安装通常用搭接、缝合和焊接几种方法。缝合和焊接的宽度一般为100mm以上,搭接宽度一般为20mm以上。可能长期外露的土工布,则应焊接或缝合。

(3)土工布的缝合:

所有的缝合必须连续进行。在缝合之前,土工布必须重叠最少150mm。最小缝针距离织边(材料暴露的边缘)至少是25mm。

用于缝合的线应为最小张力超过60N的树脂材料,并有与土工布相当或超出的抗化学腐蚀和抗紫外线能力。

任何在缝好的土工布上的"漏针"必须在受到影响的地方重新缝接。必须采取相应的措施避免安装后土壤、颗粒物质或外来物质进入土工布层。

布的搭接根据地形及使用功能可分为自然搭接、缝接或焊接。

(4)将填土压实,并注意施工时应避免车辆直接碾压在土工布上。

三、土工膜应用技术

(一)土工膜的定义及特点

1.土工膜的定义

土工膜是以聚合物(塑料薄膜、合成橡胶等)或沥青制成的一种相对不透水薄膜。它具有较高的强度和较低的延伸率,可用做防渗材料,以代替黏土、灰土、混凝土等传统的防渗材料。

2.土工膜的特点

(1)防水防渗性能好。

(2)耐化学作用。耐酸耐碱,能抵抗80多种化学介质腐蚀。

(3)机械强度高。断裂伸长率高(700%以上),机械强度高,能抵抗基础的不稳定沉降。

(4)耐高、低温。冷脆温度-70℃,耐高温在100℃。

(5)耐老化。使用寿命长,可裸露使用,材料使用寿命最长可达50年以上。

(6)无毒环保。不挥发,不散发异味,被广泛用于蓄水池、养殖池。

(二)土工膜的分类

土工膜一般可分为沥青和聚合物(合成高聚物)两大类。含沥青的土工膜目前主要为复合型的(即含有纺型或无纺型的土工织物),其中沥青起到浸润黏结剂的作用。

聚合物土工膜又根据不同的主材料分为塑性土工膜、弹性土工膜和组合型土工膜。主要有低密度聚乙烯(LDPE)土工膜、聚乙烯(PE)土工膜、高密度聚乙烯(HDPE)土工膜、乙烯-醋酸乙烯酯共聚物(EVA)土工膜、ECB 土工膜、聚氯乙烯(PVC)土工膜、糙面土工膜、复合土工膜等各种防渗土工膜。

其中,HDPE 土工膜物理机械性能好,具有耐老化性、耐化学腐蚀性、耐环境的风化性、抗戳穿性等综合特点。LDPE、EVA 土工膜延伸率大,低温性能好,柔软易施工。EVA 土工膜突出的低温柔韧性特别适于在寒冷地区施工。ECB 土工膜由乙烯共聚物与石油树脂混合而成,属档次更高的土工膜。

HDPE 土工膜主要用于垃圾掩埋厂、废水处理厂等防水工程。LDPE 土工膜主要用于隧道复合衬砌,不适合外露屋面。EVA 土工膜主要用于地铁、防空洞、挡水坝、人工湖、工业防水等工程。ECB 土工膜主要用于地铁、道路、水坝、隧道、土木等工程的防水等。

(三)复合土工膜

复合土工膜由长丝土工布或短纤土工布与土工膜、HDPE 土工膜复合而成,因复合土工膜采用土工布(机织布或塑料编织布)作基布,所以它既具有土工布隔离、排水、加筋、防护等作用,还具有封闭(防渗)功能。复合土工膜分为一布一膜和两布一膜,宽幅 4 ~ 6m,质量为 200 ~ 1 500g/m^2;复合土工膜抗拉、抗撕裂、抗顶破等物理力学性能指标高,具有强度高、延伸性能较好、变形模量大、耐酸碱、抗腐蚀、耐老化、防渗性能好等特点。复合土工膜能满足水利、市政、建筑、交通、地铁、隧道工程建设中的防渗、隔离、补强、防裂加固等土木工程需要。复合土工膜由于其选用高分子材料且生产工艺中添加了防老化剂,故可在非常规温度环境中使用。常用于堤坝、排水沟渠的防渗处理, 以及废料场的防污处理。

土工布作为土工膜的保护层,使保护防渗层不受损坏。为减少紫外线照射,增强抗老化性能,最好采用埋入法铺设。

(四)土工膜、复合土工膜施工及注意事项

因施工现场情况不同,各类工程质量要求不同,加之习惯的施工方法各异,因此土工膜、复合土工膜的施工方法可参照土工布的施工方法。施工中应特别注意以下事项。

1. 土工膜的铺设

(1)采用埋入式,覆盖厚度不宜小于 30cm。

(2)整个防渗系统应由垫层、防渗层、过渡层、保护层组成。

(3)基层要平整、坚实,避免不均匀沉陷、裂纹,不能有尖锐物,如石块、铁丝、木棒等。防渗范围内的草皮、树根要清除。要用粒径较小的砂土或黏土找平基面,然后再铺设土工膜。

(4)铺设时土工膜最好沿一定方向铺设,不要拉得太紧,两端埋入土体部分成波纹状较好,特别是与钢性材料锚固时,应留有一定的伸缩量以适应基体变形。

(5)土工膜搭接应按规范要求预留搭接边,铺设时要调整好每个单元土工膜的走向,以便于两个单元土工膜焊接。

(6)施工时,应避免石块、重物直接砸在土工膜上,最好边铺设土工膜边覆盖保护层。土工膜铺设好后,要用砂袋压住,以防风动影响土工膜搭接边的焊接。

(7)复合土工膜与周边结构物连接应采用膨胀螺栓和钢板压条锚固,连接部位要涂刷乳化沥青(厚2mm)黏结,以防该处发生渗漏。

2. 接缝

复合土工膜的接缝处理是施工的关键程序,它直接影响防渗效果和工程使用寿命,一般的接缝方式有如下几种:

(1)搭接。搭接宽度宜大于15cm。

(2)热焊。宜于稍厚的土工膜基材,焊缝搭接宽度不小于5cm。

质量检测表明,胶接经长时间水浸泡易开胶,防渗效果差。而采用热焊方法比较理想。热焊接法是对PE土工膜相接触的两个表面进行加热处理,使表面溶化,然后通过压力使之熔合成一体。

(3)对于铺设好的土工膜,边缘焊接接缝处要求不能有污物、水分、尘土等。

(4)焊接前要调整好搭接边,按规范要求预留一定的宽度,并且要保持搭接边平整、无褶皱。

四、土工特种材料应用技术

(一)土工格栅

1. 土工格栅的定义及分类

1)土工格栅的定义

用聚丙烯、聚氯乙烯等高分子聚合物经热塑或模压而成的二维网格状或具有一定高度的三维立体网格屏栅,当应用于土木工程时,称为土工格栅。土工格栅是一种主要的土工合成材料,与其他土工合成材料相比,它具有独特的性能与功效。土工格栅常用做加筋土结构的筋材或复合材料的筋材等。

2)土工格栅的分类

土工格栅分为塑料土工格栅、钢塑土工格栅、玻璃纤维土工格栅和聚酯纤维经编土工格栅四大类。

(1)塑料土工格栅。是经过拉伸形成的具有方形或矩形的聚合物网材。它是在经挤压制出的聚合物板材(原料多为聚丙烯或高密度聚乙烯)上冲孔,然后在加热条件下施行定向拉伸。按其制造时拉伸方向的不同可分为单向拉伸和双向拉伸两种。单向拉伸格栅只沿板材长度方向拉伸制成,而双向拉伸格栅则是在单向拉伸的格栅的基础上再在与其长度垂直的方向同时拉伸而制成的。

由于塑料土工格栅在制造中聚合物的高分子会随加热延伸过程而重新排列定向,加强了分子链间的联结力,达到了提高其强度的目的。其延伸率只有原板材的10%～15%。如果在土工格栅中加入炭黑等抗老化材料,可使其具有较好的耐酸、耐碱、耐腐蚀和抗老化、耐久等性能。

(2)钢塑土工格栅。用高强钢丝(或其他纤维),经特殊处理,与聚乙烯(PE),并添加其他助剂,通过挤出使之成为复合型高强抗拉条带,其表面有粗糙压纹,制成高强加筋土工带。将此单带经纵、横按一定间距编制或夹合排列,采用特殊强化黏结的熔焊技术焊接其交接点而成型。

(3)玻璃纤维土工格栅。是以玻璃纤维为材质,采用一定的编织工艺制成,为保护玻璃纤维、提高整体使用性能，经过特殊的涂复处理工艺而成的土工复合材料。玻璃纤维的主要成分是氧化硅、无机材料，其理化性能极其稳定，并具有强度大、模量高、耐磨性强、无长期蠕变、热稳定性好等特点。网状结构使骨料嵌锁和限制，从而提高了沥青混合料的承重能力。又因表面涂有特殊的改性沥青，因而其具有两重的复合性能，极大地提高了土工格栅的耐磨性及剪切能力。

有时配合自粘感压胶和表面沥青浸渍处理，使格栅和沥青路面紧密结合成一体。由于土石料在土工格栅网格内互锁力增强，它们之间的摩擦系数显著增大(可达0.8~1.0)，当土工格栅埋入土中时，由于格栅与土体间的摩擦咬合力较强而抗拔力显著增大，因此它是一种很好的加筋材料。同时，土工格栅是一种质量轻、具有一定柔性的塑料平面网材，易于现场裁剪和连接，也可重叠搭接，施工简便，不需要特殊的施工机械和专业技术人员。

(4)聚酯纤维经编土工格栅。选用高强聚酯纤维为原料，采用经编定向结构，织物中的经、纬向纱线相互间无弯曲状态，交叉点用高强纤维长丝捆绑结合起来形成牢固的结合点，充分发挥其力学性能。高强聚酯纤维经编土工格栅具有抗拉强度高、延伸力强、抗撕裂强度大、纵横强度差异小、耐紫外线老化、耐磨损、耐腐蚀、质量轻、与土或碎石嵌锁力强的特点，对增强土体抗剪及补强、提高土体的整体性与荷载力具有显著作用。

2. 土工格栅的施工及注意事项

1)土工格栅的施工

(1)玻璃纤维土工格栅的层位。

①路面面层：

a. 对于新建沥青混凝土道路路面，玻璃纤维格栅可置于半刚性基层与下封层之间，也可置于下封层与沥青面之间。

b. 对于新建水泥混凝土道路路面，玻璃纤维格栅应置于半刚性基层与刚性水泥混凝土封层之间。

c. 对于旧沥青路面维修，可采用喷油法、锚固法、自粘法在原路面上铺设玻璃纤维格栅。也可在原路面上做20~30mm细粒式沥青混凝土找平层，再铺设玻璃纤维格栅，然后加铺沥青混凝土面层，厚度宜为60~100mm。

d. 对于旧水泥路面维修，可采用自粘法与喷油法，在原路面上铺设玻璃纤维格栅，也可在原路面上做20~30mm细粒式沥青混凝土找平层，再铺设玻璃纤维格栅，然后加铺沥青混凝土面层，厚度宜为60~100mm。

e. 新建路面面层均可采用锚固法、自粘法进行施工。

②基础层：采用玻璃纤维格栅，铺设位置宜在基础层的底部，采用锚固法施工。

③下层路基层：

a. 玻璃纤维格栅必须放在下层基础层较低的1/3处。

b. 放在下层路基层底部，玻璃纤维格栅下面至少放20mm厚的砂垫层或铺设土工布。

c. 采用锚固法施工。

④对加筋路面的要求。

玻璃纤维土工格栅加筋混凝土路面应符合下列要求：

a. 纵向平整度，横向路拱的坡度与平顺性均应符合设计标准，若达不到标准，应在加铺之前做处理。

b. 加铺前对路面承载能力进行评定，若承载能力不足，达不到标准，或水泥混凝土路面有板底脱空现象，均应做增强处理。水泥混凝土路面的接缝与裂缝应事先清理、填充。

c. 原有路面及基层表面有局部松散、坑洞及扩散型裂缝，应事先修补、填充，以保持表面完好。

d. 原有路面表面应冲洗干净，清除尘土、松散颗粒及杂物。

(2) 含有玻璃纤维土工格栅的沥青路面面层的施工方法。

①锚固法铺设玻璃纤维土工格栅：

不带自粘胶的玻璃纤维土工格栅增强沥青混凝土路面和防止路面与路面反射裂缝，可采用锚固法施工，但宜先铺设玻璃纤维土工格栅，再洒布热沥青作黏层油，施工人员必须戴手套，施工方法如下：

a. 黏层油选用 AH－70 或 AH－90 重油热沥青，黏层油的规格及质量应符合《公路沥青路面施工技术规范》(JTJ032—94)，采用专用车辆喷洒。黏层油每平方米用量 0.4 ~ 0.6kg。

b. 铺设玻璃纤维土工格栅时，应保持铺设平顺、拉紧，横向搭接长度宜为 50 ~ 100mm，纵向搭接长度宜为 150 ~ 200mm，并根据摊铺方向，将后一端压在前一端之下。

c. 用胶轮压路机碾压。

d. 使用 50mm × 50mm × 0.3mm 的固定铁皮和 2in[1] 钢钉(优质水泥钉)固定，要求平整不翘角，周边宜倒角处理。

e. 钉子固定法铺设玻璃纤维土工格栅时，先将一端用固定铁皮和钉子固定在已洒布黏层沥青的下层结构上，钉子可用锤击或射枪射入，在将格栅纵向拉紧时横向均应处于挺直张紧状态。

f. 钉子固定时，格栅搭接距离为：纵向不小于 15cm，横向不小于 5cm。纵向搭接应根据沥青摊铺方向将前一幅置于后一幅之上。

g. 固定时不能将钉子钉在玻璃纤维格栅上，也不能用锤子直接敲击玻璃纤维格栅。固定后如发现钉子断裂或铁皮松动，则需重新固定。

h. 为防止施工车辆的轮胎将玻璃纤维格栅和黏层油黏结起来及沥青混凝土摊铺机机轮打滑的现象，应在黏层油表面撒石屑，石屑用量为 3 ~ 5m^3/1 000m^2。

i. 大气温度低于 10℃ 或路面潮湿时不得施工。

j. 沥青面层施工方法与普通沥青路面面层施工方法一致，但应注意施工车辆不得在玻璃纤维格栅表面急转弯、急刹车。

②自粘式玻璃纤维土工格栅直铺法：

a. 对于旧沥青混凝土路面和旧水泥混凝土路面，做 20 ~ 30mm 厚的调平层，使用真空车或洒水车保证路表面清洁干净。

b. 喷洒 AH－70 或 AH－90 重油热沥青，用量宜为 0.3 ~ 0.4kg/m^2。

c. 采用专用摊铺车或者人工铺设自粘式玻璃纤维格栅，铺设应平顺、拉紧。

---

[1] 1in = 2.54cm。

d. 横向搭接长度宜为50～100mm，纵向搭接长度宜为150～200mm，搭接重叠方向与沥青混凝土摊铺机运行的方向一致。

e. 使用胶轮压路机碾压（胶轮压路机需有洒水装置）。

f. 使用沥青摊铺机铺设沥青面层。

（3）玻璃纤维土工格栅增强基础层及下层路基层施工方法。

玻璃纤维土工格栅增强基础层及下层路基层均采用锚固法施工，具体条款同路面层锚固法施工方法基本相同，但不需喷洒黏层油，铺设要求压实、平整，符合相关设计规范。

（4）玻璃纤维土工格栅增强铁路路基施工方法：

①沿铁路路基横向铺设玻璃纤维格栅，要求平顺、拉紧，横向两端多放玻璃纤维格栅长度为2 000～3 000mm。

②两端放砂袋压实。

③纵向搭接宽度宜为80～100mm，每段长度为50mm，用铁皮和水泥钉锚固，或用铁丝捆绞。

④将两端玻璃纤维格栅翻过压实砂袋后，再用砂袋压实。

⑤加砂土压实、平整。

2）土工格栅铺设注意事项

（1）路床开挖尺寸应大于设计要求，同时做好基坑的放水、排水，路床开挖后应及时铺设砂垫层。

（2）在铺设土工格栅前，场地应压实、平整，不允许有凹凸不平或者尖锐杂物存在。

（3）土工格栅应按横断铺设，铺设应平整、尽量拉紧，然后用U形钉固定。

（4）土工格栅的连接一般采取塑料扎扣或尼龙绳绑扎，搭接宽度一般15cm左右，绑扎点相隔为15～20cm，多层铺设时，上下层搭接应错缝布置。

（5）当格栅铺好后，先在两端摊铺填料，填料的半径不大于碾压层距的一半，碾压的顺序也是先从两侧逐步向中间推进。碾压时，应避免压轮与格栅接触，以防格栅损坏，未压实的基床不允许车辆在上面行驶，以免筋材错位，压实厚度为20～30cm。

（二）土工膜袋

土工膜袋是一种由双层聚合化纤织物制成的连续（或单独）袋状材料，利用高压泵把混凝土或砂浆灌入膜袋中，形成板状或其他形状结构，常用于护坡或其他地基处理工程。膜袋根据其材质和加工工艺的不同，分为机制膜袋和简易膜袋两大类。机制膜袋按其有无反滤排水点和充胀后的形状又可分为反滤排水点膜袋、无反滤排水点膜袋、无排水点混凝土膜袋、铰链块型膜袋。

（三）土工网

土工网是由合成材料条带、粗股条编织或合成树脂压制的具有较大孔眼、刚度较大的平面结构或三维结构的网状土工合成材料。用于软基加固垫层、坡面防护、植草以及用做制造组合土工材料的基材。

（四）土工网垫和土工格室

土工网垫和土工格室都是用合成材料特制的三维结构。前者多为长丝结合而成的三维透水聚合物网垫，后者是由土工织物、土工格栅或土工膜、条带聚合物构成的蜂窝状或网格状三维结构，常用做防冲蚀和保土工程刚度大、侧限能力高的土工格室，多用于地基加筋垫层、路基基床或道床中。

（五）聚苯乙烯泡沫塑料（EPS）

聚苯乙烯泡沫塑料（即 EPS）是近年来发展起来的超轻型土工合成材料。它是在聚苯乙烯中添加发泡剂，用所规定的密度预先进行发泡，再把发泡的颗粒放在筒仓中干燥后填充到模具内加热形成的。EPS 具有质量轻、耐热、抗压性能好、吸水率低、自立性好等优点，常用做铁路路基的填料。

五、土工复合材料应用技术

土工织物、土工膜、土工格栅和某些特种土工合成材料，将其两种或两种以上的材料互相组合起来就成为土工复合材料。土工复合材料可将不同材料的性质结合起来，更好地满足具体工程的需要，能起到多种功能的作用。如复合土工膜，就是将土工膜和土工织物按一定要求制成的一种土工织物组合物。其中，土工膜主要用来防渗，土工织物起加筋、排水和增加土工膜与土面之间的摩擦力的作用。土工复合排水材料是以无纺土工织物和土工网、土工膜或不同形状的土工合成材料芯材组成的排水材料，用于软基排水固结处理、路基纵横排水、建筑地下排水、集水井、支挡建筑物的墙后排水、隧道排水、堤坝排水等。路基工程中常用的塑料排水板就是一种土工复合排水材料。

这里重点介绍比较常见的复合排水板和复合排水网。

（一）复合排水板

复合排水板是由一层或两层无纺土工布与一层不同结构的三维合成土工网芯组成，具有排水隔离功能的复合结构体，它们同时具有不同的隔离加筋功能。不同的网芯结构它们的排水能力不同，应用范围也有所差异。土工布的渗透系数很大，是一种优良的透水材料，水经过土工布进入三维土工网芯，并通过网芯提供的通道快速地排出，不同的土工网芯结构提供的通道大小和受力大小与它们的排水能力成正比。

（二）复合排水网

复合排水网组成结构是一个二维或三维的土工网芯，两面都复合有针刺无纺土工织物。两边复合的无纺布能够阻止微小颗粒堵塞网芯，让网芯能够迅速地排出渗出的多余水分，能在高荷载下排出毛细水。这种网芯结构中垂直 PE 塑料肋条具有很强的刚性，同时具有很强的定向排水功能，它能起到隔离和地基加固作用，是一种新型具有排水、反滤、隔离、加固功能的土工合成材料。

国外大量用于道路的土工复合材料是玻璃纤维格栅聚酯防裂布和经编复合增强防裂布，能延长道路的使用寿命，从而极大地降低修复与养护的成本。从长远经济利益来考虑，是国内应该积极采用和提倡的土工复合材料。

六、土工合成材料的选择

（一）路堤加筋

当路堤的稳定性不足时，可采用土工合成材料加筋，以提高路堤的稳定性。

（1）土工合成材料加筋的路堤。当原地基承载力不足时，应采取适当的措施进行处理，以确保路堤的整体稳定。

(2)用于路堤加筋的土工合成材料可采用土工格栅、土工织物、土工网。当土工合成材料单纯用于加筋的目的时，宜选择土工格栅。

(二)台背路基填土加筋

台背路基填土采用土工合成材料加筋的目的是减少路基与构筑物之间的不均匀沉降。

(1)台背路基填土采用土工合成材料加筋时，适宜的台背高度为5.0～10.0m。

(2)台背路基填土的加筋材料宜采用土工网或土工格栅。在20℃温度下的各项性能指标应满足要求。

(三)作反滤、排水设施

(1)土工合成材料可单独或与其他材料配合，作为反滤体和排水体用于暗沟、渗沟、坡面防护等工程结构中。

(2)用于反滤的土工合成材料宜采用无纺土工织物，用于排水的土工合成材料可采用无纺土工织物、塑料排水板、带有钢圈和滤布及加强合成纤维造成的加筋软式透水管等。

(3)采用土工合成材料作反滤、排水设施的主要工程如下：

①铁路、公路、市政工程反滤、排水设施。

②挡墙后排水系统。

③岸墙后填土排水系统。

④隧洞、隧道衬砌后排水系统。

⑤土石坝过渡层，灰坝、尾矿坝反滤层。

⑥防渗铺盖下排气、排水系统。

⑦农田水利工程、减压井、农用井、降水用竖井等外包体。

⑧地基处理塑料排水带预压工程。

(四)防渗

(1)土工合成材料可单独或与其他材料配合作为防渗体，用于挡水、输水、储液等构筑物防漏；建筑物屋面、地下工程防渗；废料、尾矿等淋滤液防污染和路基隔水、防渗等。

(2)用于防渗的土工合成材料可选用土工膜、复合土工膜、土工织物膨润土垫(GCL)及复合防水材料。

(3)采用土工合成材料作防渗的主要工程如下：

①土石坝、堆石坝、砌石坝和碾压混凝土坝。

②堤、坝前水平防渗铺盖，地基垂直防渗层。

③尾矿坝、污水库坝身及库区。

④施工围堰。

⑤渠道、蓄液池(坑、塘)。

⑥废料场。

⑦地铁、地下室和隧道、隧洞防渗衬砌。

⑧路基。

⑨路基及其他盐渍化防治。

⑩膨胀土和湿陷性黄土的防治层。

⑪屋面防漏。

(五)防护

(1)土工合成材料可单独或与其他材料配合作为防护体,用于防冲、防浪、防冻、防震、固砂、防止盐渍化及防泥石流等防护措施等。

(2)用于防护的土工合成材料可选用土工织物、土工膜、土工格栅、土工网、土工膜袋、土工格室、土工网垫及聚氯乙烯板块等。

(3)采用土工合成材料作防护的主要工程如下:

①江、河、湖、海和渠道、储液池的护坡、护底。

②水下结构基础防冲。

③道路边坡防冲。

④涵闸工程护底。

⑤泥石流和悬崖侧建筑物障墙防冲。

⑥应急防汛措施。

⑦沙漠地区砂篱滞砂和固砂。

⑧军工弹药库防爆。

⑨严寒地区防冻措施。

⑩道路防止盐渍化措施。

⑪边坡土钉加固。

(六)路面裂缝防治

(1)土工合成材料可应用于路面结构中,铺设于旧沥青路面、旧水泥混凝土路面的沥青加铺层底部或新建道路沥青面层底部,减少或延缓由旧路面对沥青加铺层的反射裂缝,或半刚性基层对沥青面层的反射裂缝。

(2)用于路面裂缝防治的土工合成材料宜采用土工格栅、土工织物等。

(3)采用土工合成材料作路面裂缝防治的主要工程如下:

①旧沥青路面上加铺沥青混凝土面层。

②旧水泥混凝土路面上加铺沥青混凝土面层。

③半刚性基层施工养护期间出现的收缩开裂以及碾压混凝土路面的接缝处理。

④检查井、进水井周围,过路管道沟槽回填边缘等易出现开裂的部位处理。

第八节　水泥混凝土路面滑模式施工技术

一、概述

水泥混凝土路面和沥青混凝土路面是两种较适应现代重型交通的路面的结构型式。与沥青混凝土路面相比,水泥混凝土路面具有强度高、稳定性好、耐久性好、养护费用低、有利于夜间行车等优点。

水泥混凝土路面的施工方法主要有固模式施工、滑模式施工和摊铺碾压施工三种。

我国水泥混凝土路面的修筑，以前都采用人工加小型机具进行施工作业，这远远不能满足高等级公路，特别是高速公路的质量要求和车辆高速行驶功能的要求。公路滑模式施工技术是20世纪60年代美国、德国等国家逐渐发展形成的一种水泥混凝土路面施工技术，是路面施工智能化、机械化的集中表现。它集计算机、自动控制、精密机械制造和高速公路技术于一体，利用成套机械设备，使路面施工达到一个新的水平，每个台班修筑路面可达1km。特别是水泥混凝土搅拌自动化和路面摊铺的自动化导致了施工工程控制的自动化。这不仅提高了劳动生产率，而且提高了施工工序所要求的精度，提高了施工机械的可靠性和寿命，降低了劳动强度，保证了施工安全，从而提高了路面产品的施工质量。

自1960年年初美国首先造成第一台滑模式摊铺机至今，已经有许多制造商把自己制造的滑模式摊铺机推向市场。如美国的CMI公司、COMACO公司、GUNTERT and ZIMMERMAN公司，德国的WIRTGEN公司，比利时的SGME公司和中国的西安、镇江等地的生产厂家。

滑模式摊铺机可按路面滑模摊铺工序、自动调平系统的形式、行走系统履带的数量、振动系统采用的振捣器的形式进行分类。

滑模式摊铺机的主要参数包括摊铺宽度（分为标准摊铺宽度和可选摊铺宽度）、摊铺厚度、行走速度（分摊铺作业行走速度和运输时行走速度）、发动机功率、技术生产率和使用生产率、机器质量及整机外形尺寸等。

二、水泥混凝土路面滑模式施工技术

（一）水泥混凝土路面滑模式施工技术的主要内容和基本施工程序

1. 施工机具

滑模式施工主要使用带滑动模板的混凝土摊铺机，该机器在牢固路基上自行并沿着样线自动转向和自动找平，一次完成布料、振动密实、外部成型和表面抹光等工序，最终水泥混凝土路面在固定于机器上的滑动模板中生成滑出。滑模式施工不仅应用于水泥混凝土路面的施工，经过调整模板后，也可以进行路缘石、防撞墙等混凝土构筑物的施工。

2. 基本施工程序

水泥混凝土路面滑模式施工基本施工程序：基准线设置→施工前准备→卸料→布料→虚方控制→振动→振实→挤压成型→整平→调平→转向→设置拉杆→拉毛和养生→切缝→灌缝→传力杆设置→纵向施工缝设置等。

值得注意的是，这些程序除切缝等个别工序需要等混凝土摊铺后8～10h再进行作业外，其他的大部分工序均是由大型滑模式摊铺机及成套机械一次性完成的。

（二）水泥混凝土路面滑模式施工技术指标和质量验收要求

水泥混凝土路面滑模式施工技术指标、质量验收要求应符合中华人民共和国行业标准《公路工程质量检验评定标准》（JTJ071—1998）、《公路水泥混凝土路面滑模施工技术规程》（JTJ/T037.1—2000）以及《城镇道路工程施工及验收规范》（CJJ1—2008）的规定。

参 考 文 献

[1] 沈金安.改性沥青与SMA路面[M].北京:人民交通出版社,1999.
[2] 虎增福,曾赟.乳化沥青及稀浆封层技术[M].北京:人民交通出版社,2001.
[3] 中华人民共和国交通部.JTGF40—2004 公路沥青路面施工技术规范[S].北京:人民交通出版社,2005.
[4] 中华人民共和国交通部.GB50092—96 沥青路面施工及验收规范[S].北京:中国计划出版社,1996.
[5] 余彬泉,陈传灿.顶管施工技术[M].北京:人民交通出版社,1998.
[6] 许其昌.给排水管道工程施工及验收规范实施手册[M].北京:中国建筑出版社,1998.
[7] 邢丽贞.市政管道施工技术[M].北京:化学工业出版社,2004.

第六章　相关案例

第一节　主体结构相关案例

【案例1】　背景：某综合楼为现浇钢筋混凝土框架结构，地上10层，在楼板混凝土浇筑完毕后养护过程中发现混凝土表面出现非常细小的裂缝，其走向纵横交错，没有规律，经分析该裂缝是由于混凝土成型后，养护不良，使表面水分蒸发快，体积收缩大，而内部湿度变化很小而造成的混凝土干缩裂缝。

问题：1. 造成该工程楼板混凝土干缩裂缝的原因是什么？

2. 为避免在混凝土施工过程中出现干缩裂缝，施工单位应采取哪些预防措施？

3. 该楼板的干缩裂缝会产生什么危害？可采取何种处理方法？

案例分析：

1. 造成该工程楼板混凝土干缩裂缝的原因是混凝土成型后，施工单位对混凝土养护不良，使表面水分蒸发快，体积收缩大，而楼板内部湿度变化很小。

2. 为避免在混凝土施工过程中出现干缩裂缝，施工单位应采取以下一些预防措施：

①混凝土水泥用量、水灰比和砂率不能过大，严格控制砂石含泥量，避免使用过量的粉砂，振捣要密实，并应对板面进行二次抹压，以提高混凝土抗拉强度，减少收缩量；

②加强混凝土早期养护，并适当延长养护时间；

③浇筑混凝土前，将基层和模板浇水湿透；

④混凝土浇筑后，应及早进行洒水养护。

3. 楼板干缩裂缝对结构强度影响不大，但会使钢筋锈蚀，且有损美观。可在表面抹一层薄砂浆进行处理。

【案例2】　背景：某市一写字楼工程，建筑面积28 560m^2，框架结构。地上18层，地下1层，2004年3月签订总承包合同，2004年4月开工，2005年12月竣工。施工中发生了以下事件。

事件一：地下室后浇带出现渗漏；

事件二：屋面防水施工后，发现水落口处有渗漏现象。

问题：1. 事件一发生的原因和防治措施有哪些？

2. 事件二发生的原因和防治措施有哪些？

案例分析：

1. 事件一发生的原因如下：

①后浇带接缝没有按防水混凝土施工缝要求处理好；杂物、松动混凝土块等没有清理干净，表面没有用水润湿；浇筑前混凝土接缝表面浮浆、没有刷界面处理剂或铺一层水泥砂浆；没有设置止水条或止水条损坏、留设位置不准等。

②后浇带混凝土没有采用补偿收缩的防水混凝土。

③后浇带模板不严密，浇筑振捣漏浆。

④混凝土漏振或振捣不实、养护不好等。

⑤后浇带留置时间过短。

防治措施：

①后浇带接缝严格按图纸设计和规范规定的防水混凝土施工缝要求处理。浇筑前混凝土接缝表面浮浆、杂物、松动混凝土块等清理干净，表面用水润湿，刷界面处理剂或铺一层水泥砂浆，并按要求设置好止水条，确保位置准确等。

②地下室防水混凝土后浇带必须采用补偿收缩的防水混凝土浇筑。

③模板应具有足够的强度、刚度和稳定性，拼缝严密不漏浆，表面平整并满刷隔离剂。

④确保混凝土浇筑振捣密实，养护及时、正确，且不少于28d。

⑤后浇带应在其两侧混凝土龄期达到42d后才能施工。

⑥根据渗漏、水压大小情况，采用促凝胶浆或氰凝灌浆堵漏。

2. 事件二发生的原因如下：

①防水层没有贴入水落口杯内或伸入不够。

②水落口处标高、坡度及构造要求不合理。

③防水材料质量不合格。

防治措施：

①水落口杯上口的标高应设置在沟的最底处。

②防水层贴入水落口杯内不应小于50mm。

③水落口周围直径500mm范围内的坡度不应小于5%，并采用防水涂料或密封材料涂封，其厚度不应小于2mm。

④水落口杯与基层接触处应留宽20mm、深20mm的凹槽，并嵌填密封材料。

⑤加强检查，确保防水材料合格。

【案例3】 背景：某综合楼建筑面积2 400m^2，是一栋7层L形平面建筑，底层为营业厅，二层以上为住宅。底层层高3.5m，二层以上层高3.0m，总高21.5m，基础为混凝土灌注桩基，上部为现浇钢筋混凝土梁、板、柱的框架结构，主体结构采用C20混凝土，砖砌填充墙，在主体结构施工过程中，三层混凝土部分试块强度达不到设计要求，但实际强度经测试论证，能够达到要求。

问题：1. 该质量问题是否需要处理，为什么？

2. 如果该混凝土强度经测试论证达不到要求，需要进行处理，可采用什么处理方法，处理后应满足哪些要求？

案例分析：

1. 该质量问题可不作处理。原因是混凝土试块强度不足是检验中的质量问题，经测试论证后能够达到要求，则可不作处理。

2. 该混凝土强度经测试论证达不到要求，可采取的处理方案有：封闭防护、结构卸载、加固补强、限制使用、拆除。

处理的基本要求如下：

①处理应达到安全可靠、不留隐患、满足生产和使用要求、施工方便、经济合理的目的。

②重视消除事故原因。

③注意综合治理。

④正确确定处理范围。

⑤正确选择处理时间和方法。

⑥加强事故处理的检查验收工作。

⑦认真复查事故的实际情况。

⑧确保事故处理期的安全。

【案例4】 背景:某网球馆工程采用筏形基础,按流水施工方案组织施工,在第一段施工过程中,材料已送检,为了在雨期来临之前完成基础工程施工,施工单位负责人未经监理许可,在材料送检时,擅自施工,待筏基浇筑完毕后,发现水泥试验报告中某些检验项目质量不合格,如果返工重做,工期将拖延15d,经济损失达1.32万元。

问题:1. 施工单位未经监理单位许可即进行混凝土浇筑,该做法是否正确?如果不正确,施工单位应如何做?

2. 为了保证该网球馆工程质量达到设计和规范要求,施工单位对进场材料应如何进行质量控制?

3. 简述材料质量控制的要点。

4. 材料质量控制的内容有哪些?

案例分析:

1. 施工单位未经监理许可即进行筏基混凝土浇筑的做法是错误的。正确做法是施工单位运进水泥前,应向项目监理机构提交工程材料报审表,同时附水泥出厂合格证、技术说明书、按规定要求进行送检的检验报告,经监理工程师审查并确认其质量合格后,方准进场。

2. 材料质量控制方法主要是严格检查验收,正确合理地使用,建立管理台账,进行收、发、储、运等环节的技术管理,避免混料和将不合格的原材料使用到工程上。

3. 进场材料质量控制要点:

①掌握材料信息,优选供货厂家;

②合理组织材料供应,确保施工正常进行;

③合理组织材料使用,减少材料损失;

④加强材料检查验收,严把材料质量关;

⑤重视材料的使用认证,以防错用或使用不合格的材料;

⑥加强现场材料管理。

4. 材料质量控制的内容主要有:材料的质量标准,材料性能,材料取样检验方法,材料的适用范围和施工要求等。

【案例5】 背景:某市南苑北里小区22号楼为6层混合结构住宅楼,设计采用混凝土小型砌块砌筑,墙体加芯柱,竣工验收合格后,用户入住。但用户在使用过程中发现墙体中没有芯柱,只有少量钢筋,而没有混凝土,最后经法定检测单位采用红外线照相法统计发现，大约有82%墙体中未按设计要求加芯柱，只在一层部分墙体中有芯柱，造成了重大的质量隐患。

问题：1. 该混合结构住宅楼达到什么条件，方可竣工验收？

2. 试述该工程质量验收的基本要求。

3. 该工程已交付使用，施工单位是否需要对此问题承担责任？为什么？

案例分析：

1. 验收条件：

①完成建设工程设计和合同规定的内容；

②有完整的技术档案和施工管理资料；

③有工程使用的主要建筑材料、建筑构配件和设备的进场试验报告；

④有勘察、设计、施工、监理等单位分别签署的质量合格文件；

⑤按设计内容完成，工程质量和使用功能符合规范规定和设计要求，并按合同规定完成协议内容。

2. 工程质量验收的基本要求：

①质量应符合统一标准和砌体工程及有关专业验收规范的规定；

②应符合工程勘察、设计文件的要求；

③参加验收的各方人员应具备规定的资格；

④质量验收应在施工单位自行检查评定的基础上进行；

⑤隐蔽工程在隐蔽前应由施工单位通知有关单位进行验收，并形成验收文件；

⑥涉及结构安全的试块、试件以及有关材料，应按规定进行见证取样检测；

⑦检验批的质量应按主控项目和一般项目验收；

⑧对涉及结构安全和使用功能的主要分部工程应进行抽样检测；

⑨承担见证取样检测及有关结构安全检测的单位应具有相应资质；

⑩工程的观感质量应由验收人员通过现场检查，并应共同确认。

3. 施工单位必须对此问题承担责任，原因是该质量问题是由施工单位在施工过程中未按设计要求施工造成的。

第二节　建筑节能相关案例

一、超低能耗建筑新技术及应用

（一）设计特点

清华大学超低能耗示范楼是北京市科委科研项目，作为2008年奥运会办公建筑的“前期示范工程”，旨在通过其体现奥运建筑的“高科技”、“绿色”、“人性化”。同时，超低能耗示范楼是国家“十五”科技攻关项目“绿色建筑关键技术研究”的技术集成平台，用于展示和试验各种低能耗、生态化、人性化的建筑形式及先进的技术产品。在此基础上陆续开展建筑技术科学领域的基础与应用性研究，研究和示范系列的节能、生态、智能技术在办公建筑上的应用。包括建筑物理环境控制与设施研究（声、光、热、空气质量等），建筑材料与构造(窗、遮阳、屋顶、建筑节点、钢结构等),建筑环境控制系统的研究(高效能源系统,新的采暖、通风、空调方式及设备开发等),建筑智能化系统研究。

超低能耗示范楼坐落于清华大学校园东区,建筑设计如图6-1所示,总建筑面积3 000m^2,地下1层,地上4层。由办公室、开放式实验室或实验台及相关辅助用房组成。从建筑全生命周期的观点出发,采用了钢框架结构。建筑物内部为灵活隔断,空调和强弱电系统为模块化结构,从而可根据不同使用要求极其方便地改变空间布局。

图6-1 清华大学超低能耗示范楼效果图

(二)节能技术设计

1. 围护结构方案

超低能耗示范楼外围护结构体系主要是针对可调控的"智能型"外围护结构进行研究,使其能够自动适应气候条件的变化和室内环境控制要求的变化。从采光、保温、隔热、通风、太阳能利用等进行综合分析,给出不同环境条件下的推荐形式。图6-2标明了示范楼各个外立面采用的围护结构方式。通过围护结构的节能设计,使得冬季建筑物的平均热负荷仅为0.7W/m^2,最冷月的平均热负荷也只有2.3W/m^2,围护结构的负荷指标远小于常规建筑,如果考虑室内人员、灯光和设备等的发热量,基本可实现冬季零采暖能耗。夏季最热月整个围护结构的平均得热也只有5.2W/m^2。

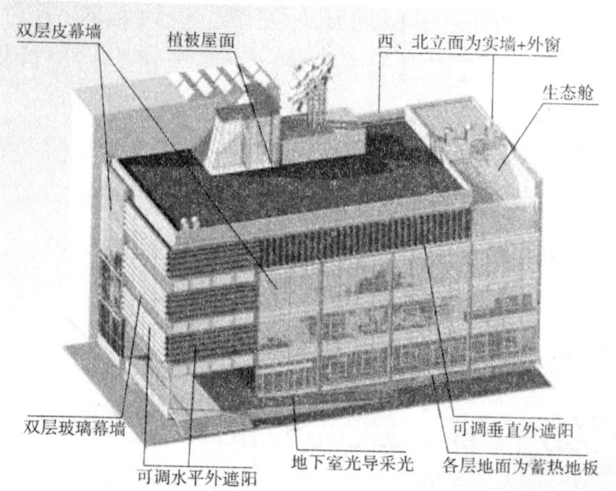

图6-2 清华大学超低能耗示范楼围护结构设计方案

2. 玻璃幕墙和保温墙体

东立面和南立面采用双层皮幕墙及玻璃幕墙加水平或垂直遮阳两种方式,综合传热系数1W/(m^2·K),太阳能得热系数0.5。双层皮幕墙按照室内室外的温度差别,调节室外空气进出风口的开合,夏季室外空气经过热的玻璃表面加热后升温,在幕墙夹层形成热压通风,带走向室内传递的热量,冬季进出风口关闭后,可减少向室内的冷风渗透。水平遮阳和垂直遮阳叶片宽度600mm,每个叶片均设置单独的自控系统,分别根据采光、视野、能量收集、太阳能集热的不同区域功能要求进行控制调节，实现冬季最大限度利用太阳能、夏季遮挡太阳辐射，同时满足室内自然采光的最佳设计。

西北向采用300mm厚的轻质保温外墙，铝幕墙外饰面，传热系数0.35W/(m^2·K)。外窗采用双层中空玻璃，外设保温卷帘。

3. 相变蓄热活动地板

示范楼的围护结构由玻璃幕墙、轻质保温外墙组成，热容较小，低热惯性容易导致室内温度波动大，尤其是在冬季，昼夜温差会超过10℃。为增加建筑热惯性，以使室内热环境更加稳定，示范楼采用了相变蓄热地板的设计方案。具体做法是将相变温度为20～22℃的定形相变材料放置于常规的活动地板内作为部分填充物，由此形成的蓄热体在冬季的白天可蓄存由玻璃幕墙和窗户进入室内的太阳辐射热，晚上材料相变向室内放出蓄存的热量，这样室内温度波动将不超过6℃。

活动地板架空层高度1.2m，空调风道、各类水管、电缆、综合布线等均隐藏在架空层内。保证室内干净整洁，而且不需要吊顶，房间净空高度大，有效利用空间多。

4. 植被屋面和光导采光系统

为提高屋顶的隔热保温性能，同时改善生态与环境质量，采用种植屋面技术，结合防水及承重要求，选用喜光、耐干燥、根系浅的低矮灌木和草皮，适合于北京地区气候特征。

屋顶同时设置光导管采光系统，利用太阳光为地下室提供采光，减少白天照明电耗。

5. 太阳能利用

超低能耗楼南侧立面装有30m^2的光伏玻璃，发电用于驱动玻璃幕墙开启扇和遮阳百叶。屋顶设有太阳能集热器，所获得的热量用于除湿系统的溶液再生。此外，屋面还装有太阳能高温热发电装置，该系统为抛物面碟式双轴跟踪聚焦，峰值发电功率3kW。

二、生态学生公寓新技术及应用

山东建筑大学生态学生公寓在采暖设计中采用太阳能与常规能源相结合的采暖方式。

（一）直接受益窗

为了充分利用太阳能辅助冬季采暖、减少采暖能耗，南向房间均采用较大的窗墙比，以直接受益窗的形式引入太阳能。

（二）太阳墙通风采暖系统

增大南窗直接受益的方式仅使南向房间获得热量，北向房间不能受益。为了将太阳能引入北向房间，采用太阳墙系统将南向无法直接利用的、多余的太阳能收集起来，以空气为介质送至北向房间，不仅使太阳能得到有效利用，同时也为房间提供新风。太阳墙冬季供暖示意图见图6-3。

生态学生公寓太阳墙系统由墙板、风机和风管组成。建筑南向墙面利用窗间墙和女儿墙的位置安装了157m^2的深棕色太阳墙。该色彩的选择在满足较高太阳辐射吸收率的情况下，保证建筑色彩的协调美观。窗间墙位置纵向太阳墙高度16.8m，宽度2.05m。生态公寓太阳墙板如图6-4所示。墙板借助钢框架固定在墙体上，与墙体间形成200mm厚空气间层。

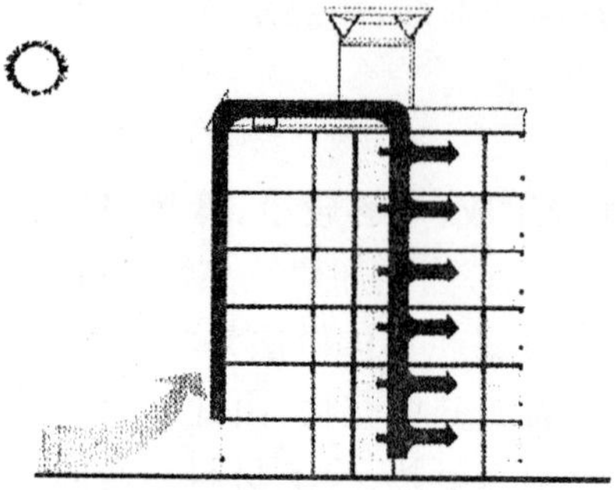

图 6-3　太阳墙冬季供暖示意图

图 6-4　生态公寓太阳墙板

窗间墙处太阳墙板安装节点详图见图 6-5。女儿墙位置集热部分墙板呈 36°倾角，高 2.4m，长 21m，与女儿墙围合成三棱柱状空间。女儿墙位置斜向集热部分如图 6-6 所示。

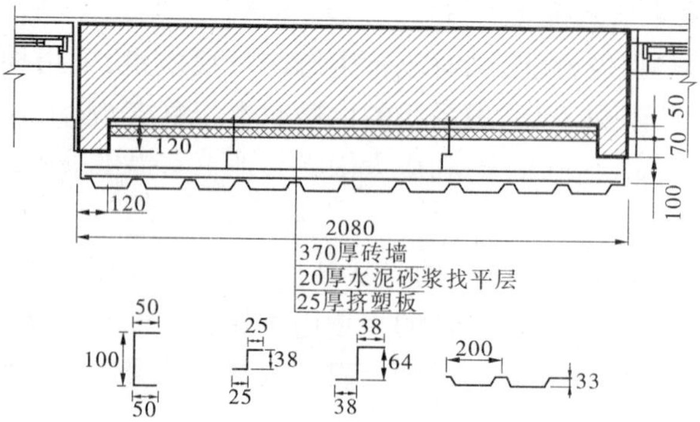

图 6-5　窗间墙处太阳墙板安装节点详图

该空间在屋面位置东西两端各开一个 500mm × 600mm 的散热口，供夏季散热；中间开有一个 1 000mm × 400mm 的出风口，供冬季送暖风。集热部分屋面位置两端的散热口和中间的出风口如图 6-7 所示。出风口通过屋面上的风机与送风管道连接，风管材料是有保温夹层的玻璃钢。太阳墙出风口通过风机与风管相连如图 6-8 所示。垂直风管的管径根据空气流量从六层到一层逐渐变小，各层水平管径均为 200mm。走廊内太阳墙风管

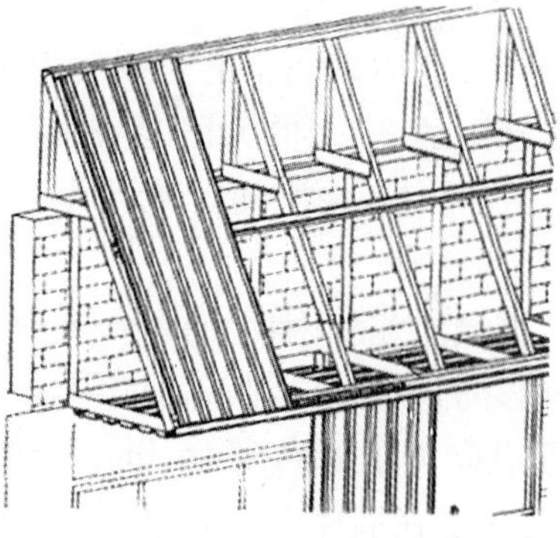

图 6-6　女儿墙位置斜向集热部分

图 6-7　集热部分屋面两端散热口和中间出风口

如图 6-9 所示。房间内的送风口位于分户门的斜上方，距地面 2.4m，送风口安装方形铝合金格栅，尺寸 300mm × 300mm。太阳墙系统室内出风口位置和室内风口格栅分别见图 6-10 和图 6-11。

图 6-8　太阳墙出风口通过风机与风管相连

图 6-9　走廊内太阳墙风管

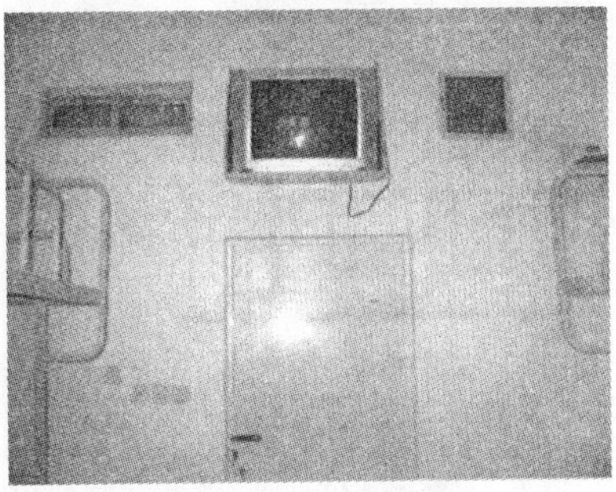

图 6-10　太阳墙系统室内出风口位置

图 6-11　太阳墙系统室内风口格栅

三、中意清华环境节能楼新技术及应用

（一）设计特点

2006 年 7 月 6 日，由中国科技部和意大利环境与领土资源部共同建设的中意清华环境节能楼正式落成，被认为是节能建筑史上的典范之作。

中意清华环境节能楼坐落于清华大学东南角，是一座融绿色、生态、环保、节能理念于一体的智能化教学科研办公楼，将成为清华大学环境科学与工程系的新系馆。该楼由意大利著名建筑设计师马利奥 · 古奇内拉设计，是一座高 40m 的退台式 C 型建筑，主体建筑为地上 10 层，地下 2 层，总建筑面积 2 万 m^2。该楼是“绿色建筑”的典范，遵循可持续发展原则，体现人与自然融合的理念，通过科学的整体设计，集成应用了自然通风、自然采光、低能耗围护结构、太阳能发电、中水利用、绿色建材和智能控制等国际上最先进的技术、材料和设备，充分展示了人文与建筑、环境及科技的和谐统一。中意清华环境节能楼外观如图 6-12 所示。

图 6-12　中意清华环境节能楼外观

(二)节能技术设计

环境节能楼通过建筑设计、设备和材料选择、施工、运行管理等关键环节来充分展示国际上最先进的节能技术。该楼以太阳能和天然气作为主要的能源,屋顶和退台上安装的太阳能光电池板可以利用太阳能发电,同时采用天然气发电和热、电、冷三联供系统,冬季发电机组产生的废热直接用于供暖,夏季发电机组产生的废热用于驱动吸收式制冷机。与同等规模的使用燃煤锅炉供热和火电的建筑相比,据初步核算,该楼每年将减排二氧化碳1 200t、二氧化硫5t。

环境节能楼采用钢结构和高性能玻璃幕墙,地面以上建筑材料的可回收利用率非常高。通过先进的智能化控制系统,南外墙的半透明玻璃板根据光照强度自动调节角度,夏季可遮蔽强烈的日光,冬季则吸收阳光中的热量,在室内与室外之间创建一个温度适中的环境,有效地降低了室外温度对室内环境的不利影响。智能化控制不仅使室内冷暖气分布均匀,而且能通过感应装置合理使用光以及供给冷气和热气,在无人时自动停止,大大地节省能源。据初步计算,该楼的能源消耗与同等规模的建筑相比,可节约70%左右的能源。

图6-13　中意清华环境节能楼中庭

环境节能楼的C型建筑环抱着一个绿色生态中庭,它是整个建筑的核心,是“气候缓冲区”。中庭的高大树木及其他植物不仅会给朝南的房间遮阳,同时还可过滤尘埃,净化空气。而中庭与建筑内部其他区域的温差还可让空气流动,清新空气。节能楼中庭见图6-13。

四、太阳能综合利用技术

推进太阳能建筑一体化,促进建筑节能是当前建筑节能发展的一大方向。

(一)太阳能光伏发电技术

1. 太阳能光伏建筑一体化——光电幕墙

光电玻璃是一种最为新颖的建筑用高科技玻璃产品,采用光伏电池、光电板技术,把太阳能转化为能被人们利用的电能。玻璃面板可以采用单晶硅、多晶硅和非晶硅材料进行复合。其中单晶硅材料的光电转换效率最高,多晶硅材料其次,非晶硅材料最低。光伏玻璃峰值发电功率为100～200W/m^2,设计光电转换率10%～20%,输出功率为(50±0.5)Hz,电压为(220±10)V,通过逆变器可与城市供电系统连接,使用状态时为建筑提供电力,晚间或阴雨天自动切离。

【案例6】　清华大学超低能耗示范楼光电幕墙。

示范楼南立面装有约30m^2的单晶硅光电玻璃,设计峰值发电能力为5kW。位于结构夹层外侧,不影响采光,同时与玻璃幕墙结构组成光电幕墙,作为集合太阳能光伏发电技术与玻璃幕墙技术的新型功能性建筑幕墙。

【案例7】　深圳方大大厦10.7kW光电幕墙与光电屋顶。

方大大厦光伏建筑一体化工程是光伏组件与建筑的集成。光伏组件作为大厦电梯井顶部的采光顶与幕墙面出现。光伏方阵总面积93.8m^2,光伏组件采用多晶硅玻璃组件,并网发电系统,系统总容量10.7kW;2002年12月建成并投入使用。方大大厦光伏建筑一体化(集成)见图6-14,光电幕墙与采光顶内视照片见图6-15。

图6-14　方大大厦光伏建筑一体化(集成)

图6-15　方大大厦光电幕墙与采光顶内视照片

【案例8】　深圳南玻大厦太阳能光伏幕墙系统。

南玻大厦标高26.60m,光电幕墙面积为59m^2,光伏系统设计峰值功率为6.0kW,年发电2 735kWh,使用寿命内二氧化碳减排量75t。

【案例9】　中意清华环境节能楼太阳能光伏幕墙系统。

中意清华环境节能楼在屋顶和退台处安装的太阳能光电池板可以利用太阳能发电,为该楼提供电力能源。

【案例10】　奥运场馆太阳能光电幕墙系统。

2006年7月北京丰台体育中心安装27kW太阳能光伏发电系统。这是国内第一座太阳能光伏阵列与建筑物立面友善结合,并全部使用具有自主知识产权光伏并网逆变系统与光伏远传数据系统的光伏示范项目。

作为北京奥运会主体育场的国家体育场采用单晶硅、不可逆流、无储能的太阳能光伏发电技术,设计安装100kW太阳能光伏发电工程,太阳能电池板分别安装在屋顶天窗、玻璃幕墙上,日均发电量超过200kWh,可为15 000m^2 的地下车库提供充足的照明电力。

国家体育馆安装1 124块太阳能电池,分别安装在训练馆屋顶、比赛馆屋顶和南面玻璃幕墙中,太阳能电池板约有1 000m^2,是奥运工程中首个安装太阳能电池的项目。设计每天额定输出功率达到100kW,并网补充到低压配电系统,用于体育馆地下车库2万m^2的照明。

2. 太阳能庭院灯、草坪灯

太阳能庭院灯是以太阳能作为电能供给用来提供夜间道路照明,当今社会大力提倡利用的绿色能源产品。主要应用于城市道路、小区道路、工业园区、绿化带、广场、步行街、健身休闲广场等场所的照明及亮化装饰。太阳能庭院灯见图6-16。

图 6-16　太阳能庭院灯

太阳能草坪灯是以太阳能作为电能供给用来提供亮化点缀照明，主要应用于小区绿化带、工业园区绿化带、景观亮化、旅游风景区、公园、庭院、广场绿地等场所的亮化装饰。太阳能草坪灯见图 6-17。

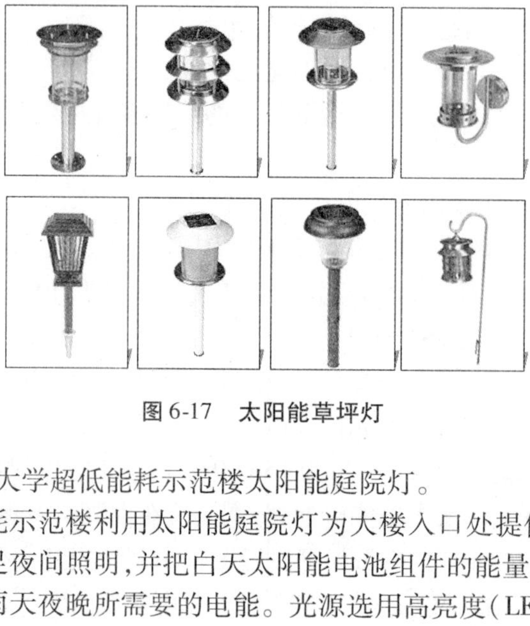

图 6-17　太阳能草坪灯

【案例 11】　清华大学超低能耗示范楼太阳能庭院灯。

清华大学超低能耗示范楼利用太阳能庭院灯为大楼入口处提供夜间照明，蓄电池容量通过优化后能够满足夜间照明，并把白天太阳能电池组件的能量尽量储存下来，同时还能够储存满足连续阴雨天夜晚所需要的电能。光源选用高亮度(LED)发光二极管光源。

【案例 12】　奥运村太阳能路灯。

奥运村内 90% 的奥运场馆的草坪灯、路灯照明等都来自于太阳能。奥运村太阳能路灯照明、太阳能半导体照明灯集合太阳能光伏发电技术和半导体照明技术，白天把太阳能转化成化学能储存在化学电池里，夜晚由化学能转化成电能用于照明。

(二)太阳能光热技术一体化

【案例 13】　清华大学超低能耗示范楼太阳能空气集热器。

示范楼利用联管式太阳能空气集热器，日集热效率可达50%。集热器单片面积为2m×2.3m，空气集热器总面积约260m²，峰值产热量为140kW，通过太阳能获取的热风在夏季用做溶液除湿系统再生器的热源，而冬季则作为空调送风可直接送入室内。

【案例14】 上海生态建筑示范楼太阳能真空和平板集热器。

上海生态建筑示范楼斜屋面放置太阳能真空管集热器（150m²），实现太阳能光热综合利用与建筑一体化。太阳能真空管集热器为太阳能热水型吸附式空调和地板采暖（300m²）提供热源。

生态示范楼的吸热塔顶设置太阳能平板式集热器（4m²），并采用电辅助加热，可提供300L热水供应。上海生态建筑示范楼见图6-18。

图6-18 上海生态建筑示范楼

【案例15】 北京奥运会奥运村太阳能光热技术。

北京奥运会奥运村屋面采用太阳能集热板与屋面花园结合，实现太阳能一体化，太阳能集热板约60 000m²，为38万m²的公寓供热水。

（三）太阳光采光技术

【案例16】 清华大学超低能耗示范楼太阳光采光技术。

清华大学超低能耗示范楼南侧室外设置自动跟踪太阳光的阳光采集系统，利用太阳光为地下室提供采光，减少白天照明能耗。系统由太阳跟踪、阳光采集、光线传导和专业灯具组成，最远阳光传导距离可达200m。整个系统可以最大程度利用自然光，当自然光照度低于设定要求的下限时自动补充人工照明。

【案例17】 北京奥运会北京科技大学体育馆太阳光采光技术。

北京科技大学体育馆里148个直径为530mm的光导管是所有奥运场馆中最先进、使用最多的光导管照明系统，能把80%的太阳光传导到场馆内部。光导管在白天采集光源照亮室内，晚上则可以将室内的灯光通过屋顶的采光罩传出，起到美化夜景的效果。

太阳光导照明系统主要由采光罩、光导管和漫射器三部分组成。其照明原理是通过采光罩高效采集室外自然光线并导入系统内重新分配，经过特殊制作的光导管传输和强化后由系统底部的漫射器把自然光均匀高效地照射到场馆内部，从而打破了“照明完全依靠电力”的观念，是一种绿色、健康、环保、无能耗的照明产品。

参考文献

[1] 建设部,国家质量监督检验检疫总局．GB/T50378—2006 绿色建筑评价标准[S]．北京:中国建筑工业出版社,2006.

[2] 住房和城乡建设部．JGJ158—2008 蓄冷空调工程技术规程[S].北京:中国建筑工业出版社,2008.

[3] 江亿．超低能耗建筑技术及应用[M]．北京:中国建筑工业出版社,2005.

[4] 陈衍庆,张慧珍．德国低/零能耗建筑实例解析[M]．北京:中国建筑工业出版社,2007.

[5] 陈衍庆,张慧珍．生态学生公寓[M]．北京:中国建筑工业出版社,2007.

[6] 涂逢祥．节能窗技术[M]．北京:中国建筑工业出版社,2003.

[7] 上海现代建筑设计有限公司．建筑节能环保技术与产品——设计选用指南[M]．北京:中国建筑工业出版社,2006.

[8] 颜宏亮．建筑特种构造[M]．北京:中国建筑工业出版社,2006.

[9] 林宪德．绿色建筑[M]．北京:中国建筑工业出版社,2007.

[10] 王立久,曹明莉．建筑材料新技术[M]．北京:中国建材工业出版社,2007.

[11] 李林．河南省建设行业专业技术管理人员继续教育教材[M]．北京:北京理工大学出版社,2007.

[12] 李林．建筑新材料[M]．郑州:黄河水利出版社,2004.

[13] 刘加平．建筑物理[M]．北京:中国建筑工业出版社,2003.

[14] 于航．空调蓄冷技术与设计[M]．北京:化学工业出版社,2007.

[15] 方贵银．蓄冷空调工程实用新技术[M]．北京:人民邮电出版社,2000.

[16] 王馥林．建筑防水新材料及防水施工新技术[M]．北京:中国建筑工业出版社,1997.

[17] 王馥林．建筑防水新材料及防水施工新技术[J]．建筑学报,2001(7):45-46.

[18] 卜一德．绿色建筑技术指南[M].北京:中国建筑工业出版社,2008.

[19] 中国城市科学研究会．绿色建筑[M].北京:中国建筑工业出版社,2008.